Einführung in die Quantentheorie

Von

Franz Schneider

Associate Professor of Physics
Haile Sellassie I University
Addis Ababa

Mit 17 Textabbildungen

1967

Springer-Verlag

Wien · New York

ISBN-13: 978-3-211-80832-0   e-ISBN-13: 978-3-7091-7957-4
DOI: 10.1007/978-3-7091-7957-4

Titel-Nr. 9175

Meinen Lehrern und Vorbildern
gewidmet

Vorwort

Dieses Buch soll in die Quantentheorie einführen. Ich habe deshalb auf eine verständliche Darstellung größeren Wert gelegt als auf mathematische Strenge und die physikalische Bedeutung der Theorie nach Möglichkeit in den Vordergrund gestellt. Bei der Auswahl des Stoffes habe ich mich auf Problemkreise beschränkt, die von grundsätzlicher Bedeutung sind, und an ihnen die Methoden und Gedankengänge der Quantentheorie erläutert.

In Kapitel 1 werden einige Experimente erörtert, bei denen die Gegensätze zwischen Quantentheorie und klassischer Physik klar hervortreten. Dann wird in der Form von axiomatischen Postulaten eine vorläufige Arbeitsanleitung für die Quantisierung eines Systems im Schrödingerbild gegeben und an Hand von Beispielen in der Differentialdarstellung erklärt. Kapitel 3 enthält die konventionelle Theorie des Wasserstoffatoms. Im nächsten Kapitel wird der mathematische Formalismus ausgebaut. Bei der Quantisierung des harmonischen Oszillators werden Differential- und Matrixdarstellung einander gegenübergestellt und anschließend die elegantere, aber abstraktere Methode der Operatorgleichungen eingeführt. In den folgenden Kapiteln werden Formalismus und Themenkreis der nichtrelativistischen Theorie weiter ausgebaut, während die beiden letzten eine kurze Einführung in die relativistische Quantenmechanik und die Quantenfeldtheorie enthalten.

Im Text sind an passenden Stellen Aufgaben eingeschaltet, die ich als wesentlichen Bestandteil des Buches ansehe. Hinweise für die Lösung und die Ergebnisse sind in einem eigenen Kapitel zusammengefaßt.

Auf eine zweckmäßige Wahl der Bezeichnungen wurde in diesem Buch besonderer Wert gelegt. Für skalare Größen einschließlich der Komponenten von Vektoren werden Latein-, für Vektoren Frakturbuchstaben verwendet, Vierervektoren sind durch $\frown$, Operatoren durch Fettdruck gekennzeichnet. So bezeichnen zum Beispiel p den Betrag des Impulses, p_x die x-Komponente des Impulses, $\mathbf{p_x}$ den entsprechenden Operator, $\mathfrak{p}$ den Impulsvektor und $\boldsymbol{\mathfrak{p}}$ den Operator für den Impulsvektor. Diese Systematik wurde nur bei griechischen Buchstaben durchbrochen. Die Wahl der Buchstaben erfolgte in Anlehnung an die englische und deutsche Fachliteratur. Deshalb wurden in den beiden letzten

Kapiteln die Buchstaben α, β und γ für die Diracschen Matrizen verwendet. Zustandsvektoren werden durch ψ, Ψ, φ oder $|\rangle$, Diracspinoren durch Ψ und die Operatoren des Fermionenfeldes durch Ψ dargestellt. Dieselbe Größe wurde immer mit dem gleichen Buchstaben bezeichnet. Jeden Buchstaben nur für eine einzige Größe zu reservieren, ist unmöglich, doch geht die Bedeutung der Zeichen immer aus dem Text hervor. Kommt ein Buchstabe mit mehreren Indizes vor, dann werden diese nötigenfalls durch Beistriche getrennt, um Verwechslungen auszuschließen. Komplexe, beziehungsweise hermitische Konjugation wird durch * bzw. † bezeichnet.

Zum besseren Verständnis habe ich oft Ausdrücke und Bilder verwendet, die in der klassischen Physik genau definiert werden können, die aber streng genommen nicht in die Quantentheorie übernommen werden dürfen, zum Beispiel „Bahn", „Massenpunkt" u. a. Sie sind nur als anschauliche Modelle anzusehen, die ich aber in einer Einführung für wertvoll halte. Unter „Messungen" sind solche mit idealen Geräten, also ohne Meßfehler verstanden.

Vom Leser wird erwartet, daß er die Elemente der Differential- und Vektorrechnung beherrscht und die wichtigsten Methoden zur Lösung gewöhnlicher Differentialgleichungen kennt. Vorkenntnisse auf den Gebieten der Matrizenrechnung und der partiellen Differentialgleichungen sind vorteilhaft, aber nicht unbedingt erforderlich, da das Nötige darüber an den entsprechenden Stellen im Text gebracht wird. Die klassische Physik und die Bohr-Sommerfeldsche Theorie des Wasserstoffatoms werden als bekannt vorausgesetzt.

Meinem Vater bin ich für seine Mithilfe bei der Fertigstellung des Manuskriptes zu Dank verpflichtet.

Salzburg, im August 1966

Franz Schneider

Inhaltsverzeichnis

1. Die Unzulänglichkeit der klassischen Physik im atomaren Bereich

Gegen Ende des 19. Jahrhunderts wurde allgemein angenommen, daß alle physikalischen Erscheinungen durch die Gesetze der klassischen Mechanik und Elektrodynamik beschrieben werden können. Dann wurden jedoch verschiedene neue Experimente durchgeführt, deren Ergebnisse absolut nicht in den Rahmen der klassischen Theorien paßten. Sie führten zur Entwicklung eines neuen Teilgebietes der Physik, nämlich der Quantentheorie, die heute die Grundlage für die Beschreibung von atomaren Systemen und Elementarteilchen bildet.

Durch die Quantentheorie wird eine neue Art des physikalischen Denkens eingeführt. Dazu genügen die in der klassischen Physik verwendeten Begriffe, wie z. B. Ort, Geschwindigkeit, Teilchen, Welle, nicht. Völlig neue Ideen sind notwendig, die wir uns nur widerwillig zu eigen machen, da sie unseren Sinnen fremd sind und in unserer täglichen Erfahrung keine Rolle spielen. Andererseits sind viele Begriffe der klassischen Physik — etwa „Bahn" — in der Quantentheorie bedeutungslos. Solch umwälzende Neuerungen sind nur gerechtfertigt, wenn es Vorgänge gibt, die durch die klassische Physik wirklich nicht beschrieben werden können. Daß dies tatsächlich der Fall ist, geht aus zahlreichen Experimenten hervor. Wir wollen einige davon besprechen.

1.1 Elektromagnetische Wellen und Photonen

Stellen wir uns einen Teilchenstrahl vor, der auf eine Blende mit zwei parallelen Schlitzen A und B fällt, hinter der sich ein Schirm befindet. Um eine gegenseitige Beeinflussung der Teilchen auszuschließen, kann man den Teilchenstrahl so schwach machen, daß stets nur ein Teilchen auf einmal eintrifft. Dann müßte die Bahn der Teilchen, die Schlitz A passieren, dieselbe sein, wenn B geöffnet, und wenn B geschlossen ist. Umgekehrt gilt natürlich das gleiche.

Führt man ein ähnliches Experiment mit Licht beliebiger Intensität durch, dann erhält man jedoch auf dem Schirm *unterschiedliche* Beugungsbilder, wenn die beiden Schlitze für einen bestimmten Zeitraum *gleichzeitig*, und wenn sie *nacheinander* geöffnet sind. Dieses Ergebnis scheint eine korpuskulare Natur des Lichtes auszuschließen.

Auf Grund von solchen und anderen Experimenten, die die Interferenz, Beugung und Polarisierbarkeit von Lichtstrahlen zeigten, war die Wellentheorie des Lichtes aufgestellt worden, da es unmöglich schien, sich „Lichtkorpuskel" vorzustellen, die interferieren und sich gegenseitig auslöschen können. Man kennt aber heute auch Erscheinungen, die mit der Wellennatur des Lichtes nicht in Einklang zu bringen sind, z. B. die spektrale Verteilung der Strahlung eines glühenden Körpers. Nach der klassischen Physik sollte ein Temperaturstrahler elektromagnetische Wellen aller Frequenzen emittieren; die Intensität dieser Strahlung sollte mit der Frequenz zunehmen. In Wirklichkeit hat das Strahlungsspektrum bei einer bestimmten Frequenz, die von der Temperatur des Strahlers abhängt, ein Maximum, während die Intensität der Strahlung für höhere Frequenzen abnimmt und schließlich gegen Null geht.

Um dieser Tatsache gerecht zu werden, griff PLANCK 1900 auf das Korpuskelbild zurück: Lichtstrahlung besteht aus diskreten „Lichtquanten", den Photonen; jedes Photon besitzt ein Energiequantum $h\nu$. Macht man diese Annahme, dann ergibt die Theorie dieselbe Strahlungskurve wie das Experiment. Später gelang BOHR eine erste Erklärung der Atomspektren unter Mitverwendung der Planckschen Hypothese.

Ein anderes Beispiel, in dem der Quantencharakter der elektromagnetischen Wellen sichtbar wird, ist der photoelektrische Effekt. Fallen Lichtstrahlen genügend kurzer Wellenlänge auf die Oberfläche einer Metallplatte, so werden von dieser Elektronen emittiert, deren Anzahl von der Intensität des auftreffenden Lichtes abhängt. Die maximale kinetische Energie der Elektronen ist proportional zur Frequenz des Lichtes. Nach der Wellentheorie sollte die Energie der auftreffenden Lichtstrahlen über das ganze Gebiet der einfallenden Lichtwelle gleichmäßig verteilt sein. Wenn nun Licht geringer Intensität auf die Platte gestrahlt wird, müßte man daher erwarten, daß sich dessen Energie auf alle Elektronen verteilt, so daß ein Elektron erst für einige Zeit Energie speichern muß, bevor es durch die Oberfläche austreten kann. Tatsächlich werden jedoch *sofort* nach Beginn der Bestrahlung Photoelektronen emittiert, wenn Licht genügend hoher Frequenz einfällt, während Licht mit einer niedrigeren als der spezifischen Schwellenfrequenz des verwendeten Metalls *keine* Elektronen auslösen kann, auch wenn die Platte unendlich lange bestrahlt wird. Diese Tatsachen widersprechen der Wellennatur des Lichtes.

EINSTEIN konnte den Photoeffekt 1905 mit Hilfe der Planckschen Hypothese erklären: Fällt Licht auf die Metallplatte, dann wird jeweils ein Lichtquant von einem Elektron absorbiert. Daher treten bei Bestrahlung sofort Photoelektronen auf, wenn die Energie eines Photons ausreicht, ein Elektron aus der Platte zu lösen. Bezeichnet man mit $e\Phi$

die Energie, die ein Elektron benötigt, um durch die Oberfläche auszutreten, dann ist die maximale kinetische Energie der ausgelösten
Elektronen

$$T_m = h\nu - e\Phi.$$

Natürlich können austretende Elektronen auch einen Teil ihrer Energie
bei Zusammenstößen mit anderen Elektronen verlieren, bevor sie die
Platte verlassen, so daß ihre kinetische Energie kleiner ist als T_m. Offensichtlich wird EINSTEINS Erklärung allen experimentellen Tatsachen
gerecht.

Im Jahre 1923 fand COMPTON, daß die Wellenlänge von Röntgenstrahlen größer wird, wenn diese an Materie gestreut werden. Einer bestimmten Ablenkung entspricht dabei stets eine Zunahme der Wellenlänge um einen bestimmten Betrag. Auch dieser Effekt kann erklärt
werden, wenn man für die Röntgenstrahlen das Teilchenbild verwendet.

Setzt man für die Energie E des einfallenden Röntgenquants oder Photons
den Wert $h\nu$ ein, dann ist dessen relativistische Masse

$$\mu = E/c^2 = h\nu/c^2$$

und sein Impuls

$$p = \mu c = h\nu/c.$$

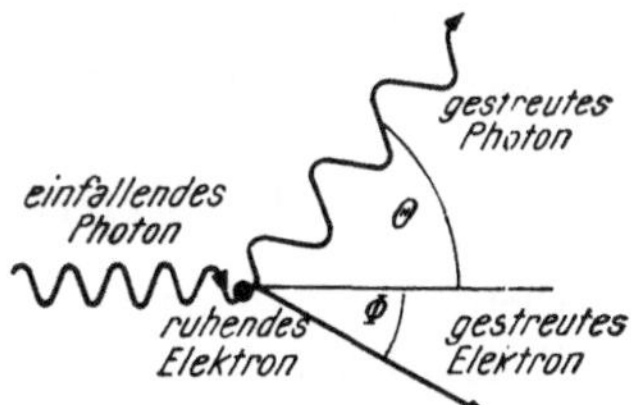

Abb. 1. Comptoneffekt

Die Streuung soll an einem Elektron erfolgen, das vor dem Stoß ruht,
so daß seine relativistische Energie $m_0 c^2$ ist, wenn man die Bindungsenergie vernachlässigt. Bezeichnet man die Frequenz des gestreuten
Photons mit ν', die Masse und die Geschwindigkeit des Elektrons nach
dem Stoß mit m und v, dann ergeben der Energie- und der Impulssatz
für elastische Streuung

$$h\nu + m_0 c^2 = h\nu' + m c^2, \tag{1}$$

$$h\nu/c + 0 = (h\nu'/c)\cos\Theta + m v \cos\Phi, \tag{2}$$

$$0 = (h\nu'/c)\sin\Theta - m v \sin\Phi. \tag{3}$$

Aus (2) und (3) erhält man

$$m^2 v^2 = h^2(\nu^2 + \nu'^2 - 2\nu\nu'\cos\Theta)/c^2, \tag{4}$$

aus (1) folgt

$$m^2 c^2 = (h\nu/c - h\nu'/c + m_0 c)^2. \tag{5}$$

Wegen $m = m_0/\sqrt{1 - v^2/c^2}$ ist

$$m_0^2 c^2 = m^2 c^2 - m^2 v^2,$$

woraus mit (4) und (5)

$$(\nu - \nu')\, m_0 c^2 = h\nu\nu'\,(1 - \cos \Theta)$$

folgt. Mit $\nu = c/\lambda$ ergibt sich dann für die Wellenlängenänderung

$$\lambda' - \lambda = (1 - \cos \Theta)\, h/m_0 c\,. \qquad (6)$$

Auch diese Formel wird durch das Experiment bestätigt. Da es unmöglich ist, diskrete Impulse und Energien mit einem unendlich ausgedehnten homogenen Wellenfeld in Verbindung zu bringen, muß für den Compton-effekt das Teilchenbild verwendet werden.

Es ergibt sich also die paradoxe Situation, daß elektromagnetische Strahlung manchmal aus Wellen, manchmal aber aus Quanten zu bestehen scheint, die sich ähnlich wie klassische Teilchen mit einer Masse $h\nu/c^2$ verhalten. Deshalb können nicht alle Eigenschaften des elektromagnetischen Feldes durch die Maxwellsche Wellentheorie erklärt werden. Diese genügt nur für eine phänomenologische Beschreibung im makroskopischen Bereich.

1.2 Materieteilchen und Materiewellen

Elementarteilchen mit nicht verschwindender Ruhmasse zeigen eine ähnliche ,,Doppelnatur'' wie die Photonen. Manchmal verhalten sich Elektronen, Protonen, Atomkerne und andere Partikel wie diskrete Teilchen; ihre Bahnen wurden 1911 in photographischen Emulsionen und 1912 in der Nebelkammer zum erstenmal sichtbar gemacht. In Analogie zur bereits bekannten Doppelnatur der Photonen äußerte dann DE BROGLIE 1924 die Vermutung, daß Materieteilchen auch Welleneigenschaften besitzen. Ausgehend von der Gleichung für den Impuls von Photonen

$$p = \mu c = h\nu/c = h/\lambda$$

schloß er, daß sich ein Strahl von Teilchen mit der Masse m und der Geschwindigkeit v wie eine Welle mit der ,,De-Broglie-Wellenlänge''

$$\lambda = h/p = h/mv$$

verhalten sollte. Wenn man einen gut definierten Teilchenstrahl erhalten will, kann man allerdings im Experiment v nicht beliebig klein und damit λ nicht beliebig groß machen. Deshalb ergibt sich z. B. für Elektronen bestenfalls eine De-Broglie-Wellenlänge im Bereich der Röntgenstrahlen, und statt eines Strichgitters wird in Beugungsexperimenten meist ein Kristall verwendet.

DAVISSON und GERMER gelang es 1927 zuerst, die Beugung von Elektronen an einem Nickelkristall zu zeigen, während RUPP 1928 auch die Beugung an einem optischen Gitter bei streifendem Einfall nachwies. Elektronenstrahlen werden heute im Elektronenmikroskop statt Lichtwellen verwendet. Zahlreiche Beugungsexperimente wurden auch mit Protonen, Neutronen, Atomen und ganzen Molekülen durchgeführt; für alle Materieteilchen kann man ähnliche Beugungserscheinungen beobachten wie für elektromagnetische Wellen. Solche Eigenschaften sind aber mit dem Begriff eines „Teilchens" unvereinbar. Die Doppelnatur der Materieteilchen ist also ebenfalls gesichert, und sie können deshalb mit den Methoden der klassischen Physik nicht vollständig beschrieben werden.

1.3 Anforderungen an die Quantentheorie

Um Anhaltspunkte für eine Theorie der Elementarteilchen zu finden, untersuchen wir die Beugung von Licht mit der Wellenlänge λ an einem Spalt der Breite $2a$. Übereinstimmend mit dem Experiment ergibt sich aus der Wellentheorie ein starkes Maximum der Intensität des gebeugten Lichtes in Vorwärtsrichtung, also für $\alpha = 0$. Das erste Minimum erhält man für $\sin \alpha_0 \approx \alpha_0 \approx \lambda/2a$, also

$$\lambda \approx 2a \sin \alpha_0.$$

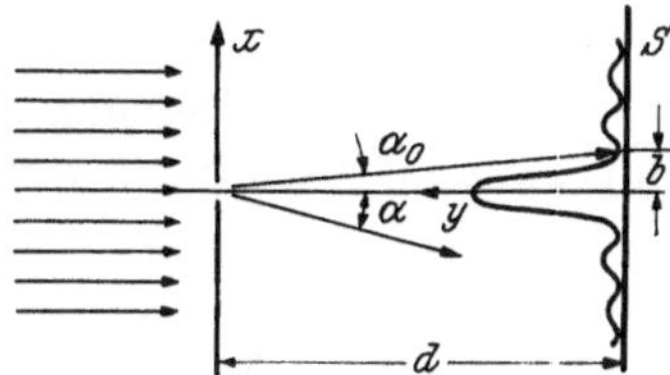

Abb. 2. Beugung am Spalt. In Richtung der y-Achse wurde die Helligkeitsverteilung auf dem Schirm aufgetragen

Beschreiben wir ein Photon als Teilchen, das seine Flugrichtung um einen Winkel α_0 ändert, so ist die relative Änderung der x-Komponente seines Impulses gleich $\Delta p/p = b/d \approx \sin \alpha_0$.

Die meisten Photonen fliegen in den Bereich $|\alpha| \leq \alpha_0/2$, so daß wir für die durchschnittliche Änderung der Komponente ihres Impulses senkrecht zur Einfallsrichtung den Wert

$$\Delta p_x = \Delta p \approx p \sin \frac{\alpha_0}{2} \approx \frac{h\nu}{c} \frac{\lambda}{4a} = \frac{h}{4a}$$

annehmen können. Der Impuls der Photonen im einfallenden Strahl ist genau bekannt, wenn wir paralleles, monochromatisches Licht verwenden. Tritt nun ein Photon durch den Spalt, dann wird seine x-Koordinate dabei mit einer maximalen Ungenauigkeit $\pm a$ bestimmt. Die durchschnittliche Ungenauigkeit ist daher $\Delta x \approx a/2$. Viele Photonen ändern aber beim Passieren des Spaltes ihre Flugrichtung, wie sich aus dem Beugungsbild ergibt. Durch die Messung einer Koordinate eines Photons mit der „Unschärfe" Δx wird also gleichzeitig eine Unsicherheit der entsprechenden Komponente seines Impulses von der Größe

$$\Delta p \approx h/8 \Delta x$$

verursacht. Der Mittelwert des Impulses aller Photonen ändert sich dagegen beim Durchtritt durch den Spalt nicht.

In Abschnitt 8.3 wird eine exaktere Definition der Unschärfen eingeführt werden, die den Wert $\hbar/2$ für das Produkt $\Delta x\,\Delta p$ ergibt, wobei $\hbar = h/2\pi$ ist. Dieser Wert wird in der Quantentheorie allgemein verwendet.

Es ist zu betonen, daß sich die Unschärfen aus der Welle-Teilchen-Natur der Photonen und nicht durch die Ungenauigkeit einer Messung ergeben. Es ist *prinzipiell* unmöglich, durch Anwendung einer Blende einen beliebig scharfen Strahl zu erhalten. Versucht man, die Koordinaten der Photonen genauer zu bestimmen, indem man den Spalt schmäler macht, dann wird der Prozentsatz der nur wenig abgelenkten Photonen geringer, die Impulsunschärfe also größer. Der Auftreffpunkt eines einzelnen Photons kann im Prinzip bestimmt werden, z. B. durch die Schwärzung einer photographischen Platte. Die Genauigkeit, mit der die Lage des Auftreffpunktes gemessen werden kann, ist selbstverständlich unabhängig von der Breite des Spaltes im Beugungsexperiment. Dies ist kein Widerspruch zu der Unschärfebeziehung, da sich diese nur auf die *gleichzeitige* Messung von Koordinate und Impuls bezieht. Man kann zwar im Nachhinein feststellen, daß die Bahn eines Photons vom Spalt zu dem betreffenden Auftreffpunkt geführt hat. Dieser konnte aber nicht vorausbestimmt werden, da das Photon auch an einer anderen Stelle hätte auftreffen können. Für Materieteilchen führen die Überlegungen zu dem gleichen Ergebnis.

Die Beugung der Elementarteilchen beim Passieren eines Spaltes ist unvereinbar mit dem Modell eines Massenpunktes der klassischen Physik. Für einen solchen müßte es möglich sein, Koordinate und Impuls zu einer Zeit t_1 genau zu messen, um daraus seine Position zu anderen Zeiten, die „Bahn‟, zu berechnen. Gerade das ist aber in der eben diskutierten Weise unmöglich, weil z. B. die genaue Messung einer Koordinate einen sehr schmalen Spalt bedingt und der Winkel α_0 dann so groß wird, daß die Flugrichtung des Teilchens hinter dem Spalt unbestimmt ist. Das ist nicht ganz so überraschend, wie es auf den ersten Blick scheint. Obwohl wir uns Elementarteilchen sehr klein vorstellen, sind diese eben doch keine Massenpunkte, sondern haben eine endliche „Ausdehnung‟.

Im allgemeinen werden die Flugbahnen makroskopischer Körper aus einer zweimaligen Ortsmessung berechnet. Wird diese z. B. mit Lichtwellen vorgenommen, so erfährt der Körper wegen der vergleichsweise kleinen Masse der Photonen während einer Messung keinen nennenswerten Rückstoß, und seine Geschwindigkeit ändert sich daher nicht. Eine solche Ortsmessung könnte man mit der folgenden Situation vergleichen: Ein Experimentator in einem völlig dunklen Zimmer hat die Aufgabe, den Ort eines Gegenstandes — etwa eines Kastens — zu finden, indem er Tennisbälle („Photonen") in das Zimmer rollen läßt. Den Abschußpunkt und die ursprüngliche Geschwindigkeit der Bälle kann er nur mit begrenzter Genauigkeit feststellen („Beugung der Photonen beim Durchtritt durch eine Blende"). Die Bälle sind völlig elastisch, der Fußboden des Zimmers ist glatt, an den Wänden befinden sich Geräte, die das Eintreffen eines Balles an der betreffenden Stelle anzeigen. Der Kasten kann selbstverständlich durch den Aufprall eines Balles nicht nennenswert in Bewegung gesetzt werden. Da die Auftreffpunkte der Bälle an der Wand durch den Kasten beeinflußt werden („Beugungsbild"), kann man aus ihnen die Richtung vom Abschußort zum Kasten bestimmen. Ist das gesuchte Objekt kein Kasten, sondern ebenfalls ein Tennisball („Elektron"), dann wird sich bei jedem Zusammenstoß die Geschwindigkeit des Objektes merkbar ändern, weil die Massen von Objekt und Projektil gleich sind. Da man zwar den Auftreffpunkt des Projektiles, nicht aber dessen ursprüngliche Geschwindigkeit und den Abschußort genau kennt, ist es unmöglich, den Ort des Zusammenstoßes und den beim Stoß übertragenen Impuls genau zu bestimmen. Man kann auch keinen „Schatten" an der Wand erhalten, da sich das Objekt in unregelmäßiger Weise bewegt.

Eine ähnliche Situation ist bei einer Ortsmessung an Elektronen gegeben. Für eine solche muß man Röntgenstrahlen verwenden, deren Wellenlänge etwa gleich dem „Durchmesser" des Elektrons oder kleiner ist. Die relativistische Masse $\mu = h/\lambda c$ der Photonen ist aber dann etwa gleich der Ruhmasse des Elektrons oder größer als diese, so daß bei einer Wechselwirkung das Photon einen beträchtlichen Teil seines Impulses auf das Elektron übertragen kann. Wäre es möglich, die Bahn des Photons zu bestimmen, dann könnte man den Rückstoß des Elektrons berechnen. Wegen der Doppelnatur des Photons ist dies aber nicht möglich. Als Ergebnis zweier Messungen erhält man zwar die ungefähren Orte des Elektrons zur Zeit t_1 und t_2, $\mathfrak{r}_{(t_1)}$ und $\mathfrak{r}_{(t_2)}$, und damit auch die Geschwindigkeit zwischen beiden Ortsmessungen. Durch die zweite Messung kann sich die Geschwindigkeit des Elektrons aber um einen unbekannten Betrag ändern, so daß die Vorausberechnung der weiteren Bahn auch in diesem Fall nicht möglich ist.

Aufgabe 1.1. Man berechne die „Masse" μ eines Photons für $\lambda = 10^{-11}$ cm und vergleiche sie mit der Ruhmasse m_0 eines Elektrons.

Ähnliche Überlegungen wie für Elektronen und Photonen müssen selbstverständlich für alle Elementarteilchen gelten, da man Messungen an einem Teilchen nur unter Mitwirkung von anderen Teilchen durchführen kann. Bei Zusammenstößen zwischen Elementarteilchen können sich aber große Ablenkungen ergeben. Man kann also den genauen Ort, an dem sich ein Teilchen zu einer bestimmten Zeit befindet, nicht voraussagen, sondern nur die Wahrscheinlichkeit angeben, daß sich das Teilchen an diesem Ort aufhält. Der Begriff „Bahn" aus der klassischen Physik ist deshalb für *alle* Elementarteilchen sinnlos.

Die Beziehung $\Delta x\,\Delta p_x \geq \hbar/2$ gilt für alle Elementarteilchen, wie jedes Experiment bestätigt. Ähnliche Unschärferelationen wie zwischen parallelen Komponenten von Koordinate und Impuls gelten allgemein zwischen „kanonisch konjugierten" Größen, z. B. einem Winkel und dem zugehörigen Drehimpuls, Energie und Zeit, usw. Aus dieser Tatsache folgen die „*Unschärferelationen*", die HEISENBERG 1927 formulierte:

„Das Produkt der Unschärfen bei der gleichzeitigen Messung kanonisch konjugierter Größen q und p ist gleich oder größer als $\hbar/2$",

$$\Delta q\,\Delta p \geq \hbar/2. \tag{7}$$

Natürlich kann z. B. eine Koordinate ziemlich genau gemessen werden; dann ergibt sich jedoch eine entsprechend große Unsicherheit für die ihr zugeordnete Impulskomponente.

Die Unschärferelationen gelten selbstverständlich für die gesamte Physik, also auch für makroskopische Körper. Wegen der Kleinheit von $\hbar$ sind sie aber nur in der Physik der Elementarteilchen von Bedeutung und blieben deshalb bis in unser Jahrhundert unbekannt.

Aufgabe 1.2. Für einen Körper mit der Masse 10^{-12} g, dessen Ort mit einer Genauigkeit $\Delta x = 5 \cdot 10^{-5}$ cm gemessen wird, ist die kleinste Unschärfe einer gleichzeitigen Geschwindigkeitsmessung zu bestimmen.

Die Methoden der klassischen Physik gehen von einer genauen Kenntnis aller Größen zu einer bestimmten Zeit aus. Sie liefern dann ebenso genaue Voraussagen für die Werte dieser Größen zu anderen Zeiten. Da eine genaue Messung aller Größen für Elementarteilchen nicht durchführbar ist, muß sich die Quantentheorie grundsätzlich von der klassischen Physik unterscheiden. Sie muß sich ja auf Voraussagen beschränken, die wirklich nachprüfbar sind, und darf nur Daten enthalten, die tatsächlich aus dem Experiment gewonnen werden können. Solche sind:

1. Die Wahrscheinlichkeit dafür, ein Elementarteilchen bei einem Beugungs- oder Streuexperiment an einem bestimmten Ort zu finden.

2. Die möglichen Meßwerte mancher Größen. Es ist nämlich eine Besonderheit der Elementarteilchen, daß verschiedene Größen wie der Drehimpuls, die Energie eines gebundenen Teilchens usw. nur bestimmte, diskrete Werte annehmen können. Ein Beispiel dafür sind die diskreten Anregungsenergien der Leuchtelektronen in den Atomschalen, die spektroskopisch erschlossen wurden.

Die Quantentheorie muß natürlich so aufgebaut sein, daß es möglich ist, die bei diesen Messungen gefundenen Werte auch theoretisch zu berechnen, wenn man passende Ansätze für die Wechselwirkungen wählt. Durch Messungen in Streu- und Bindungszuständen erhält man deshalb wichtige Aufschlüsse über die Kräfte, die zwischen Elementarteilchen wirken.

Selbstverständlich müssen die Heisenbergschen Unschärferelationen in der Quantentheorie berücksichtigt sein. Sie muß auch die Mechanik und die Theorie des elektromagnetischen Feldes als Grenzfälle enthalten.

2. Die Grundpostulate der Quantentheorie

2.1 Definitionen

Um die Quantentheorie mathematisch formulieren zu können müssen wir einige Begriffe definieren:

Mit „*System*" bezeichnen wir den jeweils betrachteten Ausschnitt der physikalischen Welt. Es kann z. B. eine Anzahl von Elementarteilchen, ein Wasserstoffatom, aber auch ein einzelnes Elektron umfassen. Die im betrachteten System einer Messung zugänglichen Größen, wie Ort, Impuls, Drehimpuls oder Energie eines Teilchens, werden „*Meßgrößen*" genannt.

Der „*Zustand*" eines klassischen Systems von Massenpunkten zu einer bestimmten Zeit wäre vollständig bekannt, wenn man z. B. den augenblicklichen Ort und die Geschwindigkeit aller Teilchen gemessen hätte. Der Zustand eines Systems von Elementarteilchen ist durch ähnliche Messungen gegeben, die mit der denkbar größten Genauigkeit ausgeführt wurden. Dadurch können die Meßgrößen aber höchstens mit einer Genauigkeit bestimmt werden, die mit den Unschärferelationen vereinbar ist.

Den Mittelwert einer Meßgröße, der sich aus vielen Messungen ergibt, nennen wir „*Erwartungswert*".

Unter einem Ausdruck von der Form $\int\limits_{-\infty}^{\infty} dk\, e^{ikb}$ werden wir stets den Grenzwert

$$\lim_{\varepsilon \to 0} \int\limits_{-\infty}^{\infty} dk\, e^{ikb - \varepsilon|k|} \tag{1}$$

verstehen, wir werden aber den Konvergenzfaktor $\exp(-\varepsilon|k|)$ im allgemeinen *nicht* explizit anschreiben. Durch diese Definition erhält das obige Integral einen bestimmten Wert. Sie ändert den Integranden nur für unendlich große k, also in einem physikalisch meist nicht interessierenden Bereich und auch dort nur unendlich langsam, während der Konvergenzfaktor für endliche Werte von k gleich Eins ist. In Integralen, die physikalisch von Bedeutung sind, kommt eine Funktion $\exp(ikb)$

im allgemeinen mit anderen Funktionen, die für große $|k|$ gegen Null konvergieren, multipliziert vor, so daß sich der Wert dieser Integrale durch den Konvergenzfaktor nicht ändert. Dieser kann deshalb fast immer unbedenklich hinzugefügt werden.

Zuletzt wäre noch der Begriff „*Operator*“ zu erklären. Die Gleichung

$$\frac{d}{dt}\, y = 2y$$

können wir z. B. in der Form

$$\mathbf{A}y = 2y$$

schreiben, wenn wir für den „Operator“ d/dt das Symbol $\mathbf{A}$ verwenden. Ist $g = c_0 + c_1 t + c_2 t^2$, dann gilt $\mathbf{A}g = c_1 + 2c_2 t$. Mit $\mathbf{M} = \mathbf{A} + 3b^2 - 5$ können wir die Gleichung

$$\frac{df}{dt} + 3b^2 f - 5f = 0$$

in die kürzere Form

$$\mathbf{M}f = 0$$

bringen.

Ein bekannter Vektoroperator ist

$$V = \left(\frac{\partial}{\partial x}, \ \frac{\partial}{\partial y}, \ \frac{\partial}{\partial z} \right).$$

Es gilt also

$$Vf = \left(\frac{\partial f}{\partial x}, \ \frac{\partial f}{\partial y}, \ \frac{\partial f}{\partial z} \right).$$

Neben den betrachteten Differentialoperatoren gibt es viele andere Arten. So ist

$$\mathbf{J} = \int_a^b dx$$

ein Integraloperator, wobei

$$\mathbf{J}f = \int_a^b dx\, f = \int_a^b f\, dx$$

gilt. Ein Exponentialoperator $e^{\mathbf{A}}$ ist durch

$$e^{\mathbf{A}} = \sum_{k=0}^{\infty} \mathbf{A}^k / k! \tag{2}$$

definiert.

Die meisten der Rechenregeln für gewöhnliche Zahlen gelten auch für Operatoren. Wir verwenden z. B. nur Operatoren, für die das assoziative Gesetz gilt:

$$(\mathbf{AB})\mathbf{C} = \mathbf{A}(\mathbf{BC}),$$

wie im Falle

$$\left(\frac{\partial}{\partial t}\frac{\partial}{\partial x}\right)\frac{\partial}{\partial y}f = \frac{\partial}{\partial t}\left(\frac{\partial}{\partial x}\frac{\partial}{\partial y}\right)f.$$

Eine wichtige Ausnahme ist, daß die Reihenfolge der Faktoren in einem Produkt im allgemeinen nicht beliebig geändert werden darf. Wir schreiben statt $\mathbf{AB} - \mathbf{BA}$ abgekürzt $[\mathbf{A}, \mathbf{B}]$ und nennen diesen Ausdruck den „*Kommutator*" von $\mathbf{A}$ und $\mathbf{B}$:

$$[\mathbf{A}, \mathbf{B}] \equiv \mathbf{AB} - \mathbf{BA}.$$

Wählt man nun $\mathbf{A} = d/dt$ und $\mathbf{B} = t$, dann ist

$$[\mathbf{A}, \mathbf{B}]\,f = \left(\frac{d}{dt}\,t - t\,\frac{d}{dt}\right)f = \frac{d(tf)}{dt} - t\,\frac{df}{dt} = f,$$

also $[\mathbf{A}, \mathbf{B}] = 1 \neq 0$ und $\mathbf{AB} \neq \mathbf{BA}$. Man sagt, $\mathbf{A}$ kommutiert nicht mit $\mathbf{B}$.

Offensichtlich ist die „Operatorgleichung"

$$[\mathbf{A}, \mathbf{B}] = \frac{d}{dt}\,t - t\,\frac{d}{dt} = 1 + t\,\frac{d}{dt} - t\,\frac{d}{dt} = 1$$

sinnvoll, wenn man berücksichtigt, daß diese Gleichung eigentlich mit einer Größe f von rechts „multipliziert" gedacht werden muß, wobei f eine ganz beliebige Funktion sein kann. Diese Überlegung gilt selbstverständlich für alle Operatorgleichungen.

Wir werden in der Quantentheorie nur „lineare" Operatoren verwenden, für die das distributive Gesetz

$$(\mathbf{A} + \mathbf{B})f = \mathbf{A}f + \mathbf{B}f \quad \text{und} \quad \mathbf{A}(f + g) = \mathbf{A}f + \mathbf{A}g$$

gilt. Ein nichtlinearer Operator wäre z. B $\mathbf{W} = \sqrt{}$, denn

$$\mathbf{W}(f + g) = \sqrt{f + g} \neq \mathbf{W}f + \mathbf{W}g = \sqrt{f} + \sqrt{g}.$$

Das Produkt zweier Operatoren ist selbstverständlich wieder ein Operator.

Die Einführung der Operatoren bringt nichts grundsätzlich Neues und bedeutet eigentlich nur eine neue Schreibweise, sie führt aber in vielen Fällen zu einer wesentlichen Vereinfachung komplizierter Ausdrücke.

Mit diesen Definitionen lassen sich die Grundpostulate der Quantentheorie formulieren.

2.2 Die Postulate im Schrödingerbild

1. Zu jedem quantenmechanischen System gibt es einen überall endlichen, stetigen und eindeutigen „*Zustandsvektor*" ψ, auch *Wellenfunktion* genannt. Er ist ein mathematischer Ausdruck, der jede mögliche Information über das System enthält. Das Ergebnis von Messungen am System muß daher aus ihm abgeleitet werden können. Er ist aber meist kein Vektor im dreidimensionalen geometrischen Raum. So ist z. B.

$$\psi_{(r,t)} = e^{-r/a_0 - iE_1 t/\hbar} \tag{3}$$

ein skalarer Zustandsvektor, der in erster Näherung ein Wasserstoffatom im Grundzustand darstellt, wenn $E_1 = -13{,}5$ Elektronvolt die Ionisierungsenergie des Atoms, t die Zeit, a_0 der erste Bohrsche Radius und $r = (x^2 + y^2 + z^2)^{1/2}$ der Abstand des Elektrons vom Mittelpunkt des Protons ist.

2. Jeder Meßgröße entspricht ein „*hermitischer*" Operator (der Ausdruck hermitisch wird später erklärt). Ein solcher ist z. B. der Operator

$$\mathbf{E} = i\hbar\,\partial/\partial t, \tag{4}$$

der häufig als Energieoperator verwendet wird.

Ist eine klassische Größe eine Funktion verschiedener Meßgrößen, dann wird der ihr zugeordnete Operator auf dieselbe Weise als Funktion der Operatoren dieser Meßgrößen gebildet. Wählen wir z. B.

$$\mathbf{p} = -i\hbar\nabla \tag{5}$$

als Operator für den Impuls, dann entspricht der kinetischen Energie $T = p^2/2m$ der Operator

$$\mathbf{T} = \frac{\mathbf{p}^2}{2m} = -\frac{\hbar^2}{2m}\,\nabla^2 = -\frac{\hbar^2\Delta}{2m} \tag{6}$$

und dem Drehimpuls $\mathfrak{L} = \mathfrak{r} \times \mathfrak{p}$ der Operator $\mathbf{\mathfrak{L}} = \mathfrak{r} \times \mathfrak{p}$.

3. Wird ein quantenmechanisches System (z. B. ein Wasserstoffatom) durch einen Zustandsvektor ψ und die Meßgröße A durch den Operator $\mathbf{A}$ dargestellt, dann ist der Mittel- oder Erwartungswert $\langle A \rangle$ von A nach der Formel

$$\langle A \rangle = \frac{\int dQ\,\psi^\dagger \mathbf{A}\psi}{\int dQ\,\psi^\dagger\psi} \tag{7}$$

zu berechnen. Dabei ist die Funktion $\psi^\dagger$ durch die Gleichung

$$\psi^\dagger\psi = |\psi|^2 \tag{8}$$

definiert. Ist ψ skalar, dann ist also $\psi^\dagger = \psi^*$ die zu ψ komplex konjugierte Funktion. $\int dQ$ steht für die Integration über den gesamten Bereich aller unabhängigen Variablen mit Ausnahme von t, von denen der Integrand abhängt. Sind dies z. B. x, y und z, so wäre für $\int dQ$

$$\int\limits_{-\infty}^{\infty} \int\limits_{-\infty}^{\infty} \int\limits_{-\infty}^{\infty} dx\, dy\, dz \equiv \int d^3 r \tag{9}$$

einzusetzen. Der Erwartungswert für die Energie eines Wasserstoffatoms im Grundzustand ist also

$$\langle E \rangle = \frac{\int d^3 r\, e^{-r/a_0 + iE_1 t/\hbar}\,(i\hbar\,\partial/\partial t)\,e^{-r/a_0 - iE_1 t/\hbar}}{\int d^3 r\, e^{-r/a_0 + iE_1 t/\hbar}\,e^{-r/a_0 - iE_1 t/\hbar}} = E_1.$$

4. Die Unschärfe ΔA einer Meßgröße A für den Zustand ψ ist aus der Formel

$$(\Delta A)^2 = \langle A^2 \rangle - \langle A \rangle^2 = \frac{\int dQ\,\psi^\dagger \mathbf{A}^2 \psi}{\int dQ\,\psi^\dagger \psi} - \left(\frac{\int dQ\,\psi^\dagger \mathbf{A}\psi}{\int dQ\,\psi^\dagger \psi}\right)^2 \tag{10}$$

zu berechnen.

Durch die ersten vier Postulate wird eine Verbindung zwischen Theorie und Experiment hergestellt.

Aufgabe 2.1. Für die Zustandsvektoren $\psi_{0(x,t)} = \exp\left(-x^2/2 - i\omega t/2\right)$ und $\psi_{p(x,t)} = \exp\left(ipx/\hbar - ip^2 t/2m\hbar\right)$ sind die Erwartungswerte, für ψ_0 auch die Unschärfen von Impuls und Energie zu berechnen. Dazu sind die Operatoren (4) und (5) zu verwenden.

5. Entsprechen zwei Operatoren $\mathbf{A}$ und $\mathbf{B}$ kanonisch konjugierten Größen der klassischen Physik, so muß ihr Kommutator gleich $i\hbar$ sein:

$$[\mathbf{A}, \mathbf{B}] = i\hbar. \tag{11}$$

Durch diese Bedingung werden die Unschärferelationen in die Quantentheorie eingebaut (siehe Abschnitt 4.5).

Als Beispiel verwenden wir Impuls und Koordinate. Setzt man $\mathbf{x} = x$, dann ist mit (5)

$$[\mathbf{x}, \mathbf{p}_x] = x(-i\hbar\,\partial/\partial x) - (-i\hbar\,\partial/\partial x)x = i\hbar. \tag{12}$$

Bei dieser Rechnung ist wieder zu berücksichtigen, daß sämtliche Ausdrücke noch mit einer beliebigen Funktion von rechts multipliziert werden könnten. Aus (12) folgt also $[\mathbf{x}, \mathbf{p}_x]\psi = i\hbar\psi$ für jedes ψ.

Aufgabe 2.2. Für (4) und $\mathbf{t} = t$ ist zu zeigen, daß $[\mathbf{E}, \mathbf{t}] = i\hbar$ ist.

Wir sind jetzt bereits imstande, für ein System Erwartungswert und Unschärfe einer Meßgröße zu berechnen, wenn der Operator für diese Meßgröße und der Zustandsvektor des Systems gegeben sind. Das letzte

Postulat gibt eine Vorschrift, nach der die Operatoren und Zustandsvektoren im „Schrödingerbild" (siehe Kapitel 6), in dem wir vorläufig ausschließlich rechnen, gefunden werden können:

6. Man suche die *Hamiltonfunktion H*, die sich nach der klassischen Mechanik für das betreffende System ergäbe. Dazu bestimmt man zuerst N, die Zahl der Freiheitsgrade des Systems, das ist die Mindestzahl der Variablen, die genügen, um den augenblicklichen Ort aller Teilchen festzulegen. Dann wählt man N unabhängige Variable $q_1, q_2, \ldots, q_N$ und drückt die kinetische Energie T und die potentielle Energie V des Systems durch diese Variablen und ihre Zeitableitungen aus. Die Größe

$$T - V = L_{(q_1, q_2, \ldots q_N; \dot{q}_1, \dot{q}_2, \ldots \dot{q}_N)} \tag{13}$$

wird *Lagrangefunktion* genannt. Aus L erhält man zu jeder Variablen q_j die „*kanonisch konjugierte*" Größe

$$p_j = \partial L / \partial \dot{q}_j. \tag{14}$$

Man löst die Gleichungen für die p_j nach den $\dot{q}_j$ auf und setzt die so erhaltenen Ausdrücke in T ein. Dann kann man die Hamiltonfunktion

$$H = \sum p_j \dot{q}_j - L = T + V \tag{15}$$

aufstellen. Sie muß *immer* als Funktion der kanonisch konjugierten Koordinaten q_j und p_j angegeben werden.

Als nächstes sind die Variablen in H durch hermitische Operatoren zu ersetzen, die dem Postulat 5 genügen. Die Wahl der Operatoren ist auf verschiedene Art möglich; so wäre z. B. Postulat 5 durch $\mathbf{x} = x$, $\mathbf{p}_x = - i\hbar\, \partial/\partial x$, aber auch durch $\mathbf{x} = i\hbar\, \partial/\partial p_x$, $\mathbf{p}_x = p_x$ zu erfüllen. Analog zu der klassischen Gleichung $H = E$ stellt man dann die Operatorgleichung

$$\mathbf{H}\psi = \mathbf{E}\psi \tag{16}$$

auf. Aus dieser sogenannten *Wellengleichung und* den dazugehörigen *Neben- und Anfangsbedingungen* kann der Zustandsvektor des Systems gefunden werden. Eine Differentialgleichung hat unendlich viele Lösungen und ist deshalb nicht allein ausreichend, um einen Zustandsvektor eindeutig zu bestimmen. Die Zusatzbedingungen sind selbstverständlich nicht für alle Systeme gleich, ihre Auswahl und physikalische Bedeutung wird fallweise besprochen werden. Als Nebenbedingungen verlangt man im allgemeinen, daß die Zustandsvektoren und ihre erste Ableitung nach jeder vorkommenden Variablen überall endlich, stetig und eindeutig sind.

Da die Wellengleichung (16) homogen ist, bleibt ein Zustandsvektor Lösung, wenn er mit einer beliebigen, komplexen Konstante multipliziert wird. Diese Konstante kürzt sich nach (7) und (10) bei der Berechnung von Erwartungswerten und Unschärfen weg und ändert die Voraussagen der Theorie nicht. Zwei Zustandsvektoren, die sich nur durch eine multiplikative Konstante unterscheiden, heißen linear abhängig. Linear abhängige Zustandsvektoren sind also gleichwertig. Allerdings ist es oft praktischer, „normierte" Zustandsvektoren zu verwenden, für welche gilt:

$$\int dQ\,\psi^\dagger \psi = 1\,, \tag{17}$$

da dann die Nenner in (7) und (10) gleich Eins sind.

$\mathbf{H}$ und $\mathbf{E}$ sollen lineare Operatoren sein, damit das Superpositionsprinzip gilt: Mit ψ_1 und ψ_2 ist auch $c_1\psi_1 + c_2\psi_2$ eine Lösung der Wellengleichung für beliebige c_1 und c_2. Wir werden uns auch im allgemeinen auf konservative Systeme beschränken, bei denen H und damit auch $\mathbf{H}$ nicht von der Zeit abhängt.

Da die Wahl der Operatoren in $\mathbf{H}$ auf verschiedene Art möglich ist, gibt es für ein und dasselbe System Wellengleichungen, deren explizite Form verschieden ist und die natürlich auch verschiedene Ausdrücke für die Zustandsvektoren liefern. Trotzdem sind die Erwartungswerte und Unschärfen aller Meßgrößen eindeutig bestimmt, wenn bei der Berechnung mit jedem Zustandsvektor der zu ihm gehörende Satz von Operatoren verwendet wird. Jedes quantenmechanische System wird daher durch seine Hamiltonfunktion und die Zusatzbedingungen vollständig beschrieben.

2.3 Anwendungsbeispiele

Wir betrachten einen Massenpunkt der klassischen Mechanik mit der Masse m, der an einer masselosen Spiralfeder mit der Federkonstante k aufgehängt ist. Zur Vereinfachung nehmen wir an, daß nur eine Bewegung in Längsrichtung der Feder erfolgt. Nach der klassischen Mechanik ist das System ein *harmonischer Oszillator* mit einem Freiheitsgrad, und der augenblickliche Zustand des Systems ist durch Angabe zweier Meßwerte, z. B. Ort q und Geschwindigkeit $\dot q$ von m, festgelegt. Aus diesen Anfangsbedingungen und der Bewegungsgleichung $m\ddot q + kq = 0$ kann in der klassischen Physik der Ort des Massenpunktes für jeden beliebigen Zeitpunkt berechnet werden. Die kinetische Energie des Systems ist $T = m\dot q^2/2$, seine potentielle Energie $V = kq^2/2$. Aus der Lagrangefunktion $L = T - V$ ergibt sich nach (14), daß die zur Koordinate q kanonisch konjugierte Größe der Impuls $p = \partial L/\partial \dot q = m\dot q$ ist. Die Hamiltonfunktion, ausgedrückt in q und p, lautet also

$$H = T + V = p^2/2m + kq^2/2\,. \tag{18}$$

Handelt es sich um ein Elementarteilchen, dann muß die weitere Rechnung nach der Quantentheorie erfolgen. Verwendet man die Operatoren $\mathbf{q} = q$, $\mathbf{p} = -i\hbar\,\partial/\partial q$, $\mathbf{t} = t$ und $\mathbf{E} = i\hbar\,\partial/\partial t$, so ergibt sich die Wellengleichung

$$\left(\frac{-\hbar^2}{2m}\,\frac{\partial^2}{\partial q^2} + \frac{k}{2}\,q^2\right)\psi_{(q,t)} = i\hbar\,\frac{\partial}{\partial t}\,\psi_{(q,t)}.\tag{19}$$

Prinzipiell könnten hier als Anfangsbedingung zu einer bestimmten Zeit der Ort *oder* die Geschwindigkeit des Teilchens genau angegeben werden, oder auch beide mit endlicher Unschärfe. Man erhält für jeden dieser Fälle aus (19) einen anderen Zustandsvektor, mit dem sich für Δq und Δp auch ein anderer Wert ergibt. Es ist aber vorteilhafter, einen quantenmechanischen Oszillator durch seine Energie zu kennzeichnen, wie wir in Kapitel 5 sehen werden, in dem der harmonische Oszillator ausführlich besprochen wird.

Als zweites Beispiel wählen wir ein freies Teilchen, etwa ein Elektron mit der Masse m_0, das sich mit der Geschwindigkeit v_0 in der positiven x-Richtung bewegt und dessen Impuls daher $p_0 = m_0 v_0$ ist. Den Spin des Elektrons und das Schwerefeld der Erde berücksichtigen wir nicht. Wir verwenden die Koordinate x und den Impuls p_x als Variable. Dann ist die Hamiltonfunktion

$$H = T = m_0 \dot{x}^2/2 = p_x^2/2m_0.\tag{20}$$

Wählt man $\mathbf{x} = x$, $\mathbf{p}_x = -i\hbar\,\partial/\partial x$ und $\mathbf{E}$ und $\mathbf{t}$ wie oben, dann erhält man die Wellengleichung

$$\mathbf{H}\psi = \frac{-\hbar^2}{2m_0}\,\frac{\partial^2\psi_{(x,t)}}{\partial x^2} = i\hbar\,\frac{\partial\psi_{(x,t)}}{\partial t}.\tag{21}$$

Da sie eine partielle Differentialgleichung ist, gibt es für sie unendlich viele linear unabhängige Lösungen. Aus diesen muß die gesuchte Lösung mit Hilfe der Neben- und Anfangsbedingungen ausgewählt werden.

Um die Lösungen von (21) durch „Trennung der Variablen" zu finden, gehen wir mit dem Ansatz $\psi_{(x,t)} = X_{(x)}\tau_{(t)}$ in diese Gleichung ein und erhalten nach Division durch ψ

$$\frac{-\hbar^2}{2m_0 X_{(x)}}\,\frac{d^2 X_{(x)}}{dx^2} = \frac{i\hbar}{\tau_{(t)}}\,\frac{d\tau_{(t)}}{dt},\tag{22}$$

wenn wir $\partial/\partial x$ und $\partial/\partial t$ durch d/dx und d/dt ersetzen. (22) muß natürlich für alle x und t, also auch für festes x und verschiedene Zeiten t gelten. Da die linke Seite von (22) nicht von t abhängt, ändert sich ihr Wert nicht, wenn man t variiert. Deshalb muß auch die rechte Seite konstant bleiben, wenn sich t ändert:

$$\frac{i\hbar}{\tau}\,\frac{d\tau}{dt} = D = \text{konstant}.$$

Die Lösungen dieser Gleichung sind von der Form $\tau = \exp\left(-iDt/\hbar\right)$. Wenn man für D nacheinander alle komplexen Zahlen wählt, erhält man die Gesamtheit aller linear unabhängigen Lösungen. Für X ergibt sich die Gleichung

$$d^2 X/dx^2 = -2m_0 DX/\hbar^2. \tag{23}$$

Sie hat für jeden Wert von D zwei linear unabhängige Lösungen, nämlich

$$X_+ = e^{ik_1 x}, \quad X_- = e^{ik_2 x}, \quad \text{wenn} \quad D \neq 0$$

und

$$X_+ = 1 \quad , \quad X_- = x \quad , \quad \text{wenn} \quad D = 0$$

ist. Dabei wurde die Abkürzung $k_{1,2} = \pm \sqrt{2m_0 D}/\hbar$ verwendet.

Die Produkte $X_+\tau$ und $X_-\tau$ sind Lösungen von (22), wenn D einen beliebigen komplexen Wert hat. Durch Superposition dieser Lösungen lassen sich alle möglichen Lösungen von (22) gewinnen. Aus diesen muß nun mit Hilfe der Zusatzbedingungen diejenige Lösung ausgewählt werden, die das betrachtete Elektron darstellt. Wir verlangen als Nebenbedingung, daß die verwendete Lösung überall endlich, eindeutig und stetig ist. Um dies zu erreichen, darf man für D nur reelle Werte im Bereich $0 \leq D \leq \infty$ zulassen und muß sich für $D = 0$ auf die Lösung $X_+ = 1$ beschränken. Alle anderen Lösungen divergieren. Aus der Gesamtzahl der jetzt noch zulässigen Lösungen ist nun diejenige auszuwählen, die der Anfangsbedingung entspricht. Diese lautet: Der Impuls des Elektrons war im Augenblick der Messung, etwa zur Zeit $t = 0$, genau bekannt und hatte den Wert p_0. Für $t = 0$ muß also $\langle p_x \rangle = p_0$ und $\Delta p_x = 0$ sein. Für eine Lösung

$$\psi = e^{ikx - iDt/\hbar}$$

ergeben sich die Erwartungswerte und Unschärfen

$$\langle p_x \rangle = \hbar k, \quad \langle E \rangle = D, \quad \Delta p_x = 0, \quad \Delta E = 0. \tag{24}$$

Man muß also $\hbar k = p_0$ setzen, um die Anfangsbedingung zu erfüllen. Daraus folgt $k = p_0/\hbar$. Der Zustandsvektor eines freien Teilchens mit dem Impuls $(p_0, 0, 0)$ ist demnach

$$\psi_{(x,t)} = e^{i(p_0 x - Et)/\hbar} \quad \text{mit} \quad E = p_0^2/2m_0. \tag{25}$$

Er ist überall stetig und eindeutig. Zwischen den Erwartungswerten von Impuls und kinetischer Energie besteht die klassische Beziehung $\langle E \rangle = \langle p_x \rangle^2/2m_0$.

Die Erwartungswerte und Unschärfen (24) sind unabhängig von der Zeit, und wir können deshalb die Voraussage machen, daß jede spätere genaue Messung von Energie und Impuls, die an dem Teilchen vorgenommen wird, wieder die Werte E und p_0 ergeben muß. Dies ist selbstverständlich, da in (20) keine Wechselwirkung zwischen dem Teilchen und seiner Umgebung vorkommt, so daß Energie und Impuls erhalten bleiben müssen.

Lösungen von (21), in denen k reelle, aber von $p_0/\hbar$ verschiedene Werte hat, stellen Teilchen dar, die einen von p_0 verschiedenen Impuls haben. Durch die Bedingung der Endlichkeit aller Zustandsvektoren haben wir von vornherein nicht reelle Werte von k und damit alle Lösungen von (21) ausgeschlossen, die keine reellen Erwartungswerte für den Impuls liefern würden. Solche Lösungen wären aber auch durch die Anfangsbedingung ausgeschlossen worden.

Es ist zu bemerken, daß $\langle x \rangle = 0$ ist. Dies stellt keinen Widerspruch zu den Unschärferelationen dar. Obwohl der Mittelwert der Koordinate Null ist, kann wegen $\Delta x = \infty$ das Ergebnis einer Ortsmessung nicht vorausgesagt werden.

Hätten wir einen Anfangszustand angenommen, bei dem sowohl p_x als auch x mit endlicher Genauigkeit bekannt sind, dann wäre unser Zustandsvektor ein „*Wellenpaket*", eine Superposition von der Form

$$\psi_{(x,t)} = \int dp\, G_{(p)} \exp\left(ipx/\hbar - ip^2t/2m_0\hbar\right),$$

und Δx wäre kleiner als ∞. Für jede Superposition ist aber $\Delta p_x > 0$, und die Beziehung $\Delta x\, \Delta p_x \geq \hbar/2$ ist in jedem Fall erfüllt.

Aufgabe 2.3. Man beweise (24) und zeige, daß für (25) $\langle x \rangle = 0$ ist. Man beweise, daß die Separation des zeitabhängigen Faktors von ψ wie in (22) stets möglich ist, wenn die Zeit in **H** nicht explizit vorkommt oder wenn **H** von der Form $\mathbf{H} = \mathbf{H}_{0(\mathbf{r})} + \mathbf{H}_{1(t)}$ ist.

Nach diesen einfachen Beispielen wollen wir nun ein schwierigeres Problem in Angriff nehmen.

3. Die Quantentheorie des Wasserstoffatoms

3.1 Die Wellengleichung

Ein Wasserstoffatom besteht aus zwei Teilchen, einem Elektron und einem Proton. Um die Rechnung etwas zu vereinfachen, nehmen wir an, das Proton sei im Ursprung des Koordinatensystems „befestigt". Dadurch wird das Wasserstoffatom in ein Einteilchensystem verwandelt. Das Elektron beschreiben wir als Massenpunkt, für dessen Ort, Masse und Ladung wir die Buchstaben $\mathbf{r}$, m_0 und $-e$ verwenden. Den Spin der beiden Teilchen berücksichtigen wir nicht. In den Kapiteln 10 und 11 wird gezeigt, wie die Bewegung des Protons und der Spin des Elektrons in die Theorie einbezogen werden können.

Auf das Elektron wirkt die Coulombkraft, so daß sich für die Hamiltonfunktion in kartesischen Koordinaten der Ausdruck

$$H_{(\mathbf{r},\mathbf{p})} = T + V = p^2/2m_0 - e^2/r$$

ergibt. Das Gravitationsfeld der Erde (und des Protons) haben wir vernachlässigt, da es ungefähr 10^{22} (10^{39}) mal schwächer ist als das Coulombfeld des Protons. Nun müssen wir die Variablen in H durch passend gewählte Operatoren ersetzen. Dabei ist zu beachten, daß (2.11) nur für kanonisch konjugierte Größen, im Falle von Vektoroperatoren wie $\mathbf{r}$ und $\mathbf{p}$ also nur für parallele Komponenten gilt. $\mathbf{r}$ und $\mathbf{p}$ müssen deshalb den Beziehungen

$$[\mathbf{x}, \mathbf{p}_x] = i\hbar, \quad [\mathbf{x}, \mathbf{y}] = [\mathbf{p}_x, \mathbf{p}_y] = [\mathbf{x}, \mathbf{p}_y] = [\mathbf{x}, \mathbf{p}_z] = 0 \text{ zyk} \qquad (1)$$

genügen, wobei zyk anzeigt, daß jede der Gleichungen (1) auch für eine zyklische Vertauschung von x, y, z gilt. Man kann daher in (1) überall $\mathbf{x}, \mathbf{y}, \mathbf{z}$ durch $\mathbf{y}, \mathbf{z}, \mathbf{x}$ oder durch $\mathbf{z}, \mathbf{x}, \mathbf{y}$ ersetzen, wodurch z. B. $[\mathbf{x}, \mathbf{p}_z] = 0$ in $[\mathbf{y}, \mathbf{p}_x] = 0$ oder in $[\mathbf{z}, \mathbf{p}_y] = 0$ übergeht.

Wir wählen die Operatoren

$$\mathbf{t} = t, \quad \mathbf{E} = i\hbar\, \partial/\partial t, \quad \mathbf{r} = \mathbf{r} = (x, y, z) \quad \text{und} \quad \mathbf{p} = -i\hbar \nabla. \qquad (2)$$

Damit ergibt sich der Hamiltonoperator

$$\mathbf{H} = -\hbar^2 \Delta/2m_0 - e^2/r \qquad (3)$$

und die Wellengleichung

$$\left(-\frac{\hbar^2 \Delta}{2m_0} - \frac{e^2}{r}\right)\psi_{(\mathbf{r},t)} = i\hbar\,\frac{\partial \psi_{(\mathbf{r},t)}}{\partial t}, \qquad (4)$$

zu der wir wieder dieselben Nebenbedingungen wie in Abschnitt 2.3 verwenden. Die Lösung der Wellengleichung wird sich als schwierig erweisen, obwohl wir für das Wasserstoffatom ein sehr vereinfachtes Modell mit stationärem Proton und ohne Spin verwendet haben.

Aufgabe 3.1. Man zeige, daß die durch (2) definierten Operatoren $\mathbf{r}$ und $\mathbf{p}$ die Gleichungen (1) erfüllen und daß (2.3) eine Lösung von (4) ist, wenn man $a_0 = \hbar^2/m_0 e^2$ und $E_1 = -e^2/2a_0$ setzt.

Wir machen den Ansatz

$$\psi_{(\mathbf{r},t)} = W_{(\mathbf{r})}\tau_{(t)}.$$

Damit ergibt sich aus (4) wie in Abschnitt 2.3 nach Trennung der Variablen

$$\tau_{(t)} = \exp\left(-iEt/\hbar\right). \tag{5}$$

Die Separationskonstante wurde mit E bezeichnet, da sie nach (2.7) gleich dem Erwartungswert der Energie ist. Für W erhalten wir die Gleichung

$$\left\{\Delta + \frac{2m_0}{\hbar^2}\left(E + \frac{e^2}{r}\right)\right\} W_{(\mathfrak{r})} = 0. \tag{6}$$

Die Variablen in Gleichung (6) können separiert werden, wenn man die Kugelkoordinaten r, Θ und Φ einführt. Sie sind durch $x = r \sin \Theta \cos \Phi$, $y = r \sin \Theta \sin \Phi$, $z = r \cos \Theta$ definiert. Mit

$$\frac{\partial}{\partial x} = \frac{\partial r}{\partial x}\frac{\partial}{\partial r} + \frac{\partial \Theta}{\partial x}\frac{\partial}{\partial \Theta} + \frac{\partial \Phi}{\partial x}\frac{\partial}{\partial \Phi} \quad \text{usw.}$$

erhält man

$$\Delta = \frac{\partial^2}{\partial x^2} + \frac{\partial^2}{\partial y^2} + \frac{\partial^2}{\partial z^2} = \frac{\partial^2}{\partial r^2} + \frac{2}{r}\frac{\partial}{\partial r} - \frac{\mathbf{L}^2}{r^2\hbar^2}, \tag{7}$$

wobei

$$-\mathbf{L}^2 = \hbar^2 \left\{\frac{1}{\sin\Theta}\frac{\partial}{\partial \Theta}\left(\sin\Theta\frac{\partial}{\partial \Theta}\right) + \frac{1}{\sin^2\Theta}\frac{\partial^2}{\partial \Phi^2}\right\} \tag{8}$$

ist. Setzt man $W_{(\mathfrak{r})} = R_{(r)}Y_{(\Theta,\Phi)}$, so folgt aus (6)

$$\frac{r^2}{R_{(r)}}\left\{\frac{d^2}{dr^2} + \frac{2}{r}\frac{d}{dr} + \frac{2m_0}{\hbar^2}\left(E + \frac{e^2}{r}\right)\right\} R_{(r)} = \frac{1}{Y_{(\Theta,\Phi)}}\frac{\mathbf{L}^2}{\hbar^2}Y_{(\Theta,\Phi)} = M, \tag{9}$$

wobei M eine Konstante ist. Wir berechnen zuerst $Y_{(\Theta,\Phi)}$.

3.2 Die winkelabhängige Gleichung

Aus (9) folgt

$$-\frac{\mathbf{L}^2 Y}{\hbar^2} = \left\{\frac{1}{\sin\Theta}\frac{\partial}{\partial \Theta}\left(\sin\Theta\frac{\partial}{\partial \Theta}\right) + \frac{1}{\sin^2\Theta}\frac{\partial^2}{\partial \Phi^2}\right\} Y = -MY, \tag{10}$$

und mit $Y_{(\Theta,\Phi)} = G_{(\Theta)}F_{(\Phi)}$ ergibt sich

$$\frac{1}{G}\sin\Theta\frac{d}{d\Theta}\left(\sin\Theta\frac{dG}{d\Theta}\right) + M\sin^2\Theta = -\frac{1}{F}\frac{d^2F}{d\Phi^2} = m^2.$$

m^2 ist eine weitere Separationskonstante. Die Gleichung für F

$$F'' + m^2 F = 0 \tag{11}$$

ist analog zu (2.23). Ihre Lösungen sind

$$F_{+(\varPhi)} = \exp\,(im\varPhi), \qquad F_{-(\varPhi)} = \exp\,(-im\varPhi) \qquad \text{für} \qquad m \neq 0$$

und

$$F_{+(\varPhi)} = 1, \qquad\qquad F_{-(\varPhi)} = C\varPhi \qquad\qquad \text{für} \qquad m = 0.$$

Da (11) aus der partiellen Differentialgleichung (10) gewonnen wurde, hat (11) unendlich viele linear unabhängige Lösungen, die man erhält, wenn m alle möglichen Werte annimmt. Nur bestimmte Werte von m ergeben jedoch physikalisch sinnvolle Lösungen: In Polarkoordinaten bezeichnet der Winkel $\varPhi_1$ dieselbe Richtung wie $\varPhi_1 + 2\pi$, $\varPhi_1 + 4\pi$ usw. Ein Zustandsvektor muß aber für eine bestimmte Richtung eindeutig definiert sein und darf sich daher nicht ändern, wenn wir das Argument $\varPhi_1$ durch $\varPhi_1 + 2k\pi$ ersetzen und $k = 0, \pm1, \pm2, \ldots$ ist. Deshalb muß $F_{(\varPhi_1)} = F_{(\varPhi_1 + 2k\pi)}$ sein. Diese Nebenbedingung ist nur für ganzzahlige, reelle m und $C = 0$ erfüllt, da ein imaginärer Anteil von m eine Exponentialfunktion mit reellem Argument ergäbe. Die brauchbaren Lösungen von (11) sind also

$$F_{m(\varPhi)} = \exp\,(im\varPhi), \qquad m = 0, \pm1, \pm2, \ldots, \tag{12}$$

z. B.

$$F_{0(\varPhi)} = 1, \qquad F_{1(\varPhi)} = \exp\,(i\varPhi), \qquad F_{-3(\varPhi)} = \exp\,(-3i\varPhi).$$

Für G ergibt sich die Differentialgleichung

$$\left\{\frac{1}{\sin\varTheta}\,\frac{d}{d\varTheta}\left(\sin\varTheta\,\frac{d}{d\varTheta}\right) + M - \frac{m^2}{\sin^2\varTheta}\right\} G_{(\varTheta)} = 0. \tag{13}$$

Ihre Lösung ist umständlich, und wir beschränken uns darauf, das Ergebnis der Rechnung anzugeben. Nur wenn M einen der Werte

$$M = l(l+1) \text{ annimmt, wobei } l = 0, 1, 2, \ldots \text{ ist, und wenn } |m| \leq l \text{ ist,} \tag{14}$$

erhält man physikalisch sinnvolle, das heißt überall endliche Lösungen. Für alle anderen Werte von M divergieren die Funktionen G an den Stellen $\varTheta = k\pi$. Die konvergenten Lösungen können aus der Formel

$$G_{lm(\varTheta)} = \frac{1}{\sin^m\varTheta}\left(\frac{d}{d\cos\varTheta}\right)^{l-m}(1 - \cos^2\varTheta)^l \tag{15}$$

berechnet werden. Eine derartige Definition der Funktionen G_{lm} mag ungewöhnlich und unpraktisch erscheinen. Da jedoch eine Differentiation stets ausgeführt werden kann, ist es an Hand dieser Formel möglich, die G_{lm} wirklich für alle zulässigen l und m zu berechnen. Man kann die G_{lm} auch durch Potenzreihen ausdrücken, doch ist die Definitionsformel dann viel komplizierter als (15).

Aus (15) ergibt sich z. B.

für $\quad l = m = 0$: $\quad G_{0,0} = 1$,

für $\quad l = m = 1$: $\quad G_{1,1} = \dfrac{1}{\sin\Theta} \left(\dfrac{d}{d\cos\Theta}\right)^0 \sin^2\Theta = \sin\Theta$,

für $\quad l = 1$, $\quad m = -1$: $\quad G_{1,-1} = \sin\Theta \dfrac{d^2}{(d\cos\Theta)^2}(1 - \cos^2\Theta) = -2\sin\Theta$.

Natürlich sind alle G_{lm} Lösungen von (13). Der Beweis ist z. B. mit Hilfe von Formel (15) möglich, aber langwierig. Bemerkt sei noch, daß $G_{lm} \sim G_{l,-m}$ sein muß, da (13) in m symmetrisch ist.

Aufgabe 3.2. Man beweise, daß $G_{2,0(\Theta)} = 12\cos^2\Theta - 4$ und $G_{2,2(\Theta)} = \sin^2\Theta$ ist und daß beide Lösungen von (13) sind. Wie viele verschiedene G_{lm} gibt es?

Aufgabe 3.3. Ein sehr kleiner Körper mit der Masse m ist durch eine masselose, starre Stange derart mit einem festen Punkt P verbunden, daß er sich auf einer Kreisbahn mit dem Halbmesser a bewegen kann. Man führe das Azimut α und den dazu kanonisch konjugierten Drehimpuls L_α als Variable ein, finde die Zustandsvektoren des Systems, für die $\Delta L_\alpha = 0$ ist, und berechne für diese Zustandsvektoren die Erwartungswerte von L_α, E, $\mathfrak{p}$ und $\mathfrak{r}$.

3.3 Die radialen Funktionen

Für $R_{(r)}$ ergibt sich aus (9) mit (14) die Gleichung

$$\left\{\frac{d^2}{dr^2} + \frac{2}{r}\frac{d}{dr} + \frac{2m_0}{\hbar^2}\left(E + \frac{e^2}{r}\right) - \frac{l(l+1)}{r^2}\right\} R_{(r)} = 0. \qquad (16)$$

Da sie keine elementaren Funktionen als Lösungen hat, könnte man versuchen, R durch einen Potenzreihenansatz zu finden. Die Rechnung liefert jedoch dann eine sehr unpraktische Rekursionsformel für die Koeffizienten. Deshalb untersuchen wir zuerst das asymptotische Verhalten von R für $r \to \infty$. Dann vereinfacht sich (16) zu der Gleichung

$$d^2R/dr^2 = -2m_0 E R/\hbar^2,$$

die die Lösungen

$$R_{K(r)} = \exp(Kr) \qquad \text{für} \qquad K = \pm\sqrt{-2m_0 E}\,/\hbar$$

und

$$R_{K(r)} = C_0 + C_1 r \qquad \text{für} \qquad K = 0$$

hat. Bei der Definition von K wurde das Minuszeichen unter der Wurzel mit Absicht gewählt. Nur so lange der Energiewert E negativ ist, bleibt nach der klassischen Physik das Elektron im Wasserstoffatom an das Proton gebunden. Wir müssen deshalb hier die Nebenbedingung $E < 0$ verwenden. K ist also eine reelle Zahl. Wäre $E > 0$, dann könnte sich das Elektron beliebig weit vom Proton entfernen, und das Wasserstoffatom wäre ionisiert. Wir werden den Fall $E > 0$ in der Streutheorie besprechen.

Um die vollständigen Lösungen von (16) zu finden, die für große Werte von r dasselbe asymptotische Verhalten wie R_K zeigen, machen wir den Ansatz

$$R_{(r)} = \exp{(Kr)}u_{(r)}.$$

Dann ist $dR/dr = (K + u'/u)R$ usw. und mit der Abkürzung

$$a_0 = \hbar^2/m_0 e^2$$

ergibt sich für u die Gleichung

$$u'' + 2(K + 1/r)u' + \left(2K/r + 2/a_0 r - l(l + 1)/r^2\right)u = 0. \quad (17)$$

Nun setzen wir

$$u_{(r)} = \sum_{k=0}^{\infty} c_k r^{k+b}.$$

Dann ist

$$u' = \sum_{0}^{\infty} (k + b)c_k r^{k+b-1} \quad \text{usw.}$$

und aus (17) folgt

$$\sum_{0}^{\infty} \left\{ (k + b)(k + b - 1)r^{k+b-2} + 2(K + 1/r)(k + b)r^{k+b-1} + \right.$$
$$\left. + \left(\frac{2K}{r} + \frac{2}{a_0 r} - \frac{l(l+1)}{r^2}\right) r^{k+b} \right\} c_k = 0.$$

Diese Summe kann für alle Werte von r nur gleich Null sein, wenn die Koeffizienten aller Potenzen von r Null sind. Wir ersetzen nun im ersten, dritten und sechsten Summanden k durch $k+1$ und erhalten

$$\sum_{0}^{\infty} \left\{ \left((k + b + 1)(k + b + 2) - l(l + 1)\right)c_{k+1} + \right.$$
$$\left. + 2K(k + b + 1 + 1/Ka_0)c_k \right\} r^{k+b-1} = 0.$$

Daraus ergibt sich die Rekursionsformel

$$\left((k+b+1)(k+b+2) - l(l+1)\right)c_{k+1} = -2K(k+b+1+1/Ka_0)c_k. \quad (18)$$

Aufgabe 3.4. Man leite (17) und (18) her.

Um unseren Ansatz für $u_{(r)}$ zu befriedigen, muß $c_0 \neq 0$, aber $c_{-1} = c_{-2} = c_{-3} \ldots = 0$ sein. Dies ist erfüllt, wenn für $k + 1 = 0$ die linke Seite von (18) gleich $0 \cdot c_0$ ist, das heißt: $b(b + 1) - l(l + 1)$ muß

Null sein. Dies bedingt, daß $b = l$ oder $b = -l - 1$ ist. Der letztere Wert für b ist aber unbrauchbar, denn damit wäre

$$\lim_{r \to 0} u_{(r)} = \lim_{r \to 0} c_0 r^{-l-1} = \infty.$$

Wir erhalten also

$$u_{(r)} = \sum_0^\infty c_k r^{l+k} \quad \text{und} \quad c_{k+1} = -2Kc_k \frac{k + l + 1 + 1/Ka_0}{(k+1)(k+2l+2)}.$$

Wie bereits bemerkt, sind für das Wasserstoffatom nur reelle Werte von K zulässig. Weiter zeigt sich, daß alle Lösungen $u_{(r)}$ verworfen werden müssen, bei denen die Potenzreihe aus unendlich vielen Gliedern besteht, da sie divergieren bzw. kein Wasserstoffatom darstellen. Die Potenzreihe für u muß also abbrechen. Dies ist nur möglich, wenn K negativ und reell ist und einen der Werte K_n hat, die durch

$$-1/K_n a_0 = k + l + 1 = n$$

gegeben sind. Die Reihe bricht dann für $k = n - l - 1$ ab. n muß ganzzahlig, positiv und größer als l sein. Es ist also

$$n = 1, 2, \ldots \quad \text{und} \quad l = 0, 1, 2, \ldots, n - 1.$$

Für diese Werte von n und l erhält man die Lösungen

$$R_{nl(r)} = e^{-r/na_0} u_{nl(r)} = e^{-r/na_0} \sum_{k=0}^{n-l-1} c_k r^{l+k} \tag{19}$$

mit

$$c_{k+1} = -\frac{2c_k}{na_0} \frac{n - k - l - 1}{(k+1)(k+2l+2)}. \tag{20}$$

Sie sind überall endlich, da $r/na_0 \geq 0$ ist.

Aufgabe 3.5. Man zeige, daß für positive oder komplexe K die Potenzreihe für u_{nl} nicht abbricht.

3.4 Lösungen der Wellengleichung

Mit der Abkürzung $E_1 = -e^2/2a_0$ folgt aus $K_n^2 = 1/n^2 a_0^2 = -2m_0 E_n/\hbar^2$

$$E_n = E_1/n^2, \tag{21}$$

und es ergeben sich die Lösungen der Wellengleichung

$$\psi_{nlm(r,\Theta,\Phi,t)} = R_{nl} G_{lm} F_m \tau_n = e^{-r/na_0} \sum_{k=0}^{n-l-1} c_k r^{l+k} G_{lm} e^{im\Phi - iE_n t/\hbar}, \tag{22}$$

die alle noch mit einer beliebigen Konstante multipliziert sein könnten.
Natürlich ist eine Überlagerung

$$\psi = \sum_{n,l,m} c_{nlm}\psi_{nlm} \tag{23}$$

die allgemeinste Lösung der Wellengleichung, die den geforderten Nebenbedingungen — Stetigkeit, Eindeutigkeit und Endlichkeit für alle Werte
von r, Θ und Φ — genügt. Die Konstanten c_{nlm} sind wieder aus den
Anfangsbedingungen zu bestimmen. Wann ein Wasserstoffatom durch
eine solche Überlagerung und wann es durch eine einzige der Funktionen ψ_{nlm} dargestellt werden muß, wird in Abschnitt 3.5 besprochen.

Die Funktionen R_{nl} haben im Bereich $0 < r < \infty$ im ganzen
$n-l-1$ Nullstellen, und es gibt daher $n-l-1$ Kugelschalen, auf denen
ein Zustandsvektor ψ_{nlm} den Wert Null annimmt. n, l und m sind ganzzahlig und den Bedingungen

$$n \geq 1, \quad 0 \leq l < n, \quad -l \leq m \leq l \tag{24}$$

unterworfen. n bezeichnet man als Hauptquantenzahl, l als Nebenquantenzahl und m als magnetische Quantenzahl. Man sieht, daß es für
festes n und l im ganzen $2l+1$ verschiedene Lösungen ψ_{nlm} gibt, die sich
in dem Anteil F_m unterscheiden, mit $m = 0, \pm 1, \pm 2, \ldots, \pm l$. Für ein
bestimmtes n kann l die Werte $l = 0, 1, \ldots, n-1$ annehmen, also n verschiedene Werte. Die Gesamtzahl der linear unabhängigen Zustandsvektoren für ein gegebenes n und alle für dieses n zulässigen Werte von l
und m ist also

$$N = \sum_{l=0}^{n-1} (2l + 1).$$

Das erste Glied dieser arithmetischen Reihe ist Eins, das letzte $2n-1$,
folglich ist

$$N = (1 + 2n - 1)n/2 = n^2.$$

Die Lösungen der Wellengleichung mit $n = 1$ und $n = 2$ sind

$$\psi_{1,0,0} \sim e^{-r/a_0 - iE_1 t/\hbar},$$

$$\psi_{2,0,0} \sim (1 - r/2a_0)e^{-r/2a_0 - iE_1 t/4\hbar},$$

$$\psi_{2,1,1} \sim r \sin \Theta e^{-r/2a_0 + i\Phi - iE_1 t/4\hbar}, \tag{25}$$

$$\psi_{2,1,0} \sim r \cos \Theta e^{-r/2a_0 - iE_1 t/4\hbar},$$

$$\psi_{2,1,-1} \sim r \sin \Theta e^{-r/2a_0 - i\Phi - iE_1 t/4\hbar}.$$

Als nächstes berechnen wir die Erwartungswerte von Meßgrößen, die
sich für die Zustandsvektoren ψ_{nlm} ergeben.

3.5 Erwartungswerte und Unschärfen

Für einen Zustand, der durch die Quantenzahlen n, l und m gekennzeichnet ist, ergibt sich mit

$$\int d^3 r = \int\limits_0^\infty dr\, r^2 \int\limits_0^\pi d\Theta \, \sin\Theta \int\limits_0^{2\pi} d\Phi$$

der Erwartungswert

$$\langle E \rangle = \frac{\int d^3 r\, \psi^*_{nlm(r,\Theta,\Phi,t)}\, \mathbf{E}\, \psi_{nlm(r,\Theta,\Phi,t)}}{\int d^3 r\, |\psi_{nlm}|^2} = E_1/n^2$$

und die Unschärfe

$$\Delta E = (\langle E^2 \rangle - \langle E \rangle^2)^{1/2} = 0$$

für die Energie. Eine Funktion ψ_{nlm} stellt also einen Zustand dar, dessen Energie genau bekannt und gleich E_1/n^2 ist. Da $\langle E \rangle$ nur von n, nicht aber von l oder m abhängt, gibt es jeweils n^2 linear unabhängige Zustandsvektoren ψ_{nlm}, die denselben Erwartungswert für die Energie liefern.

Wir wollen herausfinden, wodurch sich diese Zustandsvektoren unterscheiden. Es ist ausgeschlossen, daß sie Zuständen mit verschiedenen, genau bekannten Werten des Impulses entsprechen. Der Mittelwert einer jeden Komponente des Impulses des Elektrons muß Null sein, weil sich dieses sonst im Laufe der Zeit vom Proton entfernen würde. Auch für die Mittelwerte der Koordinaten ergibt sich der Wert Null: Da $\psi^*_{nlm}\psi_{nlm}$ stets eine gerade Funktion von x, y und z ist, ist z. B. der Integrand in $\langle x \rangle$, nämlich $x\psi^*_{nlm}\psi_{nlm}$, ungerade, also $\langle x \rangle = 0$ für alle ψ_{nlm}. Auch $\psi^*_{nlm}\mathbf{p}_x\psi_{nlm} = -i\hbar\psi^*_{nlm}\,\partial\psi_{nlm}/\partial x$ ist eine ungerade Funktion. Die ψ_{nlm} unterscheiden sich daher nicht in den Erwartungswerten von Impuls oder Koordinate. Deshalb wollen wir die Erwartungswerte für andere Meßgrößen berechnen.

Bewegt sich ein Massenpunkt in einem Zentralfeld, dann ist sein *Bahndrehimpuls* konstant und stellt deshalb eine der wichtigen Meßgrößen dar, die den Zustand des Systems am besten charakterisieren. Dies gilt auch für ein Wasserstoffatom. Der Bahndrehimpuls eines Elektrons, bezogen auf den Ursprung des Koordinatensystems, wäre nach der klassischen Mechanik $\mathfrak{L} = \mathfrak{r} \times \mathfrak{p}$, woraus sich für die dritte Komponente $L_3 = L_z = xp_y - yp_x$ ergäbe. Der entsprechende Operator ist

$$\mathbf{L}_z = \mathbf{x}\mathbf{p}_y - \mathbf{y}\mathbf{p}_x = -i\hbar\,(x\,\partial/\partial y - y\,\partial/\partial x)\ \mathrm{zyk.} \tag{26}$$

Wegen

$$\frac{\partial}{\partial\Phi} = \frac{\partial x}{\partial\Phi}\frac{\partial}{\partial x} + \frac{\partial y}{\partial\Phi}\frac{\partial}{\partial y} + \frac{\partial z}{\partial\Phi}\frac{\partial}{\partial z}$$

$$= -r\sin\Theta\sin\Phi\,\frac{\partial}{\partial x} + r\sin\Theta\cos\Phi\,\frac{\partial}{\partial y} = x\,\frac{\partial}{\partial y} - y\,\frac{\partial}{\partial x}$$

ergibt sich in Polarkoordinaten

$$\mathbf{L}_z = -i\hbar\,\partial/\partial\varPhi \tag{27a}$$

und auf ähnliche Art

$$\mathbf{L}_y = i\hbar\left(-\cos\varPhi\,\frac{\partial}{\partial\varTheta} + \cot\varTheta\,\sin\varPhi\,\frac{\partial}{\partial\varPhi}\right) \tag{27b}$$

und

$$\mathbf{L}_x = i\hbar\left(\sin\varPhi\,\frac{\partial}{\partial\varTheta} + \cot\varTheta\,\cos\varPhi\,\frac{\partial}{\partial\varPhi}\right), \tag{27c}$$

und man erhält $\langle L_z\rangle = m\hbar$ und $\varDelta L_z = 0$. Für das Quadrat des Bahndrehimpulses ergibt sich aus (27) der Operator

$$\mathbf{L}^2 = \mathbf{L}_x^2 + \mathbf{L}_y^2 + \mathbf{L}_z^2 = -\hbar^2\left(\frac{\partial^2}{\partial\varTheta^2} + \cot\varTheta\,\frac{\partial}{\partial\varTheta} + \frac{1}{\sin^2\varTheta}\,\frac{\partial^2}{\partial\varPhi^2}\right)$$

$$= -\hbar^2\left\{\frac{1}{\sin\varTheta}\,\frac{\partial}{\partial\varTheta}\left(\sin\varTheta\,\frac{\partial}{\partial\varTheta}\right) + \frac{1}{\sin^2\varTheta}\,\frac{\partial^2}{\partial\varPhi^2}\right\}. \tag{28}$$

Aus (8), (10) und (14) folgt

$$\mathbf{L}^2 G_{lm}F_m = l(l+1)\hbar^2 G_{lm}F_m, \tag{29}$$

so daß $\langle L^2\rangle = l(l+1)\hbar^2$ und $\varDelta L^2 = 0$ ist. Es ist nicht möglich, aus (28) einen einfachen, linearen Operator für den Betrag des Bahndrehimpulses abzuleiten, da $\mathbf{L}^2$ kein vollständiges Quadrat ist. Deshalb definieren wir den Erwartungswert von L durch

$$\langle L\rangle = \langle L^2\rangle^{1/2} = \sqrt{l(l+1)}\,\hbar. \tag{30}$$

Für die ψ_{nlm} ist also

$$\langle E\rangle = E_1/n^2, \quad \langle L^2\rangle = l(l+1)\hbar^2, \quad \langle L_z\rangle = m\hbar \tag{31}$$

und

$$\varDelta E = \varDelta L^2 = \varDelta L_z = 0. \tag{32}$$

Alle diese Erwartungswerte und Unschärfen kann man angeben, *ohne* die expliziten Ausdrücke für die Zustandsvektoren zu kennen.

Aufgabe 3.6. Man beweise, daß die Formeln (25), (31) und (32) richtig sind, und berechne Erwartungswerte und Unschärfen auch explizit für die Zustandsvektoren (25). Man berechne $\langle L_x\rangle$, $\langle L_y\rangle$, $\varDelta L_x$ und $\varDelta L_y$ für $\psi_{2,0,0}$ und $\psi_{2,1,1}$.

Wegen (32) stellen die ψ_{nlm} Wasserstoffatome dar, deren Energie genau bekannt ist und einen der durch (31) gegebenen Werte hat. Dasselbe gilt für Betrag und z-Komponente des Bahndrehimpulses.

Wie in Abschnitt 4.4 bewiesen werden wird, können die Formeln (32) nur für jede einzelne der Funktionen ψ_{nlm} gelten, während für jede Überlagerung mindestens eine der Unschärfen größer als Null wird. Um ein Wasserstoffatom darzustellen, für das die Werte von E, L^2 und L_z genau bekannt sind, *müssen* also in (23) alle Konstanten c_{nlm} bis auf eine einzige gleich Null gesetzt werden. Da für $\langle E \rangle$, $\langle L^2 \rangle$ und $\langle L_z \rangle$ in diesem Falle nur die diskreten Werte (31) möglich sind, können nach der Quantentheorie bei einer genauen Messung auch nur diese Werte gefunden werden. Die Energiewerte sind alle negativ, da E_1 negativ ist, und entsprechen deshalb gebundenen Zuständen des Elektrons. Im Gegensatz zur klassischen Physik kann jedoch nach der Quantentheorie die Energie des Elektrons nicht beliebige negative Werte haben, sondern nur einen der Werte E_1/n^2, die alle im Bereich $E_1 \leq E_n < 0$ liegen. Das Experiment liefert für Energie und Bahndrehimpuls tatsächlich diskrete Werte und bestätigt damit die Voraussagen der Quantentheorie. Bei genauen Messungen erhält man Energiewerte, die sich von den oben berechneten unterscheiden. Diese Unstimmigkeiten verschwinden jedoch, wenn man in den Rechnungen auch die Mitbewegung des Protons, den Spin des Elektrons und relativistische Effekte berücksichtigt. Wir werden darauf in den Kapiteln 10, 11 und 13 zurückkommen.

Bei der Interpretation der Voraussagen für den Bahndrehimpuls ist zu berücksichtigen, daß wir durch den Ansatz $Y = G_{(\Theta)} F_{(\Phi)}$ die z-Richtung ausgezeichnet haben. Die ψ_{nlm} beschreiben deshalb Zustände, in denen $\Delta L_z = 0$, für $l \neq 0$ aber stets $\Delta L_x = \Delta L_y > 0$ ist. Der Mittelwert von L_x und L_y ist zwar Null, eine Messung dieser Komponenten des Bahndrehimpulses kann aber einen von Null verschiedenen Wert liefern. Durch geeignete Linearkombination der ψ_{nlm} kann man auch Zustandsvektoren finden, für die z. B. ΔL^2 und ΔL_x Null sind. Für $l \neq 0$ ist aber dann stets $\Delta L_y = \Delta L_z > 0$. Wenn $l \neq 0$ ist, können also nur der Betrag des Bahndrehimpulses und seine Komponente in einer *einzigen*, allerdings beliebigen Richtung genau bekannt sein. Der Wert der letzteren ist dann ein ganzzahliges Vielfaches von $\hbar$. Mißt man z. B. zuerst die x-Komponente und anschließend die z-Komponente genau, dann muß das Atom nach der zweiten Messung wieder durch den entsprechenden Zustandsvektor ψ_{nlm} dargestellt werden, damit sich $\Delta L_z = 0$ ergibt. Für diesen Zustandsvektor ist aber $\Delta L_x > 0$, und das Ergebnis einer neuerlichen Messung der x-Komponente ist dann nicht voraussagbar. Ist $l = 0$, dann sind alle Komponenten des Bahndrehimpulses und dessen Betrag und auch die Unschärfen dieser Meßgrößen gleich Null. Diese Zustandsvektoren hängen nur von r ab und entsprechen den „S-Zuständen" der Spektroskopie.

Es ist unmöglich, Impuls und Koordinate des Elektrons genau zu messen. Deshalb verwendet man andere Methoden, um den Bahndrehimpuls eines Wasserstoffatoms zu bestimmen: Durch den Umlauf des geladenen Elektrons entsteht ein magnetisches Feld, das durch ein *Dipolmoment* beschrieben werden kann. Die Energie des Wasserstoffatoms hängt vom Betrag dieses Dipolmoments sowie von seiner Einstellung relativ zu dem magnetischen Moment, das durch den *Spin* des Elektrons erzeugt wird, und zu einem äußeren magnetischen Feld ab. Der Bahndrehimpuls des Elektrons kann also im Prinzip durch eine Energiemessung bestimmt werden. Die berechneten Energiewerte (21) sind unabhängig von Betrag und Orientierung des Bahndrehimpulses, während die spektroskopisch gemessenen Werte die erwartete Abhängigkeit zeigen. Diese Unstimmigkeit entsteht, da wir in (3) verschiedene Wechselwirkungen vernachlässigt haben.

Da die Erwartungswerte (31) und die Unschärfen (32) nicht von der Zeit abhängen, bleiben E, L^2 und L_z für alle Systeme erhalten, die durch eine der Funktionen ψ_{nlm} dargestellt werden. Wiederholte Messungen an einem solchen System müssen daher für diese Größen stets denselben Wert ergeben, wenn die Messungen selbst den Zustand des Systems nicht ändern.

Unsere Rechnung ergab für die möglichen Energieniveaus eines angeregten Wasserstoffatoms genau definierte Werte. Soll die Energie eines Systems genau bekannt sein, dann muß allerdings die Unschärfe der dazu kanonisch konjugierten Größe t unendlich groß sein, das heißt das System müßte unendlich lange in dem betreffenden Zustand verbleiben. Experimente zeigen, daß die Lebensdauer der angeregten Zustände eines Atoms endlich ist und im allgemeinen in der Größenordnung von 10^{-8} Sekunden liegt und daß jede Spektrallinie — selbst unter idealen Bedingungen — eine endliche Breite hat. Die Anregungsenergien können also nicht scharf definiert sein. Der Grund dafür, daß die Voraussagen unserer Theorie hierin dem Experiment widersprechen, liegt darin, daß in der für die Hamiltonfunktion verwendeten Näherung nicht alle Wechselwirkungen berücksichtigt sind.

Eine Gruppe von mehreren Wasserstoffatomen kann ebenfalls durch eine passende Linearkombination der ψ_{nlm} dargestellt werden. Zur Vereinfachung nehmen wir an, daß alle Atome völlig voneinander und von ihrer Umgebung isoliert seien. Wenn sich alle Atome in dem *gleichen* Zustand befinden, wird auch das ganze System durch den entsprechenden Zustandsvektor ψ_{nlm} dargestellt. n, l und m sind dabei die Quantenzahlen für die Energie, den Betrag und die z-Komponente des Bahndrehimpulses, die sich bei einer Messung an *irgendeinem* der Atome ergeben würden. Besteht ein System aus Wasserstoffatomen in *verschiedenen* Zuständen, dann liefern Energiemessungen die diesen entsprechenden Werte. Für eine einzige genaue Messung können nur die *möglichen* Ergebnisse und deren Wahrscheinlichkeit vorausgesagt werden, die von der Anzahl der Atome in den verschiedenen angeregten Zuständen abhängt. Wie ein Zustandsvektor, der diese Angaben enthält, aus den ψ_{nlm} überlagert werden kann, wird im nächsten Kapitel besprochen. Vorher müssen aber einige wichtige mathematische Begriffe erklärt werden.

4. Zustandsvektoren und ihre Überlagerung

4.1 Eigenfunktionen

Multipliziert man eine beliebige Funktion f mit einem Operator $\mathbf{A}$, dann ergibt das Produkt $\mathbf{A}f$ im allgemeinen eine neue, von f verschiedene Funktion. So ist z. B. $\mathbf{x}f = xf$ nicht proportional zu f. Dies gilt aber nicht für alle Funktionen. Jeder Operator besitzt einen Satz von „*Eigenfunktionen*", die eine Gleichung von der Form $\mathbf{A}f \sim f$ erfüllen, wie z. B. die F_m im Falle von $\mathbf{L}_z$. Die Eigenfunktionen eines Operators $\mathbf{A}$ können also aus der „*Eigenwertgleichung*"

$$\mathbf{A}f_j = A_j f_j \tag{1}$$

für die gewählten Zusatzbedingungen gefunden werden. Die A_j sind dabei skalare Konstanten. Sie werden Eigenwerte des Operators $\mathbf{A}$ genannt und hängen davon ab, wie $\mathbf{A}$ und die Zusatzbedingungen gewählt werden. Die Eigenwerte können einen Bereich kontinuierlich überdecken, z. B. $C \leq A_j \leq D$, sie können auf diskrete Werte beschränkt sein wie im Falle von $\mathbf{L}^2$, es ist aber auch möglich, daß es zu einem Operator diskrete und kontinuierliche Eigenwerte gibt, etwa daß A_j kontinuierlich alle Werte zwischen 0 und ∞ sowie die diskreten Werte $-1, -2, \ldots$ haben kann. Addiert man zu einem Operator eine Konstante K, dann wird das gesamte Spektrum seiner Eigenwerte um den Betrag K verschoben. Zu einem Eigenwert A_j kann es mehrere, etwa N, linear unabhängige Eigenfunktionen geben. Er heißt dann N-fach entartet. Da jede Eigenwertgleichung homogen ist, gibt es zu jedem Eigenwert unendlich viele linear abhängige Eigenfunktionen. Wir werden im allgemeinen die normierten Funktionen verwenden.

Nehmen wir als Beispiel den Operator $\mathbf{A} = -i\hbar\, \partial/\partial q$. Aus der Eigenwertgleichung ergeben sich für ihn die Eigenfunktionen $f_j = \exp(iA_j q/\hbar)$, die überall stetig und eindeutig sind, wenn A_j eine beliebige reelle, imaginäre oder komplexe Zahl ist. Keiner der Eigenwerte ist entartet. Interpretieren wir nun $\mathbf{A}$ wie in Abschnitt 2.3 als Impulsoperator für ein freies Teilchen, dann müssen wir noch verlangen, daß die f_j im gesamten Definitionsbereich der Variablen q, das heißt für alle reellen q, endlich sind. Für die A_j sind dann alle reellen Werte zwischen $-\infty$ und $+\infty$ zulässig. Die verwendete Nebenbedingung entspricht also der Aussage, daß der Impuls eines freien Teilchens einen beliebigen reellen Wert haben kann. Ersetzen wir jedoch q durch Φ, dann können wir $\mathbf{A}$ auch wie in Abschnitt 3.5 als den Operator $\mathbf{L}_z$ für die z-Komponente des Bahndrehimpulses eines Elektrons auffassen. Wegen der Periodizitätsbedingung für Φ ergeben sich dann nur für die diskreten Eigenwerte 0, $\pm\,\hbar$, $\pm\,2\hbar\,\dots$ brauchbare Eigenfunktionen, die F_m. Das Spektrum der Eigenwerte hängt also von der verwendeten Randbedingung ab.

Aufgabe 4.1. Man gebe für den durch (3.28) definierten Operator $\mathbf{L}^2$ die Eigenfunktionen, die Eigenwerte und den Grad der Entartung an. Man zeige, daß die ψ_{nlm} Eigenfunktionen von $\mathbf{L}_z$, $\mathbf{L}^2$ und $\mathbf{H}$ sind und bestimme jeweils die Eigenwerte und den Grad der Entartung. Man untersuche, ob die ψ_{nlm} Eigenfunktionen des Operators $\mathbf{p}_x = -i\hbar\,\partial/\partial x$ sind. Man bestimme die Eigenfunktionen des Operators $x\mathbf{p}_x$.

Der Operator $\mathbf{x} = x$ hat keine stetigen Eigenfunktionen. Die Eigenwertgleichung

$$x\,X_{(x)} = x_0\,X_{(x)} \tag{2}$$

kann für $x \neq x_0$ nur erfüllt sein, wenn X gleich Null ist. Dagegen soll X für $x = x_0$ von Null verschieden sein. Außerdem wollen wir X normieren, so daß $\int dx\,|X|^2 = 1$ ist. Dann muß X aber in x_0 singulär sein, das heißt $X_{(x_0)} = \infty$. Man kann eine ganze Reihe mathematischer Ausdrücke angeben, die diese Forderungen erfüllen, z. B.

$$X_0 = \lim_{a\to\infty} (a^2/\pi)^{1/4}\,e^{-a^2(x-x_0)^2/2}. \tag{3}$$

X_0^2 stellt eine Gaußsche Funktion dar, deren Basis unendlich schmal gemacht wurde und die so normiert ist, daß sie über der Abszisse eine Fläche der Größe Eins umschließt.

Aufgabe 4.2. Man zeige, daß (3) eine normierte Eigenfunktion des Operators $\mathbf{x} = x$ mit dem Eigenwert x_0 ist.

4.2 Die Deltafunktion

Jede Funktion, die sich wie X_0^2 verhält, wird *Deltafunktion* genannt. Die Deltafunktion kann also durch

$$\delta_{(x-x_0)} = \begin{cases} 0 & \text{für } x \neq x_0 \\ \infty & \text{für } x = x_0 \end{cases} \quad \text{und} \quad \int\limits_{-\infty}^{\infty} dx\,\delta_{(x-x_0)} = 1 \tag{4}$$

definiert werden. Aus (4) folgt

$$\int\limits_{-\infty}^{\infty} dx\,\delta_{(x-x_0)} = \int\limits_{x_0-\varepsilon}^{x_0+\varepsilon} dx\,\delta_{(x-x_0)} \quad \text{und} \quad \int\limits_{-\infty}^{\infty} dx\,g_{(x)}\,\delta_{(x-x_0)} = g_{(x_0)}, \tag{5}$$

wobei ε eine beliebig kleine positive Zahl und $g_{(x)}$ jede in x_0 stetige und überall beschränkte Funktion sein kann. Mit der Transformation $x - x_0 \to x$ kann man zur Vereinfachung der Formeln den Punkt x_0 in den Ursprung legen, wodurch $\delta_{(x-x_0)}$ in $\delta_{(x)}$ übergeht. Weitere Eigenschaften der Deltafunktion sind

$$\delta_{(-x)} = \delta_{(x)}, \, \delta_{(Kx)} = \frac{1}{|K|}\,\delta_{(x)}, \quad x\,\delta_{(x)} = 0, \quad \delta_{(x)} = \frac{d\eta_{(x)}}{dx}, \quad \eta_{(x)} = \int\limits_{-\infty}^{x} dq\,\delta_{(q)}. \quad (6)$$

Hier ist K eine beliebige reelle Konstante und $\eta_{(x)}$ die sogenannte Sprungfunktion, die durch

$$\eta_{(x)} = \begin{cases} 0 & \text{für} \quad x < 0 \\ 1 & \text{für} \quad x > 0 \end{cases} \quad (7)$$

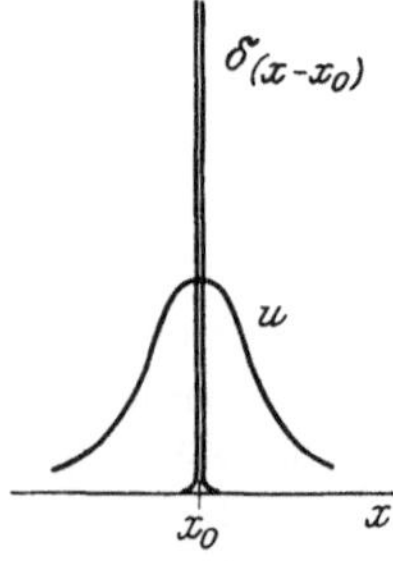

Abb. 3.
Gaußsche Kurve (u)
und Deltafunktion

definiert ist. Setzt man

$$\delta_{(\mathbf{r})} = \delta_{(x)}\delta_{(y)}\delta_{(z)}, \quad (8)$$

so gilt

$$\int d^3r\,\delta_{(\mathbf{r})} = 1. \quad (9)$$

Neben

$$\delta_{(x)} = \lim_{a\to\infty} \frac{a}{\sqrt{\pi}}\,e^{-a^2x^2} \quad (10)$$

hat z. B. auch

$$\delta_{(x)} = \lim_{\varepsilon\to 0} \int\limits_{-\infty}^{\infty} \frac{dk}{2\pi}\,e^{ikx-\varepsilon|k|} \quad (11)$$

die geforderten Eigenschaften. Aus (11) folgt nämlich

$$\delta_{(x)} = \frac{1}{\pi}\lim_{\varepsilon\to 0} \frac{\varepsilon}{\varepsilon^2 + x^2} = \begin{cases} \infty & \text{für} \quad x = 0 \\ 0 & \text{für} \quad x \neq 0 \end{cases} \quad (12)$$

und

$$\int\limits_{-\infty}^{\infty} dx\,\delta_{(x)} = \lim_{\varepsilon\to 0} \int\limits_{-\infty}^{\infty} \frac{dx}{\pi}\,\frac{\varepsilon}{\varepsilon^2 + x^2} = 1.$$

Selbstverständlich ist es möglich, durch Einführung eines passenden Parameters die Deltafunktion noch auf viele andere Arten explizit darzustellen. Trotz ihrer ungewöhnlichen Eigenschaften ist es sehr zweckmäßig, sie in der Quantentheorie zu verwenden.

Gelegentlich kommen Integrale von der Form

$$J = \int\limits_{-\infty}^{\infty} dx\,g_{(x)}\,\delta_{(f(x))}$$

vor. Für die Integration muß man die Nullstellen x_1, x_2, ... x_N von $f_{(x)}$ bestimmen, da nur dort der Integrand von Null verschieden ist. Wir wollen annehmen, daß diese Nullstellen alle einfach sind. Dann kann man in der Umgebung einer Nullstelle x_j die Funktion f durch das zweite Glied der Taylorreihe ersetzen,

$$f_{(x)} \approx f_{(x_j)} + (x - x_j)\, f'_{(x_j)} = (x - x_j)\, f'_{(x_j)}\,,$$

und erhält mit (6)

$$J = \sum_{j=1}^{N} \int_{x_j-\varepsilon}^{x_j+\varepsilon} dx\, g_{(x)}\, \delta_{(x-x_j)}/|f'_{(x_j)}| = \sum_{j=1}^{N} g_{(x_j)}/|f'_{(x_j)}|\,. \tag{13}$$

Läuft die Integration nicht von $-\infty$ bis $+\infty$, dann sind natürlich bei der Summation in (13) nur diejenigen Nullstellen zu berücksichtigen, die im Integrationsbereich liegen.

Aufgabe 4.3. Man beweise (5) und (9) und zeige, daß die Bedingungen (6) von der Funktion (10) erfüllt werden. Man stelle $\eta_{(x)}$ graphisch dar und gebe (6) bis (12) für den Fall an, daß die singuläre Stelle nicht im Nullpunkt, sondern im Punkt $\mathfrak{r}_0$ liegt.

4.3 Vollständige Orthogonalsysteme

Definition 1: Ein Ausdruck von der Form $\int_R dQ\, f^\dagger_{(Q)}\, g_{(Q)}$ wird das *Skalarprodukt* der Funktionen f und g über den Bereich R genannt und durch $\langle f, g \rangle$ bezeichnet:

$$\langle f, g \rangle \equiv \int_R dQ\, f^\dagger_{(Q)} g_{(Q)}\,. \tag{14}$$

Q steht dabei wieder für alle Variablen außer t, R ist der Integrationsbereich.

Für die Funktionen (2.25) wäre z. B. der Bereich R für die Variable von $-\infty$ bis $+\infty$ zu erstrecken, im Falle der Funktionen (3.12) aber über ein Intervall der Länge 2π. Die Normierungsbedingung für eine Funktion g lautet

$$\langle g, g \rangle = 1\,. \tag{15}$$

Eine nicht normierte Funktion f ist normierbar, wenn $\langle f, f \rangle < \infty$ ist. Die zu f gleichwertige normierte Funktion ist $f/\langle f, f \rangle^{1/2}$. Dasselbe Normierungsverfahren kann man rein formal oft auch für nicht normierbare Funktionen anwenden, z. B. wenn $\langle f, f \rangle = \delta_{(0)} \equiv \delta = \infty$ ist. Bei der Berechnung von Erwartungswerten und Unschärfen und damit für die physikalische Interpretation ergeben sich dabei kaum Schwierigkeiten. Um mathematisch korrekt vorzugehen, müßte man mit Grenzwerten wie (11) arbeiten.

Definition 2: Zwei Funktionen f_j und f_k heißen *orthogonal* im Bereich R, wenn ihr Skalarprodukt Null ist, das heißt wenn

$$\text{für } j \neq k \qquad \langle f_j, f_k \rangle = 0 \tag{16}$$

ist.

Funktionen, die orthogonal und normiert sind, nennen wir *orthonormal*. Für sie können (15) und (16) zu

$$\langle f_j, f_k \rangle = \delta_{jk} \tag{17}$$

zusammengefaßt werden. Das „Kronecker-Symbol"

$$\delta_{jk} = \begin{array}{ll} 1 & \text{für } j = k \\ 0 & \text{für } j \neq k \end{array}$$

ist nicht mit der Deltafunktion zu verwechseln. Wegen (17) ist es nie notwendig, das Skalarprodukt zweier orthonormaler Funktionen explizit zu berechnen, wodurch sich viele Rechnungen sehr vereinfachen.

Die Funktionen

$$\varphi_{m(q)} = \sqrt{1/2\pi} \; e^{imq} \tag{18}$$

sind orthonormal in jedem Bereich, der 2π überdeckt, wenn m eine ganze Zahl ist. Dann gilt nämlich mit der Abkürzung $\int\limits_{\alpha} \equiv \int\limits_{\alpha}^{\alpha+2\pi}$ für beliebige reelle α

$$\langle \varphi_{m(q)}, \varphi_{n(q)} \rangle = \int\limits_{\alpha} dq \; \varphi_{m(q)}^{*} \varphi_{n(q)} = \frac{1}{2\pi} \int\limits_{\alpha} dq \; e^{i(n-m)q} = \delta_{mn}, \tag{19}$$

da $n - m$ ganzzahlig ist. Läßt man dagegen für q alle Werte im Bereich $-\infty \leq q \leq +\infty$ zu, dann bilden die φ_m ein Orthogonalsystem für alle reellen Werte von m, und wegen (11) ist

$$\langle \varphi_{m(q)}, \varphi_{n(q)} \rangle = \int\limits_{-\infty}^{\infty} dq \; \varphi_{m(q)}^{*} \varphi_{n(q)} = \delta_{(m-n)}. \tag{20}$$

In diesem Bereich sind die φ_m also nicht auf 1, sondern auf die Deltafunktion normiert. Dies ist bei der Berechnung von Erwartungswerten und Unschärfen zu berücksichtigen.

Ist m kontinuierlich, dann wäre anstatt $\varphi_{m(q)}$ eigentlich $\varphi_{(m,q)}$ zu schreiben. Wir werden aber zwischen den beiden Schreibweisen nicht unterscheiden.

Aufgabe 4.4. Man schreibe $\langle A \rangle$ in der Form (14) und den Ausdruck $\langle \mathbf{A}f_j, \mathbf{B}f_k \rangle$ in expliziter Form. Man zeige, daß die Funktionen $\psi_1 = (\pi a^3)^{-1/2} \exp(-r/a)$ und $\psi_2 = (8\pi a^3)^{-1/2}(1 - r/2a) \exp(-r/2a)$ über den dreidimensionalen geometrischen Raum orthonormal sind. Man beweise (19) und (20). Man normiere die Funktionen (3.25).

Definition 3: Ein Operator wird in einem Bereich R „zu **A** *hermitisch konjugiert*" genannt und mit $\mathbf{A}^\dagger$ bezeichnet, wenn die Gleichung

$$\langle f, \mathbf{A}g \rangle \equiv \langle \mathbf{A}^\dagger f, g \rangle \tag{21}$$

für alle Funktionen f und g gilt, die in R dieselben Nebenbedingungen wie die Eigenfunktionen von **A** erfüllen. Umgekehrt ist auch **A** zu $\mathbf{A}^\dagger$ hermitisch konjugiert, also $(\mathbf{A}^\dagger)^\dagger \equiv \mathbf{A}$, denn aus (21) folgt

$$\langle f, \mathbf{A}g \rangle^* = \langle \mathbf{A}g, f \rangle \equiv \langle g, \mathbf{A}^\dagger f \rangle.$$

Definition 4: Ist ein Operator **A** zu sich selbst hermitisch konjugiert, dann heißt er *hermitisch*.

Ein hermitischer Operator erfüllt wegen (21) die Bedingung

$$\langle f, \mathbf{A}g \rangle = \langle \mathbf{A}f, g \rangle \tag{22}$$

für alle zulässigen f und g, das heißt $\mathbf{A}^\dagger = \mathbf{A}$. Gleichwertig ist die

Definition 5: Ein Operator heißt hermitisch, wenn alle seine Eigenwerte reell und seine Eigenfunktionen, sofern sie zu verschiedenen Eigenwerten gehören, orthogonal sind.

Verwendet man etwa die Nebenbedingung, daß alle zugelassenen Funktionen und deren Ableitungen überall endlich, stetig und eindeutig sein sollen, dann sind z. B. die Operatoren V und $V^\dagger = -V$ zueinander hermitisch konjugiert, während iV und $\mathbf{p}_x$ zyk hermitisch sind, da $i^\dagger = -i$ ist. Nichthermitisch ist $\mathbf{p}_x$ z. B. mit den Funktionen $\exp(kx)$.

Man kann zeigen, daß die Definition 5 aus (22) folgt: Da alle Eigenwerte A_k konstante Zahlen sind, gilt für zwei Eigenfunktionen f_j und f_k des Operators **A**

$$J_1 = A_k \langle f_j, f_k \rangle = \langle f_j, A_k f_k \rangle = \langle f_j, \mathbf{A} f_k \rangle$$

und

$$J_2 = A_j^* \langle f_j, f_k \rangle = \langle A_j f_j, f_k \rangle = \langle \mathbf{A} f_j, f_k \rangle.$$

In (22) können f und g auch die Eigenfunktionen f_j und f_k von **A** sein. Ist **A** hermitisch, dann ist also $J_1 \equiv J_2$, und es muß gelten

$$(A_k - A_j^*) \langle f_j, f_k \rangle = 0. \tag{23}$$

Wählt man $j = k$, dann kann das Skalarprodukt in (23) nicht Null sein, da ja der Integrand $|f_j|^2 \geq 0$ ist. Deshalb gilt $A_j^* = A_j$ für alle j, das heißt alle Eigenwerte sind reell. Ist dagegen $j \neq k$ und $A_j^* = A_j \neq A_k$, dann muß das Skalarprodukt Null sein, womit der Beweis erbracht ist. Daß umgekehrt auch (22) aus Definition 5 folgt, wird später bewiesen werden.

Aufgabe 4.5. Man beweise, daß für lineare Operatoren $\mathbf{A}$, $\mathbf{B}$, usw. $\langle f, (\mathbf{A}+\mathbf{B})g \rangle$ $= \langle f, \mathbf{A}g \rangle + \langle f, \mathbf{B}g \rangle$, $\langle f, [\mathbf{A}, \mathbf{B}]g \rangle = \langle f, \mathbf{A}\mathbf{B}g \rangle - \langle f, \mathbf{B}\mathbf{A}g \rangle$, $[\mathbf{A} + \mathbf{B}, \mathbf{C}] = [\mathbf{A}, \mathbf{C}] + [\mathbf{B}, \mathbf{C}]$ und $\langle f, [\mathbf{A} + \mathbf{B}, \mathbf{C}]g \rangle = \langle f, [\mathbf{A}, \mathbf{C}]g \rangle + \langle f, [\mathbf{B}, \mathbf{C}]g \rangle$ gilt. Man zeige, daß die Ausdrücke $\mathbf{A} + \mathbf{B}$ und $\mathbf{A}\mathbf{B} + \mathbf{B}\mathbf{A}$ hermitisch sind, wenn $\mathbf{A}$ und $\mathbf{B}$ hermitisch sind. Man beweise, daß für die Funktionen $\exp(i\mathfrak{k} \cdot \mathfrak{r}) - \nabla$ zu ∇ hermitisch konjugiert und $i\nabla$ hermitisch ist.

Um zu zeigen, daß (3.27a) hermitisch ist, nehmen wir an, f und g seien beliebige Funktionen, die dieselben Nebenbedingungen erfüllen wie die F_m: Stetigkeit, Endlichkeit, Eindeutigkeit und die Periodizitätsbedingung $f_{(\varPhi)} = f_{(\varPhi+2\pi)}$. Dann gilt

$$\int\limits_{\alpha} d\varPhi\, f^{\dagger}\, \mathbf{L}_z g = -i\hbar f^{\dagger}\, g \Big|_{\alpha}^{\alpha+2\pi} + i\hbar \int\limits_{\alpha} d\varPhi\, \frac{\partial f^{\dagger}}{\partial \varPhi}\, g = 0 + \int\limits_{\alpha} d\varPhi\, (\mathbf{L}_z f)^{\dagger}\, g$$

q.e.d. Auf ähnliche Weise ist der Beweis für (3.28) und (3.3) für beliebige Funktionen möglich, wenn diese auch die entsprechende Periodizitätsbedingung für $\varTheta$ erfüllen und wenn $\lim\limits_{r\to\infty} f = 0$ ist. Der Beweis für (3.3) ist natürlich auch in kartesischen Koordinaten möglich.

(3.3), $\mathbf{L}^2$ und $\mathbf{L}_z$ sind also für die erwähnten Nebenbedingungen hermitisch. Deshalb sind alle ψ_{nlm} im Bereich $0 \leq r \leq \infty$, $0 \leq \varTheta \leq \pi$, $0 \leq \varPhi \leq 2\pi$ orthogonal, da sie Eigenfunktionen von (3.3) zu verschiedenen Eigenwerten sind, wenn sie sich in n unterscheiden, und Eigenfunktionen von $\mathbf{L}^2$ und $\mathbf{L}_z$ zu verschiedenen Eigenwerten, wenn l bzw. m verschieden ist. Die *Kugelfunktionen*

$$Y_{lm} = N_{lm} G_{lm} F_m \tag{24}$$

bilden ein orthonormales System im Bereich $0 \leq \varTheta \leq \pi$ und $0 \leq \varPhi \leq 2\pi$, wobei die Normierungskonstante

$$N_{lm} = \frac{(-1)^l}{2^l l!\, \sqrt{2\pi}} \left(\frac{(2l + 1)\,(l + m)!}{2(l - m)!} \right)^{1/2} \tag{25}$$

ist.

Aufgabe 4.6. Man leite (23) explizit ohne Verwendung der Abkürzung (14) für das Skalarprodukt ab. Man zeige, daß $Y_{0,0}$ und $Y_{1,1}$ orthonormal sind und daß der Operator (3.3) hermitisch ist, wenn man die Randbedingung $\lim\limits_{r\to\infty} f = 0$ verwendet.

Linear unabhängige Eigenfunktionen, die zu demselben Eigenwert gehören, sind nicht immer orthogonal. Man kann jedoch stets einen zu ihnen gleichwertigen orthogonalen Satz finden: Wir bezeichnen die Eigenfunktionen zu dem N-fach entarteten Eigenwert A mit $f_1, f_2, \ldots f_N$. Um die entsprechenden orthonormalen Funktionen $g_1, g_2, \ldots g_N$ zu finden, machen wir den Ansatz

$$g_j = \sum_{k=1}^{j} c_{jk} f_k \quad \text{mit} \quad j = 1, 2, \ldots N. \tag{26a}$$

Die Konstanten c_{jk} sind aus den j Bedingungen

$$\langle g_k, g_j \rangle = \delta_{jk} \quad \text{mit} \quad k = 1, 2, \ldots j \tag{26b}$$

für die Orthonormalität der g_j zu berechnen. Aus (26) folgt also

$$g_1 = c_{11} f_1, \qquad \langle g_1, g_1 \rangle = c_{11}^2 \langle f_1, f_1 \rangle = 1$$
$$g_2 = c_{21} f_1 + c_{22} f_2, \qquad \langle g_1, g_2 \rangle = 0, \qquad \langle g_2, g_2 \rangle = 1$$

usw. Die g_j sind durch (26) nur bis auf einen komplexen Faktor vom Betrag Eins bestimmt, der beliebig angenommen werden darf. Die so gefundenen N Funktionen g_j sind orthonormal und linear unabhängig und gehören ebenfalls alle zum Eigenwert A, denn es gilt der

Satz 1: Eine Überlagerung von Eigenfunktionen f_k, die alle zu demselben Eigenwert A gehören. ist wieder eine Eigenfunktion zum Eigenwert A. Aus $\mathbf{A} f_k = A f_k$ folgt nämlich für $\psi = \sum_k c_k f_k$

$$\mathbf{A}\psi = \sum c_k \mathbf{A} f_k = \sum c_k A f_k = A\psi. \tag{27}$$

Dagegen ist eine Superposition von Eigenfunktionen zu verschiedenen Eigenwerten keine Eigenfunktion:

$$\mathbf{A}\psi = \sum c_k \mathbf{A} f_k = \sum c_k A_k f_k \neq A \sum c_k f_k,$$

wenn die A_k verschieden sind. Zum Beispiel ist jede Linearkombination der ψ_{nlm} zwar eine Lösung der Wellengleichung (3.4), eine Eigenfunktion von (3.3) ist sie aber nur dann, wenn alle verwendeten ψ_{nlm} zu derselben Hauptquantenzahl gehören.

Bisher haben wir uns nicht ausdrücklich auf Funktionen beschränkt, die normiert oder orthogonal sind. Zur Vereinfachung setzen wir von nun an im allgemeinen voraus, daß alle verwendeten Funktionen f_k, ψ usw. orthonormal sind, was mit dem oben gezeigten Verfahren stets erreicht werden kann.

Definition 6: Die Gesamtheit der linear unabhängigen Eigenfunktionen f_k eines hermitischen Operators zu allen diskreten und kontinuierlichen Eigenwerten, die in einem entsprechend gewählten Bereich R vorgegebenen Nebenbedingungen genügen, wird ein vollständiges System in R genannt.

Jede stetige, eindeutige und endliche Funktion ψ, die dieselben Nebenbedingungen erfüllt wie die f_k, kann in R als Linearkombination der f_k dargestellt werden. Im Falle diskreter Eigenwerte gilt also

$$\psi_{(q)} = \sum_k c_k f_{k(q)}, \tag{28}$$

wobei die Summation über alle k zu erstrecken ist. Ist das Spektrum der Eigenwerte kontinuierlich, so ist statt der Summe das entsprechende Integral zu verwenden,

$$\psi_{(q)} = \int dk \, c_k f_{k(q)}. \tag{29}$$

Gibt es Eigenfunktionen zu kontinuierlichen und zu diskreten Eigenwerten, so ist in (28) über alle diskreten k zu summieren und über die kontinuierlichen zu integrieren. Wird im folgenden das Summenzeichen verwendet, so ist darunter gegebenenfalls auch die Integration zu verstehen. Nach (28) gilt

$$\int dq \, f^\dagger_{k(q)} \, \psi_{(q)} = \int dq \, f^\dagger_{k(q)} \sum_j c_j f_{j(q)} = \sum_j c_j \int dq \, f^\dagger_k f_j = \sum_j c_j \delta_{jk} = c_k,$$

also

$$c_k = \langle f_{k(q)}, \psi_{(q)} \rangle, \tag{30}$$

wenn das Spektrum von q kontinuierlich ist. Andererseits folgt aus

$$\int dp \, \delta_{(q-p)} f_{k(p)} = f_{k(q)} = \sum_j f_{j(q)} \delta_{jk} = \sum_j f_{j(q)} \int dp \, f^\dagger_{j(p)} f_{k(p)}$$

$$= \int dp \left(\sum_j f_{j(q)} f^\dagger_{j(p)} f_{k(p)} \right),$$

daß für ein vollständiges System

$$\sum_k f_{k(q)} f^\dagger_{k(p)} = \delta_{(q-p)} \tag{31}$$

sein muß. Für diskrete q ist δ_{qp} statt $\delta_{(q-p)}$ zu setzen.

Anstatt von (28) und den Orthogonalitätsrelationen für die f_k ausgehend, (30) und (31) zu beweisen, kann man auch Koeffizienten c_k durch (30) definieren und dann (28) aus (31) ableiten. Die Zerlegung (28) ist daher möglich, wenn für die f_k die „*Vollständigkeitsbeziehung*" (31) erfüllt ist und ψ den erwähnten Nebenbedingungen genügt.

Aufgabe 4.7. Man leite (28) aus (30) und (31) ab. Man gebe (30) und (31) für den Fall an, daß q ein diskretes und k ein kontinuierliches Spektrum hat sowie für den Fall, daß beide Spektren kontinuierlich sind. Man zerlege die Funktion $\psi = \cos^2 q$ nach den Funktionen (18).

Als Beispiel für ein vollständiges Orthogonalsystem wählen wir wieder die Funktionen (18). Läßt man nur ganzzahlige m zu und beschränkt man p und q auf ein Intervall der Länge 2π, $\alpha \leq p, q \leq \alpha + 2\pi$, dann erfüllen sie neben (19) die Vollständigkeitsrelation

$$\sum_{m=-\infty}^{\infty} \varphi_{m(q)} \varphi^*_{m(p)} = \delta_{(q-p)}. \tag{32}$$

Mit Hilfe der Transformation $q \to q' = qK/2\pi$ kann man aber auch auf ein Intervall von beliebiger, endlicher Länge K übergehen. Wegen

$\exp(ix) = \cos x + i \sin x$ ist das Funktionensystem $\sin mq$, $\cos mq$ gleichwertig zu den φ_m, und es gilt

$$\psi_{(q)} = \sum_{m=-\infty}^{\infty} c_m \, e^{imq} \equiv \sum_{m=0}^{\infty} (a_m \sin mq + b_m \cos mq),$$

wenn $b_m = c_m + c_{-m}$ und $a_m = i(c_m - c_{-m})$ gesetzt wird.

Im Intervall $-\infty \leq q \leq \infty$ ist das System der φ_m vollständig, wenn m kontinuierlich alle reellen Werte annimmt. Die Vollständigkeitsbeziehung lautet dann

$$\int_{-\infty}^{\infty} dm \, \varphi_{m(q)} \varphi_{m(p)}^* = \delta_{(q-p)}. \tag{33}$$

Da m und q hier denselben Wertevorrat haben, könnte man umgekehrt auch (33) als Orthogonalitätsbeziehung und (20) als Vollständigkeitsrelation ansehen, wenn man m als Variable und q als den Parameter auffaßt.

Für die entsprechenden Nebenbedingungen bilden auch die Kugelfunktionen Y_{lm} und die ψ_{nlm} vollständige Orthogonalsysteme.

Wir können jetzt beweisen, daß die Bedingung (22) aus der Definition 5 folgt: Für zwei Funktionen ψ und φ, die nach den Eigenfunktionen f_j von $\mathbf{A}$ zerlegt werden können, gilt

$$\psi = \sum_j b_j f_j \qquad \text{und} \qquad \varphi = \sum_k c_k f_k.$$

Dann ist

$$\langle \psi, \mathbf{A}\varphi \rangle = \langle \sum_j b_j f_j, \sum_k c_k A_k f_k \rangle = \sum_{j,k} b_j^* c_k A_k \langle f_j, f_k \rangle$$

und

$$\langle \mathbf{A}\psi, \varphi \rangle = \langle \sum_j b_j A_j f_j, \sum_k c_k f_k \rangle = \sum_{j,k} b_j^* c_k A_j^* \langle f_j, f_k \rangle.$$

Ist $\mathbf{A}$ hermitisch, dann ist nach Definition 5 $A_j^* = A_j$. Der Ausdruck

$$\sum_{j,k} b_j^* c_k (A_j^* - A_k) \langle f_j, f_k \rangle$$

verschwindet daher, da entweder $A_j = A_k$ oder f_j zu f_k orthogonal ist.

Aufgabe 4.8. Man führe den letzten Beweis mit expliziten Ausdrücken durch und zeige, daß (32) und (33) richtig sind. Für den Beweis von (32) sind die φ_m mit einem Konvergenzfaktor $\lim_{\varepsilon \to 0} \exp(-\varepsilon |m|)$ zu multiplizieren.

4.4 Vertauschbare Operatoren und ihre Eigenzustände

Satz 2: Sind zwei Operatoren $\mathbf{A}$ und $\mathbf{B}$ vertauschbar, dann haben sie einen vollständigen Satz von Eigenfunktionen gemeinsam, wenn man für beide Operatoren dieselben Nebenbedingungen verwendet, und umgekehrt. Nichtvertauschbare Operatoren können zwar Eigenfunktionen gemeinsam haben, diese bilden aber keinen vollständigen Satz.

Für den Beweis dieses Satzes gehen wir von den Eigenfunktionen f_j von $\mathbf{A}$ aus. Ist $\mathbf{AB} = \mathbf{BA}$, dann ist auch $\mathbf{A}(\mathbf{B}f_j) = \mathbf{BA}f_j = \mathbf{B}A_jf_j = A_j(\mathbf{B}f_j)$. Sind die A_j nicht entartet, dann kann $\mathbf{A}(\mathbf{B}f_j) = A_j(\mathbf{B}f_j)$ für alle f_j nur gelten, wenn $\mathbf{B}f_j$ wieder eine Eigenfunktion von $\mathbf{A}$ zum Eigenwert A_j ist, das heißt $\mathbf{B}f_j$ muß proportional zu f_j sein. Ist ein Eigenwert A_j N-fach entartet, dann kann man durch Superposition der zugehörigen Eigenfunktionen N linear unabhängige Funktionen f_j finden, die auch Eigenfunktionen von Operator $\mathbf{B}$ sind. Wenn die f_j auch mit Bezug auf $\mathbf{B}$ entartet sind, ist der Beweis mit Hilfe eines Operators $\mathbf{C}$, zu dem sie verschiedene Eigenwerte haben, für $\mathbf{C}$ und $\mathbf{A}$ sowie für $\mathbf{C}$ und $\mathbf{B}$ zu führen.

Jetzt nehmen wir an, daß zwei Operatoren $\mathbf{A}$ und $\mathbf{B}$ denselben vollständigen Satz von Eigenfunktionen f_k gemeinsam haben. Eine Funktion ψ kann dann nach diesen entwickelt werden, $\psi = \sum c_k f_k$, und es folgt

$$\mathbf{AB}\psi = \sum c_k \mathbf{AB} f_k = \sum c_k A_k B_k f_k = \sum c_k A_k \mathbf{B} f_k$$
$$= \mathbf{B} \sum c_k A_k f_k = \mathbf{BA}\psi$$

für alle ψ, also

$$[\mathbf{A}, \mathbf{B}] = 0.$$

Aufgabe 4.9. Man zeige, daß (3.3), $\mathbf{L}^2$ und $\mathbf{L}_z$ kommutieren und deshalb einen vollständigen Satz von Eigenfunktionen gemeinsam haben (nämlich die ψ_{nlm}).

$\mathbf{L}_x$ und $\mathbf{L}_y$ kommutieren nicht mit $\mathbf{L}_z$. Deshalb sind die ψ_{nlm} (mit Ausnahme der $\psi_{n,0,0}$) keine Eigenfunktionen von $\mathbf{L}_x$ oder $\mathbf{L}_y$. Ebenso wie $\mathbf{L}_z$ kommutiert aber $\mathbf{L}_x$ (und $\mathbf{L}_y$) mit (3.3) und $\mathbf{L}^2$, so daß es auch gemeinsame Eigenfunktionen von $\mathbf{L}_x$, (3.3) und $\mathbf{L}^2$ gibt, die z. B. durch eine Superposition der ψ_{nlm} gebildet werden können. Sie sind keine Eigenfunktionen von $\mathbf{L}_y$ und $\mathbf{L}_z$, wenn $l \neq 0$ ist.

Satz 3: Eine Eigenfunktion f_j des Operators $\mathbf{A}$ zum Eigenwert A_j ergibt als Erwartungswert der Meßgröße A diesen Eigenwert und die Unschärfe Null, das heißt

$$\text{aus } \mathbf{A}f_j = A_j f_j \text{ folgt } \langle A \rangle = \langle f_j, \mathbf{A}f_j \rangle = A_j \text{ und } \varDelta A = 0. \quad (34)$$

Dieser Fall trat z. B. bei (3.31) und (3.32) ein.

Aufgabe 4.10. Man beweise (34).

Wegen (27) gilt (34) auch für jede Linearkombination von entarteten Eigenfunktionen, die zu demselben Eigenwert gehören. Dagegen ergibt sich für einen Zustandsvektor ψ, der aus einer Linearkombination von Eigenfunktionen f_k zu verschiedenen reellen Eigenwerten besteht, stets eine Unschärfe $\Delta A > 0$: Ist $\langle \psi, \mathbf{A}\psi \rangle = A$, dann gilt

$$(\Delta A)^2 = \langle A^2 \rangle - \langle A \rangle^2 = \langle \psi, (\mathbf{A}^2 - A^2)\,\psi \rangle = \langle \psi, (\mathbf{A}^2 - 2A^2 + A^2)\,\psi \rangle$$

$$= \langle \psi, (\mathbf{A}^2 - 2\mathbf{A}A + A^2)\psi \rangle = \langle \psi, (\mathbf{A} - A)^2\,\psi \rangle$$

$$= \langle (\mathbf{A} - A)^2 \rangle. \tag{35}$$

Aus $\psi = \sum c_k f_k$ folgt $(\mathbf{A} - A)\,\psi = \sum c_k (A_k - A)\,f_k$. Die $(A_k - A)$ sind konstante Zahlen und können deshalb mit $(\mathbf{A} - A)$ vertauscht werden. Daher ist

$$(\Delta A)^2 = \langle \sum_j c_j f_j, \sum_k c_k (A_k - A)^2 f_k \rangle = \sum_{j,k} \left(c_j^* c_k (A_k - A)^2 \langle f_j, f_k \rangle \right)$$

$$= \sum_{j,k} \left(c_j^* c_k (A_k - A)^2 \, \delta_{jk} \right),$$

also

$$(\Delta A)^2 = \sum_k |c_k|^2 \, (A_k - A)^2 \geq 0, \tag{36}$$

wobei Gleichheit nur herrscht, wenn alle $A_k = A$ sind, was wir ausgeschlossen hatten.

Ist also der Zustandsvektor eines quantenmechanischen Systems eine Eigenfunktion des Operators $\mathbf{A}$ zum Eigenwert A_j, dann ist A_j zugleich der Erwartungswert der Meßgröße A für diesen Zustand, das System befindet sich in einem „*Eigenzustand*" der Meßgröße A, ΔA ist Null, und jede genaue Messung von A muß den Wert A_j liefern.

Ist umgekehrt der Wert der Meßgröße A für ein System genau bekannt, so muß sein Zustandsvektor eine Eigenfunktion des Operators $\mathbf{A}$ sein, da nur dann ΔA Null ist. Für jede Eigenfunktion ergibt sich der zugehörige Eigenwert auch als Erwartungswert. Die Eigenwerte oder „Quantenzahlen" A_j stellen also die möglichen Ergebnisse einer genauen Messung von A dar und müssen deshalb alle reell sein. Für eine Meßgröße dürfen daher nur hermitische Operatoren verwendet werden, da deren Eigenwerte alle reell sind. Die speziellen Eigenschaften eines solchen Operators, die durch die Vertauschungsregeln und die Nebenbedingungen zur Eigenwertgleichung festgelegt sind, bestimmen das Spektrum seiner Eigenwerte und damit die möglichen Meßwerte für die entsprechende Meßgröße.

Da vertauschbare Operatoren gemeinsame Eigenfunktionen haben, kann sich ein System gleichzeitig in einem Eigenzustand der entsprechenden Meßgrößen, z. B. A und B, befinden. In diesem Fall sind A und B gleichzeitig genau bekannt, und eine Messung von A ist im

Prinzip durchführbar, ohne daß sich der Wert von B ändert. Wurden zur Zeit t_0 tatsächlich genaue Messungen durchgeführt und ergaben diese die Eigenwerte A_j, B_j usw., dann ist der Zustandsvektor ψ des betreffenden Systems diejenige Lösung der Wellengleichung (2.16), die diesen Anfangsbedingungen entspricht — die also zur Zeit t_0 eine Eigenfunktion von $\mathbf{A}$, $\mathbf{B}$ usw. zu den gemessenen Eigenwerten ist. Dies bedeutet aber nicht, daß ψ auch zu einer späteren Zeit t_1 eine Eigenfunktion von $\mathbf{A}$ zum Eigenwert A_j sein muß. Eine neuerliche Messung von A zur Zeit t_1 kann nämlich einen anderen Wert als A_j ergeben, wenn $\mathbf{A}$ nicht mit dem Hamiltonoperator des Systems kommutiert. Um dies zu beweisen, differenzieren wir $\langle A \rangle$ nach t:

$$\frac{d}{dt}\langle A \rangle = \left\langle \frac{\partial \psi}{\partial t}, \mathbf{A}\,\psi \right\rangle + \left\langle \psi, \frac{\partial \mathbf{A}}{\partial t}\,\psi \right\rangle + \left\langle \psi, \mathbf{A}\,\frac{\partial \psi}{\partial t} \right\rangle . \tag{37}$$

Da wir nur Operatoren verwenden, die die Zeit nicht enthalten, ist $\partial \mathbf{A}/\partial t = 0$. Wegen (2.4) und (2.16) kann $\partial \psi/\partial t = -i\,E\psi/\hbar$ durch $-i\,\mathbf{H}\psi/\hbar$ ersetzt werden, und da $\mathbf{H}$ hermitisch sein muß folgt

$$\frac{d}{dt}\langle A \rangle = -\frac{i}{\hbar}\left(\langle -\mathbf{H}\psi, \mathbf{A}\,\psi \rangle + \langle \psi, \mathbf{A}\mathbf{H}\psi \rangle \right)$$

$$= -\frac{i}{\hbar}\,\langle \psi, (\mathbf{A}\mathbf{H} - \mathbf{H}\mathbf{A})\,\psi \rangle = -\frac{i}{\hbar}\,\langle [\mathbf{A}, \mathbf{H}] \rangle . \tag{38}$$

Ist $[\mathbf{A}, \mathbf{H}] = 0$, dann ist der Mittelwert aus vielen Messungen von A unabhängig davon, zu welcher Zeit diese durchgeführt werden. Befindet sich das System außerdem in einem Eigenzustand ψ_j von A, dann müssen genaue Messungen, die zu verschiedenen Zeiten durchgeführt werden, alle den Wert A_j ergeben, wenn durch die Messungen selbst das System nicht beeinflußt wird. In der Quantentheorie bleiben also Meßgrößen erhalten, deren Operatoren mit dem Hamiltonoperator des Systems vertauschbar sind. Im Falle des Wasserstoffatoms ist demnach $\mathfrak{L}$ eine Erhaltungsgröße, nicht aber $\mathfrak{p}$, da $[\mathfrak{p}, \mathbf{H}] \neq 0$ ist.

Gibt es zu einem Eigenwert A_j mehrere linear unabhängige Eigenfunktionen, dann gibt es unendlich viele verschiedene Eigenzustände, in denen die Meßgröße A den Wert A_j hat. Diese können sich in den Werten einer Meßgröße B, die mit A zugleich meßbar ist, unterscheiden. Zum Beispiel sind für ein gegebenes $n_0 > 1$ alle $\psi_{n_0 lm}$ Eigenzustände der Energie zu demselben Eigenwert $E_1/n_0{}^2$, sie ergeben aber nicht dieselben Eigenwerte für Betrag und z-Komponente des Drehimpulses. Eine Überlagerung der $\psi_{n_0 lm}$ stellt zwar einen Eigenzustand von H, nicht aber von L^2 und L_z dar.

Aufgabe 4.11. Man führe den Beweis für (35), (36) und (38) explizit durch.

4.5 Die Unschärferelationen

Satz 4: Die Werte zweier Meßgrößen A und B, die nach der klassischen Physik voneinander unabhängig wären, können in der Quantentheorie gleichzeitig genau bekannt sein, und $\mathbf{A}$ und $\mathbf{B}$ müssen kommutieren. Umgekehrt gilt auch

Satz 5: Sind zwei Meßgrößen C und D zueinander kanonisch konjugiert, dann können ihre Werte nach der Quantentheorie nicht zugleich genau bekannt sein, und $\mathbf{C}$ und $\mathbf{D}$ dürfen nicht kommutieren.

Prinzipiell ist es zwar möglich, die Werte von C und D nacheinander genau zu messen. Durch die Messung von D kann sich aber der Wert von C so weit ändern, daß zu jedem Zeitpunkt das Produkt der Unschärfen $\Delta C \Delta D$ mindestens gleich $\hbar/2$ ist. Die Mittelwerte von C und D können selbstverständlich für alle Zeiten beliebig genau bekannt sein.

Um eine exakte Definition für die Unsicherheit in der Messung einer Größe A zu finden, könnte man versuchen, den Operator $\mathbf{A} - \langle A \rangle$ zu verwenden. Da ein Operator aber keine Konstante ist, müßte man den Mittelwert dieser Abweichung $\langle \psi, (\mathbf{A} - \langle A \rangle)\psi \rangle$ berechnen. Dieser ist jedoch stets Null und gibt daher kein Maß für die Unschärfe. Wir haben deshalb in Postulat 4 für die Definition der Unschärfe den Mittelwert der quadratischen Abweichung $\langle (\mathbf{A} - \langle A \rangle)^2 \rangle$ verwendet, wie man mit Hilfe von (35) erkennt. Nach (36) wird dieser Ausdruck für Eigenzustände des Operators $\mathbf{A}$ Null, nicht aber für deren Überlagerungen.

Wir wollen jetzt beweisen, daß die Unschärferelation (1.7) mit der Definition (2.10) tatsächlich aus (2.11) folgt: Ein Skalarprodukt von der Form

$$\langle \mathbf{C}\psi, \mathbf{C}\psi \rangle \tag{39}$$

ist stets reell und positiv, da der Integrand $|\mathbf{C}\psi|^2 \geq 0$ ist. Sind $\mathbf{C}$ und $\mathbf{D}$ hermitische Operatoren und ist α ein beliebiger reeller Parameter, dann ist nach (39) für jede Funktion ψ das Skalarprodukt

$$\langle (\mathbf{C} + i\alpha\mathbf{D})\psi, (\mathbf{C} + i\alpha\mathbf{D})\psi \rangle = \langle \psi, \mathbf{C}^2\psi \rangle + \alpha^2 \langle \psi, \mathbf{D}^2\psi \rangle + \alpha \langle \psi, i[\mathbf{C}, \mathbf{D}]\psi \rangle$$
$$= \langle C^2 \rangle + \alpha^2 \langle D^2 \rangle + \alpha \langle i[\mathbf{C}, \mathbf{D}] \rangle \geq 0.$$

$\langle C^2 \rangle$ und $\langle D^2 \rangle$ sind von der Form (39), also reell und positiv. Man kann deshalb α so wählen, daß $\alpha^2 = \langle C^2 \rangle / \langle D^2 \rangle$ ist, und erhält

$$2(\langle C^2 \rangle \langle D^2 \rangle)^{1/2} \geq -i\langle [\mathbf{C}, \mathbf{D}] \rangle \tag{40}$$

für beliebige hermitische Operatoren $\mathbf{C}$ und $\mathbf{D}$. Setzt man nun $\mathbf{C} = \mathbf{A} - \langle A \rangle$, $\mathbf{D} = \mathbf{B} - \langle B \rangle$, dann sind $\mathbf{C}$ und $\mathbf{D}$ hermitisch, wenn $\mathbf{A}$ und $\mathbf{B}$ hermitisch sind, und $[\mathbf{C}, \mathbf{D}] = [\mathbf{A} - \langle A \rangle, \mathbf{B} - \langle B \rangle] \equiv [\mathbf{A}, \mathbf{B}]$, woraus man wegen $\langle C^2 \rangle = (\varDelta A)^2$ usw.

$$\varDelta A \; \varDelta B \geq |-i\langle \psi, [\mathbf{A}, \mathbf{B}] \, \psi \rangle /2| \geq -i\langle \psi, [\mathbf{A}, \mathbf{B}] \, \psi \rangle /2 \tag{41}$$

erhält. Aus (41) folgt für beliebige ψ die Heisenbergsche Unschärferelation, wenn (2.11) für $\mathbf{A}$ und $\mathbf{B}$ erfüllt ist, q.e.d. Weiter ergibt sich, daß $\varDelta A \; \varDelta B$, $(\varDelta A)^2$ und $(\varDelta B)^2$ reell und positiv sind und daß der Erwartungswert $\langle [\mathbf{A}, \mathbf{B}] \rangle$ eine rein imaginäre Zahl ist, wenn $\mathbf{A}$ und $\mathbf{B}$ zwei beliebige hermitische Operatoren sind.

Aus (41) erhält man auch die Unschärferelationen für Operatorfunktionen. Setzt man z. B. $\mathbf{A} = \mathbf{p}_x = -i\hbar\, \partial/\partial x$ und $\mathbf{B} = f_{(\mathbf{r})}$, dann ergibt sich wegen $f\mathbf{p}_x - \mathbf{p}_x f = i\hbar\, \partial f/\partial x$ die Unschärfebeziehung

$$\varDelta p_x \; \varDelta f \geq \frac{\hbar}{2} \left| \left\langle \frac{\partial f}{\partial x} \right\rangle \right|. \tag{42}$$

Eine Impulskomponente p_i und eine Koordinatenfunktion f sind demnach im allgemeinen nicht gleichzeitig genau meßbar, wenn f die Koordinate r_i enthält. Aus den Vertauschungsregeln für $\mathbf{H}$, $\mathbf{T}$ und $\mathbf{V}$ ergibt sich, ob die kinetische, potentielle und gesamte Energie eines Systems gleichzeitig genau meßbar sind.

Aufgabe 4.12. Man berechne $\varDelta x \, \varDelta p_x$ für den Zustand $\psi_{1,0,0}$. Da der „Durchmesser" des Wasserstoffatoms in diesem Zustand etwa 10^{-8} cm ist, müßte man für eine Bestimmung der „Bahn" die Koordinate des Elektrons wenigstens mit einer Genauigkeit von etwa 10^{-9} cm messen. Man berechne den Mindestwert von $\varDelta p$ für diesen Fall und vergleiche $\varDelta T \approx (\varDelta p)^2/2m_0$ mit der Ionisierungsenergie $-E_1$. Man zeige, daß der Operator für die kinetische Energie nicht mit (3.3) kommutiert und ziehe hieraus alle möglichen Schlüsse.

Durch die Unschärferelationen erlangen Erhaltungsgrößen für die Beschreibung eines Systems in der Quantentheorie eine viel größere Bedeutung als in der klassischen Physik. Während man die Bewegung eines Erdsatelliten sehr gut durch Angabe seiner augenblicklichen Position und Geschwindigkeit charakterisieren kann, obwohl diese Größen nicht konstant sind, wäre es sinnlos, das Elektron im Wasserstoffatom auf ähnliche Art zu beschreiben. Da weder $\mathfrak{p}$, noch $\mathfrak{r}$ mit $\mathbf{H}$ kommutiert, wird durch eine Messung dieser Größen die Energie des Atoms um einen unbekannten Betrag geändert. Dadurch kann das Elektron in eine andere Bahn gebracht oder sogar aus dem Atom entfernt werden. Erhaltungsgrößen können dagegen im Prinzip gemessen werden, ohne das betreffende System zu stören. Da sie nach der Messung konstant bleiben, kennzeichnen ihre Werte den Zustand, in dem sich das System befindet, am besten und werden deshalb „gute Quantenzahlen" genannt. Deshalb wird ein Wasserstoffatom immer durch eine der Funktionen ψ_{nlm} und nicht durch Funktionen wie (2.25), die eine genaue Angabe des augenblicklichen Impulses enthalten, beschrieben.

Jetzt wollen wir noch untersuchen, ob Unschärfen von der Zeit abhängen können. Ersetzt man in (38) $\mathbf{A}$ durch $(\mathbf{A} - \langle A \rangle)^2$, so ergibt sich

$$\frac{d}{dt} (\Delta A)^2 = -i \langle [(\mathbf{A} - \langle A \rangle)^2, \mathbf{H}] \rangle / \hbar \,, \tag{43}$$

das heißt die Unschärfe einer Meßgröße kann sich unter Umständen mit der Zeit ändern. Die Unschärfe einer Erhaltungsgröße ist aber immer konstant.

4.6 Die Wahrscheinlichkeitsfunktion

Ist der Zustandsvektor ψ für ein Einteilchensystem nicht normiert, dann ergibt sich der Mittel- oder Erwartungswert für die Koordinate des Teilchens aus

$$\langle x \rangle = \frac{\int d^3r \, x \psi_{(\mathbf{r})}^\dagger \psi_{(\mathbf{r})}}{\int d^3r \, \psi_{(\mathbf{r})}^\dagger \psi_{(\mathbf{r})}} \,. \tag{44}$$

Ein Vergleich dieses Ausdrucks mit der Formel

$$\bar{x} = \frac{\int d^3r \, x \, \varrho_{(\mathbf{r})}}{\int d^3r \, \varrho_{(\mathbf{r})}}$$

für den Schwerpunkt eines makroskopischen Körpers läßt es naheliegend erscheinen, die Gewichtsfunktion $\psi_{(\mathbf{r})}^\dagger \psi_{(\mathbf{r})} / \int d^3r \, \psi^\dagger \psi$ in (44) als Dichte des Elektrons im Punkt $\mathbf{r}$ zu interpretieren. Dagegen läßt sich aber einwenden, daß z. B. die Wellenfunktionen des Wasserstoffatoms auch in sehr großer Entfernung vom Proton nicht Null sind, so daß man dem Elektron eine unendlich große Ausdehnung zuschreiben müßte, wenn auch die „Dichte" des Elektrons mit wachsender Entfernung rasch abnähme. Noch schwerwiegendere Bedenken ergäben sich bei einem freien Elementarteilchen (siehe Kapitel 8). Für einen Eigenzustand (8.4) des Impulses wäre die Teilchendichte $\psi^\dagger \psi / \delta$ eine Konstante, und das Teilchen wäre gleichmäßig über den gesamten dreidimensionalen Raum verteilt. Für ein Wellenpaket der Form (8.17) ergäbe sich aus (8.22) sogar, daß die Ausdehnung des Teilchens mit der Zeit zunimmt! All dies steht im Widerspruch zur Erfahrung, denn in Wirklichkeit bleibt jedes Teilchen kompakt. Nur der Raumbereich, in dem es bei einer neuerlichen Messung wiedergefunden werden kann, wird im Laufe der Zeit infolge der Impulsunschärfe größer. Deshalb wird der Ausdruck

$$\varrho_{(\mathbf{r})} \, d^3r = \psi_{(\mathbf{r})}^\dagger \psi_{(\mathbf{r})} \, d^3r \tag{45}$$

heute allgemein als die Wahrscheinlichkeit interpretiert, ein Teilchen bei einer Messung im Volumelement $dx\,dy\,dz$ um $\mathbf{r}$ zu finden, wenn ψ der normierte Zustandsvektor des Teilchens ist. Die Funktion ψ selbst wird aus diesem Grunde auch *Wahrscheinlichkeitsamplitude* genannt, doch hat nur ihr Betrag und nicht der Phasenfaktor physikalische Bedeutung. Natürlich muß die „*Wahrscheinlichkeitsfunktion*" ϱ, die auch als Wahrscheinlichkeitsdichte bezeichnet wird, in jedem Punkt eindeutig definiert und stetig sein. Um dies zu gewährleisten, hatten wir immer die Eindeutigkeit und Stetigkeit der Zustandsvektoren verlangt. Die Deutung von ψ als Wahrscheinlichkeitsamplitude muß selbstverständlich aufrechterhalten werden, auch wenn ψ als Funktion von anderen Veränderlichen als x, y und z, z. B. r, Θ und Φ, gegeben ist. Wofür $\psi_{(q)}^{\dagger}\psi_{(q)}$ in einem bestimmten Fall die Wahrscheinlichkeitsfunktion darstellt, hängt von der physikalischen Bedeutung der Variablen q ab.

Auch die Wahrscheinlichkeitsinterpretation befriedigt nicht ganz unsere anschaulichen Vorstellungen. Sie vermag nicht zu erklären, wieso bei einem Interferenzexperiment die Bahn eines Photons, das durch einen Spalt hindurchgeht, durch das Öffnen eines zweiten Spaltes beeinflußt wird. Sie sagt auch aus, daß sich das Elektron in einem Wasserstoffatom noch in sehr großer Entfernung vom Proton aufhalten kann, da der Zustandsvektor erst im Unendlichen endgültig den Wert Null annimmt. Eine numerische Durchrechnung zeigt aber, daß die ψ_{nlm} mit wachsendem r so rasch gegen Null konvergieren, daß die Wahrscheinlichkeit, ein Elektron weiter als einige Bohrsche Radien vom Kern entfernt zu finden, praktisch gleich Null ist.

Die Wahrscheinlichkeit, ein Teilchen in einem endlichen Volumen R zu finden, ist selbstverständlich

$$w = \int\limits_{R} d^3r\, \varrho_{(\mathfrak{r})}. \tag{46}$$

Damit sich für den gesamten Raum die Wahrscheinlichkeit 1 ergibt, muß die Normierungsbedingung $\langle \psi, \psi \rangle = 1$ erfüllt sein.

Man kann beweisen, daß die Gesamtwahrscheinlichkeit $\langle \psi, \psi \rangle$, das Teilchen irgendwo im Raum zu finden, konstant ist: Da der Energieoperator hermitisch ist, gilt für einen beliebigen Zustandsvektor ψ

$$\frac{d}{dt}\langle \psi, \psi \rangle = \left\langle \frac{\partial \psi}{\partial t}, \psi \right\rangle + \left\langle \psi, \frac{\partial \psi}{\partial t} \right\rangle = \frac{i}{\hbar}\left(\langle \mathbf{E}\psi, \psi \rangle - \langle \psi, \mathbf{E}\psi \rangle \right) = 0. \tag{47}$$

Ist für einen Zustand ψ auch die Wahrscheinlichkeitsdichte ϱ konstant, dann wird dieser *stationär* genannt. Alle Energieeigenzustände sind stationär. Für eine Energieeigenfunktion ψ zum Eigenwert E gilt nämlich

$$\frac{\partial}{\partial t}\psi^{\dagger}\psi = \frac{\partial \psi^{\dagger}}{\partial t}\psi + \psi^{\dagger}\frac{\partial \psi}{\partial t} = \frac{i}{\hbar}\left((\mathbf{E}\psi)^{\dagger}\psi - \psi^{\dagger}(\mathbf{E}\psi) \right)$$

$$= \frac{i}{\hbar}(E^* - E)\,\psi^{\dagger}\psi = 0, \tag{48}$$

da die Eigenwerte E reell sind.

In der Quantentheorie kann man auch einen Vektor der „*Teilchen-stromdichte*" oder „*Wahrscheinlichkeitsstromdichte*" $\mathbf{j}$ definieren, dessen negative Divergenz gleich der zeitlichen Änderung der Wahrscheinlichkeitsfunktion $\partial\varrho/\partial t$ sein muß. Ist m die Masse des Teilchens, dann gilt wegen $\mathbf{E}\psi = (\mathbf{T} + \mathbf{V})\,\psi$ für einen Zustandsvektor $\psi_{(\mathbf{r},t)}$

$$\frac{\partial\psi^\dagger\psi}{\partial t} = \frac{i}{\hbar}\left((\mathbf{T}\psi)^\dagger\psi - \psi^\dagger(\mathbf{T}\psi)\right) = -\frac{i\hbar}{2m}\left((\varDelta\psi)^\dagger\psi - \psi^\dagger(\varDelta\psi)\right)$$

$$= \frac{i\hbar}{2m}\,\mathrm{div}\left(\psi^\dagger\,\nabla\psi - (\nabla\psi^\dagger)\,\psi\right), \tag{49}$$

da ψ mit $\mathbf{V}_{(\mathbf{r})}$ kommutiert. Deshalb muß

$$\mathbf{j} = -\frac{i\hbar}{2m}\left(\psi^\dagger\,\mathrm{grad}\,\psi - (\mathrm{grad}\,\psi^\dagger)\,\psi\right) \tag{50}$$

sein, da dann

$$\frac{\partial\varrho_{(\mathbf{r},t)}}{\partial t} + \mathrm{div}\,\mathbf{j}_{(\mathbf{r},t)} = 0 \tag{51}$$

ist. Damit $\mathbf{j}$ stetig ist, soll also $\nabla\psi$ überall stetig sein.

Um die statistische Interpretation zu erläutern, wählen wir wieder das Wasserstoffatom als Beispiel. Werden Polarkoordinaten verwendet, dann ist sinngemäß $\varrho_{(r,\Theta,\Phi)}\,d^3r$ als die Wahrscheinlichkeit anzusprechen, das Elektron im Abstand r vom Schwerpunkt des Protons unter den Winkeln Θ und Φ im Volumelement $r^2\,dr\,\sin\Theta\,d\Theta\,d\Phi$ anzutreffen. Man erkennt leicht, daß alle Zustände ψ_{nlm} axiale Symmetrie um die z-Achse zeigen, da $|\exp(im\Phi)| \equiv 1$ ist. Natürlich ist ϱ für alle Zustände mit $l = 0$ kugelsymmetrisch. Die Wahrscheinlichkeit, daß sich das Elektron im Winkelbereich von $\Theta - d\Theta/2$ bis $\Theta + d\Theta/2$, aber mit irgendeinem Azimut Φ in beliebiger Entfernung aufhält, ist

$$\varrho_{(\Theta)}\,d\Theta = \int\limits_0^\infty dr\,r^2 \int\limits_0^{2\pi} d\Phi\,\sin\Theta\,d\Theta\,\psi^\dagger\psi.$$

Wichtiger ist die Berechnung der Wahrscheinlichkeit für beliebige Winkel, aber eine Entfernung zwischen r und $r + dr$ vom Kern,

$$\varrho_{(r)}\,dr = \int\limits_0^{2\pi} d\Phi \int\limits_0^{\pi} d\Theta\,\sin\Theta\,\psi^\dagger\psi r^2\,dr. \tag{52}$$

Für den Grundzustand $\psi_{1,0,0}$ erhält man z. B.

$$\varrho_{(r)} = 4r^2\exp(-2r/a_0)/a_0^3.$$

Diese Funktion hat ein Maximum, wenn $2r - 2r^2/a_0 = 0$ ist, das heißt für $r = a_0$. Wenn sich das Atom im Grundzustand befindet, ist also der erste Bohrsche Radius der wahrscheinlichste Abstand des Elektrons vom Mittelpunkt des Protons. Dagegen ist der mittlere Abstand $\langle r \rangle = 3a_0/2$. Die Gesamtwahrscheinlichkeit für den Grundzustand, daß sich das Elektron irgendwo innerhalb des sphärischen Raumbereiches $0 \leq r \leq a_0$ aufhält, ist

$$w = \frac{4}{a_0^3} \int\limits_0^{a_0} dr\, r^2 e^{-2r/a_0} = - \left(\frac{x^2}{2} + x + 1 \right) e^{-x} \Big|_0^2$$

$$= 1 - 5e^{-2} \approx 0{,}324 = 32{,}4\%.$$

Aufgabe 4.13. Für den Zustand $\psi_{2,0,0}$ berechne man den wahrscheinlichsten Abstand a des Elektrons vom Kern sowie die Wahrscheinlichkeit, es im Bereich $a \leq r \leq \infty$ zu finden. Man beweise, daß für den Grundzustand $\langle r \rangle = 3a_0/2$ ist. Man berechne die Wahrscheinlichkeitsstromdichte $\mathbf{j}$ für die Zustände (2.25) und $\psi_{2,1,1}$.

Bisher haben wir nur Systeme besprochen, die aus einem einzigen Teilchen bestehen. Für Mehrteilchensysteme sind verschiedene Fälle möglich:

Besteht ein System aus lauter verschiedenen Teilchen oder aus gleichen Teilchen, die man voneinander unterscheiden kann, dann können wir jedes mit einer Nummer bezeichnen, und

$$\varrho_{(\mathbf{r}_1, \mathbf{r}_2, \dots \mathbf{r}_N)}\, d^3 r_1 \dots d^3 r_N = \psi^\dagger_{(\mathbf{r}_1, \dots \mathbf{r}_N, t)}\, \psi_{(\mathbf{r}_1, \dots \mathbf{r}_N, t)}\, d^3 r_1 \dots d^3 r_N \tag{53}$$

ist die Wahrscheinlichkeit, zur Zeit t das Teilchen 1 im Volumelement $dx_1\, dy_1\, dz_1$ um $\mathbf{r}_1$, das Teilchen 2 in $dx_2\, dy_2\, dz_2$ um $\mathbf{r}_2$, ... das Teilchen N in $dx_N\, dy_N\, dz_N$ um $\mathbf{r}_N$ zu finden. Fragt man nur nach der Wahrscheinlichkeit für den Aufenthaltsort des Teilchens 1 ohne Rücksicht darauf, wo sich die anderen gerade befinden, dann ist über deren Koordinaten zu integrieren:

$$\varrho_{(\mathbf{r}_1)}\, d^3 r_1 = \int d^3 r_2 \int d^3 r_3 \dots \int d^3 r_N\, \varrho_{(\mathbf{r}_1, \dots \mathbf{r}_N)}\, d^3 r_1. \tag{54}$$

Selbstverständlich muß aber dann $\langle \psi, \psi \rangle = 1$ sein, denn es ist sicher, daß sich jedes Teilchen irgendwo im Raum aufhält. Beispiele für diesen Fall wären etwa ein System, das aus einem Elektron und einem Positron besteht, die sich durch ihre Ladung unterscheiden, oder zwei Elektronen, deren Bahnen in einer Nebelkammer getrennt sichtbar sind und die daher durch zwei Wellenpakete dargestellt werden.

Eine Messung an einem System kann nur durchgeführt werden, wenn dazu ein Energiebetrag verfügbar ist, der ausreicht, um unser empfindlichstes Meßgerät eindeutig zum Ansprechen zu bringen. Wird ein solcher Energiebetrag von einem einzelnen Teilchen geliefert, dann kann man dieses im Experiment von einem gleichartigen Teilchen, das sich in demselben Zustand befindet, unterscheiden. Oft werden aber bei einer Messung an einem Teilchen nur kleine Energiebeträge ausgelöst. Die Messung kann dann nur durchgeführt werden, wenn die Anzahl der Teilchen in demselben Zustand groß genug ist, so daß die im Ganzen ausgelöste Energie vom Meßgerät registriert werden kann. Die Teilchen können dann nicht unterschieden werden. Als Beispiele für beide Fälle könnte man Atome anführen, in deren K-Schale ein Elektron fehlt. Kehrt eines dieser Atome in den Grundzustand zurück, dann emittiert es ein Photon. Ist das Atom von hoher Ordnungszahl, dann ist das Photon ein energiereiches Röntgenquant und kann registriert werden. Es ist aber kaum möglich, ein einzelnes Wasserstoffatom auf diese Weise herauszufinden, da dessen Ionisierungsenergie zu gering ist. Werden dagegen von vielen Wasserstoffatomen Photonen emittiert, dann kann man dieses „Licht" registrieren. Die Atome können jedoch dabei nicht voneinander unterschieden werden, da nicht festgestellt werden kann, von welchem Atom ein bestimmtes Photon emittiert worden ist. Um diese Atome darzustellen, ist der entsprechende Zustandsvektor für ein Einteilchensystem zu verwenden. Ein System von N Wasserstoffatomen, die alle im Zustand $\psi_{2,0,0}$ sind, ist dementsprechend durch den normierten Zustandsvektor $\psi_{2,0,0}$ darzustellen. Dann ist $E_2 = \langle \psi_{2,0,0}, \, \mathbf{E}\psi_{2,0,0}\rangle$ der Erwartungswert der Energie für ein Teilchen, NE_2 ist die Gesamtenergie des Systems usw. Die Wahrscheinlichkeit, daß sich das Elektron in einem bestimmten bzw. in einem beliebigen Atom in einer Entfernung zwischen r und $r + dr$ vom Mittelpunkt des Protons aufhält, ist

$$\varrho_{(r)}\, dr = 4\pi r^2\, dr\, \psi_{2,0,0}^{\dagger}\psi_{2,0,0} \quad \text{bzw.} \quad N\varrho_{(r)}\, dr\,.$$

In vielen Fällen — z. B. für Systeme freier Teilchen, die nicht unterscheidbar sind — ist es sinnvoll, statt der Gesamtzahl der Teilchen deren Dichte anzugeben. Der Zustandsvektor $\psi = \sqrt{n}\, \exp(ipx/\hbar - ip^2 t/2m\hbar)$ könnte z. B. gewählt werden, um freie Teilchen mit dem Impuls $\mathfrak{p} = (p, 0, 0)$ darzustellen. Wenn n die mittlere Anzahl der Teilchen je Volumseinheit ist, müßte man $\varrho = \psi^{\dagger}\psi$ als Wahrscheinlichkeitsfunktion verwenden. Der Erwartungswert für den Impuls eines einzigen Teilchens wäre dann $\langle \psi, \mathfrak{p}\psi\rangle/\langle \psi, \psi\rangle$, während sich für den Gesamtimpuls der divergente Ausdruck $\langle \psi, \mathfrak{p}\psi\rangle$ ergäbe, da die Gesamtzahl der Teilchen unendlich ist. Wäre ψ auf die Deltafunktion normiert, dann wäre im Mittel ein Teilchen in einem Volumen $8\pi^3$ vorhanden.

Schließlich ist es noch möglich, daß ein System aus Gruppen von nicht unterscheidbaren Teilchen besteht. Wir wollen die Wahl des Zustandsvektors für ein solches System an einem Beispiel erläutern: Besteht ein System aus Wasserstoffatomen, von denen sich 36% im Zustand $\psi_{3,0,0}$

und 64% im Zustand $\psi_{2,0,0}$ befinden, dann werden spektroskopische Energiemessungen die beiden Werte $E_1/9$ und $E_1/4$ ergeben. Der Zustandsvektor ψ muß aus $\psi_{2,0,0}$ und $\psi_{3,0,0}$ derart kombiniert werden, daß sich als Erwartungswert der Energie für ein Teilchen der statistische Mittelwert ergibt. In $\psi = c_{2,0,0}\psi_{2,0,0} + c_{3,0,0}\psi_{3,0,0}$ müssen deshalb die Konstanten die Werte $c_{2,0,0} = 0{,}8$ und $c_{3,0,0} = 0{,}6$ haben, denn dann ist

$$\langle E \rangle = \langle \psi, \mathbf{E}\psi \rangle = 0{,}64\,E_1/4 + 0{,}36\,E_1/9 = 0{,}2\,E_1.$$

Dieses Ergebnis kann man verallgemeinern. Besteht ein gemischtes System aus Teilchen, die sich in Eigenzuständen der Meßgrößen A, B usw. befinden, dann ist sein Zustandsvektor ψ aus den Eigenfunktionen $f_{mn..}$ von $\mathbf{A}, \mathbf{B}..$ so zu überlagern, daß der Erwartungswert einer Meßgröße der Mittelwert ist, der sich aus der Anzahl der Teilchen in den betreffenden Zuständen ergibt. Wir nehmen stets an, daß eine ausreichende Anzahl von Messungen, die geeignet sind, den Zustand des Systems eindeutig zu bestimmen, an vielen verschiedenen Teilchen gleichzeitig vorgenommen wurde. Die Operatoren $\mathbf{A}, \mathbf{B}..$ müssen kommutieren, ihre Gesamtzahl muß gleich der Anzahl der Freiheitsgrade des Systems sein. In

$$\psi = \sum_{m,n..} c_{mn..}\,f_{mn..}. \tag{55}$$

müssen also die $c_{mn..}$ so bestimmt werden, daß das Quadrat des Koeffizienten jeder Eigenfunktion, $|c_{mn..}|^2$, die Wahrscheinlichkeit angibt, die entsprechenden Eigenwerte A_m, $B_n..$ als Ergebnis einer Messung zu erhalten. Die Gesamtwahrscheinlichkeit, bei einer Messung den Eigenwert A_m zu finden ohne Rücksicht darauf, welcher Wert sich gleichzeitig für $B..$ ergibt, ist

$$|c_m|^2 = \sum_{n..} |c_{mn..}|^2. \tag{56}$$

Werden die $c_{mn..}$ so gewählt, daß diese Anfangsbedingungen erfüllt sind und sind die Summanden $c_{mn..}f_{mn..}$ Lösungen der Wellengleichung, dann ist auch der Zustandsvektor ψ Lösung der Wellengleichung und stellt das betreffende System dar. Er enthält eine vollständige Information über das System: Mit den Eigenwerten A_m, $B_n..$ alle möglichen Meßergebnisse für die Größen A, $B..$, mit den Konstanten $c_{mn..}$ deren Wahrscheinlichkeit, sowie die Mittelwerte, z. B.

$$\langle A \rangle = \langle \psi, \mathbf{A}\psi \rangle = \sum_{m,n..} |c_{mn..}|^2\,A_m. \tag{57}$$

Bei der Wahl der $c_{mn..}$ kann wieder ein Phasenfaktor vom Betrag Eins beliebig angenommen werden. Natürlich muß die Gesamtwahrscheinlichkeit, bei einer Messung irgendeinen Wert A_m, $B_n..$ zu finden, Eins sein,

$\sum\limits_{m,n..} |c_{mn..}|^2 = 1$, das heißt neben den $f_{mn..}$ muß auch ψ normiert sein.

Es ist selbstverständlich, daß z. B. alle Koeffizienten mit Ausnahme eines einzigen, etwa $c_{11..}$, Null sein können. Dann wäre $\psi = f_{11..}$.

Man kann den Zustandsvektor ψ auch nach den Eigenfunktionen $g_{kl..}$ eines anderen Satzes von Operatoren $\mathbf{F}, \mathbf{G}..$ zerlegen, die mit $\mathbf{A}, \mathbf{B}..$ nicht kommutieren,

$$\psi = \sum_{m,n..} c_{mn..} f_{mn..} = \sum_{k,l..} d_{kl..} g_{kl..}, \tag{58}$$

wobei $|d_{kl..}|^2$ die Wahrscheinlichkeit dafür ist, daß eine genaue Messung von $F, G..$ die Eigenwerte $F_k, G_l..$ ergibt. Die $d_{kl..}$ können — bis auf den Phasenfaktor — nach (30) gefunden werden.

Haben die Operatoren $\mathbf{A}, \mathbf{B}..$ und $\mathbf{F}, \mathbf{G}..$ kontinuierliche Eigenwerte, dann sind selbstverständlich wieder die Summen in (55) bis (58) durch die entsprechenden Integrale zu ersetzen.

Aufgabe 4.14. Aus den in Aufgabe 4.4 normierten Funktionen (3.25) bilde man $\varphi_{2,1,0} = (\psi_{2,1,1} + \psi_{2,1,-1})/\sqrt{2}$ und $\varphi_{2,1,\pm1} = (\psi_{2,1,1} - \psi_{2,1,-1} \pm \sqrt{2}\,\psi_{2,1,0})/2$. Man zeige, daß diese Funktionen orthonormal sind und Eigenzuständen von L_x entsprechen, bestimme die Eigenwerte und berechne $\langle L_z \rangle$, ΔL_z und die Wahrscheinlichkeit, daß eine Messung von L_z die Werte 0 oder $\pm \hbar$ ergibt. Man berechne für $\psi_{1,0,0}$, $\psi_{2,1,0}$ und $\psi_{2,1,\pm1}$ die Wahrscheinlichkeit, daß eine Messung von L_x die Werte 0 oder $\pm \hbar$ liefert.

Aufgabe 4.15. Ein System besteht aus vielen Wasserstoffatomen, von denen sich 60% im Grundzustand befinden, während der Rest eine Energie $E_1/4$ hat. Der Mittelwert von L^2 ist $0{,}4\,\hbar^2$. Für 90% der Atome ist $L_z = 0$, für je 5% hat L_z den Wert $\hbar$, bzw. $-\hbar$. Man gebe den Zustandsvektor des Systems an.

4.7 Matrixoperatoren

Bisher haben wir immer Differentialoperatoren wie (2.4) und (3.27) verwendet. Man kann aber auch Matrizen als Operatoren benutzen. Wir wollen uns daher jetzt mit den Rechenregeln für Matrizen vertraut machen und anschließend sehen, wie die bisher gebrachten Formeln zu modifizieren sind, wenn Matrixoperatoren verwendet werden.

Unter einer Matrix $\mathbf{A}$ versteht man eine Anordnung von reellen oder komplexen Zahlen A_{jl}, den sogenannten Matrixelementen. Eine Matrix ist ein „zweidimensionaler Vektor" und kann in der Form

$$\mathbf{A} = \begin{pmatrix} A_{00} & A_{01} & \cdot & \cdot & A_{0,N-1} \\ A_{10} & A_{11} & \cdot & \cdot & A_{1,N-1} \\ \cdot & \cdot & \cdot & \cdot & \cdot \\ \cdot & \cdot & \cdot & \cdot & \cdot \\ A_{M-1,0} & A_{M-1,1} & \cdot & \cdot & A_{M-1,N-1} \end{pmatrix} \tag{59}$$

geschrieben werden, analog zu $\mathfrak{r} = (r_1, r_2, r_3)$ in einer Dimension. Der Komponentenschreibweise für Vektoren entspricht die Angabe der einzelnen Matrixelemente, so daß man z. B. eine Matrix $\mathbf{F}$ durch

$$F_{00} = 1, \quad F_{01} = -2i, \quad F_{10} = 4 \text{ und } F_{11} = 0 \tag{60}$$

definieren kann.

Der erste Index von A_{jl}, also j, gibt die Zeile an, in der das Element A_{jl} steht, der zweite die Spalte. In der Mathematik ist es üblich, die erste Zeile bzw. Spalte durch den Index 1 zu kennzeichnen. In der Quantentheorie dagegen ist die in (59) verwendete Zählweise gebräuchlicher. M, die Zahl der Zeilen und N, die Zahl der Spalten einer Matrix können beliebige positive ganze Zahlen oder auch unendlich sein. Im letzteren Fall kann man selbstverständlich nicht die ganze Matrix in der Form (59) anschreiben.

Wir werden nur sogenannte quadratische Matrizen verwenden, für die $M = N$ ist. Eine solche Matrix enthält N^2 Matrixelemente. N wird die Dimension der Matrix genannt. In expliziten Beispielen werden wir uns vorläufig auf Matrizen der Dimension zwei beschränken, doch können alle Rechnungen leicht verallgemeinert werden.

Die Elemente A_{00}, A_{11} usw. heißen die Diagonalelemente von $\mathbf{A}$ und stehen in der „Hauptdiagonale". Eine Matrix, die nur in der Hauptdiagonale von Null verschiedene Elemente enthält, ist „diagonal". Zum Beispiel sind die „Einheitsmatrix"

$$\mathbf{I} = \begin{pmatrix} 1 & 0 & 0 & . & . \\ 0 & 1 & 0 & . & . \\ 0 & 0 & 1 & . & . \\ . & . & . & . & . \end{pmatrix} \tag{61}$$

und

$$\mathbf{G} = \begin{pmatrix} 3i & 0 \\ 0 & -2 \end{pmatrix} \tag{62}$$

diagonal. Die Elemente einer Diagonalmatrix sind also von der Form $A_{jl} = a_j \delta_{jl}$.

Zwei Matrizen $\mathbf{A}$ und $\mathbf{B}$ sind einander gleich, wenn jedes Element von $\mathbf{A}$ gleich dem entsprechenden Element von $\mathbf{B}$ ist, $A_{jl} = B_{jl}$. Da für j und l alle Werte von 0 bis $N - 1$ möglich sind, ergeben sich N^2 Gleichungen für die N^2 Matrixelemente.

Zwei Matrizen $\mathbf{A}$ und $\mathbf{B}$ werden addiert, indem man entsprechende Elemente addiert. Man erhält eine neue Matrix $\mathbf{D}$ mit den Elementen

$$D_{jl} = A_{jl} + B_{jl}. \tag{63}$$

Zum Beispiel ist

$$\mathbf{F} + \mathbf{G} = \mathbf{M} = \begin{pmatrix} 1+3i & -2i \\ 4 & -2 \end{pmatrix}.$$

Selbstverständlich gilt

$$\mathbf{A} + \mathbf{B} = \mathbf{B} + \mathbf{A} \quad \text{und} \quad \mathbf{A} + (\mathbf{B} + \mathbf{C}) = (\mathbf{A} + \mathbf{B}) + \mathbf{C}. \qquad (64)$$

Eine Matrix wird mit einem skalaren Faktor multipliziert, indem man jedes Matrixelement mit diesem Faktor multipliziert, etwa

$$2\mathbf{F} = \begin{pmatrix} 2 & -4i \\ 8 & 0 \end{pmatrix}.$$

Das Produkt zweier Matrizen $\mathbf{A}$ und $\mathbf{B}$ ergibt eine neue Matrix $\mathbf{AB} = \mathbf{C}$ mit den Elementen

$$C_{jl} = \sum_{k=0}^{N-1} A_{jk} B_{kl}. \qquad (65)$$

Zum Beispiel ist

$$\mathbf{FM} = \begin{pmatrix} 1 & -2i \\ 4 & 0 \end{pmatrix} \begin{pmatrix} 1+3i & -2i \\ 4 & -2 \end{pmatrix}$$

$$= \begin{pmatrix} 1(1+3i)-2i\cdot4 & 1(-2i)-2i(-2) \\ 4(1+3i)+0\cdot4 & 4(-2i)+0(-2) \end{pmatrix} = \begin{pmatrix} 1-5i & 2i \\ 4+12i & -8i \end{pmatrix}.$$

Eine Merkregel ist

$$\qquad (66)$$

das heißt: Das „Skalarprodukt" der Zeile j mit der Spalte l ergibt das jl-Element der neuen Matrix. Im allgemeinen ist $\mathbf{AB} \neq \mathbf{BA}$, es gilt aber stets

$$\mathbf{A}(\mathbf{BC}) = (\mathbf{AB})\mathbf{C} \qquad (67)$$

und

$$\mathbf{A}(\mathbf{B} + \mathbf{C}) = \mathbf{AB} + \mathbf{AC}. \qquad (68)$$

Die zu einer Matrix $\mathbf{A}$ transponierte Matrix $\mathbf{A}^T$ entsteht, wenn man $\mathbf{A}$ an der Hauptdiagonale spiegelt, das heißt

$$(\mathbf{A}^T)_{jl} = A_{lj}. \qquad (69)$$

Die zu $\mathbf{A}$ komplex konjugierte Matrix $\mathbf{A}^*$ erhält man, indem man alle Elemente von $\mathbf{A}$ durch die komplex konjugierten Elemente ersetzt, also

$$(\mathbf{A}^*)_{jl} = A_{jl}^*. \qquad (70)$$

Die zu $\mathbf{A}$ inverse Matrix $\mathbf{A}^{-1}$ ist durch die Gleichung

$$\mathbf{A}\,\mathbf{A}^{-1} = \mathbf{I} \tag{71}$$

definiert. Für $\mathbf{M}$ erhält man z. B.

$$\mathbf{M}^T = \begin{pmatrix} 1+3i & 4 \\ -2i & -2 \end{pmatrix}, \quad \mathbf{M}^* = \begin{pmatrix} 1-3i & 2i \\ 4 & -2 \end{pmatrix}, \quad (\mathbf{M}^T)^* = \begin{pmatrix} 1-3i & 4 \\ 2i & -2 \end{pmatrix},$$

während

$$\mathbf{M}^{-1} = \begin{pmatrix} i/(1+i) & 1/(1+i) \\ 2i/(1+i) & (3-i)/2(1+i) \end{pmatrix}$$

ist. Die Dimensionen der Matrizen bleiben selbstverständlich bei all diesen Operationen erhalten.

Aufgabe 4.16. Man berechne $\mathbf{F}-\mathbf{G}$, $\mathbf{FI}$ und $\mathbf{IF}$, $\mathbf{F}^2$, $[\mathbf{G},\mathbf{F}]$ und gebe die Komponenten von $\mathbf{X}=3i\mathbf{A}$, $\mathbf{C}=\mathbf{BA}$, $\mathbf{Y}=\mathbf{F}^T$, $\mathbf{Z}=\mathbf{F}^*$ und $\mathbf{W}=\mathbf{G}^{-1}$ an. Man schreibe (64) für die Komponenten und beweise, daß das Produkt zweier diagonaler Matrizen wieder eine diagonale Matrix ist, daß $(\mathbf{ABC}...\mathbf{M})^{-1}=\mathbf{M}^{-1}...\mathbf{C}^{-1}\mathbf{B}^{-1}\mathbf{A}^{-1}$ ist, daß $(\mathbf{A}^T)^*=(\mathbf{A}^*)^T$ ist, daß aus (65) und (71) $\mathbf{A}\mathbf{A}^{-1}=\mathbf{A}^{-1}\mathbf{A}$ folgt und daß $[\mathbf{A}^n,\mathbf{A}]=0$ ist für $n=0,1,2,\ldots$

Wenn wir Matrizen der Dimension N als Operatoren verwenden, müssen die Zustandsvektoren N-komponentige Vektoren im selben „Raum" wie die Matrixelemente sein. Es gibt stets genau N linear unabhängige Vektoren der Dimension N. Sie bilden einen „vollständigen Satz". Wir bezeichnen die erste Komponente eines Vektors $\mathfrak{v}_n$ mit v_{n0}, die zweite mit v_{n1}, die j-te mit $v_{n,j-1}$. j bezieht sich auf den Raum der Matrixelemente, der im allgemeinen nicht der dreidimensionale geometrische Raum ist. Der Vektor $\mathfrak{v}_n^\dagger$ hat die Komponenten v_{nj}^*.

Das Produkt $\mathbf{A}\mathfrak{v}$ einer Matrix $\mathbf{A}$ und eines Vektors $\mathfrak{v}$ ist ein neuer Vektor $\mathfrak{w}$ mit den Komponenten

$$w_j = \sum_{k=0}^{N-1} A_{jk} v_k. \tag{72}$$

Analog ist das Produkt $\mathfrak{v}^\dagger \mathbf{A} = \mathfrak{u}^\dagger$ durch

$$u_j^* = \sum_{k=0}^{N-1} v_k^* A_{kj} \tag{73}$$

definiert. Diese Operationen sind offensichtlich linear, das heißt es gilt

$$(\mathbf{A}+\mathbf{B})\,\mathfrak{v} = \mathbf{A}\mathfrak{v} + \mathbf{B}\mathfrak{v} \quad \text{und} \quad \mathbf{A}(\mathfrak{u}+\mathfrak{v}) = \mathbf{A}\mathfrak{u} + \mathbf{A}\mathfrak{v}, \tag{74}$$

wenn $\mathfrak{u}$ und $\mathfrak{v}$ zwei beliebige Vektoren sind.

Um die Merkregel (66) auch auf Produkte ausdehnen zu können, die Vektoren enthalten, wird ein Vektor $\mathfrak{u}$, der rechts von der Matrix steht, oft als „Spaltenvektor"

$$\mathfrak{u} = \begin{pmatrix} u_1 \\ u_2 \\ \cdot \\ \cdot \end{pmatrix}$$

geschrieben. Andererseits wird ein Vektor $\mathfrak{u}^\dagger$, der links von einer Matrix vorkommt, als „Zeilenvektor"

$$\mathfrak{u}^\dagger = (u_1^*, u_2^*, \ldots)$$

dargestellt. Ist z. B.

$$\mathfrak{w}_0 = \begin{pmatrix} 3i \\ 2 \end{pmatrix},$$

dann gilt

$$\mathbf{F}\mathfrak{w}_0 = \begin{pmatrix} 1 & -2i \\ 4 & 0 \end{pmatrix} \begin{pmatrix} 3i \\ 2 \end{pmatrix} = \begin{pmatrix} 1 \cdot 3i - 2i \cdot 2 \\ 4 \cdot 3i + 0 \cdot 2 \end{pmatrix} = \begin{pmatrix} -i \\ 12i \end{pmatrix}.$$

Die Eigenfunktionen oder „Eigenvektoren" $\mathfrak{u}_n$ einer Matrix $\mathbf{A}$ ergeben sich aus der Eigenwertgleichung

$$\mathbf{A}\mathfrak{u}_n = A_n \mathfrak{u}_n. \tag{75}$$

Die Gesamtzahl der linear unabhängigen Eigenvektoren der Matrix $\mathbf{A}$ ist gleich der Dimension N von $\mathbf{A}$. Sie bilden ein vollständiges System. Natürlich sind für Matrixoperatoren nur diskrete Eigenwerte möglich, die auch entartet sein können. Als Beispiel wählen wir die Matrizen

$$\mathbf{S}_x = \frac{\hbar}{2} \begin{pmatrix} 0 & 1 \\ 1 & 0 \end{pmatrix}, \quad \mathbf{S}_y = \frac{\hbar}{2} \begin{pmatrix} 0 & -i \\ i & 0 \end{pmatrix}, \quad \mathbf{S}_z = \frac{\hbar}{2} \begin{pmatrix} 1 & 0 \\ 0 & -1 \end{pmatrix}. \tag{76}$$

Die normierten Eigenvektoren von $\mathbf{S}_x$ sind

$$\Psi_1 = \frac{1}{\sqrt{2}} \begin{pmatrix} 1 \\ 1 \end{pmatrix} \quad \text{und} \quad \Psi_2 = \frac{1}{\sqrt{2}} \begin{pmatrix} 1 \\ -1 \end{pmatrix} \tag{77}$$

mit den Eigenwerten $\hbar/2$ und $-\hbar/2$.

Die Bestimmung der Eigenvektoren einer Matrix kann ein schwieriges algebraisches Problem bilden. Ein Satz von Eigenvektoren einer Diagonalmatrix kann aber stets in einfacher Weise gefunden werden. Er besteht aus den Vektoren, die alle eine einzige nichtverschwindende Kom-

ponente haben und linear unabhängig sind. Als Eigenwerte ergeben sich
die Diagonalelemente der Matrix. Es ist also

$$u_{nj} = \delta_{nj} \quad \text{und} \quad A_n = A_{nn}. \tag{78}$$

Demnach hat z. B. S_z die Diagonalelemente $\hbar/2$ und $-\hbar/2$ als Eigenwerte
und

$$\Psi_+ = \begin{pmatrix} 1 \\ 0 \end{pmatrix} \quad \text{und} \quad \Psi_- = \begin{pmatrix} 0 \\ 1 \end{pmatrix} \tag{79}$$

als Eigenvektoren.

Wir müssen nun die Definition für das Skalarprodukt zweier Zustandsvektoren verallgemeinern. Sind $\mathfrak{u}$ und $\mathfrak{v}$ zwei Vektoren, deren
Komponenten Funktionen der Variablen Q sind, dann ist ihr Skalarprodukt

$$\langle \mathfrak{u}, \mathfrak{v} \rangle = \int dQ\, \mathfrak{u}^\dagger_{(Q)} \mathfrak{v}_{(Q)} = \int dQ \sum_k u^*_{k(Q)} v_{k(Q)}. \tag{80}$$

Das Skalarprodukt von $\mathfrak{w}_0$ und $\mathfrak{w}_1 = \begin{pmatrix} i\,x \\ 2 \end{pmatrix}$ ist demnach

$$\langle \mathfrak{w}_0, \mathfrak{w}_1 \rangle = \int\limits_{-\infty}^{\infty} dx\,(3x + 4).$$

Handelt es sich dagegen um konstante Vektoren, dann verstehen wir
unter dem Skalarprodukt einfach

$$\langle \mathfrak{u}, \mathfrak{v} \rangle = \sum_k u^*_k v_k. \tag{81}$$

Für orthonormale Vektoren gilt wieder

$$\langle \mathfrak{u}_m, \mathfrak{u}_n \rangle = \delta_{mn}.$$

Ψ_1 und Ψ_2 sind orthonormal, ebenso Ψ_+ und Ψ_-. Dagegen sind z. B. Ψ_1
und Ψ_+ nicht orthogonal.

Aufgabe 4.17. Man zeige, daß auch ein Skalarprodukt der Form (80) die fol-
genden Eigenschaften hat: $\langle \mathfrak{u}, \mathfrak{v} \rangle = \langle \mathfrak{v}, \mathfrak{u} \rangle^*$, $\quad \langle \mathfrak{u}, \mathfrak{v} + \mathfrak{w} \rangle = \langle \mathfrak{u}, \mathfrak{v} \rangle + \langle \mathfrak{u}, \mathfrak{w} \rangle$,
$\langle \mathfrak{u}, K\mathfrak{v} \rangle = \langle K^*\mathfrak{u}, \mathfrak{v} \rangle = K \langle \mathfrak{u}, \mathfrak{v} \rangle$ und $\langle \mathfrak{v}, \mathfrak{v} \rangle \geq 0$, wenn K eine beliebige Konstante
ist.

Zu einer Matrix $\mathbf{A}$ erhält man die hermitisch konjugierte Matrix $\mathbf{A}^\dagger$
durch Transponieren und komplexe Konjugation:

$$\mathbf{A}^\dagger = (\mathbf{A}^T)^*. \tag{82}$$

Daher gilt

$$(\mathbf{A}\mathfrak{u})^\dagger = \mathfrak{u}^\dagger \mathbf{A}^\dagger. \tag{83}$$

A ist hermitisch, wenn

$$\mathbf{A}^\dagger = \mathbf{A} \tag{84}$$

ist. (84) kann allerdings nur für die Komponenten eines Vektoroperators wie $\mathfrak{S}$ gelten, während $\mathfrak{S}^\dagger \neq \mathfrak{S}$ sein muß.

Selbstverständlich können die Formeln der Abschnitte 4.4 bis 4.6 sinngemäß auch für Matrixoperatoren verwendet werden. Ist z. B. $\Psi_{(\mathfrak{r})}$ der Zustandsvektor eines Einteilchensystems, dann ist

$$\varrho_{(\mathfrak{r})} d^3 r = \Psi_{(\mathfrak{r})}^\dagger \, \Psi_{(\mathfrak{r})} d^3 r \tag{85}$$

die Wahrscheinlichkeit, das betreffende Teilchen in $d^3 r$ um $\mathfrak{r}$ und in dem durch Ψ dargestellten Zustand zu finden. Kann Ψ in der Form $\Psi = \sum_k c_k \mathfrak{u}_k$ geschrieben werden, dann ist $|c_k|^2$ wieder die Wahrscheinlichkeit, das Teilchen im Zustand $\mathfrak{u}_k$ anzutreffen.

Aufgabe 4.18. Man beweise (30) für den Fall, daß die $\mathfrak{f}_k$ und Ψ konstante Vektoren sind und zeige, daß der Satz 1 auch für Matrixoperatoren gilt. Man beweise, daß für Matrixoperatoren aus (21) und (22) die Beziehungen (82) bis (84) folgen, ferner daß für Differential- und Matrixoperatoren $(\mathbf{A}^\dagger)^\dagger = \mathbf{A}$ und $(\mathbf{ABC..M})^\dagger = \mathbf{M}^\dagger \dots \mathbf{C}^\dagger \mathbf{B}^\dagger \mathbf{A}^\dagger$ gilt, daß eine hermitische Matrix reelle Eigenwerte hat und daß ihre Eigenvektoren orthogonal sind, wenn sie zu verschiedenen Eigenwerten gehören. Man zeige, daß die Operatoren (76) hermitisch sind.

Aufgabe 4.19. Man normiere den oben definierten Vektor $\mathfrak{w}_0$ und berechne $\mathfrak{w}_0^\dagger \mathbf{F}$. Man bestimme die normierten Eigenvektoren und die Eigenwerte von $\mathbf{S}_t$. Man zeige, daß Ψ_1 und Ψ_2 sowie Ψ_+ und Ψ_- orthonormal und daß Ψ_1, Ψ_2 und Ψ_+ linear abhängig sind. Man schreibe Ψ_1 und Ψ_2 als Linearkombination von Ψ_+ und Ψ_-.

5. Der harmonische Oszillator in verschiedenen Darstellungen

5.1 Das mathematische Pendel und seine Quantisierung

Als Beispiel für einen Oszillator wählen wir ein mathematisches Pendel. Dieses hat *einen* Freiheitsgrad, so daß *eine* unabhängige Veränderliche genügt, um seine augenblickliche Lage eindeutig anzugeben. Die Wahl dieser Veränderlichen ist in verschiedener Weise möglich; man könnte z. B. eine der Koordinaten x oder y, aber auch den Winkel Θ verwenden (siehe Abb. 4). Wählt man y, dann müssen x und $\dot{x}$ in den Ausdrücken für die kinetische und die potentielle Energie eliminiert werden. Aus $T = m(\dot{x}^2 + \dot{y}^2)/2$ und $V = mgy$ ergibt sich dann mit $x_{(y)} = \sqrt{l^2 - y^2}$ und $\dot{x} = \dot{y}\, dx/dy = -y\dot{y}/\sqrt{l^2 - y^2}$ für die Lagrange-

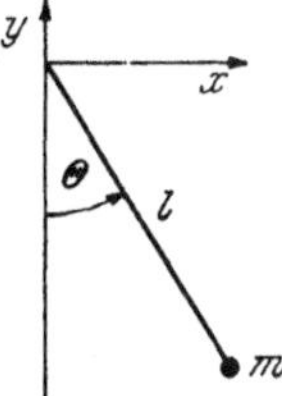

Abb. 4.
Mathematisches
Pendel

funktion der Ausdruck

$$L_{(y,\dot{y})} = T - V = m\,l^2\dot{y}^2/2\,(l^2 - y^2) - mgy.$$

Um die Hamiltonfunktion zu erhalten, muß man die zu y kanonisch konjugierte Größe

$$p_y = \partial L/\partial \dot{y} = m\,l^2\dot{y}/(l^2 - y^2)$$

einführen. Es ist bemerkenswert, daß $p_y \neq m\dot{y}$ ist. Als Hamiltonfunktion ergibt sich

$$H_{(y,p_y)} = T + V = p_y^2(l^2 - y^2)/2\,m\,l^2 + mgy. \tag{1}$$

Selbstverständlich könnte man zu V noch eine beliebige reelle Konstante K addieren, ohne den physikalischen Gehalt der Theorie zu ändern. Lediglich der Nullpunkt der Energieskala würde dabei verschoben. Durch verschiedene Wahl von K erhielte man unendlich viele gleichwertige Lagrange- und Hamiltonfunktionen bzw. -operatoren.

Um zur Quantentheorie überzugehen, könnte man in (1) z. B. y und p_y durch die Operatoren $\mathbf{y} = y$ und $\mathbf{p}_y = -i\hbar\,\partial/\partial y$ ersetzen. Eine andere Möglichkeit wäre, $\mathbf{y} = i\hbar\,\partial/\partial p_y$ und $\mathbf{p}_y = p_y$ zu verwenden, da auch durch diese Wahl die Vertauschungsregel (2.11) erfüllt wird.

Wählt man dagegen x und p_x als Variable, dann erhält man die Hamiltonfunktion

$$H = p_x^2(l^2 - x^2)/2\,m\,l^2 - mg\sqrt{l^2 - x^2}. \tag{2}$$

In (2) kann man nicht einfach x und p_x durch $\mathbf{x}$ und $\mathbf{p}_x$ ersetzen, da sich so ein nichthermitischer Hamiltonoperator ergäbe. Diese Komplikation entsteht dadurch, daß $\mathbf{x}$ und $\mathbf{p}_x$ nicht vertauschbar sind. Man muß zuerst in (2) $p_x^2 x^2$ durch einen symmetrischen Ausdruck wie $p_x^2 x^2/2 + x^2 p_x^2/2$ oder $p_x x^2 p_x$ ersetzen und kann dann die Quantisierung durchführen. Wir können also als Hamiltonoperator zu (2)

$$\mathbf{H} = \mathbf{p}_x(l^2 - \mathbf{x}^2)\mathbf{p}_x/2\,m\,l^2 - mg\sqrt{l^2 - \mathbf{x}^2} \tag{3}$$

verwenden. Hier wäre es allerdings unzweckmäßig, die Darstellung $\mathbf{p}_x = p_x$ und $\mathbf{x} = i\hbar\,\partial/\partial p_x$ zu wählen, da $\mathbf{x}$ unter einer Wurzel vorkommt. Für Schwingungen mit kleiner Amplitude $x \ll l$, die quasiharmonisch sind, kann man anstelle von (2) die Näherung

$$H = p_x^2/2m - mgl(1 - x^2/2\,l^2) \tag{4}$$

verwenden. Dabei werden die Schwierigkeiten vermieden, die sich durch die Quadratwurzel und die Nichtvertauschbarkeit von $\mathbf{x}$ und $\mathbf{p}_x$ ergaben.

Man kann aber auch den Winkel Θ als die unabhängige Veränderliche wählen. Wegen $y = -l\cos\Theta$, $x = l\sin\Theta$ ergibt sich dann

$T = m l^2 \dot{\Theta}^2/2$ und $V = -m g l \cos \Theta$. Die zu Θ kanonisch konjugierte Größe ist $p_\Theta = \partial L/\partial \dot{\Theta} = m l^2 \dot{\Theta}$, und man erhält als Hamiltonfunktion

$$H = p_\Theta^2/2 m l^2 - m g l \cos \Theta,$$

wenn man T und V durch den Winkel Θ und den entsprechenden Drehimpuls p_Θ ausdrückt.

Aufgabe 5.1. Man leite (2) und (4) her. Man zeige, daß mit $\mathbf{x}$ und $\mathbf{p}_x$ auch (3) hermitisch ist, daß sich aber aus (2) kein hermitischer Operator ergibt, wenn man x und p_x durch $\mathbf{x}$ und $\mathbf{p}_x$ ersetzt. Man untersuche, ob x, p_x und L_z für das quantisierte Pendel Erhaltungsgrößen sind.

5.2 Differentialoperatoren

Wir wollen nun die Zustandsvektoren für einen harmonischen Oszillator berechnen und gehen dazu von (4) aus. Da der Bezugspunkt für die potentielle Energie des Systems beliebig ist, kann man den konstanten Summanden $-m g l$ zur Vereinfachung weglassen. Mit $g/l = \omega^2$ ergibt sich dann

$$\mathbf{H} = \mathbf{p}_x^2/2m + m\omega^2 \mathbf{x}^2/2. \tag{5}$$

Dieser Ausdruck ist analog zu (2.18), wenn man $m\omega^2$ durch k ersetzt.

Wir wählen die Differentialdarstellung

$$\mathbf{x} = x, \qquad \mathbf{p}_x = -i\hbar\, \partial/\partial x. \tag{6}$$

Damit ergibt sich die Wellengleichung

$$\left(-\frac{\hbar^2}{2m}\frac{\partial^2}{\partial x^2} + m\omega^2 \frac{x^2}{2}\right)\psi = i\hbar\,\frac{\partial\psi}{\partial t}, \tag{7}$$

aus der man mit dem Ansatz

$$\psi_{(x,t)} = X_{(x)} \exp\left(-iEt/\hbar\right)$$

die gewöhnliche Differentialgleichung

$$\mathbf{H}X = \left(-\frac{\hbar^2}{2m}\frac{d^2}{dx^2} + m\omega^2 \frac{x^2}{2}\right) X = E X \tag{8}$$

für die Eigenfunktionen $X_{(x)}$ von $\mathbf{H}$ erhält. Alle Eigenwerte müssen positiv oder Null sein (siehe Aufgabe 5.2).

Der Versuch, eine Lösung von (8) durch einen Potenzreihenansatz für X zu finden, liefert eine praktisch nicht verwendbare Rekursionsformel für die Koeffizienten. Deshalb suchen wir zuerst wieder eine asymptotische Lösung. Für große x erhält man für (8) die Näherung

$$\hbar^2 X'' - m^2\omega^2 x^2 X = 0. \tag{9}$$

Die asymptotischen Lösungen dieser Gleichung sind

$$X \sim \exp(-\alpha x^2) \quad \text{mit} \quad \alpha = \pm m\omega/2\hbar. \tag{10}$$

Um nun die exakten Lösungen der vollständigen Differentialgleichung zu finden, machen wir den Ansatz

$$X = u_{(x)} \exp(-\alpha x^2).$$

Dann ist

$$X' = (-2\alpha x + u'/u)X \quad \text{und} \quad X'' = (-2\alpha + u''/u + 4\alpha^2 x^2 - 4\alpha x u'/u)X$$

und für u ergibt sich die Gleichung

$$u'' - 4\alpha x u' + 2(mE/\hbar^2 - \alpha)u = 0. \tag{11}$$

Setzt man

$$u = \sum_{k=0}^{\infty} c_k x^k,$$

dann muß

$$(k+2)(k+1)c_{k+2} - 2(2\alpha k + \alpha - mE/\hbar^2)c_k = 0 \tag{12}$$

sein, und für die Koeffizienten erhält man die Rekursionsformel

$$c_{k+2} = 2c_k \frac{\alpha + 2\alpha k - mE/\hbar^2}{(k+1)(k+2)}. \tag{13}$$

Koeffizienten mit geradem Index sind demnach unabhängig von solchen mit ungeradem Index, so daß man eine Lösung X in der Form

$$X = e^{-\alpha x^2}\left(\sum_0^{\infty} a_k x^{2k} + \sum_0^{\infty} b_k x^{2k+1}\right) \tag{14}$$

schreiben kann, wobei die Rekursionsformeln

$$a_{k+1} = a_k \frac{\alpha + 4\alpha k - mE/\hbar^2}{(k+1)(2k+1)} \qquad b_{k+1} = b_k \frac{3\alpha + 4\alpha k - mE/\hbar^2}{(k+1)(2k+3)}$$

gelten. Zwei Konstanten, z. B. a_0 und b_0, bleiben dabei noch unbestimmt.

Im allgemeinen bestehen die Potenzreihen in (14) aus unendlich vielen Gliedern. Solche Lösungen divergieren aber bzw. stellen keinen harmonischen Oszillator dar. Nimmt dagegen E einen der Werte

$$E_n = (n + 1/2)\omega\hbar \quad \text{mit} \quad n = 0, 1, 2, \ldots \tag{15}$$

an, dann bricht eine der beiden Potenzreihen ab, wenn $\alpha = +m\omega/2\hbar$ ist. Setzt man außerdem den ersten Koeffizienten der anderen Potenzreihe gleich Null, so erhält man konvergente Eigenfunktionen

$X_n \sim u_n \exp\left(-\alpha x^2\right)$. Die Funktionen u_n können auch mit Hilfe der Formel

$$u_{n(x)} \sim (-1)^n \exp\left(2\alpha x^2\right) d^n \exp\left(-2\alpha x^2\right)/dx^n$$

aus der erzeugenden Funktion $\exp\left(-2\alpha x^2\right)$ gewonnen werden. Der Faktor $(-1)^n$ bewirkt, daß das Vorzeichen der höchsten Potenz von x in u_n positiv ist. Man erhält mit den Eigenfunktionen X_n unendlich viele linear unabhängige Zustandsvektoren ψ_n, z. B.

$$\psi_0 = (2\alpha/\pi)^{1/4} \exp\left(-\alpha x^2 - i\omega t/2\right), \tag{16}$$

$$\psi_1 = (32\alpha^3/\pi)^{1/4} x \exp\left(-\alpha x^2 - 3i\omega t/2\right)$$

usw. Sie gehören alle zu verschiedenen Eigenwerten und sind deshalb orthogonal. Um die Energieeigenwerte (15) zu berechnen, ist die explizite Kenntnis der Zustandsvektoren jedoch nicht erforderlich.

Die Energie eines harmonischen Oszillators muß nach der Quantentheorie einen der diskreten Werte (15) haben. Geht der Oszillator von einem beliebigen angeregten Zustand in den nächsthöheren über, dann nimmt er also stets dieselbe Energiedifferenz $\omega\hbar$ auf. Dieses Ergebnis war schon 1900 von PLANCK postuliert worden. Allerdings enthielt seine Formel nicht die „Nullpunktsenergie" $E_0 = \omega\hbar/2$, die unsere Rechnung für den Grundzustand ergibt. Da im Experiment meist nur die bei Übergängen zwischen den Anregungszuständen abgegebenen oder aufgenommenen Energiedifferenzen gemessen werden, ist dieser Unterschied nicht besonders bedeutsam.

Daß die Nullpunktsenergie nicht Null sein kann, ist eine Folge der Unschärfebeziehung $\Delta x\, \Delta p_x \geq \hbar/2$. Setzt man $p_{\min} = \Delta p_x = \hbar/2\Delta x$ und $x_{\min} = \Delta x$, dann erhält man $H_{\min} = \hbar^2/8m\,\Delta x^2 + m\omega^2\,\Delta x^2/2$. Für $\Delta x^2 = \hbar/2m\omega$ ergibt sich der kleinste Wert für $H_{\min}$,

$$H_{\min} = \hbar\omega/2 = E_0.$$

Um $H_{\min} = 0$ zu erhalten, müßte sowohl x als auch p_x identisch gleich Null sein, und das ist wegen der Unschärferelation unmöglich. Deshalb muß (15) richtig und die Plancksche Formel unvollständig sein.

Das Modell des harmonischen Oszillators wird in der Quantentheorie verwendet, um Atome zu beschreiben, die in Molekülen oder Kristallen um ihre Gleichgewichtslage schwingen.

Aufgabe 5.2. Man beweise, daß (5) keine negativen Eigenwerte haben kann, da $\mathbf{x}$ und $\mathbf{p}_x$ hermitisch sind. Man zeige, daß (10) eine asymptotische Lösung von (9) ist. Man leite (11) und (13) her und zeige, daß eine der beiden Potenzreihen in (14) abbricht, wenn E einen der durch (15) gegebenen Werte hat. Man gebe den Wert von $\langle E\rangle$, ΔE, $\langle x\rangle$ und $\langle p_x\rangle$ für den Zustand ψ_n an und berechne Δx, Δp_x sowie $\Delta x\,\Delta p_x$ für ψ_0 und ψ_1. Man finde ψ_2. Man zeige, daß die ψ_n nicht die Eigenfunktionen von $\mathbf{x}$ oder $\mathbf{p}_x$ sein können, und gebe $d\langle x\rangle/dt$ und $d\langle p_x\rangle/dt$ an.

Aufgabe 5.3. Für die Zustände ψ_0, ψ_1 und $(\psi_0 + \psi_1)/\sqrt{2}$ berechne man die Wahrscheinlichkeitsstromdichte j und vergleiche die Wahrscheinlichkeitsdichte ϱ mit der Aufenthaltswahrscheinlichkeit, die sich jeweils für das Teilchen nach der klassischen Physik ergäbe (diese ist umgekehrt proportional zur Geschwindigkeit des Teilchens in dem betreffenden Punkt).

Aufgabe 5.4. Man finde die Energieeigenfunktionen, Eigen- und Erwartungswerte für den harmonischen Oszillator in der Darstellung $\mathbf{x} = i\hbar\,\partial/\partial p$, $\mathbf{p}_x = p$.

Aufgabe 5.5. Für einen zweidimensionalen harmonischen Oszillator mit der Hamiltonfunktion

$$H_2 = (p_x^2 + p_y^2)/2m + m(\omega^2 x^2 + \Omega^2 y^2)/2 \tag{17}$$

gebe man die Eigenfunktionen $\varphi_{nl(x,\,y)} = X_{n(x)}\,Y_{l(y)}$ von $\mathbf{H}_2$ und deren Eigenwerte E_{nl} an und bestimme die Werte von $\langle E\rangle$, ΔE, $\langle x\rangle$, $\langle y\rangle$, $\langle p_x\rangle$ usw. für die φ_{nl}.

Auch beim harmonischen Oszillator haben sich wieder zwei wichtige Unterschiede zwischen der Quantentheorie und der klassischen Physik gezeigt, die eine Folge der Unschärferelationen sind: erstens daß sich ein Teilchen in Gebieten aufhalten kann, die ihm nach der klassischen Physik verboten wären (siehe Aufgabe 5.3); zweitens daß für die Energie eines gebundenen Teilchens nach der Quantentheorie nicht alle Werte zulässig sind, die nach der klassischen Physik möglich wären. Ähnliche Verhältnisse hatten sich auch für das Wasserstoffatom ergeben. Die beiden Erscheinungen sind für ein gegebenes System nicht von gleicher praktischer Bedeutung: An einem gebundenen Teilchen ist eine genaue Ortsmessung oft nicht möglich, da die Bindungsenergie zu klein ist, so daß das Teilchen durch die Messung frei würde. Dagegen können die Energieeigenwerte verhältnismäßig leicht genau gemessen und mit den theoretisch vorausgesagten Werten verglichen werden. Freie Teilchen haben keine diskreten Energieeigenwerte. Dagegen kann man ihre räumliche Verteilung z. B. in Streuexperimenten recht genau ermitteln.

Die Existenz der Nullpunktsenergie und die Quantelung der Energieeigenwerte spielen in der Makrophysik keine Rolle. Für ein Sekundenpendel z. B. ist E_0 nur etwa $15 \cdot 10^{-26}$ erg. Ist die Schwingungsenergie eines harmonischen Oszillators groß, dann wird auch der Unterschied zwischen seiner quantenmechanischen Wahrscheinlichkeitsfunktion und der Aufenthaltswahrscheinlichkeit nach der klassischen Physik bedeutungslos.

5.3 Der harmonische Oszillator in Matrixdarstellung

In diesem Abschnitt werden wir die Zustandsvektoren berechnen, die sich für den harmonischen Oszillator ergeben, wenn wir die Operatoren $\mathbf{x}$ und $\mathbf{p}_x$ durch Matrizen darstellen. Selbstverständlich müssen wir dabei berücksichtigen, daß nur einer der Operatoren für zwei kanonisch konjugierte Größen frei gewählt werden kann, während der zweite dann durch die Vertauschungsrelationen im wesentlichen bestimmt ist

(z. B. bis auf eine additive Konstante). Wir wählen die Matrixdarstellung

$$\mathbf{x} = \sqrt{\frac{\hbar}{2\,m\,\omega}} \begin{pmatrix} 0 & \sqrt{1} & 0 & 0 & . \\ \sqrt{1} & 0 & \sqrt{2} & 0 & . \\ 0 & \sqrt{2} & 0 & \sqrt{3} & . \\ 0 & 0 & \sqrt{3} & 0 & . \\ . & . & . & . & . \end{pmatrix},$$

$$\dot{\mathbf{p}}_x = i\,\sqrt{\frac{\hbar\,m\,\omega}{2}} \begin{pmatrix} 0 & -\sqrt{1} & 0 & 0 & . \\ \sqrt{1} & 0 & -\sqrt{2} & 0 & . \\ 0 & \sqrt{2} & 0 & -\sqrt{3} & . \\ 0 & 0 & \sqrt{3} & 0 & . \\ . & . & . & . & . \end{pmatrix}.$$

$$(18)$$

Sie erfüllt alle zu stellenden Bedingungen, denn $\mathbf{x}$ und $\mathbf{p}_x$ sind hermitisch und genügen der Vertauschungsrelation. Genau genommen müßte man diese nun schreiben $[\mathbf{x}, \mathbf{p}_x] = i\hbar\mathbf{I}$, wobei die Einheitsmatrix ebenso wie $\mathbf{x}$ und $\mathbf{p}_x$ die Dimension unendlich hat. Meist wird $\mathbf{I}$ aber weggelassen. Dies gilt auch für andere Ausdrücke, z. B. für die Operatoren $\mathbf{E} = i\hbar\,\partial/\partial t$ und $\mathbf{t} = t$, die wir verwenden werden und die hier eigentlich mit $\mathbf{I}$ multipliziert zu denken sind.

Aus (18) ergibt sich

$$\mathbf{x}^2 = \frac{\hbar}{2m\omega} \begin{pmatrix} 1 & 0 & \sqrt{2} & 0 & . \\ 0 & 3 & 0 & \sqrt{6} & . \\ \sqrt{2} & 0 & 5 & 0 & . \\ . & . & . & . & . \end{pmatrix},$$

$$\mathbf{p}_x^2 = \frac{\hbar\,m\,\omega}{2} \begin{pmatrix} 1 & 0 & -\sqrt{2} & 0 & . \\ 0 & 3 & 0 & -\sqrt{6} & . \\ -\sqrt{2} & 0 & 5 & 0 & . \\ . & . & . & . & . \end{pmatrix}.$$

$$(19)$$

und

$$\mathbf{H} = \mathbf{p}_x^2/2m + m\omega^2\mathbf{x}^2/2 = \frac{\hbar\omega}{2} \begin{pmatrix} 1 & 0 & 0 & . \\ 0 & 3 & 0 & . \\ 0 & 0 & 5 & . \\ . & . & . & . \end{pmatrix}. \qquad (20)$$

Wir gehen mit $\Psi_{(t)} = \mathfrak{u}\,\tau_{(t)}$ in die Wellengleichung $\mathbf{H}\Psi = \mathbf{E}\Psi$ ein. Dies liefert wieder $\tau = \exp\,(-iEt/\hbar)$. Für $\mathfrak{u}$ ergibt sich die Eigenwertgleichung $\mathbf{H}\mathfrak{u} = E\mathfrak{u}$. Sie hat die Lösungen

$$\mathfrak{u}_0 = \begin{pmatrix} 1 \\ 0 \\ 0 \\ \cdot \\ \cdot \end{pmatrix}, \qquad \mathfrak{u}_1 = \begin{pmatrix} 0 \\ 1 \\ 0 \\ \cdot \\ \cdot \end{pmatrix}$$

usw., und wir erhalten die normierten Wellenfunktionen

$$\Psi_0 = \begin{pmatrix} 1 \\ 0 \\ 0 \\ \cdot \\ \cdot \end{pmatrix} e^{-i\omega t/2}, \qquad \Psi_1 = \begin{pmatrix} 0 \\ 1 \\ 0 \\ \cdot \\ \cdot \end{pmatrix} e^{-3i\omega t/2} \tag{21}$$

usw. Aus (20) ersieht man sofort, daß sich wieder die Energieeigenwerte (15) ergeben. Der Ausdruck $\Psi^\dagger \Psi = \langle \Psi, \Psi \rangle$ in Matrixdarstellung entspricht dem Ausdruck $\int dx\,\psi^*\psi$ in Differentialdarstellung und ist deshalb als die Gesamtwahrscheinlichkeit, das oszillierende Teilchen irgendwo im Raum zu finden, zu interpretieren.

Aufgabe 5.6. Man untersuche, ob die Matrixdarstellung (18) dieselben Eigenwerte, Erwartungswerte und Unschärfen liefert wie die Differentialdarstellung (6). Man prüfe, ob die Funktionen (21) orthonormal sind.

Verwendet man die Komponentenschreibweise, dann ist

$$x_{jl} = \sqrt{\hbar/2m\omega}\,\left(\sqrt{j}\,\delta_{j,l+1} + \sqrt{j+1}\,\delta_{j,l-1} \right)$$

und
$$\tag{22}$$
$$p_{jl} = i\,\sqrt{\hbar m\omega/2}\,\left(\sqrt{j}\,\delta_{j,l+1} - \sqrt{j+1}\,\delta_{j,l-1} \right).$$

Diese „Deltadarstellung" ist zwar etwas unanschaulicher, für allgemeine Rechnungen aber besser geeignet als (18). Mit (22) ist z. B.

$$(\mathbf{x}\,\mathbf{p}_x)_{jl} = \sum_k x_{jk}\,p_{kl}$$

$$= \frac{i\hbar}{2} \sum_k \left(\sqrt{j}\,\delta_{j,k+1} + \sqrt{j+1}\,\delta_{j,k-1} \right)\left(\sqrt{k}\,\delta_{k,l+1} - \sqrt{k+1}\,\delta_{k,l-1} \right)$$

$$= \frac{i\hbar}{2} \sum_k \left(\sqrt{jk}\,\delta_{j,k+1}\delta_{k,l+1} + \sqrt{k(j+1)}\,\delta_{j,k-1}\delta_{k,l+1} - \right.$$

$$\left. - \sqrt{j(k+1)}\,\delta_{j,k+1}\delta_{k,l-1} - \sqrt{(j+1)(k+1)}\,\delta_{j,k-1}\delta_{k,l-1} \right).$$

Wegen

$$\sum_k f_{(k)}\,\delta_{kl} = f_{(l)}$$

und

$$f_{(k)}\,\delta_{kl} = f_{(l)}\,\delta_{kl} = f_{(k)}\,\delta_{k+1,\,l+1}$$

folgt daraus

$$(\mathbf{x}\,\mathbf{p}_x)_{jl} = \frac{i\hbar}{2}\left(\sqrt{j(j-1)}\,\delta_{j,\,l+2} + \delta_{jl} - \sqrt{(j+1)(j+2)}\,\delta_{j,\,l-2}\right) \qquad (23)$$

und analog

$$(\mathbf{p}_x\mathbf{x})_{jl} = \frac{i\hbar}{2}\left(\sqrt{j(j-1)}\,\delta_{j,\,l+2} - \delta_{jl} - \sqrt{(j+1)(j+2)}\,\delta_{j,\,l-2}\right), \qquad (24)$$

also

$$[\mathbf{x},\,\mathbf{p}_x] = i\hbar.$$

Weiter ist

$$H_{jl} = \hbar\omega(j + 1/2)\delta_{jl}, \qquad (25)$$

während die Komponenten von Ψ_n durch

$$\psi_{nj} = \exp(-iE_n t/\hbar)\delta_{nj} \qquad (26)$$

gegeben sind.

Aufgabe 5.7. Man zeige an Beispielen, daß die Elemente von (18) und (20) und die Komponenten der Ψ_n tatsächlich durch (22), (25) und (26) definiert werden. Für die Ψ_n berechne man $\langle x\rangle$, $d\langle x\rangle/dt$, Δx, Δp_x und $\langle E\rangle$ in der Deltadarstellung.

$\mathbf{x}$ und $\mathbf{p}_x$ können auf unendlich viele Arten durch Matrizen der Dimension unendlich dargestellt werden. Diese müssen nur hermitisch sein und die Vertauschungsregel erfüllen, das heißt es muß

$$x_{jl} = x_{lj}^*, \qquad p_{jl} = p_{lj}^* \quad \text{und} \quad \sum_k (x_{jk}p_{kl} - p_{jk}x_{kl}) = i\hbar\,\delta_{jl} \qquad (27)$$

sein. Sind diese Bedingungen für zwei Matrizen $\mathbf{x}$ und $\mathbf{p}_x$ erfüllt, dann gelten sie z. B. auch für

$$\mathbf{x}' = a\mathbf{x} + b\mathbf{p}_x, \qquad \mathbf{p}_x' = c\mathbf{x} + d\mathbf{p}_x, \qquad (28)$$

wenn $ad - bc = 1$ ist. Drei der reellen Parameter a, b, c und d sind also frei wählbar. $\mathbf{H}$ wird aber im allgemeinen nicht diagonal.

Anstatt die Matrizen (18) für die Operatoren $\mathbf{x}$ und $\mathbf{p}_x$ zu verwenden, könnte man z. B. die Darstellung

$$\mathbf{x} = i\sqrt{\frac{\hbar}{8m\omega}}\begin{pmatrix} 0 & 2\sqrt{1} & -\sqrt{2} & \sqrt{2} & 0 & 0 & . \\ -2\sqrt{1} & 0 & -\sqrt{2} & \sqrt{2} & 0 & 0 & . \\ \sqrt{2} & \sqrt{2} & 0 & 2\sqrt{3} & -\sqrt{4} & \sqrt{4} & . \\ -\sqrt{2} & -\sqrt{2} & -2\sqrt{3} & 0 & -\sqrt{4} & \sqrt{4} & . \\ . & . & . & . & . & . & . \end{pmatrix} \qquad (29\,\text{a})$$

und

$$\mathbf{p}_x = \sqrt{\frac{\hbar m \omega}{8}} \begin{pmatrix} 2\sqrt{1} & 0 & -\sqrt{2} & \sqrt{2} & 0 & 0 & . & . \\ 0 & -2\sqrt{1} & -\sqrt{2} & \sqrt{2} & 0 & 0 & . & . \\ -\sqrt{2} & -\sqrt{2} & 2\sqrt{3} & 0 & -\sqrt{4} & \sqrt{4} & . & . \\ \sqrt{2} & \sqrt{2} & 0 & -2\sqrt{3} & -\sqrt{4} & \sqrt{4} & . & . \\ . & . & . & . & . & . & . & . \end{pmatrix} \tag{29b}$$

wählen. Dann ergeben sich für $\mathbf{H}$ und die Ψ_n nicht mehr die diagonalen und daher einfachen Ausdrücke (20) und (21), sondern

$$\mathbf{H} = \frac{\hbar\omega}{2} \begin{pmatrix} 2 & 1 & 0 & 0 & 0 & . & . \\ 1 & 2 & 0 & 0 & 0 & . & . \\ 0 & 0 & 6 & 1 & 0 & . & . \\ 0 & 0 & 1 & 6 & 0 & . & . \\ 0 & 0 & 0 & 0 & 10 & . & . \\ . & . & . & . & . & . & . \end{pmatrix}, \qquad \Psi_0 = \sqrt{1/2}\, e^{-iE_0 t/\hbar} \begin{pmatrix} i \\ -i \\ 0 \\ 0 \\ . \\ . \end{pmatrix},$$

$$\Psi_1 = \sqrt{1/2}\, e^{-iE_1 t/\hbar} \begin{pmatrix} 1 \\ 1 \\ 0 \\ 0 \\ . \\ . \end{pmatrix}, \qquad \Psi_2 = \sqrt{1/2}\, e^{-iE_2 t/\hbar} \begin{pmatrix} 0 \\ 0 \\ i \\ -i \\ . \\ . \end{pmatrix} \tag{30}$$

usw. Trotzdem erhält man wieder die gleichen Eigenwerte, Erwartungs-werte und Unschärfen wie vorher.

Aufgabe 5.8. Man zeige dies an Beispielen.

Obwohl die explizite Form der Operatoren und Zustandsvektoren in den Darstellungen (6), (18), (22) und (29) *gänzlich verschieden* ist, liefern diese Darstellungen doch alle die *gleichen* Ergebnisse, das heißt Eigenwerte, Erwartungswerte und Unschärfen. Dies ist eigentlich selbst-verständlich, da die Vertauschungsregeln und die Zusatzbedingungen, die die Eigenschaften eines Operators bestimmen, in allen Darstellungen dieselben sein müssen. Für die Rechnungen benötigt man auch keine expliziten Ausdrücke für die Zustandsvektoren. Wir werden in Ab-schnitt 5.5 sehen, daß man Eigenwerte, Erwartungswerte und Un-schärfen sogar berechnen kann, ohne überhaupt eine bestimmte Dar-stellung für die Operatoren und Zustandsvektoren zu wählen. Vorher werden wir noch die Beziehungen zwischen den verschiedenen Dar-stellungen besprechen.

5.4 Unitäre Transformationen

Erfüllt ein Operator $\mathbf{U}$ die Beziehung

$$\mathbf{U}^\dagger = \mathbf{U}^{-1}, \tag{31}$$

dann wird er *unitär* genannt. Aus (31) folgt

$$\mathbf{U}\,\mathbf{U}^\dagger = \mathbf{U}^\dagger\mathbf{U} = 1.$$

Ein unitärer Operator ist z. B.

$$\mathbf{U} = \frac{1}{\sqrt{2}}\begin{pmatrix} i & 1 & 0 & 0 & . & . \\ -i & 1 & 0 & 0 & . & . \\ 0 & 0 & i & 1 & . & . \\ 0 & 0 & -i & 1 & . & . \\ . & . & . & . & . & . \end{pmatrix}. \tag{32}$$

Die Gleichungen

$$\psi' = \mathbf{U}\psi \quad \text{und} \quad \mathbf{A}' = \mathbf{U}\mathbf{A}\mathbf{U}^\dagger \tag{33}$$

beschreiben eine „unitäre Transformation", die den Zustandsvektor ψ in ψ' und den Operator $\mathbf{A}$ in $\mathbf{A}'$ überführt. Man kann durch eine solche Transformation von einer Darstellung für ein System zu einer anderen übergehen. So erhält man z. B. die Darstellung (29) aus (18) mit (32). Die Matrixdarstellung (18) für Operatoren und Zustandsvektoren ergibt sich aus der im Abschnitt 5.2 verwendeten Differentialdarstellung, wenn man eine Transformation mit den „Operatoren"

$$X_{n(x)} = \psi_n \exp\left(i E_n t/\hbar\right)$$

durch

$$\psi_{nl} = \langle X_l, \psi_n \rangle = \exp\left(-i E_n t/\hbar\right)\delta_{nl}, \tag{34}$$

$$x_{jl} = \langle X_j, x X_l \rangle \tag{35}$$

usw. definiert.

Alle Operatorgleichungen, also auch Vertauschungsrelationen und Eigenwertgleichungen sind gegen eine unitäre Transformation „*invariant*", das heißt ihre Form wird durch eine solche Transformation nicht verändert. Zum Beispiel folgt aus $[\mathbf{A}, \mathbf{B}] = \mathbf{C}$ stets

$$[\mathbf{A}', \mathbf{B}'] = \mathbf{C}'. \tag{36}$$

Auch der Wert eines Skalarprodukts bleibt bei einer unitären Transformation erhalten, denn

$$\langle \psi', \mathbf{A}'\varphi' \rangle = \langle \mathbf{U}\psi, \mathbf{U}\mathbf{A}\mathbf{U}^\dagger\mathbf{U}\varphi \rangle = \langle \psi, \mathbf{U}^\dagger\mathbf{U}\mathbf{A}\varphi \rangle = \langle \psi, \mathbf{A}\varphi \rangle. \tag{37}$$

Eine unitäre Transformation ändert daher auch Eigenwerte, Erwartungswerte und Unschärfen nicht. Deshalb sind verschiedene Darstellungen gleichwertig, wenn sie durch eine unitäre Transformation ineinander übergeführt werden können. Um eine Eigenwertgleichung in Matrixdarstellung zu lösen, könnte es daher ratsam scheinen, zuerst durch eine entsprechende unitäre Transformation auf eine Darstellung überzugehen, in der die betreffende Matrix diagonal ist, da dann die Lösung der Eigenwertgleichung trivial wird. Eine geeignete Transformationsmatrix zu finden ist aber meist ebenso schwierig, wie die ursprüngliche Eigenwertgleichung zu lösen.

Eine unitäre Transformation mit U kann durch eine Transformation mit dem inversen Operator $U^{-1} = U^\dagger$ wieder rückgängig gemacht werden. Diese führt ψ' und A' wieder in ψ und A über.

Aufgabe 5.9. Man beweise die letzte Behauptung. Man zeige, daß ein Produkt von unendlich vielen unitären Operatoren wieder unitär ist. Man zeige allgemein, daß eine Operatorgleichung gegen eine unitäre Transformation invariant ist, wenn man beide Seiten der Gleichung als eine Summe von Produkten von Operatoren schreiben kann. Man beweise (36).

Aufgabe 5.10. Man finde die Transformationsmatrix, die die Matrix S_x und deren Eigenfunktionen in die Matrix S_z und deren Eigenfunktionen überführt [siehe (4.76), (4.77) und (4.79)].

5.5 Operatorgleichungen

Wir haben in (5) den Nullpunkt der Energieskala so gewählt, daß für die Energie des harmonischen Oszillators nach der klassischen Mechanik nur alle positiven Werte und Null möglich wären. Beim Übergang zur Quantentheorie bleiben die negativen Werte verboten. Daneben zeigt sich aber, daß auch nicht mehr alle positiven Werte, sondern nur die diskreten Werte (15) vorausgesagt werden. Auch für die Anregungsenergien des Wasserstoffatoms ergibt die Quantentheorie nur diskrete Werte. Diese sind aber negativ, da wir nicht dem Atom im Grundzustand, sondern dem ionisierten Atom die Energie Null zuschrieben. Die vorausgesagten diskreten Energieeigenwerte werden durch alle Versuche bestätigt und bilden einen wichtigen Beweis für die Richtigkeit der Quantentheorie.

Eine wesentliche Aufgabe der Quantentheorie besteht also darin, die Energieeigenwerte für gebundene Teilchen zu finden. Dies kann in der bisher gezeigten Weise erfolgen, wenn man explizite Ausdrücke für die Operatoren wählt. Es ist aber auch möglich, sich von jeder speziellen Darstellung freizumachen und nur allgemeine Operatorgleichungen zu verwenden. Dabei muß man natürlich wieder von den Vertauschungsrelationen und der Hamiltonfunktion ausgehen, da diese ja das betreffende System charakterisiert. Diese Methode stellt zwar größere Anforderungen an das Abstraktionsvermögen als z. B. die Rechnungen in den Abschnitten 5.2 und 5.3, sie ist aber eleganter und allgemeiner und wird häufig verwendet.

Um sie kennenzulernen, wählen wir als Beispiel wieder den harmonischen Oszillator. Wir gehen von Gleichung (5) aus, ersetzen aber $\mathbf{x}$ und $\mathbf{p}_x$ durch $\mathbf{q}$ und $\mathbf{p}$. Außerdem setzen wir zur Vereinfachung

$$m = \omega = \hbar = 1 \,. \tag{38}$$

Dies ist möglich, wenn wir darauf verzichten, den Zentimeter, das Gramm und die Sekunde als Einheiten der Länge, der Masse und der Zeit zu verwenden. Ein solches Verfahren wird oft angewendet, um eine Rechnung übersichtlicher zu machen und rasch durchführen zu können. Die vollständigen Endformeln kann man dann erhalten, indem man entweder die Rechnung nochmals mit den unverkürzten Ausdrücken wiederholt oder einfach in den Ergebnissen die fehlenden Konstanten aus Dimensionserwägungen bestimmt.

Wir müssen also von den Beziehungen

$$\mathbf{H} = \frac{1}{2}\,(\mathbf{q}^2 + \mathbf{p}^2), \quad \mathbf{q}^\dagger = \mathbf{q}, \quad \mathbf{p}^\dagger = \mathbf{p} \quad \text{und} \quad [\mathbf{q}, \mathbf{p}] = i \tag{39}$$

ausgehen, in denen alle Eigenschaften des harmonischen Oszillators enthalten sind. Allerdings sind noch ausgedehnte algebraische Operationen notwendig, um dies ersichtlich zu machen.

Berücksichtigt man, daß

$$\mathbf{q}^2 + \mathbf{p}^2 = \frac{1}{2}\left((\mathbf{q} + i\mathbf{p})\,(\mathbf{q} - i\mathbf{p}) + (\mathbf{q} - i\mathbf{p})\,(\mathbf{q} + i\mathbf{p})\right)$$

ist, dann liegt es nahe, zur Vereinfachung den Operator

$$\mathbf{a} = (\mathbf{q} + i\mathbf{p})/\sqrt{2} \tag{40a}$$

einzuführen. Der zu $\mathbf{a}$ hermitisch konjugierte Operator ist

$$\mathbf{a}^\dagger = (\mathbf{q} - i\mathbf{p})/\sqrt{2}\,. \tag{40b}$$

Aus den Gleichungen (39) und (40) ergibt sich

$$[\mathbf{a}, \mathbf{a}^\dagger] = 1 \quad \text{und} \quad \mathbf{H} = \frac{1}{2}\,(\mathbf{a}\mathbf{a}^\dagger + \mathbf{a}^\dagger\mathbf{a}) = \mathbf{a}^\dagger\mathbf{a} + 1/2, \tag{41}$$

woraus

$$[\mathbf{a}, \mathbf{H}] = \mathbf{a} \quad \text{und} \quad [\mathbf{a}^\dagger, \mathbf{H}] = -\mathbf{a}^\dagger \tag{42}$$

folgt. Die Eigenfunktionen φ_n von $\mathbf{H}$ müssen der Gleichung $\mathbf{H}\varphi_n = E_n\varphi_n$ genügen. Wegen (42) gilt dann

$$\mathbf{H}\mathbf{a}\varphi_n = \mathbf{a}(\mathbf{H} - 1)\varphi_n = (E_n - 1)\mathbf{a}\varphi_n \tag{43}$$

und

$$\mathbf{H}\mathbf{a}^\dagger\varphi_n = \mathbf{a}^\dagger(\mathbf{H} + 1)\varphi_n = (E_n + 1)\mathbf{a}^\dagger\varphi_n. \tag{44}$$

Die Funktionen $\mathbf{a}\varphi_n$ und $\mathbf{a}^\dagger\varphi_n$ sind also entweder Energieeigenfunktionen zu den Eigenwerten $E_n - 1$ bzw. $E_n + 1$, oder sie sind gleich Null. Der letztere Fall muß wirklich einmal eintreten, denn sonst könnte man aus einer beliebigen Energieeigenfunktion φ_j zu einem positiven Eigenwert E_j durch Multiplikation mit einer genügend hohen Potenz des Operators $\mathbf{a}$ Eigenfunktionen zu negativen Eigenwerten erhalten. Nach (43) hätte ja $\mathbf{a}(\mathbf{a}\varphi_j)$ den Eigenwert $E_j - 2$, $\mathbf{a}^k\varphi_j$ den Eigenwert $E_j - k$, und dieser wäre sicher negativ, wenn k nur genügend groß ist. Der durch (39) definierte Hamiltonoperator kann aber keine negativen Eigenwerte haben. Der Beweis dieser Behauptung ist wie in Aufgabe 5.2 für (5) möglich. Selbstverständlich kann man sich stattdessen auch darauf berufen, daß die Hamiltonfunktion zu (5) nicht negativ sein kann.

Die Reihe der (nichtnormierten) Funktionen φ_j, $\mathbf{a}\varphi_j$, $\mathbf{a}^2\varphi_j$ ... muß also abbrechen, bevor Funktionen mit negativen Eigenwerten auftreten. Dies ist wegen (43) nur möglich, wenn für eine Funktion $\mathbf{a}^m\varphi_j$, bei der die Reihe abbricht, gilt:

$$\mathbf{a}(\mathbf{a}^m\varphi_j) = 0. \tag{45}$$

Wegen (41) und (45) ist

$$\mathbf{H}\mathbf{a}^m\varphi_j = \frac{1}{2}\,\mathbf{a}^m\varphi_j,$$

das heißt die Funktion $\mathbf{a}^m\varphi_j$ muß den Eigenwert $1/2$ haben. Aus (43) oder (44) ergibt sich dann für alle möglichen Eigenwerte von $\mathbf{H}$

$$E_n = n + 1/2. \tag{46}$$

Es wäre natürlich möglich, daß diese Eigenwerte N-fach entartet sind, wobei der Grad der Entartung wegen (43) oder (44) für alle Eigenwerte derselbe sein müßte. Es gäbe dann N verschiedene Reihen von Funktionen, die alle mit Bezug auf $\mathbf{H}$ gleichwertig sind und zwischen denen keine Übergänge stattfinden, da die Operatoren $\mathbf{a}$ und $\mathbf{a}^\dagger$ ja nur Funktionen einer Reihe ineinander überführen würden. Wir könnten uns daher auf jeden Fall auf eine dieser Reihen von Funktionen beschränken.

Wir bezeichnen von nun an die normierte Energieeigenfunktion $K\mathbf{a}^m\varphi_j$, die den Grundzustand darstellen muß, mit φ_0. Ihre Eigenschaften sind durch

$$\langle\varphi_0, \varphi_0\rangle = 1 \quad \text{und} \quad \mathbf{a}\varphi_0 = 0 \tag{47}$$

vollständig definiert. Aus φ_0 gewinnt man alle orthonormalen Energie-eigenfunktionen mit Hilfe des Operators $\mathbf{a}^\dagger$:

$$\varphi_n = (\mathbf{a}^\dagger)^n \varphi_0 / \sqrt{n!}, \quad n \geq 0. \tag{48}$$

Sie liefern die gleichen Energieeigenwerte, Erwartungswerte und Unschärfen wie die entsprechenden Funktionen der Abschnitte 5.2 und 5.3, wenn man auch dort $m = \hbar = \omega = 1$ setzt. Die Ergebnisse folgen aber hier direkt aus den Gleichungen (39), ohne daß explizite Ausdrücke für die Operatoren oder die φ_n verwendet werden müßten. Die Operatoren $\mathbf{a}^\dagger$ und $\mathbf{a}$ erzeugen aus einer Energieeigenfunktion φ_n diejenige mit der nächsthöheren bzw. nächstniedrigeren Anregungsenergie.

Aufgabe 5.11. Man leite (41) bis (44) aus (39) ab und beweise durch vollständige Induktion, daß die durch (48) definierten Funktionen normierte Energieeigenfunktionen zu den Eigenwerten (46) sind. Man finde die normierten Operatoren, die φ_n in φ_{n+1} bzw. φ_0 überführen. Man stelle die Funktion $\mathbf{q}\varphi_n$ als Linearkombination von φ_{n+1} und φ_{n-1} dar. Mit Hilfe von Operatorgleichungen berechne man Erwartungswerte und Unschärfen für q, p und H und prüfe, ob q, p und die kinetische Energie T Erhaltungsgrößen sind und mit der Gesamtenergie zugleich gemessen werden können.

Aufgabe 5.12. Man finde $\mathbf{q}$, $\mathbf{p}$ und $\mathbf{a}$ in der Matrix-, Delta- oder Differential-darstellung und rechne damit die Formeln dieses Abschnittes nach.

Wir hatten mit (38) m, ω und $\hbar$ gleich Eins gesetzt und haben dadurch in allen Ergebnissen Zahlenfaktoren verloren. So erhielten wir z. B. für die Energieeigenwerte nur den Ausdruck $n + 1/2$ statt $(n + 1/2)\hbar\omega$. Um die Ergebnisse in den üblichen Einheiten zu erhalten, könnte man

$$m\omega^2 \mathbf{x}^2 + \mathbf{p}_x^2/m = \omega\hbar(\mathbf{a}\mathbf{a}^\dagger + \mathbf{a}^\dagger\mathbf{a})$$

setzen, den Operator $\mathbf{a}$ dementsprechend durch

$$\mathbf{a} = (m\omega\mathbf{x} + i\mathbf{p}_x)/\sqrt{2m\omega\hbar}$$

definieren und damit die Rechnungen durchführen. Wir wählen die gebräuchlichere und kürzere Methode, die verlorenen Faktoren nur in den Ergebnissen einzusetzen. Wir müssen also unsere Ergebnisse mit geeigneten Kombinationen von m, ω und $\hbar$ multiplizieren, um ihnen wieder die richtige Dimension zu geben. Dieses Verfahren liefert die korrekten Ausdrücke, denn andere Faktoren als Potenzen von m, ω und $\hbar$ — etwa besondere Zahlen — können ja nicht fehlen, da wir alle Rechnungen bis auf die Kürzungen nach (38) exakt durchgeführt haben.

Da die Dimension von $\hbar$ Energie mal Zeit und die von ω Zeit^{-1} ist, muß der dimensionslose Ausdruck für $\mathbf{H}$ in (41), ebenso wie die rechte Seite von (46), mit $\hbar\omega$ multipliziert werden. Aus der Formel $E = p^2/2m$ erkennt man, daß p^2 die Dimension

$$[p^2] = \text{Energie} \times \text{Masse}$$

haben muß. Die rechte Seite der Gleichung

$$\langle p^2 \rangle = n + 1/2 \tag{49}$$

ist demnach mit $m\omega\hbar$ zu multiplizieren. Es wäre falsch, z. B. den Faktor $2m\omega\hbar$ zu verwenden, da sich ja dann eine Formel ergäbe, die nicht mit (49) identisch ist, wenn wieder $m = \omega = \hbar = 1$ gesetzt wird. Aus $E = mv^2/2$ folgt, daß die Konstante $\hbar\omega/m$ die Dimension einer Geschwindigkeit zum Quadrat hat. Deshalb ist

$$[\omega^{-2}\hbar\omega/m] = [\hbar/m\omega] = \text{Länge zum Quadrat},$$

so daß

$$\langle q^2 \rangle = (n + 1/2)\hbar/m\omega \tag{50}$$

sein muß. Für das Produkt der Unschärfen ergibt sich dann

$$\Delta q\,\Delta p = (n + 1/2)\hbar. \tag{51}$$

Wählt man die Darstellung $\mathbf{q} = q$, $\mathbf{p} = -i\,d/dq$, dann ist

$$\mathbf{a} = (q + d/dq)/\sqrt{2},$$

und aus (47) und

$$\mathbf{a}\varphi_0 = (q + d/dq)\varphi_0/\sqrt{2}$$

folgt

$$\varphi_0 = \pi^{-1/4}\exp\left(-q^2/2\right).$$

Weiter erhält man

$$\varphi_1 = \mathbf{a}^\dagger\varphi_0 = (4/\pi)^{1/4}q\exp\left(-q^2/2\right)$$

usw.

Verwenden wir eine Matrixdarstellung, dann ist es besonders zweckmäßig, $\mathbf{H}$ als Diagonalmatrix zu wählen, da wir dann mit den Eigenwerten die Matrixelemente bereits kennen und auch die Ausdrücke für die Energieeigenfunktionen sofort hinschreiben können. Wir setzen $H_{jl} = (j + 1/2)\delta_{jl}$ und versuchen, eine Matrix $\mathbf{a}$ mit reellen Elementen zu finden. Aus $\mathbf{a}\mathbf{a}^\dagger = \mathbf{H} + 1/2$ und $\mathbf{a}^\dagger\mathbf{a} = \mathbf{H} - 1/2$ ergeben sich dann die Gleichungssysteme

$$\sum_k a_{jk}a_{lk} = (j + 1)\delta_{jl} \tag{52}$$

und

$$\sum_k a_{kj}a_{kl} = j\,\delta_{jl}. \tag{53}$$

Sie besagen, daß sowohl die Zeilen als auch die Spalten von $\mathbf{a}$ als zueinander orthogonale Vektoren angesehen werden können. Aus (53) folgt für $j = l = 0$, daß alle a_{k0} Null sein müssen. Für die Matrixelemente von $\mathbf{a}$ ergibt sich

$$a_{jl} = \sqrt{l}\,\delta_{j,\,l-1}. \tag{54}$$

Daraus erhält man leicht die Elemente von $a^\dagger$ sowie von q und p. Diese entsprechen der Darstellung (22).

Wir können nun noch einen Satz von Funktionen τ_n durch die Gleichung

$$E\tau_n = E_n\tau_n$$

definieren. Die Produkte $\varphi_n\tau_n$ und ihre Überlagerungen ergeben dann alle Lösungen der Wellengleichung. Die τ_n und E können wie in den Abschnitten 5.2 und 5.3 gewählt werden.

Aufgabe 5.13. Man gebe den Zustandsvektor ψ für ein System von vielen harmonischen Oszillatoren an, von denen sich 20% im Grundzustand und 70% im Zustand φ_1 befinden, während alle übrigen eine Energie von $5\omega\hbar/2$ haben. Man drücke ψ sowie den allgemeinen Ausdruck $q\varphi_n$ durch die Operatoren a und $a^\dagger$ und die Funktion φ_0 aus.

6. Zeitabhängigkeit und klassischer Grenzfall

6.1 Die zeitliche Änderung eines Zustandes

Bisher haben wir stets das „*Schrödingerbild*" (im weiteren mit SB bezeichnet) verwendet, das heißt wir wählten $E = i\hbar\,\partial/\partial t$, $t = t$, alle anderen Operatoren zeitunabhängig und die Zustandsvektoren zeitabhängig. Die zeitliche Veränderung des durch keine äußeren Einflüsse (z. B. Messungen) gestörten Systems wurde durch die Wellengleichung

$$\mathbf{H}\psi = i\hbar\,\partial\psi/\partial t \tag{1}$$

bestimmt. Durch eine Überlagerung der Energieeigenfunktionen $\varphi_n = \psi_{n(0)}$ kann ihre allgemeinste Lösung

$$\psi_{(t)} = \sum_n c_n\varphi_n e^{-iE_n t/\hbar} \tag{2a}$$

gebildet werden. Sie stellt ein spezielles System zur Zeit t dar, wenn die Konstanten c_n so gewählt werden, daß $\psi_{(0)}$ der Zustandsvektor dieses Systems zur Zeit $t = 0$ ist. Wegen

$$e^{-iE_n t/\hbar}\varphi_n = \sum_k \frac{1}{k!}(-iE_n t/\hbar)^k\varphi_n = \sum_k \frac{1}{k!}(-i\mathbf{H}t/\hbar)^k\varphi_n = e^{-i\mathbf{H}t/\hbar}\varphi_n$$

kann man statt (2a) auch

$$\psi_{(t)} = e^{-i\mathbf{H}t/\hbar}\sum_n c_n\varphi_n \tag{2b}$$

schreiben.

Daneben gibt es das „*Heisenbergbild*" (HB), in dem die Zustandsvektoren zeitunabhängig sind. Die zeitliche Veränderung des Systems wird durch zeitabhängige Operatoren beschrieben. Der Nullpunkt der Zeitskala wird aus praktischen Gründen stets so gewählt, daß für $t = 0$ Operatoren und Zustandsvektoren im HB und im SB identisch sind. Dann ist

$$\psi_H = \psi_{(0)} \quad \text{und} \quad \mathbf{A}_{H(0)} = \mathbf{A} \,,$$

wenn man den Index H für Größen im HB und Buchstaben ohne Index für das SB verwendet. Aus (2b) folgt dann

$$\psi_H = e^{i\mathbf{H}t/\hbar}\,\psi_{(t)}\,. \tag{3}$$

Da $\mathbf{H}$ hermitisch ist, ist der Operator $\mathbf{U} = \exp\,(i\mathbf{H}t/\hbar)$, der ψ in ψ_H überführt, unitär. Sollen SB und HB äquivalent sein, dann muß man verlangen, daß die Vertauschungsrelationen und Eigenwertgleichungen in beiden Bildern dieselbe Form haben und daß sich auch dieselben Eigenwerte, Erwartungswerte und Unschärfen ergeben. Diese Bedingungen sind erfüllt, wenn der Übergang vom SB zum HB durch eine unitäre Transformation erfolgt. Nach (5.33) muß daher für die Operatoren gelten:

$$\mathbf{A}_{H(t)} = \mathbf{U}\,\mathbf{A}\,\mathbf{U}^\dagger = e^{i\mathbf{H}t/\hbar}\,\mathbf{A}\,e^{-i\mathbf{H}t/\hbar}\,. \tag{4}$$

Aus (4) ergibt sich, daß an die Stelle der Wellengleichung im HB die Bewegungsgleichung

$$\frac{\partial \mathbf{A}_H}{\partial t} = \frac{i}{\hbar}\,\mathbf{H}\,e^{i\mathbf{H}t/\hbar}\,\mathbf{A}\,e^{-i\mathbf{H}t/\hbar} + e^{i\mathbf{H}t/\hbar}\,\mathbf{A}\left(-\frac{i}{\hbar}\,\mathbf{H}\right)e^{-i\mathbf{H}t/\hbar} = -\frac{i}{\hbar}\,\mathbf{U}\,[\mathbf{A},\mathbf{H}]\,\mathbf{U}^\dagger \tag{5a}$$

mit der Anfangsbedingung $\mathbf{A}_{H(0)} = \mathbf{A}$ tritt. Da $\mathbf{H}$ mit $\mathbf{U}$ kommutiert, kann (5a) auch in der Form

$$\frac{\partial \mathbf{A}_H}{\partial t} = -\frac{i}{\hbar}\,[\mathbf{A}_H,\mathbf{H}] \tag{5b}$$

geschrieben werden. Den Zustandsvektor kann man als Linearkombination

$$\psi_H = \sum_n c_n \varphi_n$$

aus den Lösungen der Eigenwertgleichung $\mathbf{H}\varphi_n = E_n\varphi_n$ aufbauen.

Da jeder Operator mit $\mathbf{U}$ vertauschbar ist, der mit $\mathbf{H}$ kommutiert, folgt aus (4), daß $\mathbf{H}$ selbst und die Operatoren aller Erhaltungsgrößen im HB mit den entsprechenden Operatoren im SB identisch sind, wenn man dieselbe Darstellung verwendet. Nach (5) sind diese Operatoren auch im HB zeitunabhängig.

Da die Zustandsvektoren konstant sind, ergibt sich für die zeitliche Veränderung eines Erwartungswertes im HB

$$\frac{d}{dt}\langle A_H\rangle = \left\langle \psi_H,\, \frac{\partial \mathbf{A}_H}{\partial t}\, \psi_H \right\rangle.$$

Mit (5) und (4.38) folgt daraus

$$d\langle \mathbf{A}_H\rangle/dt = d\langle A\rangle/dt. \tag{6}$$

Um in der in Kapitel 3 für das Wasserstoffatom verwendeten Darstellung vom SB zum HB überzugehen, müssen $\mathbf{x}$ und $\mathbf{p}_x$ mit den entsprechenden Exponentialfaktoren multipliziert werden, während $\mathbf{H}$, $\mathfrak{L}$ und $\mathbf{L}^2$ ungeändert bleiben. Durch Weglassen des Faktors τ_n in (3.22) erhält man die zeitunabhängigen Energieeigenfunktionen, deren Überlagerung den Zustandsvektor im HB ergibt.

Multipliziert man eine Matrix $\mathbf{A}$ mit dem Skalar d/dt von links, dann ist jedes Element von $\mathbf{A}$ mit d/dt zu multiplizieren, das heißt nach t zu differenzieren. Mit Hilfe dieser Vorschrift kann man die Operatoren (5.18) im HB finden: Man berechnet zuerst mit (5.20) die Elemente von $[\mathbf{x},\, \mathbf{H}]$:

$$[\mathbf{x},\, \mathbf{H}]_{jk} = \pm \omega\, \hbar\, x_{jk}.$$

Dabei gilt das positive (negative) Vorzeichen, wenn j kleiner (größer) als k ist. Aus (5a) ergeben sich dann die Gleichungen

$$(\partial \mathbf{x}_H/\partial t)_{jk} = \dot{x}_{Hjk} = \mp i\,\omega\,(\mathbf{U}\mathbf{x}\mathbf{U}^\dagger)_{jk} = \mp i\,\omega\, x_{Hjk},$$

die sofort integriert werden können. Analog kann man $\mathbf{p}_{xH}$ berechnen. Für die durch (5.18) definierte Darstellung ergibt sich also im HB

$$\mathbf{x}_H = \sqrt{\frac{\hbar}{2m\omega}}\begin{pmatrix} 0 & \sqrt{1}\,e^{-i\omega t} & 0 & \cdot \\ \sqrt{1}\,e^{i\omega t} & 0 & \sqrt{2}\,e^{-i\omega t} & \cdot \\ 0 & \sqrt{2}\,e^{i\omega t} & 0 & \cdot \\ \cdot & \cdot & \cdot & \cdot \end{pmatrix}, \tag{7a}$$

$$\mathbf{p}_{xH} = i\sqrt{\frac{m\omega\hbar}{2}}\begin{pmatrix} 0 & -\sqrt{1}\,e^{-i\omega t} & 0 & \cdot \\ \sqrt{1}\,e^{i\omega t} & 0 & -\sqrt{2}\,e^{-i\omega t} & \cdot \\ 0 & \sqrt{2}\,e^{i\omega t} & 0 & \cdot \\ \cdot & \cdot & \cdot & \cdot \end{pmatrix}, \quad \Psi_{0H} = \begin{pmatrix} 1 \\ 0 \\ 0 \\ \cdot \\ \cdot \end{pmatrix} \text{ usw.} \tag{7b}$$

Aufgabe 6.1. Mit der Definition (2.2) beweise man: Aus $[\mathbf{A},\, \mathbf{B}] = 0$ folgt $[\mathbf{A},\, e^{\mathbf{B}}] = 0$; ist $\mathbf{A}$ ein hermitischer Operator, dann sind $\mathbf{A}^n$ und $\exp(\mathbf{A})$ hermitisch, und exp $(i\mathbf{A})$ ist unitär. Man beweise (6). Man zeige, daß der durch (7a) definierte Operator $\mathbf{x}_H$ die Bewegungsgleichung (5b) erfüllt und berechne den Erwartungswert $\langle x_H \rangle$ für einen beliebigen Zustand Ψ_{nH}.

Werden sowohl die Zustandsvektoren als auch die Operatoren als Funktionen der Zeit gewählt, dann spricht man von einem „*Wechselwirkungsbild*" (WB) oder „*Diracbild*". Ein solches ergibt sich aus dem SB, wenn man den Hamiltonoperator des betreffenden Systems in zwei Teile zerlegt,

$$\mathbf{H} = \mathbf{H}_0 + \mathbf{H}_1, \tag{8}$$

und dann mit dem Operator

$$\mathbf{W} = \exp\,(i\mathbf{H}_0 t/\hbar) \tag{9}$$

die unitäre Transformation

$$\psi_{W(t)} = \mathbf{W}_{(t)}\psi_{(t)}, \qquad \mathbf{A}_{W(t)} = \mathbf{W}_{(t)}\mathbf{A}\,\mathbf{W}^{\dagger}_{(t)} \tag{10}$$

durchführt. Alle Operatorgleichungen sind natürlich auch gegen diese Transformation invariant, und Zahlen wie z. B. die Eigenwerte bleiben ungeändert. Wenn z. B. zwei Operatoren $\mathbf{A}$ und $\mathbf{B}$ im SB der Gleichung $[\mathbf{A}, \mathbf{B}] = i\hbar$ genügen, dann gilt auch $[\mathbf{A}_{W(t)}, \mathbf{B}_{W(t)}] = i\hbar$ für beliebiges t. Andererseits ist aber im allgemeinen $[\mathbf{A}_{W(t)}, \mathbf{B}_{W(t')}] = f_{(t,t')} \neq i\hbar$. Nach (9) und (10) sind für $t = 0$ die Zustandsvektoren und Operatoren im WB mit denen im SB und im HB identisch.

Aus der Wellengleichung im SB folgt mit (10)

$$\mathbf{H}\psi = (\mathbf{H}_0 + \mathbf{H}_1)\mathbf{W}^{\dagger}\psi_W = i\hbar\,\partial\psi/\partial t = \mathbf{H}_0\mathbf{W}^{\dagger}\psi_W + i\hbar\,\mathbf{W}^{\dagger}\,\partial\psi_W/\partial t.$$

Multipliziert man diese Gleichung von links mit $\mathbf{W}$, dann kann man daraus die Wellengleichung

$$\mathbf{H}_{1W}\psi_W = i\hbar\,\partial\psi_W/\partial t \tag{11}$$

gewinnen. Die Operatoren müssen wegen (10) der Gleichung

$$\frac{\partial \mathbf{A}_W}{\partial t} = -\frac{i}{\hbar}\,[\mathbf{A}_W, \mathbf{H}_0] \tag{12}$$

genügen.

Ist ein System durch den Hamiltonoperator $\mathbf{H}$ charakterisiert, dann haben also seine Operatoren im WB dieselbe Zeitabhängigkeit wie die Operatoren eines Systems mit dem Hamiltonoperator $\mathbf{H}_0$ im HB, und für seinen Zustandsvektor ψ_W im WB ergibt sich dieselbe Wellengleichung wie für den Zustandsvektor ψ eines Systems mit dem Hamiltonoperator $\mathbf{H}_{1W}$ im SB. Das WB ist eigentlich das allgemeinste, da es die beiden anderen enthält. Wählt man in (8) $\mathbf{H}_1 = 0$, so daß $\mathbf{H}_0 = \mathbf{H}$ ist, dann ergibt sich das HB. Für $\mathbf{H}_0 = 0$, also $\mathbf{H}_1 = \mathbf{H}$ dagegen ergibt sich das SB als Grenzfall des Wechselwirkungsbildes.

Werden explizite Ausdrücke für Zustandsvektoren und Operatoren verwendet, dann bedient man sich in der Regel des Schrödingerbildes, das wir auch in Zukunft meist benützen werden. Das HB ist besonders vorteilhaft, wenn mit Operatorgleichungen gerechnet wird, da die Operatoren im HB auch die Zeitabhängigkeit des Systems enthalten. Wenn man die exakten Eigenfunktionen des Operators $\mathbf{H} = \mathbf{H_0} + \mathbf{H_1}$ nicht angeben kann, aber die Eigenfunktionen von $\mathbf{H_0}$ kennt, und wenn weiterhin $\mathbf{H_1}$ gegenüber $\mathbf{H_0}$ als eine kleine „Störung" angesehen werden kann, dann werden oft Näherungsrechnungen für das betreffende System im WB durchgeführt.

Aufgabe 6.2. Man leite (11) und (12) her. Man zeige, daß Vertauschungsrelationen und Eigenwertgleichungen gegen die Transformation vom SB zum HB oder zum WB invariant sind, daß sich Erwartungswerte und Unschärfen bei diesem Übergang nicht ändern, daß sich in allen Bildern dieselben Erhaltungsgrößen ergeben und daß man auch die gleiche Zeitabhängigkeit für die Erwartungswerte erhält.

6.2 Die Postulate der Quantentheorie

Wir sind nun in der Lage, die Postulate von Abschnitt 2.2, die für Rechnungen im SB aufgestellt wurden, zu verallgemeinern. Die ersten fünf Postulate können wir unverändert übernehmen, wenn wir das HB oder das WB verwenden. Um die Zustandsvektoren zu finden, kann man wie folgt verfahren:

Postulat 6a: Für ein System mit N Freiheitsgraden wählt man zuerst einen Satz von N unabhängigen Variablen q_j, bestimmt die entsprechenden kanonisch konjugierten Variablen p_j und die Hamiltonfunktion. Um die Rechnungen nicht allzusehr zu komplizieren, muß man oft einige der Summanden in H weglassen. Manchmal ist es nur auf diese Weise möglich, überhaupt Aussagen über ein System zu machen. Selbstverständlich sollen in der für die Hamiltonfunktion verwendeten Näherung die wichtigsten Wechselwirkungen berücksichtigt sein.

Um den Hamiltonoperator zu erhalten, ersetzt man die q_j und die p_j in H durch zeitunabhängige Operatoren $\mathbf{q}_j$ und $\mathbf{p}_j$. Für einen der beiden Operatoren $\mathbf{q}_j$ und $\mathbf{p}_j$ kann jeweils eine beliebige explizite Darstellung gewählt werden, der andere ist dann durch die Vertauschungsrelationen ausreichend bestimmt.

Nun sucht man die Lösungen der Eigenwertgleichung

$$\mathbf{H}\,\varphi_n = E_n\,\varphi_n \tag{13}$$

für die gegebenen Nebenbedingungen zu bestimmen, ähnlich wie dies z. B. in den Abschnitten 5.2, 5.3 und 5.5 geschah, gegebenenfalls durch Trennung der Variablen. Die Überlagerungen

$$\psi_{(0)} = \sum_n c_n \varphi_n \tag{14}$$

der Energieeigenfunktionen stellen alle möglichen Zustände dar, in denen sich das System zur Zeit $t = 0$ befinden könnte, wenn die c_n alle mit der Normierungsbedingung verträglichen Werte annehmen. Um ein System darzustellen, das sich zur Zeit $t = 0$ in einem bestimmten Zustand befindet, müssen die c_n so gewählt werden, daß aus $\psi_{(0)}$ und den zeitunabhängigen Operatoren die Ergebnisse aller unmittelbar vor $t = 0$ an dem System durchgeführten Messungen, also die möglichen Meßwerte und deren Wahrscheinlichkeit, richtig vorausgesagt werden können.

Es ist oft vorteilhaft, die Variablen so zu wählen, daß sie im Sinne der klassischen Physik Erhaltungsgrößen sind. Die Operatoren q_j kommutieren dann mit H, die φ_n sind Überlagerungen der Eigenfunktionen der q_j, und auch $\psi_{(0)}$ ist eine Eigenfunktion dieser Operatoren, wenn der Zustand des Systems durch Angabe genauer Meßwerte für die Erhaltungsgrößen q_j bestimmt wird, was ja meist der Fall ist. Es ist also am günstigsten, z. B. für ein freies Teilchen die Impulskomponenten als Variable zu wählen. Für die Beschreibung des Wasserstoffatoms in Kapitel 3 war es dagegen vorteilhafter, die Energie sowie das Quadrat und eine Komponente des Drehimpulses zu verwenden.

Selbstverständlich könnte man, anstatt die Energieeigenfunktionen zu suchen, $\psi_{(0)}$ auch direkt nach den Eigenfunktionen der Operatoren q_j entwickeln. Dazu müßte man die Eigenfunktionen der Operatoren q_j aus den Eigenwertgleichungen und den Nebenbedingungen bestimmen und $\psi_{(0)}$ als Summe von Produkten dieser Eigenfunktionen darstellen. Im allgemeinen bestimmt man aber die Energieeigenfunktionen, denn da die Energie eine wichtige Meßgröße ist, enthalten die Anfangsbedingungen meist die Wahrscheinlichkeiten für die Messung der verschiedenen Energieeigenwerte.

Bis hierher ist die Rechnung für alle Bilder dieselbe; sie kann auch in vielen Fällen hier abgebrochen werden, z. B. dann, wenn man nur an den für ein gebundenes Teilchen möglichen Energieeigenwerten oder an der Wahrscheinlichkeitsdichte für einen stationären Streuzustand interessiert ist. Will man dagegen die zeitliche Veränderung des Systems berücksichtigen, dann muß man noch diejenigen Lösungen der Gleichungen

$$i\hbar\dot{\psi} = H\psi \qquad \dot{A} = 0 \qquad \text{im SB,}$$
$$\dot{\psi}_H = 0 \qquad i\hbar\dot{A}_H = [A_H, H_H] \qquad \text{im HB,} \qquad (15)$$
$$i\hbar\dot{\psi}_W = H_{1W}\psi_W \qquad i\hbar\dot{A}_W = [A_W, H_{0W}] \qquad \text{im WB}$$

finden, die den Anfangsbedingungen

$$A = A_{H(0)} = A_{W(0)}, \qquad \psi_{(0)} = \psi_H = \psi_{W(0)} \qquad (16)$$

genügen, wobei

$$H = H_H = H_0 + H_1 \qquad \text{und} \qquad H_{0W} = H_0 \qquad (17)$$

ist. In der klassischen Physik kann man z. B. Koordinate x und Impuls p_x eines Teilchens zur Zeit $t = 0$ genau messen und dann mit Hilfe der Bewegungsgleichungen $x_{(t)}$ und $p_{x(t)}$ „beliebig" genau berechnen. In der Quantentheorie kann man nur die Eigenwerte und deren Wahrscheinlichkeit und damit Erwartungswerte und Unschärfen von x und p_x zur Zeit $t = 0$ angeben und dann den entsprechenden Zustandsvektor $\psi_{(0)}$ bestimmen. Mit Hilfe der Bewegungsgleichungen (15) kann man dann Zustandsvektor und Operatoren und aus diesen Erwartungswerte, Unschärfen und Wahrscheinlichkeiten für andere Zeiten berechnen. Der Unterschied ist durch die Unschärferelationen bedingt.

Sind Operatoren und Zustandsvektoren in einer bestimmten Darstellung gefunden, dann kann man in dieser Darstellung mit Hilfe der unitären Operatoren

$$\mathbf{U} = \exp\left(i\mathbf{H}t/\hbar\right), \quad \mathbf{W} = \exp\left(i\mathbf{H}_0 t/\hbar\right), \tag{18}$$

$\mathbf{W}\mathbf{U}^\dagger$ usw. vom SB zum HB oder WB, vom HB zum WB usw. übergehen. Diese Transformationen bringen aber im allgemeinen keine Vorteile, da die Aussagen in allen Bildern dieselben sind.

Das beschriebene Verfahren, dessen wir uns in den Kapiteln 3 und 5 für das SB und bei der Berechnung von (7) für das HB bereits bedient haben, führt nur für sehr einfache Systeme zum Ziel. In vielen Fällen ist es sehr schwierig oder unmöglich, die Eigenwertgleichung (13) exakt zu lösen, und man muß sich damit begnügen, Näherungen für Eigenwerte, Eigenfunktionen, Zustandsvektoren usw. zu finden. Einige der dabei verwendeten Methoden werden im folgenden oder in späteren Kapiteln behandelt.

6.3 Anwendungen

Um die Zustandsvektoren und Operatoren für einen harmonischen Oszillator in den verschiedenen Bildern zu finden, gehen wir wieder von (5.38) bis (5.40) aus. Die Definitionen (5.47) und (5.48) für die zeitunabhängigen Eigenfunktionen φ_n und die Eigenwerte (5.46) des Hamiltonoperators können wir dann direkt übernehmen. Um die zeitabhängigen Ausdrücke im WB nach Postulat 6a zu berechnen, spalten wir $\mathbf{H}$ in zwei Teile, und zwar

$$\mathbf{H}_0 = b\mathbf{H}, \quad \mathbf{H}_1 = (1 - b)\mathbf{H}. \tag{19}$$

Aus (5.40) und (5.42) folgt

$$[\mathbf{q}, \mathbf{H}] = i\mathbf{p} \quad \text{und} \quad [\mathbf{p}, \mathbf{H}] = -i\mathbf{q}, \tag{20}$$

so daß z. B. $[\mathbf{q}, \mathbf{H}_0] = ib\mathbf{p}$ ist. (12) liefert daher die beiden Gleichungen

$$\dot{\mathbf{q}}_W = b\mathbf{p}_{W(t)} \quad \text{und} \quad \dot{\mathbf{p}}_W = -b\mathbf{q}_{W(t)}, \tag{21}$$

die für die Anfangsbedingungen $q_{W(0)} = q$, $p_{W(0)} = p$ die Lösungen

$$q_W = q \cos bt + p \sin bt,$$
$$p_W = p \cos bt - q \sin bt \tag{22}$$

haben. Man könnte auch aus $\dot{a}_W = -ib\,a_W$ usw. zuerst

$$a_W = a \exp(-ibt) \quad \text{und} \quad a_W^\dagger = a^\dagger \exp(ibt) \tag{23}$$

bestimmen und würde daraus mit $q_W = (a_W + a_W^\dagger)/\sqrt{2}$ usw. (22) erhalten. Die Ähnlichkeit der beiden Gleichungen (21) ist die Folge davon, daß H die Operatoren q und p symmetrisch enthält. Ist der Zustandsvektor des Systems zur Zeit $t = 0$ durch

$$\psi_{(0)} = \sum_n c_n \varphi_n \tag{24}$$

gegeben, dann ist

$$\psi_W = \sum_n c_n \varphi_n e^{-i(1-b)(n+1/2)t}. \tag{25}$$

Die entsprechenden Ausdrücke im SB oder im HB ergeben sich als Spezialfälle von (22), (23) und (25) für $b = 0$ oder $b = 1$.

Als Beispiel wählen wir den Zustand ψ', der durch

$$\psi'_{(0)} = \sqrt{1/2}\,(\varphi_0 + \varphi_1) \tag{26}$$

gegeben ist. ψ' ist keine Energieeigenfunktion und stellt keinen stationären Zustand dar, da die Wahrscheinlichkeitsdichte im SB nicht konstant ist. Um die Zeitabhängigkeit der Erwartungswerte von q und p im SB zu erkennen, berechnen wir mit Hilfe von (5.47) und (5.48)

$$\langle q \rangle = \sqrt{1/2}\,\langle \psi', (a + a^\dagger)\psi' \rangle$$
$$= \sqrt{1/8}\,\langle \varphi_0 e^{-iE_0 t} + \varphi_1 e^{-iE_1 t},\ (\varphi_0 + \sqrt{2}\,\varphi_2)e^{-iE_1 t} + \varphi_1 e^{-iE_0 t} \rangle$$

und analog $\langle p \rangle$. Das Ergebnis ist

$$\langle q \rangle = \sqrt{1/2}\,\cos t, \quad \langle p \rangle = -\sqrt{1/2}\,\sin t. \tag{27}$$

Im HB dagegen kann man direkt aus den Operatorgleichungen ersehen, wie $\langle q \rangle$ und $\langle p \rangle$ von der Zeit abhängen. So folgt z. B. aus (22)

$$\langle q_H \rangle = \langle \psi_H, q\,\psi_H \rangle \cos t + \langle \psi_H, p\,\psi_H \rangle \sin t,$$

also

$$\langle q_H \rangle = q_0 \cos t + p_0 \sin t. \tag{28}$$

Berechnet man noch die Konstanten $q_0 = \sqrt{1/2}$, $p_0 = 0$, dann erhält man auch die Zahlenwerte von $\langle q_H \rangle$ und $\langle p_H \rangle$, doch legt man auf diese im allgemeinen nicht soviel Wert.

Aufgabe 6.3. Man leite (22) und (25) her. Man berechne $\langle q_H \rangle$ und $\langle p_H \rangle$ für den allgemeinen Zustandsvektor (24) und $\langle q_H \rangle$ und $\langle q_H^2 \rangle$ für $\psi_H = 0{,}995\varphi_0 - 0{,}1\varphi_1$.

Ist der Hamiltonoperator eines Systems

$$\mathbf{H}' = (\mathbf{q}'^2 + \mathbf{p}'^2)/2 + \varepsilon\mathbf{q}', \tag{29}$$

dann können wir diesen durch die Transformation $\mathbf{q}' = \mathbf{q} - \varepsilon$, $\mathbf{p}' = \mathbf{p}$ in die Form

$$\mathbf{H}'' = (\mathbf{q}^2 + \mathbf{p}^2 - \varepsilon^2)/2$$

bringen. $\mathbf{H}''$ unterscheidet sich von dem Hamiltonoperator in (5.39) nur durch eine additive Konstante und hat deshalb die Eigenfunktionen (5.48) und die Eigenwerte $E_n'' = (2n + 1 - \varepsilon^2)/2$. Es gilt also

$$\mathbf{H}''_{(\mathbf{q})}\varphi_{n(\mathbf{q})} = \mathbf{H}'_{(\mathbf{q}')}\varphi'_{n(\mathbf{q}')} = E_n''\varphi_{n(\mathbf{q}'+\varepsilon)}. \tag{30}$$

Für die Anfangsbedingung

$$\psi_{(0)} = \sum_n c_n\varphi_{n(\mathbf{q}'+\varepsilon)} \tag{31}$$

ergibt sich im SB der Zustandsvektor

$$\psi = \sum_n c_n\varphi_{n(\mathbf{q}'+\varepsilon)}e^{-iE_n''t}. \tag{32}$$

Man kann auch im WB rechnen, indem man z. B. $\mathbf{H}_1 = \varepsilon\mathbf{q}'$ setzt. Wegen $[\mathbf{q}', \mathbf{H}_0] = i\mathbf{p}'$ usw. ergeben sich für $\mathbf{q}'_W$ und $\mathbf{p}'_W$ wieder die Gleichungen (22) mit $b = 1$, und für ψ_W erhält man die Wellengleichung

$$i\dot{\psi}_W = \varepsilon(\mathbf{q}'\cos t + \mathbf{p}'\sin t)\psi_W, \tag{33}$$

deren Lösung

$$\psi_W = e^{-i\varepsilon(\mathbf{q}'\sin t - \mathbf{p}'\cos t)}\psi_{(0)} \tag{34}$$

ist.

Aufgabe 6.4. Man zeige in Differentialdarstellung, daß $\varphi_{0(\mathbf{q}'+\varepsilon)}$ oder $\varphi_{1(\mathbf{q}'+\varepsilon)}$ die Gleichung (30) erfüllt. Man schreibe die Gleichungen von Abschnitt 6.3 in einer beliebigen expliziten Darstellung und bestimme die in den verschiedenen Ausdrücken wegen (5.38) fehlenden multiplikativen Konstanten.

Aufgabe 6.5. Für ein System mit dem Hamiltonoperator

$$\mathbf{H} = (\mathbf{q}^2 + \mathbf{p}^2)/2 + \mathbf{q}\cos\Omega t \tag{35}$$

finde man $\mathbf{q}_W, \mathbf{p}_W, \mathbf{H}_{1W}$, wenn $\mathbf{H}_1 = \mathbf{q}\cos\Omega t$ gesetzt wird. (35) enthält zwar die Zeit explizit, die Rechnung kann aber trotzdem wie üblich durchgeführt werden.

6.4 Beziehungen zur klassischen Mechanik

Soll die Quantentheorie physikalische Vorgänge richtig beschreiben, dann müssen selbstverständlich zwischen den Erwartungswerten von Meßgrößen, die ja den Mittelwerten aus vielen Messungen entsprechen, dieselben Beziehungen bestehen, die für die entsprechenden Größen nach der klassischen Physik gelten. Ob diese Bedingung erfüllt ist, erkennt man am einfachsten im HB, da dieses mit konstanten Zustandsvektoren arbeitet, so daß man bereits aus den Operatorgleichungen die Beziehungen zwischen den Erwartungswerten ersehen kann. Für den harmonischen Oszillator erhält man z. B. im HB aus (21) die Gleichung

$$\ddot{\mathbf{q}}_H = \dot{\mathbf{p}}_H = -\mathbf{q}_H,$$

die tatsächlich der klassischen Bewegungsgleichung entspricht, wenn man (5.38) berücksichtigt.

Um die kanonischen Gleichungen im HB abzuleiten, benötigen wir die beiden Hilfssätze (39). Wir beweisen sie auf folgende Weise:

Erfüllen zwei Operatoren $\mathbf{A}$ und $\mathbf{B}$ die Vertauschungsregel $[\mathbf{A},\mathbf{B}] = i\hbar$, dann gilt auch

$$[\mathbf{A}^n, \mathbf{B}] = i\hbar n\,\mathbf{A}^{n-1}. \tag{36}$$

Der Beweis gelingt durch vollständige Induktion: Für $n = 0$ ist (36) richtig. Aus der Gültigkeit für n folgt aber wegen

$$[\mathbf{A}^{n-1}, \mathbf{B}] = \mathbf{A}^{-1}(\mathbf{A}^n\mathbf{B} - \mathbf{A}\mathbf{B}\mathbf{A}^{n-1})$$
$$= \mathbf{A}^{-1}(\mathbf{B}\mathbf{A}^n + i\hbar n\,\mathbf{A}^{n-1} - \mathbf{B}\mathbf{A}^n - i\hbar\mathbf{A}^{n-1}) = i\hbar(n-1)\mathbf{A}^{n-2}$$

und

$$[\mathbf{A}^{n+1}, \mathbf{B}] = \mathbf{A}(\mathbf{B}\mathbf{A}^n + i\hbar n\,\mathbf{A}^{n-1}) - \mathbf{B}\mathbf{A}^{n+1}$$
$$= (\mathbf{B}\mathbf{A} + i\hbar)\mathbf{A}^n + i\hbar n\,\mathbf{A}^n - \mathbf{B}\mathbf{A}^{n+1} = i\hbar(n+1)\mathbf{A}^n$$

die Gültigkeit für $n-1$ und $n+1$. Setzen wir fest, daß für die formale Ableitung nach einem Operator die aus der Differentialrechnung geläufigen Regeln zu verwenden sind, dann ist $d\mathbf{A}^n/d\mathbf{A} = n\mathbf{A}^{n-1}$, so daß wegen (36)

$$d\mathbf{A}^n/d\mathbf{A} = (-i/\hbar)[\mathbf{A}^n, \mathbf{B}] \tag{37}$$

gilt. Jede vorkommende Operatorfunktion $\mathbf{F}$ kann stets durch $\mathbf{A}$, $\mathbf{B}$ sowie andere Operatoren, die von A und B unabhängigen Variablen entsprechen und deshalb mit $\mathbf{A}$ und $\mathbf{B}$ kommutieren, ausgedrückt werden. Es ist daher möglich, $\mathbf{F}$ durch Vertauschungen in die Form

$$\mathbf{F} = \sum_{k=-\infty}^{\infty} \mathbf{C}_k\,\mathbf{A}^k \tag{38}$$

zu bringen, wobei die C_k nur B und die übrigen Operatoren, nicht aber A enthalten. Für alle k gilt also $[C_k, B] = 0$, und aus (37) folgt

$$\partial F/\partial A = (-i/\hbar)\,[F, B]. \tag{39a}$$

Analog erhält man

$$\partial F/\partial B = (i/\hbar)\,[F, A]. \tag{39b}$$

Dabei verwendeten wir das Zeichen für die partielle Ableitung, weil F im allgemeinen mehrere Operatoren enthalten wird.

Außer (39) benötigen wir noch die Gleichung

$$\partial F_H/\partial t = (-i/\hbar)\,[F_H, H], \tag{40}$$

die aus (5b) folgt. Sie kann nicht aus (39b) gewonnen werden, indem man B durch t und A durch E ersetzt, da im HB die Operatorgleichung $E = H$ nicht vorkommt.

Setzen wir nun in (39) $A = x_H$, $B = p_{xH}$ zyk und $F = H$, dann ergeben sich mit (40) die kanonischen Gleichungen

$$\dot{x}_H = \partial H/\partial p_{xH}, \quad \dot{p}_{xH} = -\partial H/\partial x_H \text{ zyk}. \tag{41}$$

Für ein Teilchen, das sich in einem Potentialfeld bewegt und dessen Hamiltonfunktion die Form

$$H = p^2/2m + V_{(r)}$$

hat, lauten diese Gleichungen, wenn $V = kx_H^2/2$ ist:

$$\dot{x}_H = p_{xH}/m, \quad \dot{p}_{xH} = -\partial V/\partial x_H \text{ zyk}.$$

Daraus folgt die Bewegungsgleichung

$$m\ddot{r}_H = -\nabla V. \tag{42}$$

Aufgabe 6.6. Man leite (39b) und (41) her. Man bringe den Operator $L^2_{(r,p)}$ für $x = A$ in die Form (38) und prüfe, ob dann (39a) erfüllt ist.

7. Näherungsmethoden

Ist es nicht möglich oder sehr schwierig, exakte Lösungen der Eigenwertgleichung (6.13) zu finden, dann kann oft eine der folgenden Methoden verwendet werden, um Eigenwerte und Eigenfunktionen oder die Wahrscheinlichkeitsamplitude näherungsweise zu berechnen. Dazu zerlegt man H derart in zwei Teile H_0 und H_1, daß die Eigenwertgleichung für H_0 exakt lösbar ist, während man H_1 in der Näherungsrechnung berücksichtigt. Diese kann jedoch nur erfolgreich durchgeführt werden, wenn zu jeder Eigenfunktion von H_0 eine Eigenfunktion von H gehört. Besonders günstig ist es, wenn die in H_1 enthaltenen „Störglieder" die Eigenfunktionen von H_0 nur geringfügig ändern. Deshalb soll H_0 nach Möglichkeit alle wichtigen Wechselwirkungen enthalten.

7.1 Störungsrechnung für stationäre Zustände

Wir nehmen an, daß der Hamiltonoperator eines Systems $H = H_0 + H_1$ ist und daß die Lösungen φ_n der Gleichung

$$H_0\varphi_n = E_n\varphi_n \tag{1}$$

bekannt und orthonormal sind. Wir setzen vorläufig auch noch voraus, daß die φ_n alle zu verschiedenen Eigenwerten gehören. Für die Eigenfunktionen φ_n' und Eigenwerte E_n' von H machen wir die Ansätze

$$\varphi_n' = \varphi_n + \varphi_{n1} + \varphi_{n2} + \;.\;. \; = \varphi_n + \sum_k a_{nk}\varphi_k + \sum_k b_{nk}\varphi_k + \;.\;. \tag{2}$$

und

$$E_n' = E_n + E_{n1} + E_{n2} + \;.\;., \tag{3}$$

wobei $a_{nn} = b_{nn} = \ldots = 0$ sein soll. Die Summationen in (2) sind also über alle $k \neq n$ auszuführen. Weiter nehmen wir an, daß die arithmetischen Reihen (2) und (3) rasch gegen φ_n' bzw. E_n' konvergieren. Aus der Eigenwertgleichung

$$(H - E_n')\,\varphi_n' = (H_0 + H_1 - E_n - E_{n1} - \;.\;.)\,(\varphi_n + \varphi_{n1} + \;.\;.) = 0 \tag{4}$$

ergibt sich dann in nullter Näherung die Gleichung $(H_0 - E_n)\,\varphi_n = 0$, die wegen (1) schon erfüllt ist. Für die Glieder, die „klein von erster Ordnung" sind, ergibt sich aus (4)

$$\sum_k (E_n - E_k)\,a_{nk}\varphi_k + E_{n1}\varphi_n = H_1\varphi_n. \tag{5}$$

Multipliziert man diese Gleichung von links „skalar" mit $\varphi_n^\dagger$ (wobei eine Summation oder Integration auszuführen ist), dann folgt daraus

$$E_{n1} = M_{nn} \quad \text{mit} \quad M_{mn} = \langle \varphi_m, H_1\varphi_n \rangle, \tag{6}$$

da die φ_n orthonormal sind. Die Korrektur für einen Energieeigenwert ist also in erster Näherung gleich dem Erwartungswert der „Störenergie", der sich für die ungestörte Funktion φ_n ergibt. Multipliziert man dagegen (5) von links skalar mit $\varphi_m^\dagger$, dann ergeben sich für $m \neq n$ die Koeffizienten der ersten Näherung

$$a_{nm} = M_{mn}/(E_n - E_m). \tag{7}$$

Ähnlich erhält man aus

$$\sum_k (E_n - E_k)\, b_{nk}\varphi_k + E_{n2}\varphi_n = \sum_k (\mathbf{H}_1 - E_{n1})\, a_{nk}\varphi_k \tag{8}$$

für die zweite Näherung

$$E_{n2} = \sum_k a_{nk} M_{nk} \tag{9}$$

und

$$b_{nm} = (\sum_k a_{nk} M_{mk} - E_{n1} a_{nm})/(E_n - E_m). \tag{10}$$

Bei der Berechnung der höheren Näherungen verfährt man analog. Da die Rechnungen jedoch immer umfangreicher werden, ist das Verfahren nur sinnvoll, wenn die Reihen (2) und (3) rasch konvergieren.

Ist ein Eigenwert E_g N-fach entartet, also $E_g = E_{g+1} = \ldots = E_{g+N-1}$, dann wird der Nenner in einigen der Formeln (7), (10) usw. Null. Da nur endliche Werte für die Koeffizienten a_{gm}, b_{gm} usw. sinnvoll sind, muß in einem solchen Fall auch der Zähler in (7), (10) usw. Null sein. Um dies zu erreichen, müssen wir die entarteten Eigenfunktionen φ_g, $\varphi_{g+1} \ldots$ passend wählen. Wir bezeichnen einen beliebigen Satz von N linear unabhängigen orthonormalen Lösungen von (1) zum Eigenwert E_g mit φ_g^0, $\varphi_{g+1}^0 \ldots \varphi_K^0$ und machen den Ansatz

$$\varphi_j = \sum_l c_{jl}\varphi_l^0,$$

wobei $K = g + N - 1$ ist und j und l die Werte $g, g+1, \ldots K$ durchlaufen. Nun ersetzen wir den Index n in (5) durch g. Die so erhaltene Gleichung multiplizieren wir skalar nacheinander mit den φ_j^{0*}. Dadurch ergibt sich ein System von N homogenen Gleichungen

$$\sum_l c_{gl} M_{jl} - c_{gj} E_{g1} = 0 \tag{11}$$

für die c_{gj}. Durch diese Gleichungen werden die c_{gj} nur bis auf einen konstanten Faktor bestimmt. Dazu sind aber nur $N - 1$ Gleichungen notwendig, die benützt werden können, um alle c_{gj} durch einen einzigen der Koeffizienten auszudrücken, z. B. $c_{gj} = f_{j(c_{gg})}$. Damit sich aus der N-ten Gleichung kein Widerspruch ergibt, muß die Determinante der Matrix

$$\begin{pmatrix} M_{gg} - E_{g1} & M_{g,\,g+1} & \cdot & \cdot \\ M_{g+1,\,g} & M_{g+1,\,g+1} - E_{g1} & \cdot & \cdot \\ & \cdot & \cdot & \cdot \end{pmatrix}$$

verschwinden. Diese Bedingung liefert eine algebraische Gleichung N-ten Grades für E_{g1}, die auch die Säkulargleichung des Gleichungssystems genannt wird. Wir nehmen an, daß diese Gleichung N verschiedene Lösungen habe. Eine dieser Lösungen identifizieren wir mit E_{g1}, setzen sie in (11) ein und erhalten dadurch $N-1$ linear unabhängige Gleichungen mit bekannten Koeffizienten für die c_{gl}. Aus diesen und der Normierungsbedingung $\sum_l c_{jl}^* c_{jl} = 1$ können wir die c_{gl} (bis auf einen Phasenfaktor) bestimmen.

Setzt man nacheinander $\varphi_{g+1}, \ldots \varphi_K$ in (5) ein, dann ergeben sich durch skalare Multiplikation mit den Funktionen φ_j^{0*} weitere $N-1$ Systeme von je N homogenen Gleichungen, die dieselbe Form wie (11) haben und deshalb auch die gleiche Säkulargleichung liefern. Man kann daher genauso wie oben beschrieben verfahren, die noch nicht verwendeten $N-1$ Lösungen der Säkulargleichung in die erhaltenen $N-1$ Gleichungssysteme einsetzen und aus diesen und den Normierungsbedingungen alle Koeffizienten c_{jl} berechnen. Die φ_j sind orthogonal und erfüllen auch die Bedingung $M_{jl} = E_{jl}\delta_{jl}$.

Sind nicht alle Lösungen der Säkulargleichung voneinander verschieden, dann bleiben einige der Koeffizienten c_{jl} unbestimmt. Um diese zu bestimmen, muß man dann noch weitere Gleichungen verwenden, die sich aus (8), und eventuell aus höheren Näherungen ergeben.

Durch das Hinzufügen von φ_{n1}, φ_{n2} usw. zu φ_n ergeben sich im allgemeinen nichtnormierte Funktionen. Nachdem die φ_n' mit der gewünschten Genauigkeit berechnet wurden, müssen sie deshalb gegebenenfalls normiert werden, indem man sie mit einer passend gewählten Konstante multipliziert.

Aufgabe 7.1. Für ein System sei

$$\mathbf{H_0} = (\mathbf{q}^2 + \mathbf{p}^2)/2 \quad \text{und} \quad \mathbf{H_1} = \varepsilon\,\mathbf{q}. \tag{12}$$

Ausgehend von den Funktionen (5.48) bestimme man $E_{n1}, E_{n2}, a_{nm}, b_{nm}$ und die Zahlenwerte von a_{0m} und b_{0m}. Für $\mathbf{H_0} = \mathbf{q}^2 + \mathbf{p}^2$ und $\mathbf{H_1} = \mathbf{q}^4$ berechne man E_{n1}. Für $\mathbf{H_0} = -d^2/d\alpha^2$ und $\mathbf{H_1} = -i\varepsilon d/d\alpha$ berechne man $\varphi_1, \varphi_2, E_{11}$ und E_{21}, wenn $0 \leq \alpha \leq 2\pi$ und a) $\sqrt{\pi}\,\varphi_1^0 = \sin \alpha$, $\sqrt{\pi}\,\varphi_2^0 = \cos \alpha$ oder b) $\sqrt{2\pi}\,\varphi_1^0 = \exp(i\alpha)$, $\sqrt{2\pi}\,\varphi_2^0 = \exp(-i\alpha)$ ist.

7.2 Zeitabhängige Störungstheorie

Wir spalten wieder $\mathbf{H}$ in $\mathbf{H_0}$ und einen Anteil $\mathbf{H_1}$, der eventuell auch von t explizit abhängen kann, auf. Oft werden für $\mathbf{H_1}$ auch Störfunktionen verwendet, die nur während einer endlichen Zeitspanne von Null verschieden sind. Wir entwickeln den Zustandsvektor ψ im Schrödingerbild mit

$$\psi = \sum_n c_{n(t)} \varphi_n \exp(-iE_n t/\hbar) \tag{13}$$

nach den normierten Lösungen von (1). Da die φ_n nicht Eigenfunktionen von $\mathbf{H}$ sind, hängen die c_n von t ab. Aus der Wellengleichung $\mathbf{E}\psi = \mathbf{H}\psi$ folgt dann mit (1)

$$i\hbar \sum_n \dot{c}_{n(t)}\varphi_n \exp\left(-iE_n t/\hbar\right) = \mathbf{H}_1\psi. \tag{14}$$

Multipliziert man (14) skalar von links mit $\varphi_n^\dagger$, so ergibt sich für die c_n das System von Differentialgleichungen

$$i\hbar \frac{dc_{n(t)}}{dt} = \sum_k M_{nk} c_{k(t)} e^{i\omega_{nk}t}, \tag{15}$$

wobei

$$\omega_{nk} = (E_n - E_k)/\hbar \quad \text{und} \quad M_{nk} = \langle \varphi_n, \mathbf{H}_1\varphi_k \rangle \tag{16}$$

ist.

Sind die c_n zur Zeit $t = t_0$ durch die Anfangsbedingungen gegeben, dann kann man die $c_{n(t)}$ nach dem Verfahren der sukzessiven Approximation finden:

$$c_{n(t)}^{(m+1)} = c_{n(t_0)} + \int_{t_0}^{t} dt_1 \sum_k M_{nk} c_{k(t_1)}^{(m)} e^{i\omega_{nk}t_1}/i\hbar, \quad m = 0, 1, 2 \ldots \tag{17}$$

Nach (17) können aus der „nullten Näherung'' $c_{n(t)}^{(0)} = c_{n(t_0)}$ die Koeffizienten der ersten Näherung $c_{n(t)}^{(1)}$, aus diesen die der zweiten Näherung usw. berechnet werden. Wenn das Verfahren konvergiert, das heißt wenn sich für genügend großes j $c_n^{(j+1)}$ von $c_n^{(j)}$ nicht mehr unterscheidet, ist $c_n^{(j)}$ der gesuchte Koeffizient. Beweis: Setzt man in (17) $t = t_0$ dann erkennt man, daß die Anfangsbedingung erfüllt ist, während eine Differentiation von (17) die Differentialgleichungen

$$i\hbar \, dc_n^{(m+1)}/dt = \sum_k M_{nk} c_k^{(m)} e^{i\omega_{nk}t}$$

für alle n liefert. Diese Gleichungen sind mit (15) identisch, wenn man $c_k^{(m)}$ durch c_k ersetzt und wenn sich $c_n^{(m+1)}$ und $c_n^{(m)}$ nicht unterscheiden. Es ist offensichtlich, daß (17) im allgemeinen sehr gut konvergiert, wenn t genügend nahe bei t_0 liegt.

Ist $\psi_{(t)}$ normiert, dann ist $|c_{n(t)}|^2$ die Wahrscheinlichkeit, das System bei einer Messung zur Zeit t im Zustand φ_n zu finden. War das System für $t = t_0$ im Zustand φ_j, das heißt ist $c_{n(t_0)} = \delta_{nj}$, so stellt $|c_{n(t)}|^2$ zugleich auch die Wahrscheinlichkeit dar, daß die „Störung'' $\mathbf{H}_1$ in der Zeit von t_0 bis t einen Übergang des Systems vom Zustand φ_j in den Zustand φ_n verursachte.

Aufgabe 7.2. Für den Hamiltonoperator (12) berechne man $c_{n(t)}^{(1)}$ und $c_{n(t)}^{(2)}$ sowie die zweite Näherung für die Übergangswahrscheinlichkeit in den Zustand φ_2 unter der Annahme, daß $c_{n(0)} = c_{n(t_0)} = \delta_{0n}$ ist.

7.3 Der S-Operator

Die nun folgende Methode, die besonders in der Quantenfeldtheorie häufig verwendet wird, zeigt eine gewisse Ähnlichkeit mit der eben beschriebenen.

Wir setzen wieder $\mathbf{H} = \mathbf{H}_0 + \mathbf{H}_1$, rechnen aber jetzt im WB und schreiben zur Abkürzung statt $\mathbf{H}_{1W}$ nur $\mathbf{H}_I$. Eine formale Integration der Wellengleichung (6.11) liefert für den Zustandsvektor ψ_W die Integralgleichung

$$\psi_{W(t)} = \psi_{W(t_0)} - \frac{i}{\hbar} \int\limits_{t_0}^{t} dt_1\, \mathbf{H}_{I(t_1)} \psi_{W(t_1)}, \tag{18}$$

wie man durch differenzieren von (18) leicht beweist. Die Form von (18) begünstigt eine Lösung durch Iteration: Man ersetzt t durch t_1, muß aber dann die Integrationsvariable umbenennen, etwa in t_2. Dann setzt man den so aus (18) für $\psi_{W(t_1)}$ gefundenen Ausdruck wieder rechts in (18) ein und erhält

$$\psi_{W(t)} = \psi_{W(t_0)} - \frac{i}{\hbar} \int\limits_{t_0}^{t} dt_1 \mathbf{H}_{I(t_1)} \left(\psi_{W(t_0)} - \frac{i}{\hbar} \int\limits_{t_0}^{t_1} dt_2\, \mathbf{H}_{I(t_2)} \psi_{W(t_2)} \right). \tag{19}$$

Kennt man die „nullte Näherung" $\psi_{W(t_0)}$, dann kann man nun einen Teil des Integrals in (19) — wenigstens prinzipiell — auswerten und so die erste Näherung für $\psi_{W(t)}$ gewinnen, indem man das letzte Integral vernachlässigt. Ersetzt man in (18) t durch t_2 und t_1 durch t_3, so erhält man einen Ausdruck für $\psi_{W(t_2)}$. Diesen kann man in (19) einsetzen und so die zweite Näherung für $\psi_{W(t)}$ finden. Da man dieses Verfahren beliebig oft wiederholen kann, kann die Lösung der Integralgleichung (18) in der Form

$$\psi_{W(t)} = \mathbf{S}_{(t_0,t)} \psi_{W(t_0)} = \sum_{k=0}^{\infty} \mathbf{S}_k \psi_{W(t_0)} \tag{20}$$

geschrieben werden, wenn die Operatoren $\mathbf{S}_k$ durch

$$\mathbf{S}_k = (-i/\hbar)^k \int\limits_{t_0}^{t} dt_1\, \mathbf{H}_{I(t_1)} \int\limits_{t_0}^{t_1} dt_2 \ldots \int\limits_{t_0}^{t_{k-1}} dt_k\, \mathbf{H}_{I(t_k)} \tag{21}$$

definiert werden, wobei sinngemäß $\mathbf{S}_0 = 1$ ist.

Der Operator $\mathbf{S}_{(t_0,t)}$ transformiert nach (20) den Zustandsvektor $\psi_{W(t_0)}$ in $\psi_{W(t)}$. Man kann $\psi_{W(t)}$ normieren und nach einem beliebigen, vollständigen Satz — z. B. den normierten Eigenfunktionen φ_n von $\mathbf{H}_0$ — zerlegen,

$$\psi_{W(t)} = \sum_n b_{n(t)} \varphi_n,$$

und erhält mit den Ausdrücken

$$|b_n|^2 = |\langle \varphi_n, \psi_{W(t)} \rangle|^2 \tag{22}$$

die Wahrscheinlichkeiten, das System zur Zeit t im Zustand φ_n zu finden.

Wir wählen als Beispiel den Fall $\mathbf{H}_1 = \mathbf{H}_I = \cos t$. Diese Störfunktion fällt eigentlich aus dem Rahmen der von uns gewöhnlich verwendeten Funktionen, da sie kein Potential in einem physikalischen System darstellt und nur den Nullpunkt der Energie periodisch ändert. Wir wollen sie aber trotzdem verwenden, um das beschriebene Iterationsverfahren zu erläutern. Für $t_0 = 0$ erhält man $\mathbf{S}_1 = -i \sin t/\hbar$ und $\mathbf{S}_2 = (-i \sin t/\hbar)^2/2$. Man kann auch das allgemeine Glied angeben, es ist

$$\mathbf{S}_k = (-i \sin t/\hbar)^k/k!, \tag{23}$$

wie man durch Induktion beweisen kann. Damit ergibt sich die exakte Lösung

$$\mathbf{S} = \sum_k \mathbf{S}_k = \exp\left(-i \sin t/\hbar\right). \tag{24}$$

Der Operator (24) ändert nur die Phase des Zustandsvektors, die ja bedeutungslos ist.

Um $\mathbf{S}$ in jedem Fall als Exponentialfunktion schreiben zu können, führen wir den Dysonschen „Zeitordnungsoperator" $\mathbf{P}$ mit der folgenden Definition ein:

Steht $\mathbf{P}$ vor einem Produkt von zeitabhängigen Operatoren, dann sind diese derart umzuordnen, daß jeder Operator rechts von jenen steht, die eine spätere Zeit enthalten als er selbst. So gilt z. B.

$$\mathbf{P}\,\mathbf{A}_{(t_1)}\mathbf{B}_{(t_2)}\mathbf{C}_{(t_3)} = \mathbf{B}_{(t_2)}\mathbf{C}_{(t_3)}\mathbf{A}_{(t_1)}, \tag{25}$$

wenn $t_2 > t_3 > t_1$ ist. Die Reihenfolge von zeitunabhängigen Operatoren oder von solchen, die dieselbe Zeit enthalten, ändert $\mathbf{P}$ nicht.

Man kann zeigen, daß

$$\int\limits_{t_0}^{t} dt_1 \int\limits_{t_0}^{t_1} dt_2 \ldots \int\limits_{t_0}^{t_{k-1}} dt_k \,\mathbf{H}_{I(t_1)} \ldots \mathbf{H}_{I(t_k)} \equiv$$

$$\equiv \frac{1}{k!} \int\limits_{t_0}^{t} dt_1 \int\limits_{t_0}^{t} dt_2 \ldots \int\limits_{t_0}^{t} dt_k \,\mathbf{P}\,\mathbf{H}_{I(t_1)} \ldots \mathbf{H}_{I(t_k)} \tag{26}$$

ist. Wir skizzieren den Beweis für den Fall $k = 3$. Offensichtlich gilt

$$\int\limits_{t_0}^{t} dt_1 \int\limits_{t_0}^{t} dt_2 \int\limits_{t_0}^{t} dt_3\, \mathbf{P} \ldots = \int\limits_{t_0}^{t} dt_1 \int\limits_{t_0}^{t_1} dt_2 \left(\int\limits_{t_0}^{t_2} + \int\limits_{t_2}^{t_1} + \int\limits_{t_1}^{t} \right) dt_3\, \mathbf{P} \ldots +$$

$$+ \int\limits_{t_0}^{t} dt_1 \int\limits_{t_1}^{t} dt_2 \left(\int\limits_{t_0}^{t_1} + \int\limits_{t_1}^{t_2} + \int\limits_{t_2}^{t} \right) dt_3\, \mathbf{P} \ldots \tag{27}$$

Jedes der Integrale auf der rechten Seite kann aber in die Form

$$\int\limits_{t_0}^{t} dt_1 \int\limits_{t_0}^{t_1} dt_2 \int\limits_{t_0}^{t_2} dt_3\, \mathbf{H}_{I(t_1)} \mathbf{H}_{I(t_2)} \mathbf{H}_{I(t_3)} \tag{28}$$

gebracht werden. So gilt z. B. für den zweiten Summanden auf der rechten Seite von (27)

$$t_2 \leq t_3 \leq t_1,\ t_0 \leq t_2 \leq t_1,\ t_0 \leq t_1 \leq t, \quad \text{also} \quad t_0 \leq t_2 \leq t_3 \leq t_1 \leq t.$$

Dies ist gleichbedeutend mit

$$t_0 \leq t_3 \leq t_1,\ t_0 \leq t_2 \leq t_3,\ t_0 \leq t_1 \leq t.$$

Demnach ist

$$\int\limits_{t_0}^{t} dt_1 \int\limits_{t_0}^{t_1} dt_2 \int\limits_{t_2}^{t_1} dt_3\, \mathbf{P}\mathbf{H}_{I(t_1)} \mathbf{H}_{I(t_2)} \mathbf{H}_{I(t_3)} = \int\limits_{t_0}^{t} dt_1 \int\limits_{t_0}^{t_2} dt_2 \int\limits_{t_0}^{t_1} dt_3\, \mathbf{H}_{I(t_1)} \mathbf{H}_{I(t_3)} \mathbf{H}_{I(t_2)}. \tag{29}$$

Vertauscht man auf der rechten Seite dieser Gleichung die Indizes 2 und 3 und schreibt die Integralzeichen in der richtigen Reihenfolge, dann wird dieser Ausdruck identisch mit (28). Analog kann der Beweis für die restlichen fünf Integrale in (27) oder für den Fall $k \neq 3$ geführt werden. Laufen alle Integrationen in den $\mathbf{S}_k$ von t_0 bis t, dann können die $\mathbf{S}_k$ aber aufsummiert werden, wenn man den Operator $\mathbf{P}$ vor das Summenzeichen schreibt, und man erhält schließlich

$$\mathbf{S}_{(t_0,t)} = \mathbf{P}\, e^{-\frac{i}{\hbar} \int\limits_{t_0}^{t} dt_1 \mathbf{H}_{I(t_1)}}. \tag{30}$$

Aufgabe 7.3. Man zeige, daß (18) für jede Lösung der Wellengleichung gilt. Man beweise (23).

Alle Näherungsmethoden sind nur dann sinnvoll, wenn die Näherungen rasch gegen die exakte Lösung konvergieren. Der allgemeine Beweis der Konvergenz ist meist schwierig. Der Physiker muß sich oft damit zufrieden geben, eine Näherung auszurechnen und dann deren Güte abzuschätzen, indem er die Größenordnung der Korrektur bestimmt, die sich durch die nächsthöhere Näherung ergäbe.

8. Freie Teilchen

Wir verwenden in diesem Kapitel die Darstellung (3.2).

8.1 Ebene Wellen

Für ein spinloses Teilchen, das sich in einem feldfreien Raum bewegt, kann der Hamiltonoperator

$$\mathbf{H} = \mathbf{T} = \mathbf{p}^2/2m = -\hbar^2\Delta/2m \tag{1}$$

verwendet werden. Die Eigenwertgleichung

$$\mathbf{H}\,U_{(\mathbf{r})} = E\,U_{(\mathbf{r})} \tag{2}$$

kann durch Trennung der Variablen in drei gewöhnliche Differential-gleichungen aufgespalten werden: Der Ansatz

$$U_{(\mathbf{r})} = X_{(x)}\,Y_{(y)}\,Z_{(z)} \tag{3}$$

liefert die Gleichungen

$$X'' = aX, \;\; Y'' = bY, \;\; Z'' = cZ,$$

wobei a, b und c Separationskonstanten sind. Zwischen a, b, c und dem Eigenwert E besteht die Beziehung $E = -\hbar^2(a + b + c)/2m$. Jede Funktion von der Form

$$U \sim e^{\sqrt{a}x + \sqrt{b}y + \sqrt{c}z}$$

ist eine Lösung von (2), wenn $\sqrt{a}$, $\sqrt{b}$ und $\sqrt{c}$ beliebige, auch komplexe konstante Zahlen sind. Überall endliche Lösungen ergeben sich aber nur, falls diese Konstanten alle rein imaginär oder gleich Null sind. Für die Energieeigenwerte sind also nur reelle, positive Werte oder Null zulässig.

Da U eine Eigenfunktion der Operatoren $\mathbf{p}_x$, $\mathbf{p}_y$ und $\mathbf{p}_z$ zu den Eigen-werten $-i\hbar\sqrt{a}$ usw. ist, liegt es nahe, einen Vektor $\mathfrak{p}$ durch

$$\mathfrak{p} = (p_x, p_y, p_z) = -i\hbar\left(\sqrt{a}, \sqrt{b}, \sqrt{c}\right)$$

zu definieren und die Konstanten $\sqrt{a}$, $\sqrt{b}$ und $\sqrt{c}$ in U durch die Komponenten von $\mathfrak{p}$ zu ersetzen. Dann kann man die Energie- und Impulseigenfunktionen mit den Eigenwerten $E = p^2/2m$ und $\mathfrak{p}$ in der Form

$$U_{\mathfrak{p}} = \exp\left(i\mathfrak{p}\cdot\mathbf{r}/\hbar\right)$$

schreiben. Die Funktionen

$$\psi_{\mathfrak{p}(\mathbf{r},t)} = \sqrt{N/8\pi^3}\,e^{i(\mathfrak{p}\cdot\mathbf{r} - Et)/\hbar} \tag{4}$$

92   8. Freie Teilchen

sind Lösungen der Wellengleichung $\mathbf{H}\psi = \mathbf{E}\psi$. Um ein einziges Teilchen darzustellen, müßte man auf 1 normierte Zustandsvektoren $\psi/\langle\psi,\psi\rangle^{1/2}$ verwenden. Dann ergäben sich die Erwartungswerte und Unschärfen

$$\langle\mathfrak{p}\rangle = \int d^3r\,\psi_{\mathfrak{p}}^*\,\mathfrak{p}\,\psi_{\mathfrak{p}} \,/\, \int d^3r\,\psi_{\mathfrak{p}}^*\psi_{\mathfrak{p}} = \mathfrak{p},$$

$\langle\mathfrak{r}\rangle = 0$, $\Delta\mathfrak{p} = (\Delta p_x, \Delta p_y, \Delta p_z) = 0$, $\Delta\mathfrak{r} = \infty$, $\langle E\rangle = p^2/2m \geq 0$. Da ein Zustandsvektor $\psi_{\mathfrak{p}}$ die Wahrscheinlichkeitsdichte $\varrho_{\mathfrak{p}} = \psi_{\mathfrak{p}}^*\psi_{\mathfrak{p}} = N/8\pi^3$ liefert, die im ganzen Raum konstant ist, stellt er ein System dar, das N Teilchen in jedem Volumen $R = 8\pi^3$ enthält. Die Gesamtzahl der Teilchen ist also unendlich. Sie haben keine Wechselwirkungen miteinander. Jedes Teilchen hat denselben Impuls $\mathfrak{p}$. Die Koordinaten aller Teilchen sind völlig unbestimmt, ihr Mittelwert ist Null. Nach (4.50) ergibt sich als Teilchenstromdichte

$$\mathfrak{j}_{\mathfrak{p}} = \frac{\mathfrak{p}\,\psi_{\mathfrak{p}}^*\psi_{\mathfrak{p}}}{m} = \mathfrak{v}\,\varrho_{\mathfrak{p}}. \tag{5}$$

Jede der Funktionen $\psi_{\mathfrak{p}}$ ist konstant für alle Punkte einer Ebene, die zu $\mathfrak{p}$ normal ist und sich mit der Geschwindigkeit $E/p = v_{ph}$ in der durch $\mathfrak{p}$ gegebenen Richtung bewegt. Ein Zustandsvektor $\psi_{\mathfrak{p}}$ stellt daher eine „ebene Welle" dar, das heißt einen homogenen Teilchenstrahl, der aus unendlich vielen, völlig gleichwertigen Teilchen besteht. Diese Teilchen kommen aus unendlicher Entfernung und entfernen sich auch wieder ins Unendliche. Solch ein System freier Teilchen gibt es streng genommen nicht, da bei jedem wirklichen Experiment die Teilchen im Laboratorium ausgelöst, beschleunigt und durch einen Detektor oder eine Abschirmung wieder aufgefangen werden. Der Teilchenstrahl ist deshalb longitudinal und seitlich begrenzt. Wegen der Unschärferelationen können dann auch die Impulskomponenten nicht völlig genau bekannt sein, das heißt ein wirklicher Teilchenstrahl besteht immer aus Teilchen, die nicht genau dieselben Energien und Flugrichtungen haben. Der Zustandsvektor ψ sollte also eigentlich durch eine Überlagerung der $\psi_{\mathfrak{p}}$ gebildet werden und nur in dem endlichen Volumen, in dem sich die Teilchen frei bewegen, von Null verschieden sein. Dann bliebe auch das Skalarprodukt $\langle\psi,\psi\rangle$ endlich. Es ist aber für die praktische Rechnung günstiger, von einem unendlich ausgedehnten, homogenen Teilchenstrahl auszugehen und dessen longitudinale oder seitliche Begrenzung gegebenenfalls nachträglich zu berücksichtigen. Ist z. B. $\mathfrak{p} = (p_0, 0, 0)$, dann sind die Zustandsvektoren von der Form

$$\psi_{\mathfrak{p}(x,t)} = \sqrt{N/8\pi^3}\; e^{i(p_0 x - p_0^2 t/2m)/\hbar}. \tag{6}$$

Im Experiment wirkt auf alle Teilchen das Schwerefeld der Erde. Da jedoch die Bahn der Teilchen durch die Schwerkraft nur wenig ver-

ändert wird, wenn sich diese mit großer Geschwindigkeit und nur über
kurze Strecken bewegen, kann man im allgemeinen das Schwerefeld vernachlässigen und mit den obigen Formeln rechnen.

8.2 Reflexion freier Teilchen an einer Potentialschwelle

Wir berechnen den Zustandsvektor für ein System spinloser Teilchen,
die sich in dem Potentialfeld

$$V_{(x)} = \begin{matrix} 0 & \text{für} & x < 0 \\ V_0 & \text{für} & x \geq 0 \end{matrix} \tag{7}$$

bewegen. Für negative Werte von x bleibt die Wellengleichung $\mathbf{T}\psi = \mathbf{E}\psi$
unverändert, und wir können als Lösungen die Funktionen (4) ver-
wenden. Für $x > 0$ ergibt sich die Gleichung

$$(-\hbar^2\,\Delta/2m + V_0)\,\psi_1 = \mathbf{E}\psi_1.$$

Sie hat die Lösungen

$$\psi_{1(\mathfrak{r},t)} \sim e^{i(\mathfrak{p}_1\cdot\mathfrak{r}-E_1t)/\hbar} \tag{8}$$

mit $E_1 = p_1^2/2m + V_0$.

Der Zustandsvektor ψ muß also für $x > 0$ aus den Funktionen (8),
für $x < 0$ dagegen aus den Funktionen (4) überlagert werden. ϱ und $\mathfrak{j}$
und damit ψ und $\partial\psi/\partial x$ müssen aber trotzdem überall stetig sein, auch
an der Stelle $x = 0$, an der die Funktionen (4) und (8) zusammen-
gestückelt werden.

Wir wählen als Anfangsbedingung, daß sich Teilchen mit dem Impuls
$\mathfrak{p} = (p, 0, 0)$ von links der Ebene $x = 0$ nähern, und machen daher
für $x < 0$ den Ansatz

$$\psi_K = K e^{i(px - p^2t/2m)/\hbar}, \tag{9a}$$

um diese einfallenden Teilchen darzustellen. Falls irgendwelche Teilchen
an der Potentialschwelle reflektiert werden, dann werden sich diese im
Gebiet $x < 0$ in der negativen x-Richtung mit einem Impuls
$\mathfrak{p}_R = (-p_R, 0, 0)$ bewegen, und wir setzen deshalb

$$\psi_R = R e^{i(-p_R x - p_R^2 t/2m)/\hbar}. \tag{9b}$$

Um die in den Bereich $x > 0$ durchgelassenen Teilchen darzustellen,
verwenden wir die Funktion

$$\psi_D = D e^{i(p_D x - (p_D^2/2m + V_0)t)/\hbar}. \tag{9c}$$

Die Bedingung der Stetigkeit von ψ in $x = 0$ liefert die Gleichung

$$K e^{-ip^2t/2m\hbar} + R e^{-ip_R^2t/2m\hbar} = D e^{-i(p_D^2/2m + V_0)t/\hbar}. \tag{10}$$

Für $t = 0$ muß also

$$K + R = D \tag{11}$$

gelten. Für beliebige t kann (10) nur erfüllt sein, wenn außerdem

$$p^2 = p_R^2 = p_D^2 + 2m\,V_0, \quad \text{also } p = p_R \tag{12}$$

ist. Gleichung (12) zeigt, daß die Gesamtenergie $E = p^2/2m$ eines jeden Teilchens bei der Reflexion oder beim Durchgang erhalten bleibt. Damit $\partial\psi/\partial x$ stetig ist, muß weiterhin für $x = t = 0$ gelten

$$pK - p_R R = p_D D. \tag{13}$$

Die Konstante $\varrho_K = \psi_K^* \psi_K = |K|^2$ stellt die Dichte der einfallenden, $|R|^2$ die der reflektierten und $|D|^2$ die der durchgelassenen Teilchen dar.

Aus (11) bis (13) ergibt sich mit $\varkappa = \sqrt{1 - V_0/E}$ für jedes einfallende Teilchen die Wahrscheinlichkeit

$$W_R = |R/K|^2 = (1 - \varkappa)^2/(1 + \varkappa)^2, \tag{14}$$

daß es an der Potentialschwelle reflektiert wird und die Wahrscheinlichkeit

$$W_D = |D/K|^2 = 4\varkappa/(1 + \varkappa)^2, \tag{15}$$

daß es diese passiert. Ob ein bestimmtes Teilchen reflektiert oder durchgelassen wird, bleibt dabei natürlich völlig offen. Selbstverständlich können K, R und D reell gewählt werden.

In dem eben behandelten Beispiel sind nach der Quantentheorie alle positiven Energiewerte für die Teilchen zulässig, genauso wie in der klassischen Physik. Die klassische Physik macht jedoch die Voraussage, daß jedes von links einfallende Teilchen in den Raum $x > 0$ gelangen wird, wenn $E > V_0$ ist, während in der Quantentheorie nach (14) in diesem Fall auch einige reflektiert werden. Für $E < V_0$ kann kein klassisches Teilchen die Ebene $x = 0$ passieren. In diesem Fall ist $p_D = i\alpha$ rein imaginär, und die Funktionen $\psi_D \sim \exp(-\alpha x/\hbar)$ und ϱ_D fallen für positive x-Werte exponentiell ab. Nach der Quantentheorie können daher die Teilchen ein Stück in das Gebiet $x > 0$ eindringen, da dort ϱ_D von Null verschieden ist.

Aufgabe 8.1. Für das Potentialfeld

$$V = 0 \;\text{ für }\; x < 0 \;\text{ und }\; x > a, \qquad V = V_0 \;\text{ für }\; 0 \leq x \leq a \tag{16}$$

berechne man die Wahrscheinlichkeit, daß Teilchen, deren Energie $E = V_0/2$ ist, von $x < 0$ her in das Gebiet $x > a$ vordringen (Tunneleffekt). Dabei ist zu beachten, daß ein Teilchen sowohl in $x = 0$ als auch in $x = a$ reflektiert werden kann.

8.3 Wellenpakete

Soll die Koordinate eines Teilchens, das sich parallel zur x-Achse bewegt, nicht völlig unbestimmt bleiben, dann muß dessen Zustandsvektor als „Wellenpaket" aus den Impulseigenfunktionen (9a), den „Partialwellen", überlagert werden, z. B.

$$\psi_{(x,t)} = \sqrt{a/\hbar}\,(2\pi^3)^{-1/4} \int\limits_{-\infty}^{\infty} dp\, e^{-a^2(p-p_0)^2}\, e^{i(px - p^2 t/2m)/\hbar}. \tag{17}$$

Die Bedeutung der Konstanten a und p_0 wird sich später ergeben.

Natürlich ist auch (17) eine Lösung der Wellengleichung $\mathbf{T}\psi = \mathbf{E}\psi$, denn es gilt

$$\left(\frac{\mathbf{p}_x^2}{2m} - \mathbf{E}\right)\psi \sim \int dp\, e^{-a^2(p-p_0)^2}\left(\frac{-\hbar^2}{2m}\frac{\partial^2}{\partial x^2} - i\hbar\,\frac{\partial}{\partial t}\right) e^{i(px - p^2 t/2m)/\hbar} = 0.$$

Das durch den Zustandsvektor (17) dargestellte System enthält ein Teilchen in jedem Zylinder vom Querschnitt 1, der sich von $x = -\infty$ bis $x = \infty$ erstreckt. Um dies zu beweisen, integrieren wir zuerst in

$$\langle \psi, \psi \rangle = \frac{a}{\hbar\sqrt{2\pi^3}} \iiint\limits_{-\infty}^{\infty} dx\, dp\, dp'\, e^{-a^2((p-p_0)^2 + (p'-p_0)^2) + \frac{i}{\hbar}(p-p')x - \frac{it}{2m\hbar}\,p^2 - p'^2}$$

über x. Dies liefert einen Faktor $2\pi\hbar\,\delta_{(p-p')}$. Mit

$$\int\limits_{-\infty}^{\infty} dx\, e^{-x^2} = \sqrt{\pi} \tag{18}$$

ergibt sich dann nach Integration über p'

$$\langle \psi, \psi \rangle = a\sqrt{2/\pi} \int dp\, e^{-2a^2(p-p_0)^2} = a\sqrt{2/\pi} \int dp\, e^{-2a^2 p^2} = 1.$$

Auf ähnliche Weise erhält man

$$\langle p_x \rangle = \langle \psi, \mathbf{p}_x \psi \rangle = a\sqrt{2/\pi} \int dp\, p\, e^{-2a^2(p-p_0)^2} = a\sqrt{2/\pi} \int dp\, (p+p_0)\, e^{-2a^2 p^2} = p_0,$$

da der Ausdruck $p\exp(-2a^2 p^2)$ eine ungerade Funktion ist und keinen Beitrag liefert. Weiter ist

$$\langle p_x^2 \rangle = a\sqrt{2/\pi} \int dp\, (p+p_0)^2\, e^{-2a^2 p^2} = p_0^2 + 1/4a^2.$$

Eine partielle Integration ergibt nämlich

$$\int\limits_{-\infty}^{\infty} dp\, p^2 e^{-p^2} = -\frac{p}{2}\, e^{-p^2}\Big|_{-\infty}^{+\infty} + \frac{1}{2}\int\limits_{-\infty}^{\infty} dp\, e^{-p^2} = \sqrt{\pi}/2.$$

Man erhält also die Unschärfe

$$\Delta p_x = 1/2a, \tag{19}$$

das heißt

$$a = 1/2\,\Delta p_x.$$

Für ein durch (17) dargestelltes Teilchen sind demnach der Mittelwert und die Unschärfe des Impulses konstant. Im $\lim a \to \infty$ wird (17) nach (4.10) proportional zu der Impulseigenfunktion (6).

Wir wollen nun in (17) über p integrieren. Dazu machen wir den Ansatz

$$e^{-a^2(p-p_0)^2 + i(px - p^2t/2m)/\hbar} = e^{-\alpha^2(p-\beta)^2 + \gamma}.$$

Ein Koeffizientenvergleich ergibt

$$\alpha^2 = a^2 + i\,t/2m\,\hbar, \qquad \beta = (a^2 p_0 + i x/2\,\hbar)/\alpha^2,$$

$$\gamma = -\left(\frac{x - p_0 t/m}{2\alpha\hbar}\right)^2 + \frac{i}{\hbar}\,(p_0 x - p_0^2 t/2m)$$

und mit

$$\int_{-\infty}^{\infty} dp\; e^{-\alpha^2(p-\beta)^2 + \gamma} = \sqrt{\pi}\; e^{\gamma}/\alpha$$

erhält man

$$\psi_{(x,t)} = (2\pi)^{-1/4}\,\frac{\sqrt{a/\hbar}}{\alpha}\; e^{-\left(\frac{x - p_0 t/m}{2\alpha\hbar}\right)^2 + \frac{i}{\hbar}(p_0 x - p_0^2 t/2m)}. \tag{20}$$

Jetzt kann man leicht den Erwartungswert

$$\langle x \rangle = \frac{a}{\sqrt{2\pi}\,\hbar\,|\alpha|^2}\int_{-\infty}^{\infty} dx\; x\; e^{-\left(\frac{x - p_0 t/m}{2\hbar}\right)^2 (1/\alpha^2 + 1/\alpha^{*2})} = p_0 t/m \tag{21}$$

und die Unschärfe

$$\Delta x = (\langle x^2 \rangle - \langle x \rangle^2)^{1/2} = a\hbar(1 + t^2/4a^4 m^2 \hbar^2)^{1/2} \tag{22}$$

berechnen. Der „Schwerpunkt" des Wellenpakets bewegt sich also mit der Gruppengeschwindigkeit $\mathfrak{v} = (p_0/m, 0, 0)$, die sich aus dem mittleren Impuls ergibt. Zur Zeit $t = 0$ hat das Produkt der Unschärfen $\Delta x\,\Delta p_x$ den kleinstmöglichen Wert, nämlich $\hbar/2$. Die Unschärfe des Impulses bleibt erhalten, die der Koordinate dagegen hat für alle früheren und späteren Zeitpunkte einen größeren Wert als zur Zeit $t = 0$. Diese Änderung von Δx ist umso größer, je kleiner die Masse des Teilchens und je unschärfer der Impuls definiert ist, da $a \sim 1/\Delta p_x$ ist. y- und z-Koordinate des Teilchens bleiben in (17) unbestimmt, p_y und p_z sind Null. Im $\lim a \to 0$ ist $\Delta p_x = \infty$, und Δx wird unstetig: $\Delta x \to 0$ für $t = 0$, $\Delta x \to \infty$ für $t \neq 0$.

Auch für das Wellenpaket (17) kann man $\varrho_{(x,t_0)} = \psi^*\psi$ als die Wahrscheinlichkeit interpretieren, daß das Teilchen zur Zeit t_0 die Koordinate x hat. Aus (22) ergibt sich $\Delta x > \Delta p_x t/m$. Dies entspricht der Tatsache, daß während der Ortsmessung zur Zeit $t = 0$, durch die das Teilchen lokalisiert wurde, auf das Teilchen ein Impuls von der Größenordnung Δp_x übertragen werden kann, so daß es sich nachher mit der Geschwindigkeit $\Delta p_x/m$ vom Mittelpunkt des Wellenpaketes entfernen kann. Die Wahrscheinlichkeit, das Teilchen an

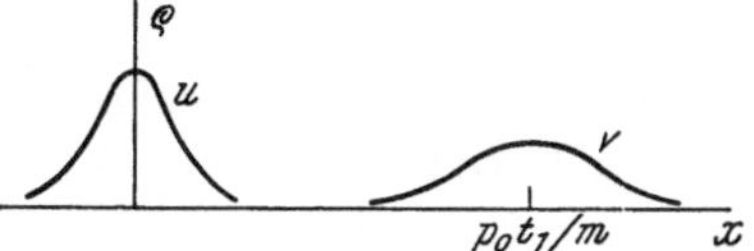

Abb. 5. Wahrscheinlichkeitsfunktion ϱ für das Wellenpaket (8.17): u zur Zeit $t = 0$ und v zur Zeit $t = t_1$

einem bestimmten Ort zu finden, ist im Schwerpunkt des Wellenpaketes am größten und nimmt nach beiden Seiten exponentiell ab. Das Maximum wird jedoch im Laufe der Zeit immer flacher, das Wellenpaket „zerfließt", da die Phasengeschwindigkeit der einzelnen Teilwellen in (17) verschieden ist.

Die Verallgemeinerung von (17) ist

$$\psi_{(\mathfrak{r},t)} \sim \int d^3p\, e^{-a^2(\mathfrak{p}-\mathfrak{p}_0)^2 + i(\mathfrak{p}\cdot\mathfrak{r} - p^2t/2m)/\hbar}\,. \tag{23}$$

Dieser Zustandsvektor stellt ein Wellenpaket dar, das den mittleren Impuls $\mathfrak{p}_0$ hat und dessen Schwerpunkt sich zur Zeit $t = 0$ im Ursprung befindet. Die Wahrscheinlichkeitsdichte ist kugelsymmetrisch und hat im Punkt $\mathfrak{p}_0 t/m$ ein Maximum, das ebenfalls für größere Werte von $|t|$ immer flacher wird. Im Gegensatz zu (6) und (4) sind die durch (17) und (23) dargestellten Zustände nicht stationär, sie ergeben einen zeitabhängigen Ausdruck für die Wahrscheinlichkeitsdichte.

Nach der klassischen Physik kann ein Wellenpaket

$$f = (a/2c^2\pi^3)^{1/4} \int d\omega\, e^{-a(\omega-\overline{\omega})^2 + i\omega(x/c-t)}$$

verwendet werden, um eine Überlagerung elektromagnetischer Wellen zu beschreiben, wenn die Funktion $E_0|f|$ z. B. als eine Komponente der elektrischen Feldstärke interpretiert wird. c ist die Lichtgeschwindigkeit. Die Verteilungsfunktion

$$G_{(\omega)} = (2a/\pi)^{1/4}\, e^{-a(\omega-\overline{\omega})^2}$$

bestimmt dabei die Amplituden der am Aufbau des Wellenpakets beteiligten Partialwellen mit den Frequenzen $\nu = \omega/2\pi$, $|f|^2$ ist ein Maß für die Intensität des Feldes im Punkt x. Der Mittelwert der Frequenzen ist $\overline{\nu} = \overline{\omega}/2\pi$, der Schwerpunkt des Wellenpaketes befindet sich zur Zeit $t = 0$ im Ursprung. Es liegt nahe, die „Breiten" des Wellenpakets und des Frequenzspektrums für $t = 0$ durch die Mittelwerte der quadratischen Abweichung

$$\Delta\omega = \left(\int d\omega\,(\omega - \overline{\omega})^2\,G_{(\omega)}^2\right)^{1/2} = 1/2\sqrt{a}$$

und

$$\Delta x = \left(\int dx\,(x - \overline{x})^2\,|f_{(x,\,0)}|^2\right)^{1/2} = c\,\sqrt{a}$$

zu definieren. x und ω stellen dabei selbstverständlich keine Operatoren, sondern Variable im Sinne der klassischen Physik dar. Da andererseits aus vielen Versuchen — z. B. dem Compton-Experiment — hervorgeht, daß eine elektromagnetische Welle der Frequenz ν aus Photonen besteht, die den Impuls $p = h\nu/c$ haben, muß für ein Photon

$$\Delta x\,\Delta p_x = \Delta x\,\Delta\omega\,\hbar/c = \hbar/2$$

als das Produkt der Unschärfen von Koordinate und Impuls angesehen werden. Wählt man eine andere Verteilungsfunktion, z. B.

$$G = \sqrt{a}\,\exp\left(-a\,|\omega - \overline{\omega}|\right),$$

dann kann sich auch ein größerer Wert für das Produkt der Unschärfen ergeben. Mit der obigen Definition für die Breiten ist $\hbar/2$ der kleinste mögliche Wert. Da man im Prinzip Koordinaten und Impulse beliebiger Elementarteilchen mit derselben Genauigkeit messen kann wie die von Photonen (z. B. indem man Photonen für die Messungen verwendet), muß $\hbar/2$ der kleinstmögliche Wert für das Produkt der Unschärfen kanonisch konjugierter Größen bei Messungen an allen Elementarteilchen sein. In (1.7) ist deshalb gerade dieser Wert zu verwenden.

Aufgabe 8.2. Man beweise (5), (21) und (22). Für ein durch (6) bzw. (17) dargestelltes System gebe man die Wahrscheinlichkeit dafür, im Intervall d^3r um $\mathbf{r}_0$ ein Teilchen zu finden. Man gebe auch die Wahrscheinlichkeit an, daß die x-Komponente des Impulses eines beliebigen Teilchens im System (6) den Wert p bzw. im System (17) einen Wert im Intervall dp um p hat. Man berechne Erwartungswert und Unschärfe des Impulses für den Zustandsvektor (17). Man normiere (23) auf 1.

Aufgabe 8.3. Man finde $\mathbf{r}_H$ und $\mathbf{p}_H$ für ein freies Teilchen und schreibe die Formeln der Abschnitte 8.1 und 8.3 im Heisenbergbild.

Wir haben in diesem Kapitel die Zustandsvektoren freier Teilchen besprochen, ohne auf deren innere Struktur einzugehen. Handelt es sich bei diesen Teilchen um Elektronen, dann wäre noch deren Spin zu berücksichtigen. Verwenden wir die obigen Zustandsvektoren, um z. B. die Bewegung eines ganzen Atoms darzustellen, dann beziehen sich alle Aussagen nur auf dessen Schwerpunkt, während die relative Bewegung von Atomkern und Elektronen außer Betracht bleibt. In vielen Fällen reicht dieses vereinfachte Modell jedoch aus, um Vorgänge genügend genau zu beschreiben, genau so, wie man in der klassischen Physik selbst Fixsterne oft als Massenpunkte behandeln kann.

9. Geladene Teilchen
in elektrischen und magnetischen Feldern

9.1 Der Hamiltonoperator

Auf ein Teilchen, das die Ladung Q trägt und das sich mit der Geschwindigkeit $\mathfrak{v}$ in einem elektrischen Feld der Feldstärke $\mathfrak{E}$ und in einem magnetischen Feld der Feldstärke $\mathfrak{H}$ bewegt, wirkt nach der klassischen Physik die „Lorentzkraft"

$$\mathfrak{F} = Q(\mathfrak{E} + \mathfrak{v} \times \mathfrak{H}/c). \tag{1}$$

Die Lorentzkraft kann in die Lagrangefunktion eingebaut werden, wenn man das elektrische Potential $\Phi_{(\mathfrak{r},t)}$ und das magnetische Vektorpotential $\mathfrak{A}_{(\mathfrak{r},t)}$ durch die Gleichungen

$$\mathfrak{E} = -\nabla\Phi - (1/c)\,\partial\mathfrak{A}/\partial t \quad \text{und} \quad \mathfrak{H} = \text{rot}\,\mathfrak{A} \tag{2}$$

einführt (siehe Abschnitt 14.4) und $L = T - Q(\Phi - \mathfrak{A} \cdot \mathfrak{v}/c)$ setzt. Das „generalisierte Potential" $-\mathfrak{A} \cdot \mathfrak{v}/c$ enthält die Geschwindigkeit des Teilchens und ist daher kein Potential im eigentlichen Sinne.

Zu den Koordinaten sind nun die Impulse $p_x = \partial L/\partial \dot{x} = m\dot{x} + QA_x/c$ zyk kanonisch konjugiert, und $T = mv^2/2 = (\mathfrak{p} - Q\mathfrak{A}/c)^2/2m$. Aus der Hamiltonfunktion H eines Teilchens im feldfreien Raum erhält man also die entsprechende Funktion für die Bewegung dieses Teilchens im elektromagnetischen Feld, wenn man in H den Impuls $\mathfrak{p}$ durch den „kinetischen Impuls" $\mathfrak{P} = \mathfrak{p} - Q\mathfrak{A}/c$ ersetzt und die potentielle Energie $Q\Phi$ zu H addiert.

Dieses einfache Verfahren kann sinngemäß in die Quantentheorie übernommen werden. Wir beschränken uns auf stationäre Felder und können dann die Gleichungen (2) durch die Operatorgleichungen

$$\mathfrak{E} = -i[\mathfrak{p}, \Phi]/\hbar \quad \text{und} \quad \mathfrak{H} = i(\mathfrak{p} \times \mathfrak{A} + \mathfrak{A} \times \mathfrak{p})/\hbar \tag{3}$$

ersetzen. Definiert man einen Operator $\mathfrak{P}$ für den kinetischen Impuls durch

$$\mathfrak{P}_{(\mathfrak{r},\mathfrak{p})} = \mathfrak{p} - Q\mathfrak{A}_{(\mathfrak{r})}/c, \tag{4}$$

dann entsteht aus dem Hamiltonoperator $\mathbf{H}'_{(\mathfrak{r},\mathfrak{p})}$ eines neutralen Teilchens mit $\mathfrak{p} \to \mathfrak{P}$ der Hamiltonoperator des geladenen Teilchens:

$$\mathbf{H}_{(\mathfrak{r},\mathfrak{p})} = \mathbf{H}'_{(\mathfrak{r},\mathfrak{P})} + Q\Phi_{(\mathfrak{r})}. \tag{5}$$

Aus (8.1) ergibt sich so

$$\mathbf{H} = (\mathfrak{p} - Q\mathfrak{A}/c)^2/2m + Q\Phi. \tag{6}$$

Wählt man die Differentialdarstellung (3.2), dann kann (6) auch in die Form

$$\mathbf{H} = -\hbar^2\Delta/2m + iQ\hbar\big(2\mathfrak{A}\cdot\nabla + (\nabla\cdot\mathfrak{A})\big)/2mc + Q^2A^2/2mc^2 + Q\Phi \qquad (7)$$

gebracht werden. Der vorletzte Summand, der c^2 im Nenner enthält und der deshalb sehr klein ist, wird in den Rechnungen oft vernachlässigt.

Als Beispiel wählen wir ein stationäres, homogenes Magnetfeld, das wir ohne Einschränkung der Allgemeinheit in die z-Richtung legen können, $\mathfrak{H} = (0, 0, H_0)$, während $\Phi \equiv 0$ sein soll. Um (2) zu erfüllen, kann man dann setzen

$$\mathfrak{A} = (0, H_0 x, 0), \qquad (8)$$

womit (6) in

$$\mathbf{H} = \big(\mathbf{p}_x^2 + (\mathbf{p}_y - QH_0 x/c)^2 + \mathbf{p}_z^2\big)/2m \qquad (9)$$

übergeht. Für die Eigenfunktionen von $\mathbf{H}$ machen wir den Ansatz

$$\varphi = X_{(x)} Y_{(y)} Z_{(z)},$$

wobei Y bzw. Z Eigenfunktionen von $\mathbf{p}_y$ bzw. $\mathbf{p}_z$ zu den Eigenwerten p_y bzw. p_z sein sollen. Man findet sofort

$$YZ = e^{i(p_y y + p_z z)/\hbar},$$

während sich für X die Gleichung

$$\left(\frac{\mathbf{p}_x^2}{2m} + \frac{Q^2 H_0^2}{2mc^2}\left(x - \frac{cp_y}{QH_0}\right)^2\right) X = \left(E - \frac{p_z^2}{2m}\right) X \qquad (10)$$

ergibt. Führt man nun die neue Variable $x' = x - cp_y/QH_0$ und die Abkürzungen

$$\omega = QH_0/mc \qquad (11)$$

und

$$E' = E - p_z^2/2m$$

ein, dann erhält man aus (10) die Gleichung

$$(\mathbf{p}_x^2/2m + m\omega^2 x'^2/2)\, X = E' X, \qquad (12)$$

deren Lösungen wir von Kapitel (5) kennen. Wir erhalten also die Eigenfunktionen

$$\varphi_{n p_y p_z} \sim X_{n\,(x - p_y/m\omega)}\, e^{i(p_y y + p_z z)/\hbar}, \qquad (13)$$

z. B. $X_{0(x - p_y/m\omega)} \sim \exp\left(-m\omega(x - p_y/m\omega)^2/2\hbar\right)$, und die Eigenwerte

$$E = (n + 1/2)\,\hbar\omega + p_z^2/2m. \qquad (14)$$

Die Quantentheorie sagt demnach voraus, daß sich ein geladenes Teilchen parallel zu den Kraftlinien eines homogenen magnetischen Feldes mit beliebiger Energie $p_z^2/2m$ bewegen kann. Für die Bewegung senkrecht zu den Feldlinien ist dagegen nur einer der diskreten Energiewerte $(n + 1/2)\,\hbar\omega$ möglich.

(8) und $\mathfrak{A}' = (-H_0 y, 0, 0)$ liefern die gleiche magnetische Feldstärke. Dementsprechend können auch in den Gleichungen (9) bis (13) x und y ihre Rollen vertauschen.

9.2 Bewegungsgleichungen

In der klassischen Physik beschreibt die Gleichung $m\ddot{\mathfrak{r}} = \mathfrak{F}$ die Bewegung eines Teilchens im elektromagnetischen Feld, wenn $\mathfrak{F}$ die Lorentzkraft ist. Um zu zeigen, daß für die Erwartungswerte in der Quantentheorie dieselbe Beziehung gilt, berechnen wir zuerst einige Kommutatoren. Wegen

$$[\mathbf{x}, \mathbf{p}_x] = i\hbar \text{ zyk ist } [\mathbf{x}, \mathbf{P}_x] = i\hbar, \quad [\mathbf{x}, \mathbf{P}_y] = [\mathbf{x}, \mathbf{P}_z] = 0 \text{ zyk}.$$

Daraus folgt

$$[\mathbf{x}, \mathbf{P}_x^2] = [\mathbf{x}, \mathbf{P}_x]\,\mathbf{P}_x + \mathbf{P}_x[\mathbf{x}, \mathbf{P}_x] = 2i\hbar\mathbf{P}_x \text{ zyk} \tag{15}$$

und

$$\mathbf{v} = -i[\mathbf{r}, \mathbf{H}]/\hbar = \mathfrak{P}/m. \tag{16}$$

Wegen (3) ist

$$[\mathbf{P}_x, \mathbf{P}_y] = -\frac{Q}{c}\left([\mathbf{p}_x, \mathbf{A}_y] + [\mathbf{A}_x, \mathbf{p}_y]\right)$$

$$= -\frac{Q}{c}\left(\mathbf{p}_x\mathbf{A}_y - \mathbf{A}_y\mathbf{p}_x + \mathbf{A}_x\mathbf{p}_y - \mathbf{p}_y\mathbf{A}_x\right) = i\hbar\,\frac{Q}{c}\,\mathbf{H}_z \text{ zyk}, \tag{17}$$

$$[\mathbf{P}_x, \mathbf{P}_y^2] = [\mathbf{P}_x, \mathbf{P}_y]\,\mathbf{P}_y + \mathbf{P}_y[\mathbf{P}_x, \mathbf{P}_y] = i\hbar\,\frac{Q}{c}\,(\mathbf{H}_z\mathbf{P}_y + \mathbf{P}_y\mathbf{H}_z) \text{ zyk} \tag{18}$$

und

$$[\mathbf{P}_x, \mathbf{P}^2] = [\mathbf{P}_x, \mathbf{P}_y^2 + \mathbf{P}_z^2] = i\hbar\,\frac{Q}{c}\,(\mathbf{H}_z\mathbf{P}_y + \mathbf{P}_y\mathbf{H}_z - \mathbf{H}_y\mathbf{P}_z - \mathbf{P}_z\mathbf{H}_y)$$

$$= i\hbar\,\frac{Q}{c}\,(\mathfrak{P}\times\mathfrak{H} - \mathfrak{H}\times\mathfrak{P})_x \text{ zyk}. \tag{19}$$

Mit (3) und (16) folgt daraus

$$m\dot{\mathbf{v}} = -i[\mathfrak{P}, \mathbf{H}]/\hbar = Q(\mathbf{v}\times\mathfrak{H} - \mathfrak{H}\times\mathbf{v})/2c + Q\mathfrak{E} = \mathfrak{F}. \tag{20}$$

Für die Erwartungswerte der Beschleunigung und der Lorentzkraft gilt also wieder die klassische Bewegungsgleichung

$$m\,d^2\langle\mathfrak{r}\rangle/dt^2 = m\langle\psi, \dot{\mathbf{v}}\psi\rangle = \langle\mathfrak{F}\rangle. \tag{21}$$

Ist das Magnetfeld homogen, dann ist $\mathfrak{H} = \mathfrak{H}$ konstant und mit $\mathfrak{v}$ vertauschbar, und man kann (21) in der Form

$$m\, d^2\langle\mathfrak{r}\rangle/dt^2 = Q(\langle\mathfrak{E}\rangle + \langle\mathfrak{v}\rangle \times \mathfrak{H}/c) \tag{22}$$

schreiben.

Setzt man in (6) $\varPhi \equiv 0$, dann ist dieser Hamiltonoperator mit $\mathbf{v}^2 = \mathbf{P}^2/m^2$ vertauschbar. Der Erwartungswert für das Quadrat der Geschwindigkeit eines Teilchens, das sich in einem stationären Magnetfeld bewegt, ist deshalb konstant. Aus (17) erkennt man, daß z. B. v_x und v_y nicht zugleich genau meßbar sind, wenn H_z von Null verschieden ist.

Für den Spezialfall

$$\varPhi \equiv 0,\ \mathfrak{A} = (-\mathbf{y}, \mathbf{x}, 0)H_0/2, \quad \text{also}\ \mathfrak{H} = (0, 0, H_0) \tag{23}$$

werden wir nun den Operator $\mathbf{x}_H$ berechnen. Dabei könnten wir wieder von (6.5) ausgehen. Für $\mathbf{x}_H$ müßte sich ein Ausdruck ergeben, der in ähnlicher Weise von t abhängt wie die Koordinate x eines Massenpunktes, der sich in demselben Feld bewegt. Wir wählen den umgekehrten Weg: Wir gehen von der klassischen Bewegungsgleichung aus und nehmen an, daß dieselbe Gleichung für die Operatoren im HB gilt. Auf diese Weise werden wir einen Ausdruck „$\mathbf{x}_H$" finden, der tatsächlich der Gleichung (6.5b) und der Anfangsbedingung genügt und der deshalb der gesuchte Operator sein muß.

Bewegt sich ein geladener Körper in einem Magnetfeld, das durch (23) gegeben ist, dann gelten wegen (1) für ihn die Gleichungen

$$\dot{v}_x = \omega v_y, \ \dot{v}_y = -\omega v_x, \ \dot{v}_z = 0, \tag{24}$$

wobei ω durch (11) definiert ist. Wenn dieselben Gleichungen auch für die Operatoren im HB gelten, ergeben sich wegen $\mathfrak{P} = m\mathfrak{v}$ durch Integration für die Komponenten von $\mathfrak{P}_H$ die Ausdrücke

$$\mathbf{P}_{xH(t)} = \mathbf{P}_x \cos \omega t + \mathbf{P}_y \sin \omega t$$

$$\mathbf{P}_{yH(t)} = \mathbf{P}_y \cos \omega t - \mathbf{P}_x \sin \omega t$$

$$\mathbf{P}_{zH} = \mathbf{P}_z. \tag{25}$$

Da $\mathbf{P}_{xH} = m\mathbf{v}_{xH} = m\dot{\mathbf{x}}_H$ ist, folgt durch Integration der ersten dieser Gleichungen

$$m\mathbf{x}_H = (\mathbf{P}_x/\omega) \sin \omega t - (\mathbf{P}_y/\omega) \cos \omega t + K,$$

also

$$\mathbf{x}_H = \frac{\mathbf{x}}{2}(1 + \cos \omega t) + \frac{\mathbf{p}_y}{m\omega}(1 - \cos \omega t) + \left(\frac{\mathbf{y}}{2} + \frac{\mathbf{p}_x}{m\omega}\right)\sin \omega t, \tag{26}$$

wenn man die Anfangsbedingung $\mathbf{x}_{H(0)} = \mathbf{x}$ verwendet. Ebenso können $\mathbf{y}_H$ und $\mathbf{z}_H$ aus (25) berechnet werden. Die so gefundenen Operatoren genügen der Gleichung (6.5b). Für den „Schwerpunkt" des Teilchens ergibt sich die klassische Umlaufsfrequenz ω.

Aufgabe 9.1. Man zeige, daß mit (3.2) die Operatoren (3) in (2) übergehen. Man leite (24) mit (1) für das Feld (23) ab, berechne $\mathbf{y}_H$ und $\mathbf{z}_H$ und zeige, daß sie der Gleichung (6.5b) genügen. Man zeige, daß $\mathbf{P}^2 \approx \mathbf{p}^2 - Q\mathfrak{L} \cdot \mathfrak{H}/c$ ist, wenn $\mathfrak{H}$ konstant ist und durch $2\mathfrak{A} = (zH_y - yH_z,\ xH_z - zH_x,\ yH_x - xH_y)$ definiert wird.

10. Zweiteilchensysteme

10.1 Relativkoordinaten

Besteht ein System aus zwei Teilchen, die aufeinander Kräfte ausüben, dann hat die Hamiltonfunktion die Form

$$H = p_1^2/2m_1 + p_2^2/2m_2 + V_{(\mathfrak{r}_1,\mathfrak{r}_2)}, \tag{1}$$

wenn wir die Teilchen durch die Indizes 1 und 2 unterscheiden. Wir beschränken uns auf solche Fälle, in denen die Kraft nur von $\mathfrak{r}_1 - \mathfrak{r}_2$ abhängt, so daß

$$V_{(\mathfrak{r}_1,\mathfrak{r}_2)} = V_{(\mathfrak{r}_1-\mathfrak{r}_2)} \tag{2}$$

ist. Dann kann das Zweiteilchensystem immer auf ein Einteilchensystem zurückgeführt und die Wellengleichung separiert werden, wenn man neue Koordinaten $\mathfrak{r}$ und $\mathfrak{r}_0$ durch

$$\mathfrak{r} = \mathfrak{r}_1 - \mathfrak{r}_2 \quad \text{und} \quad \mathfrak{r}_0 = (m_1\mathfrak{r}_1 + m_2\mathfrak{r}_2)/(m_1 + m_2) \tag{3}$$

einführt. Der Vektor $\mathfrak{r}$ ist vom Mittelpunkt des Teilchens 2 zu dem von Teilchen 1 gerichtet, während $\mathfrak{r}_0$ den Schwerpunkt des gesamten Zweiteilchensystems bezeichnet. Mit den Abkürzungen

$$M = m_1 + m_2,\ \mu = m_1 m_2/M,\ \mathfrak{p}_0 = M\dot{\mathfrak{r}}_0 \text{ und } \mathfrak{p} = \mu\dot{\mathfrak{r}} \tag{4}$$

für die gesamte und die „reduzierte" Masse, den Impuls, der der Bewegung des Gesamtschwerpunktes entspricht, und den „relativen" oder „inneren" Impuls der Teilchen ergibt sich aus (1)

$$H = p_0^2/2M + p^2/2\mu + V_{(\mathfrak{r})}. \tag{5}$$

$p_0^2/2M$ kann als die kinetische Energie interpretiert werden, die sich durch die Bewegung des Schwerpunktes ergibt, während $p^2/2\mu$ die „innere" kinetische und V die potentielle Energie der Teilchen sind.

Wir wählen die Differentialdarstellung

$$\mathfrak{p}_0 = -i\hbar\,(\partial/\partial x_0,\, \partial/\partial y_0,\, \partial/\partial z_0) = -i\hbar\, \nabla_0 \quad \text{und} \quad \mathfrak{p} = -i\hbar\, \nabla \tag{6}$$

und machen den Ansatz

$$\psi_{(\mathfrak{r}_0, \mathfrak{r}, t)} = U_{(\mathfrak{r}_0)}\, W_{(\mathfrak{r})}\, \tau_{(t)}. \tag{7}$$

Dann kann die Wellengleichung $\mathbf{H}\psi = \mathbf{E}\psi$ in die Form

$$\frac{1}{2MU}\,\mathfrak{p}_0^2\,U + \frac{1}{W}\,(\mathfrak{p}^2/2\mu + V)\,W = \frac{1}{\tau}\,\mathbf{E}\tau \tag{8}$$

gebracht werden. Hier kommt im ersten Ausdruck nur $\mathfrak{r}_0$ vor, der zweite Ausdruck ist eine Funktion von $\mathfrak{r}$ allein, während die rechte Seite nur von t abhängt. Da alle diese Veränderlichen voneinander unabhängig sind, muß jeder der drei Ausdrücke für sich allein konstant sein, so daß (8) in die drei gewöhnlichen Differentialgleichungen

$$\mathfrak{p}_0^2\,U/2M = E_0\,U, \quad (\mathfrak{p}^2/2\mu + V)\,W = E_r\,W \quad \text{und} \quad \mathbf{E}\tau = E\tau \tag{9}$$

aufgespalten werden kann. Dabei ist $E = E_0 + E_r$. Die erste der Gleichungen (9) kann wie (8.2) gelöst werden, die letzte wird durch die Funktionen (3.5) erfüllt, während sich für $W_{(\mathfrak{r})}$ die Gleichung

$$\left(-\hbar^2\varDelta + 2\mu(V - E_r)\right)W_{(\mathfrak{r})} = 0 \tag{10}$$

ergibt. Ihre Lösungen hängen von der Wahl von $V_{(\mathfrak{r})}$ ab.

Indem wir durch (3) die Relativ- und Schwerpunktkoordinaten einführten, konnten wir die Eigenwertgleichung für ein System von zwei Teilchen auf zwei einfachere Gleichungen zurückführen. (10) entspricht vollkommen der Gleichung, die sich für die Bewegung eines einzelnen Teilchens der Masse μ in einem stationären Potentialfeld $V_{(\mathfrak{r})}$ ergibt. Die Gleichung für U ist dieselbe wie die für ein freies Teilchen mit der Masse M. Ein Zustandsvektor des Zweiteilchensystems ist

$$\psi_{(\mathfrak{r}_0, \mathfrak{r}, t)} \sim W_{(\mathfrak{r})}\, e^{i(\mathfrak{p}_0 \cdot \mathfrak{r}_0 - E_0 t - E_r t)/\hbar}, \tag{11}$$

er ist ein Produkt zweier einfacherer Funktionen. $W_{(\mathfrak{r})} \exp\,(-iE_r t/\hbar)$ beschreibt die Relativbewegung beider Teilchen mit der Energie E_r, $\exp\left(i(\mathfrak{p}_0 \cdot \mathfrak{r}_0 - E_0 t)/\hbar\right)$ stellt die gleichförmige Bewegung des Gesamtschwerpunktes mit dem Impuls $\mathfrak{p}_0$ und der Energie $E_0 = p_0^2/2M$ dar.

Ist die potentielle Energie der Teilchen nur eine Funktion ihres Abstandes, $V = V_{(r)}$, dann kann man die Variablen in (10) mit dem Ansatz

$$W_{(\mathfrak{r})} = R_{(r)}\,Y_{lm(\Theta, \Phi)} \tag{12}$$

trennen, wobei die Y_{lm} die durch (4.24) definierten Kugelfunktionen sind. Für R erhält man mit (3.10) und (3.14) die Gleichung

$$\left(\frac{d^2}{dr^2} + \frac{2}{r}\frac{d}{dr} + \frac{2\mu}{\hbar^2}(E_r - V_{(r)}) - \frac{l(l+1)}{r^2}\right) R_{(r)} = 0. \qquad (13)$$

Handelt es sich bei den beiden Teilchen um je ein Elektron und ein Proton, dann können wir das Coulombpotential $V_{(r)} = -e^2/r$ verwenden, wenn wir vom Spin der Teilchen und von relativistischen Effekten absehen. (13) hat dann dieselbe Form wie (3.16), und wir können die Ergebnisse von Kapitel 3 übernehmen, wenn wir in allen Formeln E, bzw. E_n durch E_r und die Ruhmasse m_0 des Elektrons durch die reduzierte Masse μ ersetzen, um die Mitbewegung des Protons um den gemeinsamen Schwerpunkt zu berücksichtigen. Da μ kleiner ist als m_0, liegen die Energieeigenwerte in diesem Fall näher beisammen. Es ergeben sich damit für ein ruhendes Wasserstoffatom Werte für die Wellenlängen der Spektrallinien, die etwas langwelliger sind als die aus der ursprünglichen Formel berechneten. Sie stimmen mit den gemessenen Werten besser überein.

Die Frequenzen der emittierten Spektrallinien hängen auch von der Bewegung des Atomschwerpunkts ab. Wird ein Photon emittiert, dann erfährt das Atom einen Rückstoß, der vom Impuls und damit der Frequenz des abgegebenen Photons, von der ursprünglichen Geschwindigkeit des Atomschwerpunktes und von dem Winkel zwischen dieser und der Abstrahlungsrichtung abhängt. Deshalb wird die Differenz zwischen zwei Energieeigenwerten und damit die Frequenz der ausgestrahlten Spektrallinien durch die Bewegung des Atomschwerpunktes relativ zum Beobachter geringfügig beeinflußt (Dopplereffekt). Die Atome eines Gases haben statistisch verteilte Geschwindigkeiten und emittieren daher Spektrallinien, deren Frequenzen kontinuierlich in einem gewissen Bereich um den Mittelwert liegen. Durch die Überlagerung der verschiedenen Frequenzen ergibt sich eine Verbreiterung der Spektrallinien, die von der mittleren Geschwindigkeit der Atomschwerpunkte und damit von der Temperatur des Gases und dessen Atomgewicht abhängt.

Hat ein Wasserstoffatom im Grundzustand den Gesamtimpuls $\mathfrak{p}_0$, dann wird es durch den Zustandsvektor

$$\psi_{1,0,0(\mathfrak{r}_0,\mathfrak{r},t)} = e^{-r/a_0 + i(\mathfrak{p}_0 \cdot \mathfrak{r}_0 - Et)/\hbar}/(2a_0\delta)^{3/2}\pi^2 \qquad (14)$$

dargestellt. Die Gesamtenergie ist $E = p_0^2/2M + E_1$, die innere Energie ist $E_1 = -\mu e^4/2\hbar^2$. Die Wahrscheinlichkeit, das Elektron (Proton) in der Entfernung r vom Mittelpunkt des Protons (Elektrons) in d^3r zu finden, ist $\varrho\, d^3r = (1/\pi a_0^3)\exp(-2r/a_0)\, d^3r$, die Lage des

Schwerpunktes des Atoms bleibt unbestimmt. Will man diesen in einem Raumbereich lokalisieren, dann muß man anstatt $\exp\left(i\,(\mathfrak{p}_0\cdot\mathfrak{r}_0 - E_0 t)/\hbar\right)$ eine Überlagerung ähnlich wie (8.23) verwenden. Der sich ergebende Zustandsvektor ψ ist allerdings keine Energieeigenfunktion mehr. Man erhält dann mit

$$\varrho_{(\mathfrak{r}_0,\mathfrak{r})}\, d^3 r_0\, d^3 r = \psi^* \psi\, d^3 r_0\, d^3 r / \int d^3 r_0 \int d^3 r\, \psi^* \psi \tag{15}$$

die Wahrscheinlichkeit, den Gesamtschwerpunkt in $d^3 r_0$ um $\mathfrak{r}_0$ und zugleich das Elektron in $d^3 r$ in einer Entfernung r vom Proton zu finden. Man könnte natürlich auch die Variablen $\mathfrak{r}_0$ und $\mathfrak{r}$ in ψ durch $\mathfrak{r}_1$ und $\mathfrak{r}_2$ ausdrücken und erhielte dann mit $\varrho_{(\mathfrak{r}_1,\mathfrak{r}_2)}\, d^3 r_1\, d^3 r_2$ die Wahrscheinlichkeit dafür, das Elektron im Volumelement $d^3 r_1$ um $\mathfrak{r}_1$ und zugleich das Proton in $d^3 r_2$ um $\mathfrak{r}_2$ zu finden oder umgekehrt.

Setzt man $V = -Z e^2/r$, $m_1 = m_0$, $m_2 = A m_N$, dann beschreibt die Hamiltonfunktion (5) ein System, das aus einem Elektron der Masse m_0 und einem Atomkern der Ladung Ze und der Masse $A m_N$ besteht. Die Rechnung erfolgt wie für das Wasserstoffatom, aber mit den entsprechend geänderten Konstanten. Man kann so ein einfach ionisiertes Heliumatom, ein doppelt ionisiertes Boratom und ähnliche Zweiteilchensysteme näherungsweise beschreiben.

Aufgabe 10.1. Man leite (5) und (10) aus (1) usw. ab. Man bestimme die Erwartungswerte und Unschärfen für die innere Energie und für die Gesamtenergie, sowie für den Gesamtimpuls und den Impuls des Schwerpunktes eines Wasserstoffatoms aus (14). Man berechne, um welchen Betrag sich E_1 ändert, wenn man die Mitbewegung des Protons berücksichtigt. Man berechne einige Energieeigenwerte für ein einfach ionisiertes Heliumatom. Für den Grundzustand von He$^+$ trage man die Wahrscheinlichkeit, das Elektron in einem Abstand r vom Atomkern zu finden, graphisch als Funktion von r auf und berechne den mittleren Abstand.

10.2 Das Deuteron

Besteht ein System aus einem Proton und einem Neutron, dann ist $m_1 = m_P \approx m_2 = m_N$, so daß wir $\mu = m_N/2$ und $M = 2\,m_N$ setzen können. Wenn wir einen Ausdruck für den Zustandsvektor des Deuterons berechnen wollen, müssen wir die Funktion $V_{(\mathfrak{r})}$ passend wählen. Die genaue Natur der Kernkräfte, die zwischen Nukleonen wirken, ist noch nicht völlig erforscht. Dies ist auch gar nicht überraschend: Während man z. B. über den Aufbau der Atomhüllen, für den elektromagnetische Wechselwirkungen maßgebend sind, ziemlich genau Bescheid weiß, gibt es über die Struktur der Kerne nur spärliche Daten. Das Wasserstoffatom z. B. kann in vielen angeregten Zuständen vorkommen; für das einfachste System gebundener Nukleonen, das Deuteron, gibt es nur den Grundzustand und damit nur einen Energieeigenwert. Im Gegensatz zur Coulombkraft spielt die Kernkraft im makroskopischen Bereich keine

Rolle. — Fest steht jedenfalls, daß sich ein Proton und ein Neutron stark anziehen, wenn sie sich in einer bestimmten Entfernung voneinander befinden, daß sie sich heftig abstoßen, wenn ihr Abstand kleiner ist, und daß sie überhaupt nicht aufeinander wirken, wenn er einen gewissen Betrag überschreitet. Das Potential muß daher eine Form wie etwa die Kurve u in Abb. 6 haben. Die Wechselwirkung zwischen den Nukleonen hängt auch von der Einstellung ihrer Spins zueinander ab. Darauf können wir aber vorläufig noch nicht eingehen.

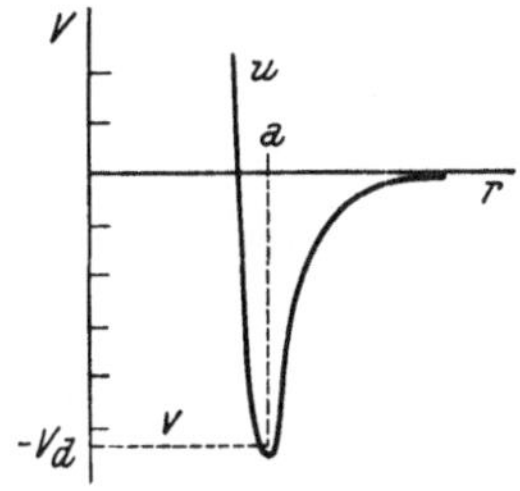

Für unsere Rechnung nehmen wir $V_{(r)}$ einfach als „Kastenpotential" an,

$$V_{(r)} = \begin{cases} -V_d & \text{für} \quad r < a \\ 0 & \text{für} \quad r > a. \end{cases} \qquad (16)$$

Abb. 6. Angenommene Potentialfunktion für die Kräfte zwischen zwei Nukleonen u und Kastenpotential v

Dabei ist a die „Reichweite" der Kernkraft. Durch passende Wahl der beiden Parameter a und V_d kann das gewählte Potential den tatsächlichen Gegebenheiten so weit angeglichen werden, daß sich eine gute Übereinstimmung der experimentellen Ergebnisse mit den berechneten ergibt.

Da das gewählte Potential nicht kontinuierlich ist, ergeben sich aus (13) für die beiden Fälle $r > a$ und $r < a$ zwei verschiedene Differentialgleichungen. Ihre Lösungen müssen so gewählt werden, daß der Zustandsvektor und seine Ableitungen auch in $r = a$ kontinuierlich sind. Wir beschränken uns vorläufig auf den Fall $l = 0$ und behandeln zuerst die Gleichung, die sich für $r > a$ aus (13) ergibt:

$$\left(\frac{d^2}{dr^2} + \frac{2}{r}\frac{d}{dr} - K^2 \right) R_{0a(r)} = 0. \qquad (17)$$

Die Konstante

$$K^2 = -2\mu E_r/\hbar^2 \qquad (18)$$

ist eine positive Zahl, da die Bindungsenergie E_r negativ sein muß. Die allgemeine Lösung von (17) wäre

$$R_{0a} = (A\,e^{Kr} + B\,e^{-Kr})/r, \qquad (19)$$

doch muß aus Gründen der Konvergenz $A = 0$ gewählt werden.

Für $r < a$ muß man $-K^2$ in (17) durch

$$\varkappa^2 = 2\mu(E_r + V_d)/\hbar^2 \qquad (20)$$

ersetzen und erhält die Lösung

$$R_{0b} = (C \sin \varkappa r + D \cos \varkappa r)/r. \qquad (21)$$

Damit R_{0b} für $r \to 0$ endlich bleibt, wählen wir $D = 0$. $\varkappa^2$ muß positiv sein. Dies geht schon daraus hervor, daß $E_r + V_d = E_r - V$ nach der klassischen Physik der kinetischen Energie des Systems entspräche, die nie negativ sein kann. Abgesehen davon ergäbe sich, wenn $\varkappa^2$ negativ wäre, auch für $r < a$ eine Lösung der Form (19), und es wäre dann unmöglich zu erreichen, daß der Zustandsvektor und seine Ableitung in $r = a$ stetig sind und daß der Zustandsvektor auch in $r = 0$ endlich bleibt.

Der radiale Anteil des Zustandsvektors für $l = 0$ ist also durch

$$R_{0(r)} = \begin{cases} C \sin \varkappa r / r & \text{für } r < a \\ B \exp(-Kr)/r & \text{für } r > a \end{cases} \tag{22}$$

gegeben. Die Bedingungen für die Stetigkeit von R_0 und $R_0' = dR_0/dr$ lauten

$$C \sin \varkappa a = B e^{-Ka} \tag{23a}$$

und

$$C \varkappa a \cos \varkappa a - C \sin \varkappa a = -BKa e^{-Ka} - B e^{-Ka},$$

woraus

$$\varkappa a \cot \varkappa a = -Ka \tag{23b}$$

folgt. Drei der fünf unbekannten Konstanten B, C, K, $\varkappa$ und a können aus (23a), (23b) und der Normierungsbedingung

$$\int_0^\infty dr \, r^2 R_{0(r)}^2 = \int_0^a dr \, C^2 \sin^2 \varkappa r + \int_a^\infty dr \, B^2 e^{-2Kr} = 1 \tag{24}$$

berechnet werden, die beiden anderen muß man aus experimentell gemessenen Größen bestimmen. Wir wählen die Werte

$$E_r = -2{,}23 \text{ MeV} \quad \text{und} \quad a = 2{,}4 \cdot 10^{-13} \text{ cm} \tag{25}$$

für die Bindungsenergie E_r und für die Reichweite a der Kernkraft, die ungefähr gleich der Summe der Radien von Neutron und Proton ist. Damit ergibt sich

$$\varkappa = 776 \cdot 10^{10} \text{ cm}^{-1}, \quad K = 232 \cdot 10^{10} \text{ cm}^{-1}, \quad V_d = 27{,}2 \text{ MeV},$$
$$B = 305 \cdot 10^4 \text{ cm}^{-1/2}, \quad C = 183 \cdot 10^4 \text{ cm}^{-1/2}. \tag{26}$$

Mit R_0 kennt man auch den Zustandsvektor

$$\psi_{0(\mathbf{r}_0, \mathbf{r}, t)} = R_{0(r)} \, e^{i(\mathbf{p}_0 \cdot \mathbf{r}_0 - p_0^2 t / 4 m_N - E_r t)/\hbar} / 4 \pi^2 \sqrt{2 \delta^3}, \tag{27}$$

der das Deuteron in einem Eigenzustand der Operatoren $\mathbf{p}_0$, $\mathbf{H}$, $\mathbf{L}^2$ und $\mathbf{L}_z$ zu den Eigenwerten $\mathfrak{p}_0$, $E_0 + E_r$, 0 und 0 darstellt.

Wir wollen feststellen, ob es für das System von Proton und Neutron noch andere gebundene Zustände gibt. Selbstverständlich müssen wir dabei immer dasselbe Potential, also die eben festgelegten Werte von a und V_d verwenden. Ferner ist zu berücksichtigen, daß die Energie der Relativbewegung nicht größer als Null sein darf, da das Deuteron sonst in seine Bestandteile zerfällt, daß sie aber auch nicht kleiner als $-V_d$ sein kann. Unter diesen Bedingungen hat (23 b) nur die oben verwendete Lösung. Daher ist (27) der einzige Energieeigenzustand mit $l = 0$. Für $l > 0$ kann es überhaupt keine gebundenen Zustände geben, wie bereits eine einfache Abschätzung zeigt. Nach der klassischen Physik entspräche einem Drehimpuls vom Betrage L eine kinetische Energie $T_l = L^2/2\mu a^2$. Wegen der Kleinheit von a ergibt dies schon für $l = 1$, also $L^2 = 2\hbar^2$, einen Wert von etwa 14 MeV für T_l, also ungefähr $+12$ MeV für die Gesamtenergie des Deuterons.

Der exakte Beweis, daß das verwendete Potential keine weiteren gebundenen Zustände erzeugt, ist umständlicher. Wir wollen nur andeuten, wie man zeigen kann, daß (13) für $l = 1$ und (16) keine brauchbaren Lösungen hat:

Führt man zur Vereinfachung die Abkürzungen

$$K_1^2 = -2\mu E_1/\hbar^2 \quad \text{und} \quad \varkappa_1^2 = 2\mu(E_1 + V_d)/\hbar^2 \qquad (28)$$

ein, dann ergibt sich aus (13) für R_{1a} die Gleichung

$$\left(\frac{d^2}{dr^2} + \frac{2}{r}\frac{d}{dr} - K_1^2 - \frac{2}{r^2}\right) R_{1a} = 0 \qquad (29)$$

und eine ähnliche Gleichung für R_{1b}, wenn man $-K_1^2$ durch $\varkappa_1^2$ ersetzt. Für $r > a$ und $r < a$ erhält man wieder je zwei linear unabhängige Lösungen, von denen je eine aus Konvergenzgründen ausgeschieden werden muß. Die verbleibenden konvergenten Lösungen sind

$$R_{1a} = B_1 \frac{1 + K_1 r}{K_1^2 r^2} e^{-K_1 r} \quad \text{und} \quad R_{1b} = C_1 \left(\frac{\sin \varkappa_1 r}{\varkappa_1^2 r^2} - \frac{\cos \varkappa_1 r}{\varkappa_1 r}\right). \; (30)$$

Damit der Zustandsvektor und seine erste Ableitung nach r stetig sind, muß für $r = a$ gelten:

$$R_{1a} = R_{1b} \quad \text{und} \quad dR_{1a}/dr = dR_{1b}/dr.$$

Diese Bedingungen liefern zwei Gleichungen, die man durcheinander dividieren muß, um B_1 und C_1 zu eliminieren. Dadurch ergibt sich eine Gleichung, die in die Form

$$\tan v = \frac{u^2 v}{u^2 + v^2 + uv^2} \qquad (31)$$

gebracht werden kann, wenn man die Abkürzungen $u = K_1 a$ und $v = \varkappa_1 a$ verwendet.

Wie sich aus (28) ergibt, enthalten u und v neben E_1 nur noch Konstanten, die wir schon kennen, so daß die zulässigen Werte von E_1 durch (31) bestimmt sind. Im Bereich $0 < v < 1{,}94$ ist aber $0 < u^2 v/(u^2 + v^2 + u v^2) < v$ und $\tan v > v$ oder $\tan v < 0$, das heißt die Stetigkeitsbedingung ist nicht zu erfüllen, wenn $V_d < E_1 < 0$ ist.

Für $l > 1$ gibt es ebenfalls keine brauchbaren Lösungen, und (27) stellt für das gewählte Potential den einzigen Bindungszustand der zwei Teilchen, das Deuteron, dar.

Aufgabe 10.2. Man zeichne $\varrho_{(r)}$ für das Deuteron, bestimme den wahrscheinlichsten Abstand der Nukleonen und berechne $\langle p \rangle$, $\langle r \rangle$ und $\langle T \rangle$. Man zeige, daß R_{1a} eine Lösung von (29) ist und daß (31) aus den Stetigkeitsbedingungen folgt.

11. Drehimpulse und Atomspektren

11.1 Eigenwerte und Eigenfunktionen von Drehimpulsoperatoren

Der Bahndrehimpuls eines Massenpunktes wird in der klassischen Physik durch $\mathfrak{L} = \mathfrak{r} \times \mathfrak{p}$ definiert. Der entsprechende Operator in der Quantentheorie ist $\mathbf{L} = \mathbf{r} \times \mathbf{p}$. Da $\mathbf{r}$ und $\mathbf{p}$ in jeder Darstellung hermitisch sein und die Vertauschungsregeln

$$[\mathbf{x}, \mathbf{p}_x] = i\hbar, \quad [\mathbf{x}, \mathbf{p}_y] = [\mathbf{x}, \mathbf{p}_z] = [\mathbf{x}, \mathbf{y}] = [\mathbf{p}_x, \mathbf{p}_y] = 0 \text{ zyk}$$

erfüllen müssen, ist

$$
\begin{aligned}
[\mathbf{L}_x, \mathbf{L}_y] &= [\mathbf{y}\mathbf{p}_z - \mathbf{z}\mathbf{p}_y, \mathbf{z}\mathbf{p}_x - \mathbf{x}\mathbf{p}_z] = [\mathbf{y}\mathbf{p}_z, \mathbf{z}\mathbf{p}_x] + [\mathbf{z}\mathbf{p}_y, \mathbf{x}\mathbf{p}_z] \\
&= \mathbf{y}\mathbf{p}_z\mathbf{z}\mathbf{p}_x - \mathbf{y}\mathbf{p}_x(\mathbf{p}_z\mathbf{z} + i\hbar) + \mathbf{z}\mathbf{p}_y\mathbf{x}\mathbf{p}_z - \mathbf{x}\mathbf{p}_y(\mathbf{z}\mathbf{p}_z - i\hbar) \\
&= i\hbar(\mathbf{x}\mathbf{p}_y - \mathbf{y}\mathbf{p}_x).
\end{aligned}
$$

Für die Komponenten von $\mathfrak{L}$ gilt also

$$\mathbf{L}_x^\dagger = \mathbf{L}_x, \qquad [\mathbf{L}_x, \mathbf{L}_y] = i\hbar\,\mathbf{L}_z \text{ zyk.} \tag{1}$$

Man könnte vermuten, daß die Gleichungen (1) für einen Drehimpulsoperator charakteristisch sind. Mit Hilfe der Gruppentheorie kann man tatsächlich beweisen, daß ein Operator genau diese Eigenschaften haben muß, wenn er einen Drehimpuls darstellen soll. Deshalb gehen wir bei der folgenden Untersuchung davon aus, daß der Vektoroperator

$$\mathfrak{J} = (\mathbf{J}_x, \mathbf{J}_y, \mathbf{J}_z),$$

der einen Drehimpuls darstellen soll, die Bedingungen

$$J_x^\dagger = J_x \quad \text{und} \quad [J_x, J_y] = i\hbar J_z \,\text{zyk} \tag{2}$$

erfüllt. Führen wir zur Abkürzung den „Antikommutator“

$$[A, B]_+ \equiv AB + BA \tag{3}$$

ein, so folgt aus (2)

$$[J_x^2, J_z] = J_x[J_x, J_z] + [J_x, J_z]J_x = -i\hbar[J_x, J_y]_+ \tag{4a}$$

und

$$[J_y^2, J_z] = i\hbar[J_x, J_y]_+. \tag{4b}$$

Demnach ist

$$[J_x^2 + J_y^2, J_z] = [J^2, J_z] = 0 \,\text{zyk}. \tag{5}$$

Es muß also gemeinsame Eigenfunktionen von J^2 und einer beliebigen Komponente von $\mathfrak{J}$, etwa J_z, geben, da diese Operatoren kommutieren. Diese Eigenfunktionen sind aber im allgemeinen nicht zugleich Eigenfunktionen der beiden anderen Komponenten von $\mathfrak{J}$. Die Eigenfunktionen von J^2 und J_x, J^2 und J_y sowie von J^2 und J_z bilden je einen gleichwertigen vollständigen Satz. Die Funktionen eines dieser Sätze können als Linearkombinationen aus den Funktionen eines der beiden anderen Sätze aufgebaut werden.

Wir beschränken uns auf die Eigenfunktionen von J^2 und J_z und berechnen zuerst die möglichen Eigenwerte. Da alle drei Komponenten von $\mathfrak{J}$ völlig gleichberechtigt sind, können die folgenden Rechnungen analog durchgeführt werden, wenn man die Operatoren J_x, J_y und J_z zyklisch vertauscht, also z. B. die Eigenfunktionen von J^2 und J_x sucht.

Die weitere Rechnung wird übersichtlicher, wenn man ähnlich wie in Abschnitt 5.5 zwei neue Operatoren einführt. Wir definieren sie durch die „Doppelgleichung“

$$J_\pm = J_x \pm iJ_y. \tag{6}$$

Sie ersetzt zwei einfache Gleichungen, die man erhält, wenn man auf beiden Seiten entweder das obere oder das untere Vorzeichen berücksichtigt. Wir werden uns in diesem Kapitel öfter dieser Schreibweise bedienen. Für die beiden Operatoren J_+ und J_- gelten die Beziehungen

$$J_\pm^\dagger = J_\mp, \quad [J^2, J_\pm] = 0, \quad [J_z, J_\pm] = \pm\hbar J_\pm \tag{7}$$

und

$$J_\mp J_\pm = (J_x \mp iJ_y)(J_x \pm iJ_y) = J^2 - J_z(J_z \pm \hbar). \tag{8}$$

Wir bezeichnen die gemeinsamen Eigenfunktionen von J^2 und J_z mit $\varphi_{\alpha\beta}$. Sie sollen normiert sein und müssen die Gleichungen

$$J^2\varphi_{\alpha\beta} = \alpha\varphi_{\alpha\beta} \quad \text{und} \quad J_z\varphi_{\alpha\beta} = \beta\varphi_{\alpha\beta} \tag{9}$$

erfüllen. Daraus folgt, daß

$$(\mathbf{J}^2 - \mathbf{J}_z^2)\,\varphi_{\alpha\beta} = (\mathbf{J}_x^2 + \mathbf{J}_y^2)\,\varphi_{\alpha\beta} = (\alpha - \beta^2)\,\varphi_{\alpha\beta} \tag{10}$$

ist. Wegen (8) und (10) sind die $\varphi_{\alpha\beta}$ auch Eigenfunktionen von $(\mathbf{J}_x^2 + \mathbf{J}_y^2)$ und von $\mathbf{J}_{\mp}\mathbf{J}_{\pm}$, obwohl sie im allgemeinen keine Eigenfunktionen von $\mathbf{J}_x, \mathbf{J}_y, \mathbf{J}_x^2$ oder $\mathbf{J}_y^2$ sind.

Da $\mathbf{J}_x, \mathbf{J}_y$ und $\mathbf{J}_z$ hermitisch sein sollen, sind die Erwartungswerte von J_x^2, J_y^2 und J_z^2 von der Form (4.39) und können deshalb nicht negativ sein. Es gibt daher für die Operatoren $(\mathbf{J}_x^2 + \mathbf{J}_y^2)$ und $\mathbf{J}_z^2$ keine negativen Eigenwerte, denn für eine Eigenfunktion zu einem negativen Eigenwert ergäbe sich auch ein negativer Erwartungswert. Natürlich könnte man das Fehlen negativer Eigenwerte auch damit begründen, daß nach der klassischen Physik das Quadrat einer Drehimpulskomponente und des Gesamtdrehimpulses nie negativ sein kann. Es muß also gelten:

$$\alpha \geq 0 \quad \text{und} \quad \alpha \geq \beta^2, \tag{11}$$

und $\sqrt{\alpha}$ ist reell. Für einen gegebenen Wert von α müssen die möglichen Eigenwerte β im Intervall

$$-\sqrt{\alpha} \leq \beta \leq \sqrt{\alpha} \tag{12}$$

liegen.

Nach (7) ist

$$\mathbf{J}^2\mathbf{J}_{\pm}\,\varphi_{\alpha\beta} = \mathbf{J}_{\pm}\mathbf{J}^2\varphi_{\alpha\beta} = \alpha\,\mathbf{J}_{\pm}\,\varphi_{\alpha\beta} \tag{13}$$

und

$$\mathbf{J}_z\mathbf{J}_+\varphi_{\alpha\beta} = \mathbf{J}_{\pm}(\mathbf{J}_z \pm \hbar)\varphi_{\alpha\beta} = (\beta \pm \hbar)\mathbf{J}_{\pm}\,\varphi_{\alpha\beta}. \tag{14}$$

Deshalb ist $\mathbf{J}_{\pm}\varphi_{\alpha\beta}$ eine Eigenfunktion von $\mathbf{J}^2$ zum Eigenwert α und von $\mathbf{J}_z$ zum Eigenwert $\beta \pm \hbar$, wenn $\beta \pm \hbar$ in dem Bereich von $-\sqrt{\alpha}$ bis $\sqrt{\alpha}$ liegt. Durch wiederholte Anwendung des Operators $\mathbf{J}_+$ auf eine Funktion $\varphi_{\alpha\beta}$ erhält man daher im allgemeinen neue Eigenfunktionen $\varphi_{\alpha,\beta+\hbar}$, $\varphi_{\alpha,\beta+2\hbar}$ usw. Da jedoch $\beta + k\hbar$ stets kleiner als oder gleich $\sqrt{\alpha}$ sein muß, muß es eine Funktion $\varphi_{\alpha,\beta+n\hbar} = \varphi_{\alpha b}$ geben, bei der diese Folge abbricht, was nur möglich ist, wenn

$$\mathbf{J}_+\varphi_{\alpha b} = 0 \tag{15}$$

ist. Wegen (8) folgt aus (15)

$$\mathbf{J}_-\mathbf{J}_+\varphi_{\alpha b} = \big(\alpha - b(b + \hbar)\big)\varphi_{\alpha b} = 0, \tag{16}$$

so daß man für den Maximalwert b von β die Beziehung

$$b(b + \hbar) = \alpha \tag{17}$$

erhält. Andererseits dürfen durch die Anwendung des Operators $\mathbf{J}_-$ auf eine Funktion $\varphi_{\alpha\beta}$ auch keine Eigenfunktionen von $\mathbf{J}_z$ zu Eigenwerten, die kleiner als $-\sqrt{\alpha}$ sind, entstehen. Es gibt deshalb eine Funktion $\varphi_{\alpha a}$, für die gilt:

$$\mathbf{J}_- \varphi_{\alpha a} = 0. \tag{18}$$

Mit (8) folgt aus (18)

$$\mathbf{J}_+ \mathbf{J}_- \varphi_{\alpha a} = \big(\alpha - a(a - \hbar)\big)\varphi_{\alpha a} = 0, \tag{19}$$

also

$$a(a - \hbar) = \alpha. \tag{20}$$

Aus (17) und (20) ergibt sich

$$a(a - \hbar) = b(b + \hbar). \tag{21}$$

Eine Lösung dieser Gleichung ist $a = -b$. Die zweite Lösung $a = b + \hbar$ muß ausgeschlossen werden, da b das Maximum von β ist und deshalb nicht kleiner als a sein kann. Da sich aufeinanderfolgende Werte von β um $\hbar$ unterscheiden, ist $b - a = 2b$ ein ganzzahliges Vielfaches von $\hbar$, das heißt $\beta_{\max} = b$ kann nur einen der Werte $0, \hbar/2, \hbar, 3\hbar/2, \ldots$ haben.

Es ist in der Quantentheorie üblich, an Stelle von b, β und α die dimensionslosen Quantenzahlen

$$j = b/\hbar, \quad m = \beta/\hbar \quad \text{und} \quad j(j + 1) = \alpha/\hbar^2$$

anzugeben. Wegen (17), (20) und (21) kann j einen der Werte $0, 1/2, 1, \ldots$ haben. Für die Quantenzahlen j und m eines Drehimpulses sind also auch halbzahlige Werte möglich, für die eines Bahndrehimpulses jedoch nur ganzzahlige Werte, wie wir in Kapitel 3 sahen. Für ein gegebenes j kann m jeden der $2j + 1$ verschiedenen Werte $\pm j$, $\pm(j - 1)$, $\ldots$ annehmen, die sich alle um Eins unterscheiden und die im Bereich $-j \leq m \leq j$ liegen.

Wir verwenden von nun an j und m auch als Indizes, um die Eigenfunktionen von $\mathbf{J}^2$ und $\mathbf{J}_z$ zu kennzeichnen. Die Funktion mit den Eigenwerten $\alpha = 2\hbar$ und $\beta = -\hbar$ wird demnach mit $\varphi_{1,-1}$ und nicht mit $\varphi_{2\hbar,-\hbar}$ bezeichnet. Für die φ_{jm} gelten die Beziehungen

$$\mathbf{J}^2 \varphi_{jm} = j(j + 1)\hbar^2 \varphi_{jm} \tag{22a}$$

und

$$\mathbf{J}_z \varphi_{jm} = m\hbar \varphi_{jm}, \tag{22b}$$

für j und m sind die Werte

$$j = 0, 1/2, 1, \ldots \quad m = \pm j, \pm(j - 1), \ldots \tag{23}$$

zulässig. Alle φ_{jm} sind selbstverständlich orthogonal, da sie zu verschiedenen Eigenwerten gehören:

$$\langle \varphi_{jm}, \varphi_{j'm'} \rangle = \delta_{jj'} \delta_{mm'}. \tag{24}$$

Durch (22) und (24) sind die φ_{jm} nur bis auf einen komplexen Phasenfaktor bestimmt. Wir wählen diesen so, daß sie der Gleichung

$$\mathbf{J}_{\pm}\,\varphi_{jm} = (j^2 + j - m^2 \mp m)^{1/2}\,\hbar\,\varphi_{j,m\pm 1} \tag{25}$$

genügen.

Mit Hilfe von (6) und (25) kann man die in Tab. 1 zusammengefaßten Erwartungswerte und Unschärfen für die φ_{jm} berechnen.

Tabelle 1

φ_{jm}	J_x oder J_y	J_z	$J_x^2+J_y^2$	J^2
Erwartungswert	0	$m\,\hbar$	$(j^2 + j - m^2)\,\hbar^2$	$(j^2 + j)\,\hbar^2$
Unschärfe	$((j^2 + j - m^2)/2)^{1/2}\,\hbar$	0	0	0

Weiter gilt

$$\Delta J_x\,\Delta J_y \geq j\,\hbar^2/2\,. \tag{26}$$

Bei der Interpretation von Tab. 1 ist zu berücksichtigen, daß eine Wechselwirkung des Drehimpulses mit einem äußeren Feld vorhanden sein muß, wenn z. B. J_z gemessen werden soll. Wir setzen voraus, daß es sich um ein geladenes Elementarteilchen handelt, durch dessen Umlauf oder Rotation ein magnetisches Moment entsteht. Dieses kann eine beliebige Richtung haben, solange sich das Teilchen in einem feldfreien Raum befindet. Um die Komponente des magnetischen Moments in einer bestimmten Richtung zu messen, kann man ein homogenes äußeres magnetisches Feld einschalten, dessen Kraftlinien in dieser Richtung verlaufen. Beim Einschalten eines solchen Feldes, das auf das magnetische Moment rückwirkt, stellt sich der Drehimpuls des Teilchens nach der Quantentheorie sofort so ein, daß seine Komponente in Feldrichtung einen der Werte $m\hbar$ hat. Die dazu senkrechte Komponente hat den Betrag $\sqrt{j^2 + j - m^2}\,\hbar$, liefert jedoch den Erwartungswert Null, was für ein klassisches Modell bedeutet, daß sie um die Feldrichtung präzessiert (siehe Abb. 7).

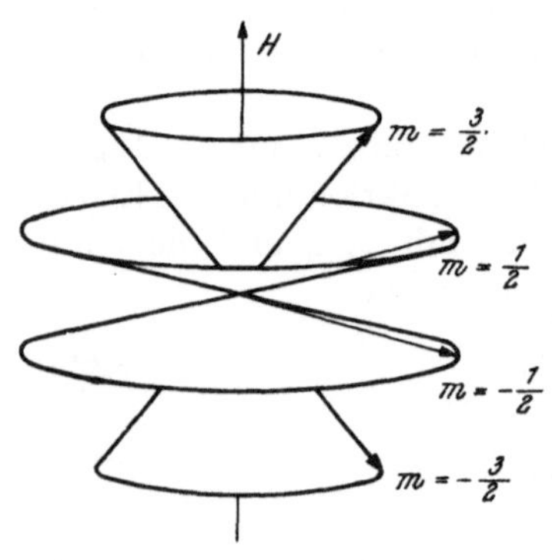

Abb. 7. Einstellung und Präzession eines Drehimpulses mit $j = {}^3/_2$ in einem äußeren Magnetfeld H

Durch die Wechselwirkung des magnetischen Moments mit dem äußeren Feld wird die Energie des Teilchens um einen Betrag, der vom Betrag des magnetischen Moments und damit von J und von dem Winkel α zwischen dem Drehimpulsvektor und der Feldrichtung abhängt, geändert. Für α und J sind aber nur diskrete Werte möglich. Deshalb können die zu den Feldlinien parallele Komponente des Drehimpulses und sein Betrag durch eine Energiemessung bestimmt werden. Da $\mathfrak{J}$ um die Richtung der Kraftlinien präzessiert, solange das äußere Feld eingeschaltet ist, ändert sich die Richtung der zu den Feldlinien senkrechten Komponente des Drehimpulses fortlaufend, und nur ihr Betrag kann genau angegeben werden. Deshalb scheitert auch jeder Versuch, die Komponenten des Drehimpulses nacheinander zu messen. Die Komponente des Drehimpulses parallel zur Feldrichtung bleibt beim Ausschalten des Feldes erhalten, wenn sich die Feldstärke dabei genügend langsam ändert. Das Zusammenwirken mehrerer, gleichzeitig eingeschalteter äußerer Felder ergibt einfach ein resultierendes Feld, um dessen Richtung dann der Drehimpuls präzessiert.

Die Richtung der Kraftlinien im Raum kann bei einem Versuch natürlich ganz beliebig festgelegt werden. Wenn $j \neq 0$ ist, kann diejenige Komponente von $\mathfrak{J}$ genau gemessen werden, die parallel zur Feldrichtung ist, z. B. J_z. Wäre die x-Achse des Koordinatensystems parallel zu den Kraftlinien, dann müßten die Indizes x und z in Tab. 1 vertauscht werden.

Selbstverständlich müssen die Aussagen über die Einstellung und Messung eines Drehimpulses für den Bahndrehimpuls oder den Spin eines beliebigen Elementarteilchens gelten. Sind mehrere magnetische Momente vorhanden, dann wird allerdings die Einstellung und Präzession jedes dieser Momente durch das resultierende Feld bestimmt, das sich unter Berücksichtigung der übrigen magnetischen Momente ergibt, und eine exakte Durchrechnung ist nicht möglich. Man behilft sich dann, indem man entweder so rechnet, als würden die verschiedenen Drehimpulse unabhängig voneinander unter dem Einfluß des äußeren Feldes präzessieren, und die gegenseitigen Wechselwirkungen erst nachträglich näherungsweise berücksichtigt, oder indem man zuerst die einzelnen magnetischen Momente geometrisch addiert und dann die Präzession des resultierenden Gesamtdrehimpulses im äußeren Feld beschreibt. Dabei ist zu berücksichtigen, daß das resultierende magnetische Moment nicht immer parallel zum Gesamtdrehimpuls ist.

Es war nicht notwendig, eine spezielle Darstellung zu wählen, um für einen nur durch (2) definierten Drehimpulsoperator die möglichen Eigenwerte sowie die Erwartungswerte und die Unschärfen für einen Satz von Eigenfunktionen zu berechnen. Mit Hilfe von (22), (24) und (25) ist es auch möglich, Erwartungswerte und Unschärfen für alle Linearkombinationen der φ_{jm} zu finden.

Werden Drehimpulsoperatoren durch Matrizen dargestellt, dann besteht zwischen der Dimension N der Matrix und der Quantenzahl j die Beziehung $N = 2j + 1$.

Es ist interessant, einige Aussagen der Quantentheorie denen der klassischen Physik gegenüberzustellen. Ist die z-Komponente eines Drehimpulses $m\hbar$, dann kann nach der klassischen Physik sein Betrag $j\hbar$ gleich $|m|\hbar$ sein. In diesem Fall sind die beiden anderen Komponenten Null. Für m sind kontinuierlich beliebige reelle Werte möglich, und $0 \leq |m| \leq j$. Im Gegensatz dazu müssen in der Quantentheorie der Betrag $j\hbar\sqrt{1 + 1/j}$ und die z-Komponente $m\hbar$ eines Drehimpulses diskrete Werte haben, da für $|m|$ und j nur ganzzahlige oder nur halbzahlige positive Werte und der Wert Null möglich sind. Ist die z-Komponente $m\hbar$, dann ist der Betrag des Drehimpulses mindestens $|m|\hbar\sqrt{1 + 1/|m|}$. Ein Drehimpuls kann sich z. B. bei einer Messung der z-Komponente nicht völlig in die z-Richtung einstellen, da die beiden anderen Komponenten zusammen mindestens den Betrag $\sqrt{j}\,\hbar$ haben, obwohl der Erwartungswert für jede der beiden Null ist. J_x oder J_y können mit J_z zugleich nur genau angegeben werden, wenn $j = 0$ ist, also alle Komponenten von $\mathfrak{J}$ Null sind. Für große Werte von j gehen die Aussagen der Quantentheorie in die der klassischen Physik über, da dann $1/j$ gegen Null geht. Für die Gesetze der klassischen Physik spielt es keine Rolle, daß nach der Quantentheorie die Meßwerte für die Komponenten und den Betrag eines Drehimpulses diskret sind, da ihre Differenzen nur von der Größenordnung $\hbar$ sind.

Aufgabe 11.1. Man beweise (25), (26) und die Richtigkeit von Tab. 1, entwickle die durch die Gleichungen $\mathbf{J}^2\varphi = 2\hbar^2\varphi$, $\mathbf{J}_x\varphi = \hbar\varphi$ definierte Funktion φ nach den φ_{jm} und stelle für die Funktion $\psi = (\varphi_{1,1} + \varphi_{1,-1} + 2\varphi_{0,0})/\sqrt{6}$ eine Tabelle ähnlich zu Tab. 1 zusammen.

Aufgabe 11.2. Man zeige, daß der durch (4.76) definierte Operator $\mathfrak{S}$ einen Drehimpuls darstellt und berechne die Operatoren $S_{\pm}$ und S^2. Man schreibe die Gleichungen von Abschnitt 11.1 explizit in der Darstellung, die durch (3.27) und (4.24) oder durch (4.76) gegeben ist. Man zeige, daß die Matrizen

$$\mathbf{J}_x = \frac{\hbar}{\sqrt{2}}\begin{pmatrix} 0 & 1 & 0 \\ 1 & 0 & 1 \\ 0 & 1 & 0 \end{pmatrix}, \quad \mathbf{J}_y = \frac{i\hbar}{\sqrt{2}}\begin{pmatrix} 0 & -1 & 0 \\ 1 & 0 & -1 \\ 0 & 1 & 0 \end{pmatrix}, \quad \mathbf{J}_z = \hbar\begin{pmatrix} 1 & 0 & 0 \\ 0 & 0 & 0 \\ 0 & 0 & -1 \end{pmatrix}$$

einen Drehimpulsoperator darstellen, und gebe die Eigenvektoren und Eigenwerte von $\mathbf{J}_z$ an.

11.2 Die Zusammensetzung von Drehimpulsen

In der klassischen Physik kann man zwei Drehimpulse $\mathfrak{L}$ und $\mathfrak{S}$ einfach addieren, um den resultierenden Gesamtdrehimpuls $\mathfrak{J}$ zu erhalten. Dabei könnte z. B. $\mathfrak{L}$ der Bahndrehimpuls sein, der durch den Umlauf eines Planeten entsteht, während $\mathfrak{S}$ der Rotation dieses Planeten um seine eigene Achse entspricht. Es könnte sich bei $\mathfrak{L}$ und $\mathfrak{S}$ aber auch um die Bahndrehimpulse zweier Massenpunkte handeln. Selbstverständlich ist es besonders zweckmäßig, von einem Gesamtdrehimpuls zu sprechen, wenn $\mathfrak{L}$ und $\mathfrak{S}$ durch eine Wechselwirkung miteinander gekoppelt sind.

In der Quantentheorie müssen wir die beiden Drehimpulse $\mathfrak{L}$ und $\mathfrak{S}$ durch zwei Operatoren $\mathbf{L}$ und $\mathbf{S}$ beschreiben, deren Komponenten die Bedingungen

$$[\mathbf{L}_x, \mathbf{L}_y] = i\hbar\mathbf{L}_z, \qquad \mathbf{L}_x^\dagger = \mathbf{L}_x \text{ zyk} \tag{27a}$$

$$[\mathbf{S}_x, \mathbf{S}_y] = i\hbar\mathbf{S}_z, \qquad \mathbf{S}_x^\dagger = \mathbf{S}_x \text{ zyk} \tag{27b}$$

erfüllen. Da die beiden Drehimpulse voneinander unabhängig sein sollen, müssen die Operatoren $\mathbf{L}$ und $\mathbf{S}$ vertauschbar sein. Dies bedingt, daß

$$[\mathbf{L}, \mathbf{S}_x] = 0 \text{ zyk} \tag{28}$$

ist. Den Operator des Gesamtdrehimpulses definieren wir durch

$$\mathfrak{J} = \mathfrak{L} + \mathfrak{S} = (\mathbf{L}_x + \mathbf{S}_x, \mathbf{L}_y + \mathbf{S}_y, \mathbf{L}_z + \mathbf{S}_z). \tag{29}$$

Aus (27) bis (29) folgen die Gleichungen

$$\mathbf{J}_x^\dagger = \mathbf{J}_x \quad \text{und} \quad [\mathbf{J}_x, \mathbf{J}_y] = i\hbar\mathbf{J}_z \text{ zyk}, \tag{30}$$

die beweisen, daß $\mathfrak{J}$ wirklich ein Drehimpulsoperator ist.

Wegen (27) und (30) gelten die Überlegungen des vorigen Abschnittes unabhängig voneinander sowohl für $\mathfrak{L}$ und für $\mathfrak{S}$ als auch für $\mathfrak{J}$. Wir werden von nun an den Index i überall dort verwenden, wo sowohl x als auch y oder z stehen könnte. Nach (22) und (23) sind für die Operatoren

$$\mathbf{L}^2 \qquad\qquad \mathbf{S}^2 \qquad\qquad \mathbf{L}_i \qquad\qquad \mathbf{S}_i$$

nur die Eigenwerte

$$l(l+1)\hbar^2 \qquad s(s+1)\hbar^2 \qquad m\hbar \qquad m_s\hbar$$

mit

$$l = 0, 1/2, 1, \ldots \quad s = 0, 1/2, 1, \ldots \quad m = \pm l, \pm(l-1), \ldots$$

$$m_s = \pm s, \pm(s-1), \ldots$$

möglich. $\mathbf{J}^2$ muß die Eigenwerte $j(j+1)\hbar^2$ haben, wobei nach (23) für j die Zahlen $0, 1/2, 1, 3/2 \ldots$ in Betracht kämen. Tatsächlich kann j für ein gegebenes l und s aber nur die Werte $j = l+s, l+s-1, \ldots |l-s|$ haben. Wegen (29) sind für eine beliebige Komponente von $\mathfrak{J}$ die Eigenwerte $m_j = l+s, l+s-1, \ldots$ zulässig; da $m_{j\max} = j$ ist, kann die Quantenzahl j aber nur alle für $|m_j| = |m+m_s|$ zulässigen Werte annehmen, das heißt sie ist entweder nur ganzzahlig oder nur halbzahlig, je nachdem ob $l+s$ ganzzahlig oder halbzahlig ist. $\mathfrak{L}$ und $\mathfrak{S}$ können sich also nur in bestimmten Richtungen zueinander einstellen. Diese „Richtungsquantelung" ist notwendig, da man sonst durch Addition zweier Drehimpulse einen resultierenden Gesamtdrehimpuls von *beliebiger* Größe erhalten könnte, im Widerspruch zu (22a).

Der größte mögliche Wert von j ist $j = l + s$. Mit ihm ergibt sich für den Gesamtdrehimpuls der Betrag

$$\sqrt{j(j+1)}\,\hbar = \sqrt{(l+s)(l+s+1)}\,\hbar,$$

der kleiner als $\left(\sqrt{l(l+1)} + \sqrt{s(s+1)}\right)\hbar$ ist, wenn l und s nicht Null sind. Im Gegensatz zur klassischen Physik addieren sich also in der Quantentheorie die Beträge von $\mathfrak{L}$ und $\mathfrak{S}$ nicht, wenn $\mathfrak{J}$ den größten Wert hat, so daß die beiden Drehimpulse nicht parallel sein können. Der kleinste für j mögliche Wert $j = |l - s|$ ergibt sich, wenn $\mathfrak{L}$ und $\mathfrak{S}$ „entgegengesetzt" gerichtet sind. Wirklich antiparallel sind die beiden Drehimpulse dann jedoch nur für $l = s$, da sonst

$$\sqrt{|l-s| \cdot (|l-s|+1)} > \left|\sqrt{l(l+1)} - \sqrt{s(s+1)}\right|$$

ist. Für festes l und s und einen gegebenen Wert von j kann m_j zwar verschiedene Werte $\pm j$, $\pm(j-1)$, ... haben, $\mathfrak{L}$ und $\mathfrak{S}$ müssen dabei aber immer denselben Winkel einschließen. Die Eigenwerte von

$$\mathbf{J}^2 \qquad\qquad \mathbf{J}_i \qquad\qquad \mathfrak{L} \cdot \mathfrak{S} = \frac{1}{2}\left(\mathbf{J}^2 - \mathbf{L}^2 - \mathbf{S}^2\right)$$

sind

$$j(j+1)\hbar^2 \qquad m_j\hbar \qquad \frac{1}{2}\left(j(j+1) - l(l+1) - s(s+1)\right)\hbar^2,$$

wobei $j = l + s,\, l + s - 1,\, \dots\, |l - s|$ und $m_j = \pm j,\, \pm(j-1),\, \dots$ ist.

Aufgabe 11.3. Man zeige, daß sich die Gleichungen (30) aus (27) bis (29) ergeben.

Aufgabe 11.4. Man bestimme alle für j zulässigen Werte, wenn zwei Drehimpulse mit den Quantenzahlen $s = 3/2$ und $l = 1$ addiert werden. Für jeden Wert von j stelle man zeichnerisch die verschiedenen möglichen Einstellungen des Gesamtdrehimpulses in einem äußeren Feld dar.

Nachdem wir die Eigenwerte der Operatoren $\mathbf{L}_i$, $\mathbf{S}_i$, $\mathbf{J}_i$ usw. bestimmt haben, wollen wir untersuchen, welche dieser Werte zugleich meßbar sind und zu diesem Zweck einige Kommutatoren berechnen. Da (5) gilt, wenn (2) erfüllt ist, muß wegen (27a) und (28) $\mathbf{L}^2$ mit $\mathbf{L}_i$ und $\mathbf{S}_i$ und damit mit allen vorkommenden Operatoren kommutieren. Auch $\mathbf{S}^2$ ist mit sämtlichen vorkommenden Operatoren vertauschbar. $\mathbf{J}_i = \mathbf{L}_i + \mathbf{S}_i$ kommutiert mit $\mathbf{L}_i$, $\mathbf{S}_i$, $\mathbf{L}^2$, $\mathbf{S}^2$ und $\mathbf{J}^2$. Wegen

$$[\mathbf{J}^2, \mathbf{L}_x] = [\mathbf{L}^2 + \mathbf{S}^2 + 2\mathfrak{L} \cdot \mathfrak{S}, \mathbf{L}_x] = 2[\mathbf{L}_y\mathbf{S}_y + \mathbf{L}_z\mathbf{S}_z, \mathbf{L}_x]$$

ist

$$[\mathbf{J}^2, \mathbf{L}_x] = -2i\hbar\,(\mathbf{L}_z\mathbf{S}_y - \mathbf{L}_y\mathbf{S}_z)\ \text{zyk.}$$

Analog erhält man

$$[\mathbf{J}^2, \mathbf{S}_x] = -2\,i\,\hbar\,(\mathbf{S}_z\mathbf{L}_y - \mathbf{S}_y\mathbf{L}_z)\ \text{zyk}.$$

Daher kommutiert $\mathfrak{L}\cdot\mathfrak{S} = \dfrac{1}{2}\,(\mathbf{J}^2 - \mathbf{L}^2 - \mathbf{S}^2)$ nicht mit $\mathbf{L}_i$ oder $\mathbf{S}_i$. Schließlich gilt noch

$$[\mathbf{J}_x, \mathbf{L}_y] = i\,\hbar\,\mathbf{L}_z \quad \text{und} \quad [\mathbf{J}_x, \mathbf{S}_y] = i\,\hbar\,\mathbf{S}_z\ \text{zyk}.$$

Aus den berechneten Vertauschungsregeln geht hervor, daß die Operatoren

$$\mathbf{L}^2, \mathbf{S}^2, \mathbf{L}_z, \mathbf{S}_z \text{ und } \mathbf{J}_z \tag{31}$$

miteinander kommutieren und deshalb einen vollständigen Satz von Eigenfunktionen miteinander gemeinsam haben, die wir mit $\varphi_{lms m_s}$ bezeichnen wollen. Die $\varphi_{lms m_s}$ sind Produkte der Eigenfunktionen φ_{lm} von $\mathbf{L}^2$ und $\mathbf{L}_z$ und $\varphi_{s m_s}$ von $\mathbf{S}^2$ und $\mathbf{S}_z$,

$$\varphi_{lms m_s} = \varphi_{lm}\varphi_{s m_s}. \tag{32}$$

Ein zweiter Satz vertauschbarer Operatoren ist

$$\mathbf{L}^2, \mathbf{S}^2, \mathbf{J}^2, \mathbf{J}_z \text{ und } \mathfrak{L}\cdot\mathfrak{S}. \tag{33}$$

Ihre Eigenfunktionen, für die wir die Bezeichnung ψ_{lsjm_j} verwenden werden, bilden ebenfalls einen vollständigen Satz. Sie können nach den $\varphi_{lms m_s}$ entwickelt werden,

$$\psi_{lsjm_j} = \sum_{m_s = m_j - m} c_{lsjm_j m_s}\,\varphi_{lms m_s}. \tag{34}$$

Ebenso kann jede der Funktionen $\varphi_{lms m_s}$ aus den ψ_{lsjm_j} überlagert werden.

Ersetzt man den Index z in (31) und (33) durch x oder durch y, so erhält man nochmals je zwei Sätze von vertauschbaren Operatoren und entsprechenden Eigenfunktionen. Da die Rechnungen für diese Fälle aber ganz analog durchgeführt werden können, wollen wir uns weiterhin auf den Index z beschränken.

Daß die Indizes von $\varphi_{lms m_s}$ und ψ_{lsjm_j} in (34) in den Quantenzahlen l und s übereinstimmen müssen und daß nur solche $\varphi_{lms m_s}$ aufsummiert werden dürfen, bei denen zwischen den Indizes m und m_s die Beziehung $m + m_s = m_j$ besteht, folgt daraus, daß sowohl die ψ_{lsjm_j} als auch die $\varphi_{lms m_s}$ Eigenfunktionen der Operatoren $\mathbf{L}^2$, $\mathbf{S}^2$ und $\mathbf{J}_z$ sind und deshalb in den Eigenwerten dieser Operatoren übereinstimmen müssen (siehe Abschnitt 4.3). Die Konstanten $c_{lsjm_j m_s}$ werden Clebsch-Gordon-Koeffizienten genannt. Sie können (bis auf einen Phasenfaktor) aus (34), der Eigenwertgleichung $\mathbf{J}^2\psi_{lsjm_j} = j(j+1)\hbar^2\psi_{lsjm_j}$, der Normierungsbedingung und den Operatorgleichungen, die für die $\varphi_{lms m_s}$ gelten, gefunden werden. Die Phasenfaktoren werden meist so gewählt, daß alle Koeffizienten reell sind und daß $c_{lsjm_jm_s} = +1$ ist, wenn $j = l + s = |m_j|$ ist.

Wir werden die Clebsch-Gordon-Koeffizienten für die Funktion $\psi_{2,\frac{1}{2},\frac{3}{2},\frac{1}{2}}$ bestimmen. Da $s = 1/2$ ist, kann m_s nur die beiden Werte $1/2$ und $-1/2$ annehmen. Dementsprechend muß $m = 0$ bzw. $m = 1$ sein, damit sich für m_j der Wert $1/2$ ergibt. Wir machen deshalb den Ansatz

$$\psi_{2,\frac{1}{2},\frac{3}{2},\frac{1}{2}} \equiv \psi = c_{2,\frac{1}{2},\frac{3}{2},\frac{1}{2},\frac{1}{2}}\,\varphi_{2,0,\frac{1}{2},\frac{1}{2}} + c_{2,\frac{1}{2},\frac{3}{2},\frac{1}{2},-\frac{1}{2}}\,\varphi_{2,1,\frac{1}{2},-\frac{1}{2}}. \tag{35}$$

Außerdem führen wir die Operatoren

$$\mathbf{L}_\pm = \mathbf{L}_x \pm i\mathbf{L}_y \quad \text{und} \quad \mathbf{S}_\pm = \mathbf{S}_x \pm i\mathbf{S}_y \tag{36}$$

ein, für die zu (25) analoge Beziehungen gelten. Durch den Ansatz (35) ist auf jeden Fall schon gewährleistet, daß ψ eine Eigenfunktion der Operatoren $\mathbf{L}^2$ und $\mathbf{S}^2$ zu den Eigenwerten $6\hbar^2$ und $3\hbar^2/4$ ist. Für $\mathbf{J}^2$ soll sich der Eigenwert $15\hbar^2/4$ ergeben, woraus hervorgeht, daß ψ eine Eigenfunktion des Operators $2\mathfrak{L} \cdot \mathfrak{S} = \mathbf{J}^2 - \mathbf{L}^2 - \mathbf{S}^2$ zum Eigenwert $(15/4 - 6 - 3/4)\hbar^2 = -3\hbar^2$ sein muß. Die Gleichung $2\mathfrak{L} \cdot \mathfrak{S}\,\psi = -3\hbar^2\psi$ kann mit Hilfe von (25) und

$$2(\mathbf{L}_x\mathbf{S}_x + \mathbf{L}_y\mathbf{S}_y) = \mathbf{L}_+\mathbf{S}_- + \mathbf{L}_-\mathbf{S}_+ \tag{37}$$

in der Form

$$\sqrt{6}\,c_{-\frac{1}{2}}\hbar^2\varphi_{\frac{1}{2}} + \left(\sqrt{6}\,c_{\frac{1}{2}} - c_{-\frac{1}{2}}\right)\hbar^2\varphi_{-\frac{1}{2}} = -3\hbar^2(c_{\frac{1}{2}}\varphi_{\frac{1}{2}} + c_{-\frac{1}{2}}\varphi_{-\frac{1}{2}}) \tag{38}$$

geschrieben werden, wenn wir zur Vereinfachung alle Indizes bis auf den letzten unterdrücken. Aus (38) folgt durch Koeffizientenvergleich $c_{-\frac{1}{2}} = -\sqrt{3/2}\,c_{\frac{1}{2}}$, während die Normierungsbedingung noch die Beziehung $|c_{\frac{1}{2}}|^2 + |c_{-\frac{1}{2}}|^2 = 1$ liefert. Nehmen wir an, daß $c_{-\frac{1}{2}}$ reell und positiv ist, so ergeben sich schließlich für die beiden Koeffizienten die Werte

$$c_{2,\frac{1}{2},\frac{3}{2},\frac{1}{2},\frac{1}{2}} = -\sqrt{2/5} \quad \text{und} \quad c_{2,\frac{1}{2},\frac{3}{2},\frac{1}{2},-\frac{1}{2}} = \sqrt{3/5}.$$

Sie könnten auch mit einem beliebig gewählten, für beide aber gleichen Phasenfaktor vom Betrage Eins multipliziert werden.

Für die häufigsten Kombinationen von Quantenzahlen können die Clebsch-Gordon-Koeffizienten einfach aus Tabellen ähnlich der nebenstehenden entnommen werden, die für beliebige Werte von l und $s = 1/2$ zu verwenden ist. Sie liefert z. B. für $l = 2$, $j = 3/2 = l - s$ und $m_s = s$ den Koeffizienten

$$c_{2,\frac{1}{2},\frac{3}{2},\frac{1}{2},\frac{1}{2}} = -\left((l + s - m_j)/(2l + 1)\right)^{1/2}$$

$$= -\left(\left(2 + \frac{1}{2} - \frac{1}{2}\right)/(2 \cdot 2 + 1)\right)^{1/2} = -\sqrt{2/5}.$$

Tabelle 2. *Die Clebsch-Gordon-Koeffizienten für $s = 1/2$*

$s = 1/2$	$m_s = s$	$m_s = -s$
$j = l + s$	$\left(\dfrac{l + s + m_j}{2l + 1}\right)^{1/2}$	$\left(\dfrac{l + s - m_j}{2l + 1}\right)^{1/2}$
$j = l - s$	$-\left(\dfrac{l + s - m_j}{2l + 1}\right)^{1/2}$	$\left(\dfrac{l + s + m_j}{2l + 1}\right)^{1/2}$

Für einen bestimmten Wert von l bzw. s gibt es $2l + 1$ bzw. $2s + 1$ verschiedene Funktionen φ_{lm} bzw. φ_{sm_s}, so daß man $(2l + 1)(2s + 1)$ Funktionen $\varphi_{lm sm_s}$ bilden kann. Für j sind $l + s - |l - s| + 1$ verschiedene Werte, nämlich $l + s, l + s - 1, \ldots |l - s|$ möglich. Für jedes j gibt es $2j + 1$ verschiedene Einstellungsmöglichkeiten, die durch die Quantenzahlen $m_j = \pm j, \pm(j - 1), \ldots$ gekennzeichnet werden. Für $j = l + s$ ergeben sich so z. B. $2(l + s) + 1$ verschiedene Funktionen. Die Gesamtzahl der ψ_{lsjm_j} ist demnach

$$2(l + s) + 1 + 2(l + s - 1) + 1 + \cdots 2|l - s| + 1$$
$$= \big(2(l + s) + 1 + 2|l - s| + 1\big)(l + s - |l - s| + 1)/2$$
$$= (2l + 1)(2s + 1),$$

also gleich der Anzahl der $\varphi_{lm sm_s}$.

Um drei Drehimpulse, etwa $\mathfrak{L}_1$, $\mathfrak{L}_2$ und $\mathfrak{S}$ zusammenzusetzen, kann man z. B. zuerst $\mathfrak{L}_1$ und $\mathfrak{L}_2$ zu einem Drehimpuls $\mathfrak{L}$ zusammenfassen, zu dem dann $\mathfrak{S}$ addiert wird. Analog kann man verfahren, wenn mehr als drei Drehimpulse kombiniert werden sollen.

Aufgabe 11.5. Man gebe die Eigenwertgleichungen an, denen die Funktionen $\varphi_{lm sm_s}$, bzw. ψ_{lsjm_j} genügen und berechne allgemein $\mathbf{L}_{\pm}\varphi_{lm sm_s}$ und $\mathbf{S}_{\mp}\varphi_{lm sm_s}$. Man stelle die Funktionen $\psi_{2,\frac{1}{2},\frac{3}{2},\pm\frac{3}{2}}$ als Überlagerung der $\varphi_{lm sm_s}$ dar.

Aufgabe 11.6. Man überlege die Änderungen, die sich in diesem Abschnitt ergäben, wenn wir anstatt der z-Komponente die x-Komponente herausgreifen würden. Man führe alle Funktionen ψ_{lsjm_j} an, die man erhält, wenn zwei Drehimpulse mit den Quantenzahlen $l = 2$ und $s = 1/2$ zusammengesetzt werden. Man gebe alle Werte an, die für die Quantenzahl des Gesamtdrehimpulses möglich sind, wenn die Drehimpulse $\mathfrak{L}_1$, $\mathfrak{L}_2$, $\mathfrak{S}_1$ und $\mathfrak{S}_2$ mit $l_1 = 2$, $l_2 = 0$, $s_1 = s_2 = 1/2$ zusammengesetzt werden.

11.3 Der Spin des Elektrons und das Antisymmetrieprinzip

Aus vielen Experimenten geht hervor, daß jedes Elektron einen inneren Drehimpuls, den „Spin" $\mathfrak{S}$, besitzt. Ein makroskopisches Modell des Elektrons besteht daher aus einem geladenen, sphärischen Körper, der um eine durch seinen Schwerpunkt gehende Achse rotiert. Die Ladung ist über das gesamte Volumen verteilt, so daß durch die Rotation Kreisströme entstehen, die ein magnetisches Moment $\mathfrak{M}_s$ erzeugen müssen. Ein solches Moment wird tatsächlich an jedem Elektron beobachtet. Es bildet die Grundlage für die Messung des Spins.

Unser Modell liefert aber nur ein unvollkommenes Bild des Elektrons. Der „Spin" des makroskopischen Körpers könnte einen beliebigen Wert haben, er würde ein magnetisches Moment $-e\,\mathfrak{S}/2m_0c$ erzeugen, wenn die Ladungsverteilung homogen ist. Dagegen ergibt jede Messung für eine Komponente des Spins bzw. des magnetischen Moments eines Elektrons einen der beiden Werte $\pm\hbar/2$ bzw. $(\mp\hbar/2)e/m_0c$. Das spezifische magnetische Moment des Elektrons ist also doppelt so groß als erwartet, sein Spin ist gequantelt, in einem äußeren Feld stellt er sich nach den für Drehimpulse gültigen Regeln ein, und wir müssen ihm einen Operator $\mathfrak{S}$ zuordnen, für den wir die Darstellung (4.76) wählen. Jede Komponente des Vektoroperators $\mathfrak{S}$ ist dann eine 2×2-Matrix im „Spinraum", der natürlich mit dem dreidimensionalen geometrischen Raum nichts zu tun hat. In Kapitel 13 werden wir sehen, daß sich der Spin und das dazugehörige magnetische Moment des Elektrons, deren Vorhandensein wir vorläufig als ein zusätzliches Postulat einführen müssen, aus der relativistischen Theorie von selbst ergeben.

Wenn wir nun in die bisher für Elektronen durchgeführten Rechnungen den Spin nachträglich einbauen wollen, dann ist zweierlei zu berücksichtigen: Da $\mathfrak{S}$ eine zweidimensionale Matrix ist, müssen alle Wellenfunktionen Vektoren und alle Operatoren Matrizen derselben Dimension im Spinraum sein. Alle bisher für Elektronen verwendeten Zustandsvektoren wie (3.25) oder (8.6) sind daher jetzt mit einer Linearkombination der Spinvektoren (4.79) und alle Operatoren wie (3.2), (3.27) oder (8.1) mit der zweidimensionalen Einheitsmatrix $\mathbf{I}$ zu multiplizieren. Außerdem muß die Wechselwirkung zwischen $\mathfrak{M}_s$ und anderen elektromagnetischen Feldern berücksichtigt werden.

Nach der klassischen Physik muß mit dem Spin eines Teilchens stets eine Rotationsenergie verbunden sein. In der Quantentheorie ändert sich aber der Betrag des Spins nicht, solange das Teilchen besteht, so daß diese Energie konstant sein muß und nicht beobachtet werden kann. Wir brauchen sie deshalb in den Rechnungen nicht zu berücksichtigen. Da die Komponente des Spins in einer gegebenen Richtung zwei verschiedene Werte haben kann, erhöht sich die Anzahl der Freiheitsgrade eines Teilchens durch den Spin um Eins.

Als Beispiel wählen wir ein freies Elektron, für dessen Impuls wir den Operator $\mathfrak{p}=-i\hbar\mathbf{I}\nabla$ verwenden, so daß $\mathbf{H}=-\hbar^2\mathbf{I}\Delta/2m_0$ wird. Sind der Impuls des Elektrons und die z-Komponente seines Spins genau bekannt und haben sie die Werte $\mathfrak{p}$ bzw. $-\hbar/2$, dann ist der Zustandsvektor

$$\Psi_{\mathfrak{p}-}=\Psi_-\,\psi_\mathfrak{p}=\begin{pmatrix}0\\1\end{pmatrix}(2\pi\delta)^{-3/2}e^{i(\mathfrak{p}\cdot\mathfrak{r}-p^2t/2m_0)/\hbar}\,. \tag{39}$$

Die Messung einer Komponente von $\mathfrak{S}$ ist allerdings nur möglich, wenn ein magnetisches Feld vorhanden ist, das auf das magnetische Moment $\mathfrak{M}_s$ rückwirkt. In diesem Falle müßte man von dem Hamiltonoperator (9.6) ausgehen, der für ein geladenes spinloses Teilchen gilt. Die der Wechselwirkung zwischen $\mathfrak{M}_s$ und dem Feld entsprechende Energie ist durch einen Operator $\mathbf{H}_1$ darzustellen, der zum Hamiltonoperator des spinlosen Teilchens zu addieren ist. Handelt es sich z. B. um ein stationäres Magnetfeld $\mathfrak{H} = (0, 0, H_0)$, dann ist $\mathbf{H}_1 = -\mathfrak{M}_s \cdot \mathfrak{H} = eH_0\mathbf{S}_z/m_0c$, und als Energieeigenfunktionen ergeben sich Produkte von (9.13) mit Ψ_+ oder Ψ_-, die zu verschiedenen Eigenwerten gehören.

Aufgabe 11.7. Man berechne den Wert, der sich für das magnetische Moment eines kugelförmigen homogenen Elektrons mit dem Spin $\mathfrak{S}$ nach der klassischen Physik ergäbe. Man berechne $\langle S_z \rangle$, $\langle S_x \rangle$, $\langle \mathfrak{p} \rangle$ und $\langle E \rangle$ für den Zustand (39). Man gebe an, welchen Wert eine Messung von S_x für das durch (39) dargestellte Elektron ergeben wird. Man finde den Zustandsvektor eines freien Elektrons, dessen Impuls $\mathfrak{p}$ ist, wenn für S_x der Wert $\hbar/2$ gemessen wurde.

In den Atomen entstehen bereits durch den Umlauf der geladenen Elektronen um den Kern Magnetfelder. Ein daraus resultierendes magnetisches Moment $\mathfrak{M}$ und $\mathfrak{M}_s$ können sich in verschiedener Weise zueinander einstellen, wobei sich unterschiedliche Werte für die Wechselwirkungsenergie ergeben. Dies führt zur „Feinstruktur" der Spektrallinien, die im nächsten Abschnitt erörtert werden wird.

Die Einführung des Spins reicht nicht aus, um das Verhalten der Elektronen — z. B. beim Aufbau der Atomhüllen — vollständig zu beschreiben. Wir benötigen dazu noch ein weiteres Postulat:

„In einem System können zwei Elektronen nie gleichzeitig in demselben Zustand sein, sondern müssen sich wenigstens in einer Quantenzahl unterscheiden."

Dieses Prinzip wurde von Pauli entdeckt. Es kann auch in der folgenden Form ausgesprochen werden:

„Werden in einem System zwei Elektronen miteinander vertauscht, dann ändert sich nur das Vorzeichen des entsprechenden Zustandsvektors."

Damit sind wir in der Lage, den „schalenförmigen" Aufbau der Atomhüllen zu erklären. Dazu bestimmen wir zuerst die Gesamtzahl der möglichen Eigenzustände eines Systems, das aus einem Atomkern mit der Ladung Ze und einem einzigen Elektron besteht. Befindet sich das System in einem genügend starken äußeren Magnetfeld, dann stellen sich Spin und Bahndrehimpuls nach der Quantentheorie in bestimmter Weise zur Feldrichtung ein, und der Zustand des Systems wird durch die Quantenzahlen n, l, m und $m_s = \pm 1/2$ gekennzeichnet, wenn die Wechselwirkung zwischen $\mathfrak{M}$ und $\mathfrak{M}_s$ vernachlässigbar ist. Es ist dann nicht sinnvoll, von einem Gesamtdrehimpuls $\mathfrak{J}$ zu sprechen, da j keine

„gute" (d. h. wohldefinierte) Quantenzahl ist. Für festes n ergeben sich $2n^2$ verschiedene Zustände. In einem schwachen Magnetfeld dagegen ist die Wechselwirkung zwischen $\mathfrak{M}$ und $\mathfrak{M}_s$ ausschlaggebend, und $\mathfrak{L}$ und $\mathfrak{S}$ stellen sich entweder „parallel" oder „antiparallel" zueinander ein, so daß sich ein bestimmter Wert für den Gesamtdrehimpuls $\mathfrak{J}$ und seine Komponente in Feldrichtung ergibt, während die Richtungen von $\mathfrak{L}$ und $\mathfrak{S}$ unbestimmt sind. Für festes n ergeben sich wieder $2n^2$ verschiedene Zustände, die aber nun durch die Quantenzahlen $n, l, j = |l \pm 1/2|$ und $m_j = \pm 1/2, \ldots \pm j$ gekennzeichnet werden müssen.

Die Anzahl der Zustände mit derselben Hauptquantenzahl ist also in jedem Fall $2n^2$. In jedem dieser Zustände kann sich nach dem Pauliprinzip höchstens ein Elektron befinden. Die „Bahn" eines bestimmten Elektrons wird natürlich durch die Anwesenheit anderer Elektronen beeinflußt. Die Gesamtzahl der möglichen Zustände ist aber unabhängig von der Anzahl der tatsächlich vorhandenen Elektronen.

In der „K-Schale", das heißt für $n = 1$, ist für l und m nur der Wert Null möglich, während m_s die beiden Werte $1/2$ und $-1/2$ haben kann. Es gibt daher in dieser Schale Plätze für zwei Elektronen. Sind diese besetzt, dann ist die Schale „abgeschlossen", und es kann kein weiteres Elektron in ihr untergebracht werden. $m_s = 1/2$ bzw. $m_s = -1/2$ bedeutet natürlich nur, daß die Spins der beiden Elektronen entgegengesetzt gerichtet sind; ihre Orientierung im Raum ist unbestimmt. In der „L-Schale", also für $n = 2$, kann l die beiden Werte 0 und 1 haben. Im ersteren Falle muß $m = 0$ sein, für $l = 1$ dagegen kann m die Werte 1, 0 und -1 annehmen. Damit ergeben sich vier bzw. unter Berücksichtigung der beiden Möglichkeiten für m_s acht verschiedene Zustände, in denen sich ein Elektron in der L-Schale befinden kann. Die Quantenzahlen für die K-, L- und M-Schale sind in Tab. 3 zusammengefaßt. G ist die Gesamtzahl der in einer „Teilschale" möglichen Zustände. In der vorletzten Spalte sind die Bezeichnungen angeführt, die in der Spektroskopie für die betreffenden Zustände üblich sind.

Tabelle 3

Schale	K	L		M		
n	1	2		3		
l	0	0	1	0	1	2
m	0	0	-1 0 1	0	-1 0 1	-2 -1 0 1 2
Zustand	$1s$	$2s$	$2p$	$3s$	$3p$	$3d$
G	2	2	6	2	6	10

Ein neutrales Atom im Grundzustand, dessen Kern aus Z Protonen und $A-Z$ Neutronen besteht, muß auch Z Elektronen enthalten. Diese besetzen die energetisch am tiefsten liegenden Zustände, im Falle des Heliumatoms also die in der K-Schale. Durch das Auffüllen der inneren Schalen wird allerdings die Ladung des Atomkerns teilweise abgeschirmt, und die Energieeigenwerte der Zustände in äußeren Schalen werden verschoben, und zwar um verschiedene Beträge, so daß z. B. die Energie eines $3d$-Zustandes höher als die eines $4s$-Zustandes sein kann. Deshalb wird in einem Kaliumatom im Grundzustand das letzte Elektron in die N-Schale eingebaut, obwohl in der M-Schale noch 10 Plätze frei sind, usw. In vollbesetzten Schalen sind die Spins und die Bahndrehimpulse der Elektronen so orientiert, daß sie sich gegenseitig aufheben, ihre Summe also Null ergibt. Um ein Elektron aus einer solchen Schale zu lösen, ist ein verhältnismäßig großer Energiebetrag notwendig.

Außer Elektronen haben auch Protonen, Neutronen und einige andere Teilchen einen Spin vom Betrag $\sqrt{3/4}\,\hbar$ und ein magnetisches Moment. Nach dem gegenwärtigen Stand der Forschung gilt das Antisymmetrieprinzip für alle diese Teilchen und überhaupt für alle Teilchen mit halbzahliger Spinquantenzahl. Sie unterliegen alle der „Fermi-Dirac-statistik“, nach der jeder mögliche Quantenzustand höchstens von einem Teilchen besetzt werden kann, und werden deshalb auch als Fermionen bezeichnet. Für alle Teilchen mit ganzzahligem Spin (Photonen, π-Mesonen usw.) dagegen gilt die „Bose-Einsteinstatistik“, nach der sich beliebig viele Teilchen in demselben Quantenzustand befinden können. Diese Teilchen werden daher Bosonen genannt.

11.4 Die Spektren der Atome

Im Kapitel 3 haben wir die Energie- und Bahndrehimpulseigenfunktionen eines spinlosen Elektrons im Coulombfeld berechnet. Um auch den Spin des Elektrons zu berücksichtigen, führen wir wieder den Operator $\mathfrak{S}$ in der Darstellung (4.76) ein. Dann ergeben sich für $\mathfrak{L}$ und H die Operatoren $\mathfrak{L} = -i\hbar\,\mathbf{I}\,\mathfrak{r} \times \nabla$ und

$$\mathbf{H} = (-\hbar^2 \Delta/2m_0 - e^2/r)\mathbf{I} \quad \text{mit} \quad \mathbf{I} = \begin{pmatrix} 1 & 0 \\ 0 & 1 \end{pmatrix}. \tag{40}$$

Für den Gesamtdrehimpuls des Elektrons ist der Operator $\mathfrak{J} = \mathfrak{L} + \mathfrak{S}$ zu verwenden.

Man kann zeigen, daß $\mathbf{H}$ mit $\mathbf{L}_i$, $\mathbf{S}_i$, $\mathbf{J}_i$, $\mathbf{L}^2$, $\mathbf{S}^2$ und $\mathbf{J}^2$ kommutiert. Für die Energieeigenzustände des Wasserstoffatoms kämen also entweder die Funktionen

$$\varphi_{nlmm_s} = \psi_{nlm}\varphi_{sm_s} = \tau_n R_{nl} Y_{lm} \varphi_{\frac{1}{2}, m_s}, \tag{41}$$

die Eigenfunktionen von $\mathbf{H}$, $\mathbf{L}^2$, $\mathbf{S}^2$, $\mathbf{L}_z$, $\mathbf{S}_z$ und $\mathbf{J}_z$ sind, oder die Eigenfunktionen

$$\psi_{n l j m_j} = \sum_{m_s = m_j - m} c_{n l j m_j m_s} \varphi_{n l m m_s} \tag{42}$$

von $\mathbf{H}$, $\mathbf{L}^2$, $\mathbf{S}^2$, $\mathbf{J}^2$ und $\mathbf{J}_z$ in Betracht, wenn man die z-Achse bevorzugt. Vier Indizes sind auf jeden Fall notwendig, da das Elektron nun vier Freiheitsgrade besitzt. Die Quantenzahl s haben wir nicht als Index verwendet, da sie nur den einen Wert $1/2$ annimmt. Für $l = 0$ ist $m = 0$ und $m_j = m_s$, also $\varphi_{n 0 0 m_s} \sim \psi_{n 0 \frac{1}{2} m_s}$. Für $n = 1$ gibt es je zwei, für $n = 2$ je acht Funktionen, nämlich

$$\varphi_{1,0,0,\pm\frac{1}{2}} \quad \varphi_{2,0,0,\pm\frac{1}{2}} \quad \varphi_{2,1,1,\pm\frac{1}{2}} \quad \varphi_{2,1,0,\pm\frac{1}{2}} \quad \varphi_{2,1,-1,\pm\frac{1}{2}}, \tag{43a}$$

bzw.

$$\psi_{1,0,\frac{1}{2},\pm\frac{1}{2}} \quad \psi_{2,0,\frac{1}{2},\pm\frac{1}{2}} \quad \psi_{2,1,\frac{3}{2},\pm\frac{3}{2}} \quad \psi_{2,1,\frac{3}{2},\pm\frac{1}{2}} \quad \psi_{2,1,\frac{1}{2},\pm\frac{1}{2}}, \tag{43b}$$

z. B.

$$\psi_{1,0,\frac{1}{2},\frac{1}{2}} = \varphi_{1,0,0,\frac{1}{2}} = \begin{pmatrix} 1 \\ 0 \end{pmatrix} (a_0^3 \pi)^{-1/2} e^{-r/a_0 - i E_1 t / \hbar} \quad \text{usw.}$$

Die Funktionen (41) und (42) haben für $\mathbf{H}$ die gleichen Eigenwerte, nämlich E_1/n^2.

In (40) haben wir die Wechselwirkung zwischen $\mathfrak{M}_s$ und dem magnetischen Moment $\mathfrak{M}$, das durch den Umlauf des geladenen Elektrons entsteht, vernachlässigt. Um diese Wechselwirkung zu berücksichtigen, muß man den Ausdruck

$$\mathbf{H}_1 = \frac{1}{2 m_0^2 c^2 r} \frac{dV}{dr} \, \mathfrak{S} \cdot \mathfrak{L} = \frac{e^2}{2 m_0^2 c^2 r^3} \, \mathfrak{S} \cdot \mathfrak{L} \equiv \gamma \, \mathfrak{S} \cdot \mathfrak{L} \tag{44}$$

zu (40) addieren (siehe Abschnitt 13.5). Da γ proportional zu r^{-3} ist, sind die Funktionen (41) und (42) keine Eigenfunktionen von $\mathbf{H}_1$ und $\mathbf{H}' = \mathbf{H} + \mathbf{H}_1$, außer wenn $l = 0$ ist. Der neue Hamiltonoperator $\mathbf{H}'$ kommutiert mit den Operatoren (33), nicht aber mit $\mathbf{L}_i$ oder $\mathbf{S}_i$, mit denen $\mathbf{H}_1$ nicht vertauschbar ist. Nur J^2, L^2, S^2 und J_i sind daher Erhaltungsgrößen. Deshalb ist es angebracht, für eine Beschreibung des Wasserstoffatoms die Quantenzahlen n, l, j und m_j und die Funktionen (42) zu verwenden. Für die Energie ergeben sich dann in erster Näherung die Werte

$$E_{n l j} = E_1/n^2 + \gamma_{n l} \big(j(j+1) - l(l+1) - 3s^2 \big) \hbar^2 / 2$$

mit

$$\gamma_{n l} = \langle \psi_{n l 0}, (e^2 / 2 m_0^2 c^2 r^3) \psi_{n l 0} \rangle = e^2 / 2 m_0^2 c^2 a_0^3 n^3 l (l + 1/2)(l + 1). \tag{45}$$

Diese Werte hängen sowohl von n und l als auch von j und damit von der Einstellung von $\mathfrak{L}$ und $\mathfrak{S}$ zueinander ab. Für gegebene Werte von n und l kann die Energie des Wasserstoffatoms einen der beiden Werte

$$E_{n,l,l+s} = E_1/n^2 + \gamma_{n l} l \hbar^2 / 2 \quad \text{oder} \quad E_{n,l,l-s} = E_1/n^2 - \gamma_{n l} (l + 1) \hbar^2 / 2 \tag{46}$$

haben, wenn $l \neq 0$ ist. Diese Energieniveaus liegen paarweise beisammen, sie bilden „Dubletts". Experimentell kann diese Dublettaufspaltung beim Wasserstoffatom allerdings nicht direkt nachgewiesen werden, weil sie klein ist und weil die Energieniveaus auch noch durch relativistische Effekte beeinflußt werden. Ist $l = 0$, dann ergibt sich nur ein Energiewert $E_{n0j} = E_n$.

Befindet sich das Wasserstoffatom in einem stationären homogenen Magnetfeld mit der Feldstärke $\mathfrak{H}$, dann ist zu (40) außer (44) noch der Ausdruck

$$\mathbf{H}_2 = -(\mathfrak{M} + \mathfrak{M}_s) \cdot \mathfrak{H} = e(\mathfrak{L} + 2\mathfrak{S}) \cdot \mathfrak{H}/2m_0 c \tag{47}$$

zu addieren, um die Wechselwirkung von $\mathfrak{M}$ und $\mathfrak{M}_s$ mit $\mathfrak{H}$ zu berücksichtigen (siehe Abschnitt 13.6 und Aufgabe 9.1). Der Hamiltonoperator ist dann $\mathbf{H}'' = \mathbf{H} + \mathbf{H}_1 + \mathbf{H}_2$. Wenn man die z-Achse in die Feldrichtung legt, kann (47) mit den Operatoren (31) vertauscht werden. Da aber die Operatoren (31) und (44) bzw. (33) und (47) nicht kommutieren, kann die Energie weder mit J^2 noch mit L_i oder S_i zusammen genau gemessen werden, und J^2, L_i und S_i sind keine Erhaltungsgrößen, wenn $l \neq 0$ ist. Es ist deshalb strenggenommen nicht korrekt, für $l \neq 0$ den Zustand des Atoms durch Angabe von Werten für die Quantenzahlen n, l, j und m_j oder n, l, m und m_s zu kennzeichnen und durch die Funktionen (41) oder (42) zu beschreiben. Dies ist die Folge davon, daß die relative Einstellung von $\mathfrak{L}$ und $\mathfrak{S}$ durch das Magnetfeld gestört wird.

Im allgemeinen ist man nicht an den Eigenfunktionen, sondern nur an den Eigenwerten von $\mathbf{H}''$ interessiert, da diese am einfachsten gemessen werden können. Wenn $l \neq 0$ ist, müssen sie z. B. mit Hilfe der zeitunabhängigen Störungstheorie für entartete Funktionen näherungsweise berechnet werden. Dabei geht man von den Funktionen (42) und den Energiewerten (45) aus, wenn das Magnetfeld nicht zu stark ist, so daß es die relative Einstellung von $\mathfrak{L}$ und $\mathfrak{S}$ nur wenig verändert (Zeemaneffekt). Ist die Feldstärke genügend groß, dann ist die Wechselwirkung zwischen dem äußeren Feld und $\mathfrak{M}$ bzw. $\mathfrak{M}_s$ stärker als die Wechselwirkung zwischen $\mathfrak{M}$ und $\mathfrak{M}_s$ selbst. In diesem Falle wird die Orientierung von $\mathfrak{L}$ und $\mathfrak{S}$ hauptsächlich durch das Feld bestimmt. Es ist dann besser, von den Funktionen (41) auszugehen, die Eigenfunktionen des Operators $\mathbf{H} + \mathbf{H}_2$ sind, und die Wechselwirkung zwischen $\mathfrak{L}$ und $\mathfrak{S}$ als Störung zu behandeln (Paschen-Backeffekt). Die so gefundenen Energiewerte hängen im ersteren Fall von n, l, j und m_j, im letzteren Fall von n, l, m und m_s ab. Die Quantenzahlen des Drehimpulses für ein Wasserstoffatom können also durch eine Energiemessung ermittelt werden.

Auch äußere elektrische Felder wirken auf die Leuchtelektronen ein und verursachen eine Aufspaltung der Energieniveaus, die spektroskopisch nachgewiesen werden kann. Diese Erscheinung wird Starkeffekt genannt.

Die Anregungsenergien der Atome werden meist aus den Frequenzen der Spektrallinien berechnet, die emittiert oder absorbiert werden, wenn ein Elektron von einem Zustand in einen anderen übergeht, z. B. von ψ_{nljm_j} nach $\psi_{n'l'j'm_j'}$. Dabei muß das Atom ein Photon mit der Energie $\Delta E = E_{nlj} - E_{n'l'j'}$ emittieren oder absorbieren, was meist durch elektrische Dipolstrahlung geschieht. Im Emissions- oder Absorptionsspektrum erscheint dann die Linie mit der Frequenz $\nu = \Delta E/h$. Nach der klassischen Physik bilden zwei Ladungen e und $-e$ einen Dipol mit dem Moment $-e\mathfrak{r}$, wenn $\mathfrak{r}$ der Vektor vom Ort der positiven zum Ort der negativen Ladung ist; die Energieabstrahlung eines solchen Dipols wäre durch

$$dE/dt = 2|\ddot{\mathfrak{M}}_D|^2/3c^3$$

gegeben. Wir nehmen deshalb an, daß ein Wasserstoffatom im Zustand ψ ein Dipolmoment

$$\mathfrak{M}_D = -\langle \psi, e\mathfrak{r}\psi \rangle \tag{48}$$

hat. Das Dipolmoment ist Null, wenn das Atom durch eine der Funktionen ψ_{nljm_j} dargestellt wird. Diese Zustände sind aber nicht wirklich stabil, da Übergänge zwischen ihnen stattfinden. Während eines solchen Überganges ist der Zustandsvektor eine Linearkombination der Form

$$\psi' = c_{1(t)}\psi_{nljm_j} + c_{2(t)}\psi_{n'l'j'm_j'}, \tag{49}$$

wobei $|c_1|$ mit der Zeit von Eins bis Null abnimmt und $|c_2|$ entsprechend zunimmt, so daß die Normierungsbedingung $|c_1|^2 + |c_2|^2 = 1$ stets erfüllt ist. Der Ausdruck

$$W = 2e^2\,|\,\partial^2\langle \psi', \mathfrak{r}\psi'\rangle/\partial t^2\,|^2/3c^3$$

gibt ein Maß dafür, ob ein Atom im Zustand ψ' Energie durch Dipolstrahlung abgeben kann und ist deshalb proportional zu der Wahrscheinlichkeit für einen Übergang zwischen den Zuständen ψ_{nljmj} und $\psi_{n'l'j'm_j'}$. Daraus ergibt sich eine Möglichkeit, „Auswahlregeln" abzuleiten, die angeben, welche Übergänge möglich und welche „in erster Näherung verboten" sind. Man kann zeigen, daß $W \neq 0$ ist, wenn $l - l' = \pm 1$, $j - j' = 0, \pm 1$ und $m_j - m_j' = 0, \pm 1$ sind, $n - n'$ einen beliebigen Wert hat und die Energieeigenwerte der beiden Zustände verschieden sind.

Die solchen Übergängen entsprechenden Spektrallinien werden auch tatsächlich emittiert oder absorbiert. Die Auswahlregel für m_j kann allerdings nur bestätigt werden, wenn Zustände, die sich nur in dieser Quantenzahl unterscheiden, verschiedene Energien haben. Das kann z. B. der Fall sein, wenn sich das Atom in einem „schwachen" Magnetfeld befindet. Sind sehr starke magnetische Felder vorhanden, dann sind die Auswahlregeln $l - l' = \pm 1$, $m - m' = 0, \pm 1$ und $m_s - m_s' = 0$ und nicht die für j und m_j maßgebend.

In höherer Näherung ergeben sich andere Auswahlregeln. Sie entsprechen Übergängen, bei denen ein Atom durch Quadrupol-, Oktupol-, ...strahlung Energie aufnimmt oder abgibt. Die Wahrscheinlichkeit für solche Übergänge und damit die Intensität der betreffenden Spektrallinien ist allerdings sehr gering, und sie können nur selten beobachtet werden. Wird ein Atom durch einen Zusammenstoß in einen angeregten Zustand übergeführt, dann gelten die Auswahlregeln selbstverständlich nicht.

Aufgabe 11.8. Man gebe den Operator $\mathfrak{J}$ explizit an, finde den Ausdruck, der sich für $\mathfrak{M}$ nach der klassischen Physik ergäbe, führe für $\mathfrak{M}$ einen entsprechenden Operator ein und berechne die Erwartungswerte von $\mathfrak{M}_j = \mathfrak{M} + \mathfrak{M}_s$, L_z und S_z für den Zustand $\psi_{2,1,\frac{3}{2},\frac{1}{2}}$. Man berechne für $n = 1$ und $n = 2$ nach der in Abschnitt 7.1 gezeigten Methode in erster Näherung die Energiewerte, die sich für die stationären Zustände des Wasserstoffatoms in einem sehr schwachen und in einem sehr starken Magnetfeld ergeben und untersuche, ob Übergänge von den Zuständen $\psi_{2,1,\frac{3}{2},\frac{3}{2}}$ und $\psi_{2,0,\frac{1}{2},-\frac{1}{2}}$ in den Zustand $\psi_{1,0,\frac{1}{2},\frac{1}{2}}$ durch elektrische Dipolstrahlung möglich sind.

Die Ausführungen dieses Abschnittes können leicht für alle Einelektronensysteme, z. B. das einfach ionisierte Heliumatom, das doppelt ionisierte Lithiumatom usw. verallgemeinert werden. Dagegen wird die Berechnung der Energieniveaus sehr umständlich, sobald die Atomhülle aus mehreren Elektronen besteht. Da die Eigenwertgleichung für ein Vielteilchensystem nicht geschlossen gelöst werden kann, muß die Coulombenergie mit Hilfe von Näherungsmethoden numerisch berechnet werden. Sie hängt davon ab, in welchen Bahnen sich die einzelnen Elektronen befinden. Zu ihr müssen dann die Energien addiert werden, die sich durch die Wechselwirkungen zwischen den Spins und den Bahndrehimpulsen der verschiedenen Elektronen ergeben.

Meist beschränkt man sich darauf, nur die Abstände zwischen den Energieniveaus der „Leuchtelektronen" oder auch nur deren Feinstruktur zu berechnen und die erhaltenen Werte mit den Meßergebnissen zu vergleichen. Atome, deren Elektronenhülle außer abgeschlossenen Schalen noch ein einzelnes Leuchtelektron enthält, wie z. B. die Alkaliatome Lithium, Natrium usw., die einfach ionisierten Erdalkaliatome usw., können dann ähnlich wie das Wasserstoffatom behandelt werden; da der Gesamtdrehimpuls einer abgeschlossenen Schale Null ist, sind die Energieniveaus eines einzelnen Leuchtelektrons ebenfalls Dubletts.

Die Dublettaufspaltung ist allerdings viel größer als beim Wasserstoffatom und kann daher spektroskopisch leichter bestimmt werden.

Enthält ein Atom neben abgeschlossenen Schalen mehrere Leuchtelektronen, dann addieren sich deren Drehimpulse und Spins nach den Regeln von Abschnitt 11.2. Den verschiedenen dabei möglichen relativen Einstellungen der Drehimpulse entsprechen verschieden große Wechselwirkungsenergien, die die Feinstruktur der Energieniveaus verursachen. Ist die Wechselwirkung zwischen den Spins bzw. den Bahndrehimpulsen verschiedener Leuchtelektronen viel stärker als die zwischen Spin und Bahndrehimpuls desselben Elektrons, dann werden sich die Spins $\mathfrak{S}_1$, $\mathfrak{S}_2$ usw. der Leuchtelektronen nach den für Drehimpulse gültigen Regeln relativ zueinander einstellen und zu einem resultierenden Gesamtspin $\mathfrak{S}$ addieren, dem eine Quantenzahl s entspricht. Analog ergibt sich der resultierende Bahndrehimpuls $\mathfrak{L}$. $\mathfrak{S}$ und $\mathfrak{L}$ setzen sich dann zu dem Gesamtdrehimpuls $\mathfrak{J} = \mathfrak{L} + \mathfrak{S}$ zusammen, man spricht von LS-Kopplung und verwendet die Quantenzahlen s, l, j und m_j, um den Zustand der Elektronenhülle zu beschreiben. Gibt dagegen die Wechselwirkung zwischen den Spins der Leuchtelektronen und ihren eigenen Bahndrehimpulsen den Ausschlag, dann müssen zuerst die Gesamtdrehimpulse $\mathfrak{J}_k = \mathfrak{L}_k + \mathfrak{S}_k$ der einzelnen Leuchtelektronen bestimmt und dann zu dem Gesamtdrehimpuls $\mathfrak{J}$ zusammengesetzt werden. In diesem Fall sind selbstverständlich die Quantenzahlen $j_k = |l_k \pm s_k|$, j und m_j zu verwenden, und man spricht von jj-Kopplung. Die Gesamtzahl der verschiedenen möglichen Zustände ist in beiden Fällen gleich.

Eine reine LS- oder jj-Kopplung stellt einen idealisierten Fall dar, der eigentlich nicht verwirklicht ist, den tatsächlichen Gegebenheiten aber doch oft sehr nahe kommt. In Wirklichkeit können sich natürlich z. B. bei LS-Kopplung die Spins der Elektronen nur mehr oder weniger unvollkommen nacheinander ausrichten, ebenso die Bahndrehimpulse, und die verwendeten Quantenzahlen kennzeichnen den Zustand der Elektronenhülle nur näherungsweise. Deshalb können auch die Spektren mancher Atome nur erklärt werden, wenn man beide Kopplungsarten berücksichtigt. Auch die Wechselwirkungen zwischen dem magnetischen Moment des Atomkerns und denen der Elektronen müssen gegebenenfalls in die Theorie einbezogen werden, da sie die „Hyperfeinstruktur" der Energieniveaus und der Spektrallinien verursachen. Um der Mitbewegung des Atomkerns Rechnung zu tragen, ist statt m_0 die reduzierte Masse μ zu verwenden.

Werden die angedeuteten Rechnungen quantitativ durchgeführt, dann erhält man Voraussagen, die in der Regel mit den Ergebnissen der Spektroskopie übereinstimmen und damit die Brauchbarkeit der Quantentheorie beweisen. Sie würden aber über den Rahmen dieses Buches hinausgehen.

12. Streutheorie

Die Energie eines gebundenen Elementarteilchens kann nur bestimmte Werte haben, die man mit Hilfe der Quantentheorie berechnen kann. Für ein freies Teilchen trifft dies dagegen nicht zu. Seine Energie kann einen beliebigen positiven Wert haben. Dieser ist z. B. in Streuexperimenten durch die kinetische Energie der einfallenden Teilchen gegeben und braucht deshalb nicht berechnet zu werden. Bei freien Teilchen bietet sich aber eine andere Möglichkeit, die Voraussagen der Quantentheorie zu überprüfen, und zwar indem die Teilchendichte gemessen und der erhaltene Wert mit dem berechneten verglichen wird, z. B. für Streuzustände.

12.1 Streuung in der klassischen Physik

Bevor wir dazu übergehen, die Streuung von Elementarteilchen mit den Methoden der Quantentheorie zu berechnen, müssen einige der dabei verwendeten Begriffe erklärt werden. Dies ist am einfachsten mit Hilfe makroskopischer Modelle möglich.

Unter einem „homogenen Teilchenstrahl" wollen wir uns eine große Anzahl sehr kleiner, starrer Kugeln vorstellen, die sich auf parallelen Bahnen mit derselben Geschwindigkeit bewegen. Die Kugeln sollen über das Volumen R, das der Teilchenstrahl einnimmt, möglichst gleichmäßig verteilt sein. Den Querschnitt des Teilchenstrahls bezeichnen wir mit F. Einen homogenen Teilchenstrahl könnte man z. B. durch Hagel, der bei Windstille fällt, veranschaulichen. Im weiteren werden wir aber das Gravitationsfeld der Erde außer Betracht lassen.

Ist ein großer, vollkommen elastischer Körper K irgendwo in R so angebracht, daß sich seine Lage nicht verändern kann, dann wird er einen prismatischen „Schatten" werfen, in den keines der einfallenden Teilchen gelangen kann, wenn man Beugungseffekte ausschließt. Der Querschnitt dieses Schattens — der durch die Silhouette von K gegeben ist — wird als der totale Streuquerschnitt σ des Körpers K bezeichnet. Im Falle einer Kugel wäre er durch den Flächeninhalt eines Großkreises gegeben, bei einem Ellipsoid dagegen hängt er von der Orientierung der Hauptachsen ab. Diese Definition für σ ist natürlich in der Quantentheorie nicht anwendbar, da sich Elementarteilchen keineswegs wie elastische Kugeln verhalten, sondern eine diffuse Struktur zu haben scheinen.

Die Teilchen, die mit K zusammenstießen und dabei abgelenkt wurden, werden gestreute Teilchen genannt. Um den Streuquerschnitt mathematisch definieren zu können, bezeichnen wir die Gesamtzahl der im Durchschnitt pro Sekunde gestreuten bzw. einfallenden Teilchen mit n'

bzw. n. Dann gilt

$$\frac{\sigma}{F} = \frac{n'}{n} = \frac{\text{Anzahl der gestreuten Teilchen/Zeit}}{\text{Anzahl der einfallenden Teilchen/Zeit}} \, . \tag{1}$$

Ist K nicht vollkommen elastisch, dann können einige der auftreffenden Teilchen „steckenbleiben", also absorbiert werden. Für diesen Fall definieren wir analog zum Streuquerschnitt einen „Absorptionsquerschnitt" σ_{ab} durch

$$\frac{\sigma_{ab}}{F} = \frac{\text{Anzahl der absorbierten Teilchen/Zeit}}{\text{Anzahl der einfallenden Teilchen/Zeit}} \, . \tag{2}$$

Man könnte sich K in die beiden Körper K_1 und K_2 mit den Querschnitten σ und σ_{ab} zerlegt denken, wobei alle auf K_1 auftreffenden Teilchen gestreut, alle auf K_2 auftreffenden aber absorbiert werden. σ/F bzw. σ_{ab}/F ist die Wahrscheinlichkeit, daß ein einzelnes Teilchen gestreut bzw. absorbiert wird.

Der totale Streuquerschnitt enthält keinen Hinweis auf die geometrische Form eines Körpers. Er hat z. B. dieselbe Größe für eine Kugel, ein Ellipsoid oder einen Zylinder, wenn deren Projektion auf F denselben Flächeninhalt ergibt. Will man zwischen Körpern verschiedener Gestalt differenzieren, dann muß man die Anzahl der Teilchen kennen, die jeweils in eine bestimmte Richtung gestreut werden. Wir bezeichnen den Winkel, um den ein Teilchen abgelenkt wurde, mit Θ. Daneben können wir noch das Azimut Φ verwenden, um die Richtung anzugeben, in die ein Teilchen gestreut wurde. Es ist üblich, analog zu (1) einen „differentiellen Streuquerschnitt" $d\sigma$ einzuführen, der durch

$$d\sigma_{(\Theta, \Phi)}/F = dn'_{(\Theta, \Phi)}/n \tag{3}$$

definiert wird. Dabei ist n wieder die Gesamtzahl der pro Sekunde im Strahl einfallenden Teilchen, während $dn'_{(\Theta, \Phi)}$ die Zahl der im Durchschnitt pro Sekunde in den Raumwinkelbereich $d\Omega = \sin\Theta \, d\Theta \, d\Phi$ um die durch Θ und Φ bestimmte Richtung gestreuten Teilchen ist.

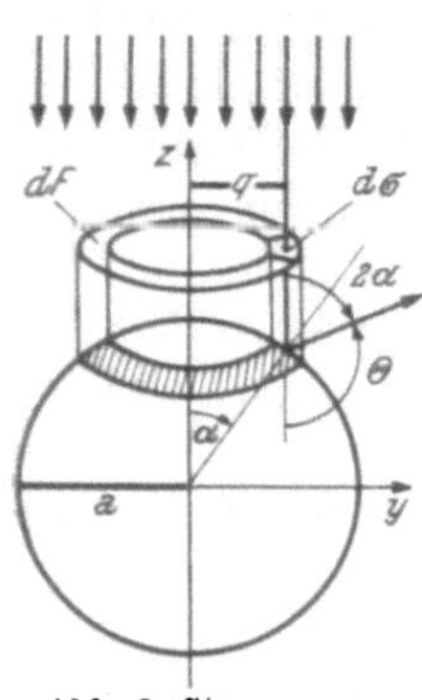

Abb. 8. Streuung an einer elastischen Kugel

Um die geometrische Bedeutung von $d\sigma$ zu erkennen, denken wir an eine feststehende elastische Kugel mit dem Radius a, die von einem homogenen Teilchenstrahl getroffen wird. Wir legen ein Koordinatensystem in den Schwerpunkt der Kugel (siehe Abb. 8) und bezeichnen den Abstand zwischen der Bahn eines einfallenden Teilchens und der zu ihr parallelen Symmetrieachse der Kugel (hier der z-Achse), den „Stoßparameter" des Teilchens, mit q. Bei der Streuung an einem rotations-

symmetrischen Körper werden alle Teilchen mit demselben Stoßparameter um den gleichen Winkel abgelenkt, während sich ihr Azimut überhaupt nicht ändert. Für eine Kugel ist $q = a \sin \alpha$ und $\Theta + (-2\alpha) = \pi$.
Zwischen Θ und q ergibt sich daher die Beziehung

$$\Theta = \pi + 2 \arcsin (q/a).$$

Projiziert man den infinitesimalen schraffierten Teil der Kugelober-
fläche auf die xy-Ebene, dann erhält man eine Fläche der Größe

$$dF = |2\pi q \, dq| = |-2\pi a^2 \sin (\Theta/2) \cos (\Theta/2) \, d\Theta/2|.$$

Da der Teilchenstrahl homogen ist, muß das Verhältnis zwischen der
Gesamtzahl der einfallenden Teilchen und der Anzahl dk der Teilchen,
die durch die Fläche dF hindurchgehen, gleich F/dF sein.
$dk = n \, dF/F$ Teilchen fallen also in jeder Sekunde auf die schraffierte
Fläche ein und erfahren eine Ablenkung um einen Winkel zwischen
$\Theta - d\Theta/2$ und $\Theta + d\Theta/2$. Diejenigen Teilchen, deren ursprüngliche Bahn
durch das Flächenelement $d\sigma$ geht, haben außerdem ein Azimut zwischen
$\Phi - d\Phi/2$ und $\Phi + d\Phi/2$. Es gilt also

$$dn' = dk \, d\Phi/2\pi = n a^2 \sin \Theta \, d\Theta \, d\Phi/4F,$$

und

$$d\sigma = a^2 \sin \Theta \, d\Theta \, d\Phi/4 = a^2 \, d\Omega/4 \tag{4}$$

und hängt hier nicht von Θ oder Φ ab. Dies bedeutet, daß von einer Kugel
gleich viele Teilchen in alle Richtungen gestreut werden.

Wenn die geometrische Form eines Streuers bekannt ist, kann man
$d\sigma_{(\Theta, \Phi)}$ berechnen. Wichtiger ist der umgekehrte Fall: Aus der Winkel-
verteilung der gestreuten Teilchen kann man Schlüsse auf die geometrische Form des Streuers ziehen.

Da $d\sigma_{(\Theta, \Phi)}$ die Projektion desjenigen Teils der Oberfläche des Streuers
ist, von dem Teilchen in den Raumwinkelbereich $d\Omega$ um die durch Θ und
Φ gegebene Richtung gestreut werden, ist $d\sigma_{(\Theta, \Phi)}/F$ die Wahrscheinlichkeit, daß ein einzelnes Teilchen in den Winkelbereich zwischen $\Theta - d\Theta/2$
und $\Theta + d\Theta/2$ sowie $\Phi - d\Phi/2$ und $\Phi + d\Phi/2$ gestreut wird. Eine
Integration von $d\sigma$ über alle Winkel ergibt den gesamten Streuquerschnitt

$$\sigma = \int\limits_{\Theta=0}^{\pi} \int\limits_{\Phi=0}^{2\pi} d\sigma. \tag{5}$$

Für die Kugel ist $\sigma = \pi a^2$.

Die Definitionen (1) bis (3) werden allgemein verwendet, auch wenn es
sich nicht um die Streuung makroskopischer Körper handelt. Die geometrische Deutung eines Streuquerschnittes darf selbstverständlich in

der Quantentheorie nur als ein fiktives anschauliches Modell aufgefaßt werden.

Als zweites Beispiel behandeln wir die Streuung spinloser Teilchen mit der Ladung e im Coulombfeld eines Atomkerns mit der Ladung Ze, den wir uns im Ursprung des Koordinatensystems festgehalten denken. Die Bahn eines gestreuten Teilchens ist eine Hyperbel und kann mit den Methoden der klassischen Mechanik berechnet werden, wenn man den Stoßparameter und die Energie des einfallenden Teilchens kennt. Da der Streuer feststeht, ist die Streuung elastisch, das heißt die Energie des gestreuten Teilchens ist gleich der Einfallsenergie. Der Streuwinkel Θ ist der Winkel zwischen den Asymptoten der Hyperbel. Eine längere Rechnung ergibt, daß ein Teilchen mit dem Stoßparameter q und der Energie E eine Ablenkung um den Winkel

$$\Theta = 2 \arctan (Ze^2/2Eq) \tag{6}$$

erfährt. Wie im vorhergehenden Beispiel ist die Zahl der Teilchen, die durch das (in großer Entfernung vom Streuer gedachte) Flächenelement $d\sigma$ hindurchgehen, proportional zu $d\sigma = |q\,dq\,d\Phi|$. Mit (6) erhält man

$$d\sigma = \frac{Z^2 e^4 \cos (\Theta/2)}{8E^2 \sin^3 (\Theta/2)}\, d\Theta\, d\Phi. \tag{7}$$

Abb. 9. Zur Coulombstreuung

Da in einem reinen Coulombfeld auch Teilchen abgelenkt werden, die in beliebig großer Entfernung vom Streuer vorbeifliegen, wird σ hier unendlich. Der totale Querschnitt für Streuung um einen endlichen Winkel, z. B. $\Theta > 1°$, ist aber endlich.

Im allgemeinen ist es nicht möglich, die Streuung an einem einzelnen Streuzentrum zu beobachten. Dies gilt stets für Elementarteilchen, da man ja nicht ein einzelnes Atom irgendwo „befestigen" kann. Wegen der Kleinheit der Atomkerne, an denen die Streuung stattfindet, würde auch die Anzahl der von einem einzigen Kern gestreuten Teilchen zu klein sein. Wir müssen daher noch den Fall behandeln, daß in einer Probe viele identische Streuer enthalten sind. Wir nehmen an, daß sich die Streuer gegenseitig nicht abschirmen, so daß für alle die gleichen Verhältnisse gegeben sind. Der differentielle Streuquerschnitt $d\sigma$ eines einzigen Streuers ist dann aus der Formel

$$N\,d\sigma/F = dn'/n \tag{8}$$

zu berechnen, wenn N die Anzahl der Streuer in dem Teil der Probe ist, der von dem einfallenden Teilchenstrahl getroffen wird. Damit der Streuwinkel genau gemessen werden kann, dürfen die gestreuten Teilchen erst in genügend großer Entfernung von der Probe gezählt werden.

Aufgabe 12.1. Eine vollkommen elastische Kugel mit dem Radius $a = 1\,\text{cm}$ wird von einem Strahl kleiner Teilchen getroffen, die eine Geschwindigkeit von 5 km/sec haben. Der Strahl hat einen Querschnitt von 20 cm² und enthält im Durchschnitt 100 Teilchen pro dm³. Wie viele Teilchen werden pro Sekunde um einen Winkel zwischen $\Theta = 44°$ und $\Theta = 46°$ abgelenkt? Wie viele Teilchen werden in einer Stunde in den Winkelbereich $44° \leq \Theta \leq 46°$ und $20° \leq \Phi \leq 21°$ gestreut? Wie groß ist die Wahrscheinlichkeit, daß ein einfallendes Teilchen in diesen Winkelbereich gestreut wird?

Aufgabe 12.2. Man berechne den differentiellen und den totalen Streuquerschnitt, wenn Teilchen mit einem Radius a' an einer elastischen Kugel mit dem Radius a gestreut werden. Man berechne $d\sigma_{(\Theta, \Phi)}$ und die Geschwindigkeit v' eines gestreuten Teilchens, das ursprünglich die Koordinaten $(a/2, a/2, vt)$ hatte, wenn der Streuer ein Rotationsellipsoid ist, dessen Oberfläche durch die Gleichungen $x^2 + y^2 = a^2 \sin^2 \alpha$, $z = b \cos \alpha$ gegeben ist.

12.2 Streuexperimente und Streutheorie

In Streuexperimenten schießt man einen homogenen Strahl B von gleichartigen Teilchen (z. B. Protonen, Neutronen oder Elektronen) auf eine Probe D (siehe Abb. 10). Mit Hilfe von Zählgeräten C wird die Zahl der in verschiedene Richtungen gestreuten Teilchen gemessen. Aus den erhaltenen Werten können dann die Funktionen $d\sigma'/d\Omega'$ und σ' der Winkel Θ' und Φ' im „Laborsystem" berechnet werden.

Damit der Streuwinkel Θ' möglichst gut definiert ist, müssen die Bahnen der einfallenden Teilchen annähernd parallel sein, und der Durchmesser des auf die Probe einfallenden Strahls muß viel kleiner sein als der Abstand zwischen der Probe und den

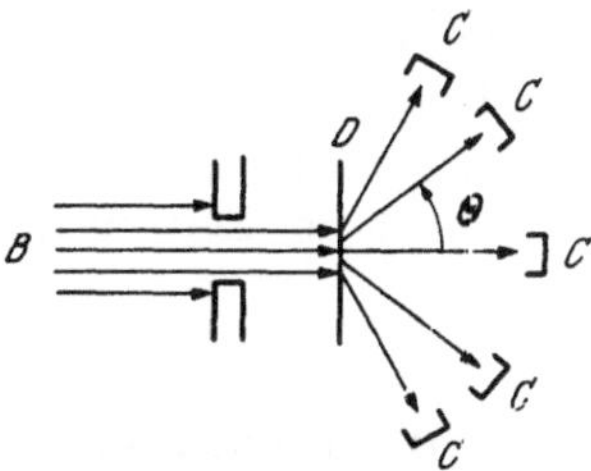

Abb. 10. Schematische Darstellung eines Streuexperimentes

Zählern. Die Intensität des Strahles soll einen gewissen Wert nicht überschreiten, damit die Abstände zwischen den einfallenden Teilchen so groß sind, daß ihre gegenseitigen Wechselwirkungen vernachlässigt werden können. Die Anzahl der Streuer und die Struktur der Probe sollen während der Dauer des Versuches möglichst gleich bleiben. Wird die Probe im Verlauf eines Experimentes durch die Streuprozesse verändert, dann muß man deren Gesamtzahl beschränken. Meist wird die Probe auch so dünn gewählt, daß ein einfallendes Teilchen beim Durchgang nur ein einziges Mal abgelenkt wird und daß sich die streuenden Atomkerne in den hintereinanderliegenden Schichten gegenseitig nicht überdecken.

Die Streuer in einer Probe sind niemals ganz unbeweglich und können Rückstöße erfahren. Dabei sind zwei Fälle zu unterscheiden:

Wenn die gesamte kinetische Energie von streuendem und gestreutem Teilchen beim Zusammenstoß praktisch konstant bleibt — das heißt, wenn sich die Struktur der beiden Teilchen dabei nicht ändert und man den Streuer als nicht gebunden ansehen kann — spricht man von elastischer Streuung. Diese Bedingungen sind tatsächlich oft erfüllt. Dagegen wird die Streuung inelastisch genannt, wenn Bindungsenergien berücksichtigt werden. Beispiele hierfür sind Zusammenstöße, bei denen Atome ionisiert oder angeregt werden, die künstliche Atomumwandlung usw.

Um elastische Zusammenstöße zweier freier Teilchen nichtrelativistisch zu beschreiben, muß man von einer Hamiltonfunktion der Form (10.1) ausgehen. Unter r_1 und r_2 sind dabei die Koordinaten der beiden Teilchen mit Bezug auf ein System zu verstehen, das mit der Versuchsanordnung starr verbunden ist und deshalb Laborsystem genannt wird. Es ist üblich und praktisch, für die Rechnung Relativ- und Schwerpunktkoordinaten einzuführen, die durch (10.3) definiert sind. Der Ursprung des Systems der Relativkoordinaten wird dabei in den Schwerpunkt r_2 des Streuers gelegt und bewegt sich mit diesem im Laborsystem. Der Streuwinkel Θ im Relativsystem stimmt deshalb im allgemeinen nicht mit dem im Laborsystem gemessenen Winkel Θ' überein. Das Azimut Φ dagegen ist in beiden Systemen gleich, da entsprechende Koordinatenachsen parallel sind.

Um die Beziehungen zwischen Θ und Θ' zu finden, differenzieren wir (10.3) nach der Zeit, wodurch sich

$$\mathfrak{v} = \mathfrak{v}_1 - \mathfrak{v}_2 \quad \text{und} \quad M\mathfrak{v}_0 = m_1\mathfrak{v}_1 + m_2\mathfrak{v}_2 \tag{9}$$

ergibt. Wir nehmen nun an, daß sich das einfallende Teilchen vor dem Stoß im Laborsystem mit der Geschwindigkeit $\mathfrak{v}_1 = (0, 0, v)$ bewegt, während der Streuer ruht. Der Betrag der Relativgeschwindigkeit ist also v. Er ändert sich beim elastischen Stoß nicht. Die Geschwindigkeit des Gesamtschwerpunktes im Laborsystem, die konstant sein muß, ist $\mathfrak{v}_0 = v(0, 0, m_1/M)$. Bei einem Streuprozeß liegen die Bahnen der beiden Teilchen stets in einer Ebene. Wir können diese zur Vereinfachung als die yz-Ebene wählen, wenn wir die Richtung der x- und der y-Achse entsprechend annehmen. Dann kann die Relativgeschwindigkeit nach dem Stoß durch $\mathfrak{v} = v(0, \sin\Theta, \cos\Theta)$ gegeben werden. Die Geschwindigkeit des gestreuten Teilchens läßt sich in der Form $\mathfrak{v}_1 = v_1(0, \sin\Theta', \cos\Theta')$ schreiben. Aus (9) folgt andererseits $\mathfrak{v}_1 = \mathfrak{v}_0 + m_2\mathfrak{v}/M = v(0, m_2\sin\Theta, m_1 + m_2\cos\Theta)/M$. Ein Vergleich der beiden Ausdrücke ergibt

$$\tan\Theta' = \frac{\sin\Theta}{\cos\Theta + m_1/m_2}. \tag{10}$$

Da die Bahnen eines einfallenden Teilchens im Relativ- und im Laborsystem zusammenfallen, müssen die differentiellen Streuquerschnitte $d\sigma'$ im Laborsystem und $d\sigma$ im Relativsystem gleich groß sein. Daraus folgt, daß

$$\frac{d\sigma}{d\Omega} = \frac{d\sigma'}{d\Omega'}\frac{d\Omega'}{d\Omega} = \frac{d\sigma'}{d\Omega'}\frac{\sin\Theta'\,d\Theta'}{\sin\Theta\,d\Theta} \tag{11}$$

ist. Es genügt also, den differentiellen Streuquerschnitt als Funktion der Relativkoordinaten, sowie die Masse der streuenden und der gestreuten Teilchen zu kennen, wenn man $d\sigma'/d\Omega'$ im Laborsystem berechnen will. Selbstverständlich gilt auch $\sigma' = \sigma$.

Aufgabe 12.3. Man stelle $d\sigma'/d\Omega'$ für die Streuung an einer frei beweglichen, elastischen Kugel im Laborsystem als Funktion von Θ' graphisch dar für den Fall a) daß die Kugel eine unendlich große Masse hat, b) daß sie dieselbe Masse hat wie die einfallenden Teilchen.

Aufgabe 12.4. Ein Teilchenstrahl fällt durch eine runde Blende mit einem Durchmesser von einem Zentimeter auf eine Aluminiumfolie, von der 1 cm^2 20 Milligramm wiegt. Die Zahl der in der Folie gestreuten Teilchen wird durch ein Zählgerät ermittelt, das eine runde Eintrittsöffnung mit 2 cm Durchmesser hat und in einem Abstand von einem Meter von der Folie aufgestellt ist. In einer Sekunde fallen 10^9 Teilchen auf einen Quadratzentimeter der Folie ein, und $100(1 + \cos\Theta')$ Teilchen treffen das Fenster des Zählers. Man berechne $d\sigma'/d\Omega'$.

Damit man bei Streuproblemen die Teilchendichte voraussagen kann, muß man die Zustandsvektoren kennen. Diese sind wieder durch die Hamiltonfunktion und die Nebenbedingungen bestimmt und könnten Überlagerungen von Energieeigenfunktionen sein. Es ist aber einfacher, die Rechnung für Teilchen mit gleicher Energie durchzuführen. Auch in den Experimenten wird nach Möglichkeit ein monoenergetischer, homogener Teilchenstrahl verwendet.

Bei der expliziten Berechnung der Zustandsvektoren ergeben sich meist analytische Schwierigkeiten, und es ist oft nicht möglich oder praktisch, den Zustandsvektor als Superposition von elementaren oder rationalen Funktionen anzugeben. Deshalb behandelt man nicht alle Streuprobleme nach demselben Schema. Einige der verwendeten Methoden werden wir später kennenlernen. Man rechnet stets in Relativkoordinaten und sucht eine Lösung der Gleichung (10.10), zumindest aber eine Näherung oder eine Funktion, die die notwendigen Daten enthält, zu bestimmen. Daraus wird die Funktion $d\sigma/d\Omega$ in Relativkoordinaten berechnet. Man interessiert sich also nur für den Teil $W_{(\mathfrak{r})}$ des Zustandsvektors, der von den Relativkoordinaten abhängt. Die Funktionen $U_{(\mathfrak{r}_0)}$ und $\tau_{(t)}$ werden dagegen nicht benötigt und deshalb auch nie explizit angeschrieben. Für E_r in (10.10) ist selbstverständlich die kinetische Energie eines einfallenden Teilchens im Relativsystem einzusetzen.

Die Funktion $d\sigma/d\Omega$ kann leicht mit Hilfe von (10) und (11) für das Laborsystem umgerechnet werden. Dann wird der erhaltene Wert mit dem gemessenen verglichen. Auf diese Weise kann man feststellen, ob die in den Rechnungen verwendeten Potentiale passend gewählt worden sind. Das ist besonders wichtig, wenn das Wechselwirkungspotential nicht aus der klassischen Physik übernommen werden kann, wie es z. B. bei den Kernkräften der Fall ist.

Da der differentielle Streuquerschnitt im allgemeinen eine Funktion des Streuwinkels und der Einfallsenergie ist, kann man durch Streuexperimente im Prinzip viel mehr Daten über ein System erhalten als durch die Messung von diskreten Anregungsenergien. Deshalb liefern Streuexperimente eine Menge wichtiger Erkenntnisse über die Wechselwirkungen zwischen Elementarteilchen.

Für Streuprobleme können die folgenden Nebenbedingungen verwendet werden:

1. Wenn das Streupotential kugelsymmetrisch ist, aber auch dann, wenn es unsymmetrisch ist, die Streuer aber dafür gleich häufig alle Orientierungen haben, wird die Streuung um die Achse des einfallenden Strahls rotationssymmetrisch sein, das heißt, die Zahl der in eine Richtung gestreuten Teilchen wird nicht vom Azimut Φ abhängen.

2. Wenn man das Streupotential in allen Formeln gegen Null gehen läßt, gibt es keine gestreuten Teilchen. $W_{(r)}$ müßte dann theoretisch im Bereich des einfallenden Teilchenstrahls in eine ebene Welle von der Form (8.4) übergehen und sollte außerhalb dieses Bereiches Null sein. Der Zustandsvektor wäre also unstetig. Er würde aber auch kein realisierbares physikalisches System darstellen, da ein scharf begrenzter Teilchenstrahl experimentell nicht verwirklicht werden kann. Die Teilchendichte und damit $|W|$ sollte also in der Randzone des Strahles allmählich abfallen. Aus praktischen Gründen berücksichtigt man die endliche Ausdehnung des Strahls aber meist auf andere Art: Man geht für die Rechnung von einem einfallenden Strahl mit nicht begrenztem Querschnitt aus und zieht den überflüssigen Teil am Schluß der Rechnung ab.

3. Im Gegensatz zu gebundenen halten sich einfallende und gestreute Teilchen nur kurzzeitig in der Nähe des Streuers auf. Man kümmert sich bei der Rechnung nicht darum, wo die Teilchen beschleunigt oder in Zählern aufgefangen werden und rechnet daher so, als ob die Teilchen aus unendlicher Entfernung kämen und sich auch wieder unendlich weit entfernten. W kann daher auch für $r \to \infty$ nicht Null werden. Dagegen soll $\lim_{r\to\infty} V_{(r)} = 0$ sein.

4. In großer Entfernung vom Streuer müssen die Bahnen der gestreuten Teilchen in Gerade, die alle in die Nähe des Streuers zeigen, einmünden (siehe Abb. 9). Der Zustandsvektor W in Relativkoordinaten muß also asymptotisch in die Summe zweier Ausdrücke zerfallen, die

die einfallende ebene Welle und eine auslaufende Kugelwelle darstellen:

$$\lim_{r\to\infty} W = \varphi = \varphi_e + \varphi_a = \sqrt{N}\left(e^{i\mathbf{p}\cdot\mathbf{r}/\hbar} + \frac{e^{ipr/\hbar}}{r}\,f_{(\Theta,\Phi)}\right). \qquad (12)$$

Bei Streuproblemen wird W meist so normiert, daß die Dichte N der einfallenden Teilchen gleich 1 ist. Der Ausdruck $\exp\,(ipr/\hbar)$ besagt, daß sich die auslaufenden Teilchen mit dem Impuls p in der Richtung von r, also vom Streuer weg bewegen. Der Faktor $1/r$ ist notwendig, da alle gestreuten Teilchen vom Ort des Streuers herzukommen scheinen, ihre Dichte also wie $1/r^2$ abnimmt.

Wegen der Unschärferelationen muß der Ort der Teilchen in einem parallel einfallenden Strahl völlig unbestimmt bleiben, so daß wir diesen durch eine ebene Welle darstellen müssen. Auch die Streuung eines einzelnen Teilchens kann berechnet werden, wenn man dieses durch ein Wellenpaket beschreibt. Da man aber bei einem Streuexperiment den Stoßparameter eines Teilchens nicht messen kann, müßten die für Wellenpakete erhaltenen Ergebnisse dann noch gemittelt werden. Man erhielte so dieselben Formeln wie für die Streuung von ebenen Wellen und führt deshalb die Rechnung von vornherein für den stationären Zustand durch.

Für die Berechnung des Streuquerschnitts ist es nicht notwendig, daß der Zustandsvektor in der Nähe des Streuers bekannt ist. Will man den Fluß der in eine bestimmte Richtung gestreuten Teilchen berechnen, dann genügt es, die Zahl der Teilchen zu kennen, die sich in beliebig großer oder sogar unendlicher Entfernung vom Streuer in dieser Richtung bewegen. Man kann sich also bei Streuproblemen stets damit begnügen, einen asymptotischen Ausdruck für W zu finden, der für große r gültig ist. Subtrahiert man davon den Teil, der die einfallende ebene Welle darstellt, so erhält man φ_a und daraus die Dichte

$$\varrho_{a(r,\,\Theta,\,\Phi)} = \varphi_a^* \varphi_a = N\,|f_{(\Theta,\,\Phi)}|^2/r^2$$

der gestreuten Teilchen im Punkt mit den Koordinaten r, Θ und Φ. Bezeichnet man den Betrag der Geschwindigkeit der einfallenden und gestreuten Teilchen in Relativkoordinaten mit v, dann ist der Fluß der gestreuten Teilchen durch ein Flächenelement $r^2\,d\Omega$ im Abstand r durch $\varrho_a v r^2\,d\Omega$ gegeben. Die Zahl der in den Winkelbereich $d\Omega$ gestreuten Teilchen ist also $n' = N\,|f|^2\,v\,d\Omega$. Der Fluß n der Teilchen, die durch einen Querschnitt F einfallen, ist $n = vF\varphi_e^*\varphi_e = NvF$. Wegen (3) ergibt sich deshalb für den differentiellen Streuquerschnitt

$$d\sigma_{(\Theta,\,\Phi)} = Fn'/n = |f_{(\Theta,\,\Phi)}|^2\,d\Omega. \qquad (13)$$

Mit Hilfe von (13) und (11) kann man also $d\sigma'/d\Omega'_{(\Theta', \Phi')}$ berechnen, wenn die asymptotische Form von $W_{(r)}$ bekannt ist. Der Streuquerschnitt ist unabhängig von der Anzahl der einfallenden Teilchen und damit von der Normierung von W, so daß wir künftig $N = 1$ wählen werden.

Aufgabe 12.5. Mit Hilfe von (4.50) berechne man aus (12) den Fluß $n = F\,|j_e|$ der einfallenden und den Fluß $n' = r^2\,d\Omega\,\mathfrak{r} \cdot j_a/r$ der in radialer Richtung gestreuten Teilchen.

Ist das Streupotential kugelsymmetrisch, dann führt der Ansatz (10.12) für W zu der Gleichung

$$\left(\frac{d^2}{dr^2} + \frac{2}{r}\frac{d}{dr} + k^2 - \frac{2\mu V_{(r)}}{\hbar^2} - \frac{l(l+1)}{r^2}\right) R_{l(r)} = 0, \qquad (14)$$

wenn man $2\mu E_r/\hbar^2 = k^2$ setzt. Aus der asymptotischen Form von (14) kann man wichtige Schlüsse auf das Verhalten der Lösungen ziehen. Wir nehmen an, daß das Potential V im Unendlichen schneller als die Funktion $1/r$ konvergiert und im Ursprung endlich bleibt, wie z. B. das Potential (10.16). Für große Werte von r geht (14) dann in die Gleichung

$$\left(\frac{d^2}{dr^2} + \frac{2}{r}\frac{d}{dr} + k^2\right) R_a \approx 0 \qquad (15)$$

über. Ihre Lösungen

$$R_a \sim (M \sin kr + N \cos kr)/r \sim (A\,e^{ikr} + B\,e^{-ikr})/r \qquad (16)$$

bleiben für große r endlich, wenn k reell ist. Das ist bei Streuproblemen wegen $E_r > 0$ stets der Fall. Für $r \to 0$ ergibt sich

$$\left(\frac{d^2}{dr^2} + \frac{2}{r}\frac{d}{dr} - \frac{l(l+1)}{r^2}\right) R_b \approx 0 \qquad (17)$$

mit der asymptotischen Lösung

$$R_b \sim C(kr)^l + D(kr)^{-l-1}.$$

D müßte gleich Null gesetzt werden.

Meist werden die Streupotentiale so gewählt, daß die erwähnten Bedingungen erfüllt sind. Das Coulombpotential bildet eine der Ausnahmen. Durch reelle Potentiale können nur elastische Streuprozesse beschrieben werden. Es ist aber möglich, die Absorption oder Erzeugung von Teilchen zu berücksichtigen, wenn man für V eine komplexe Funktion verwendet.

12.3 Streuung in einem Coulombfeld

Um die Streuung eines homogenen Strahles von Elektronen, die den Impuls $\mathfrak{p} = (0, 0, p)$ haben, an einem Proton näherungsweise zu berechnen, kann man von dem Hamiltonoperator (3.3) ausgehen. Wird die

Rechnung wie in Kapitel 3 durchgeführt, dann erhält man schließlich für die radialen Funktionen den Ausdruck

$$R_{kl} = e^{Kr}u_{l(r)} = e^{ikr}\sum_0^\infty c_j r^{l+j}$$

mit

$$-\infty \le k \le \infty, \quad |k| = \sqrt{2\mu E_r}/\hbar$$

und

$$c_{j+1} = -2ikc_j\,\frac{j+l+1-i/ka_0}{(j+1)(j+2l+2)}\,.$$

Da E_r, die kinetische Energie der einfallenden Elektronen im Relativsystem, immer positiv sein muß, kann k kontinuierlich nur alle reellen Werte annehmen, und die Potenzreihen für u können nicht abbrechen. Für große r sind die R_{kl} daher proportional zu exp $(-ikr)$.

Die Eigenfunktionen des Operators für die Energie der Relativbewegung können in der Form

$$W_k = \sum_{l,m} c_{lm}R_{kl}\,Y_{lm}$$

dargestellt werden. Wäre keine Wechselwirkung vorhanden, dann müßte man die Ladung e des Protons gleich Null, also $a_0 = \infty$ setzen und die einfallenden Elektronen durch eine ebene Welle beschreiben. Die c_{lm} müssen also so bestimmt werden, daß die Nebenbedingung $\lim_{a_0\to\infty} W_k = \exp(ipz/\hbar)$ erfüllt ist. Für W_k ergibt sich dann der asymptotische Ausdruck

$$\lim_{r\to\infty} W_k = \varphi_k = e^{ikz+i\alpha\ln(kr-kz)} + e^{ikr-i\alpha\ln kr}\,f_{(\Theta)}/r, \tag{18}$$

wobei

$$|f| = e^2/4E_r\sin^2(\Theta/2), \quad \alpha = 1/ka_0 \quad \text{und} \quad k = p/\hbar > 0 \tag{19}$$

ist. Wie man sofort erkennt, stellt der erste Summand in (18) im $\lim a_0 \to \infty$ die einfallende ebene Welle dar. Für Punkte außerhalb des Strahlquerschnitts wäre er also wegzulassen. Daß er in (18) nicht in der Form exp (ikz) erscheint, rührt davon her, daß das Coulombpotential nur wie $1/r$ abfällt und deshalb bis in größte Entfernungen wirkt. Dadurch ergeben sich die Ausdrücke der Form ln kr usw. in den Exponenten. Aus (18) und (19) kann man den Streuquerschnitt $d\sigma = |f|^2\,d\Omega$ berechnen. Ersetzt man e^2 durch Ze^2, dann erhält man denselben Ausdruck (7) wie in der klassischen Physik.

Wir hatten für die Rechnungen ein reines Coulombpotential verwendet, das überall wie die Funktion $1/r$ abfällt. Ein solches entspricht aber nicht den Versuchsbedingungen, da im Experiment die Elektronen nicht an völlig ionisierten, sondern an neutralen Atomen gestreut

werden. Das Coulombpotential wirkt also nicht, solange sich das einfallende Teilchen außerhalb der Elektronenschalen aufhält, und man
kann deshalb für V die Funktion

$$V = -\exp\left(-r/a\right) Z e^2/r \tag{20}$$

verwenden. a muß in der Größenordnung der Atomradien — etwa
10^{-8} cm — gewählt werden. Das Potential ist dann für Teilchen mit
großem Stoßparameter nicht wirksam. Da der Faktor $\exp\left(-r/a\right)$ in der
Nähe des Atomkerns praktisch gleich Eins ist, bleibt (19) für nicht zu
kleine Streuwinkel Θ gültig. Dagegen verschwinden die unangenehmen
Ausdrücke $\ln kr$ usw. im Exponenten von (18), für $\Theta \to 0$ geht $d\sigma$ gegen
Null und σ bleibt endlich.

Aufgabe 12.6. Für die Coulombstreuung von Protonen an Protonen stelle man
$d\sigma_{(\Theta)}/d\Omega$ und $d\sigma'_{(\Theta')}/d\Omega'$ für einige Werte von E_r graphisch dar. Man trage $d\sigma/d\Omega$
für einen gegebenen Wert von Θ als Funktion von E_r auf.

12.4 Die Methode der Partialwellen

Die durch (3.15) definierten Funktionen $P_{l(\cos\Theta)} \sim G_{l0(\Theta)}$ werden
„Legendrefunktionen" genannt, wenn sie so normiert sind, daß $P_{l(1)} = 1$,
das heißt

$$\int\limits_0^{\pi} d\Theta \sin\Theta\, P_{l(\cos\Theta)}\, P_{l'(\cos\Theta)} = 2\delta_{ll'}/(2l+1) \tag{21}$$

ist. Sie bilden ein vollständiges System für den Polarwinkel Θ. Eine
Wellenfunktion $W_{(r)}$ für ein kugelsymmetrisches Streupotential hängt
nicht vom Azimut Φ ab und kann daher in Polarkoordinaten nach den
P_l entwickelt werden,

$$W_{(r,\Theta)} = \sum_{l=0}^{\infty} R_{l(r)} P_{l(\cos\Theta)}. \tag{22}$$

Um die Funktionen R_l zu berechnen, müßte man eigentlich unendlich
viele gewöhnliche Differentialgleichungen von der Form (14) lösen. Tatsächlich benötigen wir aber nur den asymptotischen Ausdruck $\varphi = \varphi_e + \varphi_a$,
der sich im $\lim r \to \infty$ ergibt. Nehmen wir an, daß sich die einfallenden
Teilchen in der positiven z-Richtung bewegen, dann ist

$$\varphi_e = \exp\left(i\mathfrak{k}\cdot\mathfrak{r}\right) = \exp\left(ikz\right) \quad \text{mit} \quad \mathfrak{k} = \mathfrak{p}/\hbar.$$

Um diese Funktion in Polarkoordinaten nach den P_l zu entwickeln,
setzen wir

$$e^{ikz} = e^{ikr\cos\Theta} = \sum_{l=0}^{\infty} C_{l(r)} P_{l(\cos\Theta)}. \tag{23}$$

Diese Zerlegung kann man anschaulich so deuten, daß die ebene Welle $\exp(ikz)$, die aus lauter Teilchen mit demselben Impuls besteht, auch als eine Summe von Teilwellen $C_l P_l$ dargestellt werden kann, die Teilchen mit genau bekannten Drehimpulsen $\sqrt{l(l+1)}\,\hbar$ beschreiben. Der homogene Teilchenstrahl kann aber nicht durch *eine* Drehimpulseigenfunktion dargestellt werden. Die Funktionen C_l sind wegen (21) durch

$$C_{l(r)} = \frac{2l+1}{2} \int\limits_0^\pi d\Theta \, \sin\Theta \, P_{l(\cos\Theta)} e^{ikr\cos\Theta} \tag{24}$$

gegeben. Für große r gilt

$$\lim_{r\to\infty} C_{l(r)} = i^l(2l+1)\sin(kr - l\pi/2)/kr, \tag{25}$$

so daß

$$\varphi_e \approx \sum_{l=0}^\infty \frac{i^{l-1}(2l+1)}{2kr} P_l \left(e^{i(kr - l\pi/2)} - e^{-i(kr - l\pi/2)} \right) \tag{26}$$

wird. In (26) ist die ebene Welle als eine Summe von einlaufenden und auslaufenden Kugelwellen $\exp(-ikr)$ und $\exp(ikr)$ dargestellt.

Wenn das Streupotential für $r \to \infty$ schneller als die Funktion $1/r$ konvergiert, wird ein einlaufendes Teilchen erst abgelenkt, wenn es sich in der Nähe des Streuers befindet. Die asymptotischen Ausdrücke für die einlaufenden Wellen werden also durch die Streuprozesse nicht verändert. φ darf außer φ_e nur auslaufende Kugelwellen enthalten und kann deshalb in der Form

$$\varphi = \sum_{l=0}^\infty \frac{i^{l-1}(2l+1)}{2kr} P_l \left(b_l e^{i(kr - l\pi/2 + 2\delta_l)} - e^{-i(kr - l\pi/2)} \right) \tag{27}$$

dargestellt werden. Es ist üblich, die „Phasenverschiebung" zwischen der einlaufenden und der auslaufenden Kugelwelle mit $2\delta_l$ und nicht mit δ_l zu bezeichnen. Die Konstanten δ_l und b_l können mit Hilfe von (14) berechnet werden, sie sollen reell sein, ihre Werte hängen selbstverständlich von k und von der Wahl des Streupotentials ab. Da es aber unendlich viele δ_l und b_l gibt, bestimmen diese umgekehrt auch das Streupotential. Ist die Streuung elastisch, dann sind die Gesamtzahl der auslaufenden und die Gesamtzahl der einlaufenden Teilchen gleich. Ein reelles Streupotential kann deshalb nur die Phasen der auslaufenden Wellen ändern, während die Amplituden der aus- und der entsprechenden einlaufenden Wellen gleich sein müssen. Alle b_l sind dann gleich Eins. Für $V \to 0$ müssen alle δ_l Null werden.

Um φ_a zu erhalten, subtrahieren wir (26) von (27). Mit der Abkürzung $\beta_l = b_l \exp(2i\delta_l) - 1$ ergibt sich

$$\varphi_a = \frac{e^{ikr}}{2kr} \sum_{l=0}^{\infty} i^{l-1} (2l+1) P_l \beta_l e^{-il\pi/2} = \frac{e^{ikr}}{r} f_{(\Theta)},$$

$$f_{(\Theta)} = \sum_{l=0}^{\infty} P_{l(\cos\Theta)} \frac{2l+1}{2ik} \beta_l \tag{28}$$

und

$$d\sigma/d\Omega = |f|^2. \tag{29}$$

Mit (21) erhält man schließlich durch Integration den totalen Streuquerschnitt

$$\sigma = \sum_{l=0}^{\infty} \sigma_l = \pi \sum_{l=0}^{\infty} (2l+1) |\beta_l|^2/k^2. \tag{30}$$

Für elastische Streuung ist $|\beta_l| = 2 \sin \delta_l$. Der Summand mit $l = 0$ in (28) ist unabhängig von Θ, Summanden mit höheren Werten von l hängen vom Streuwinkel ab.

Um den Absorptionsquerschnitt σ_{ab} zu finden, müssen wir wissen, wie viele Teilchen eine große Kugelschale mit dem Radius K, in deren Mittelpunkt sich das absorbierende Teilchen befindet, verlassen. Der Fluß dieser Teilchen ist nach (27) und (21)

$$n_a = \int\limits_{\Omega} d\Omega \; v \left(\sum_{l=0}^{\infty} \frac{2l+1}{2kK} b_l P_l \right)^2 K^2.$$

Der gesamte Teilchenfluß durch die Kugelschale nach innen ist

$$n_e = \int\limits_{\Omega} d\Omega \; v \left(\sum_{l=0}^{\infty} \frac{2l+1}{2kK} P_l \right)^2 K^2.$$

Die Differenz $n_e - n_a$ entspricht der Anzahl der Teilchen, die in einer Sekunde absorbiert (oder erzeugt) werden. Dividiert man sie durch den einfallenden Fluß, dann ergibt sich der Absorptionsquerschnitt

$$\sigma_{ab} = (n_e - n_a)/v = \sum_{l=0}^{\infty} (2l+1)(1 - b_l^2) \pi/k^2. \tag{31}$$

Wenn das Streupotential eine große Reichweite hat, werden auch Teilchen abgelenkt, die einen relativ großen Stoßparameter, also einen relativ großen Drehimpuls haben. Ist die Energie und damit der Impuls der einfallenden Teilchen groß, dann werden auch Teilchen, die in der Nähe des Streuers vorbeifliegen und die deshalb starke Ablenkungen erfahren, große Drehimpulse haben. In beiden Fällen werden daher

Partialwellen, die Teilchen mit großem Drehimpuls darstellen, durch das Wechselwirkungspotential stark beeinflußt. Wie aus (23), (26) oder (27) hervorgeht, ist aber der Summationsindex l gleichzeitig die Quantenzahl für den Drehimpuls $\sqrt{l(l+1)}\,\hbar = qp$ der Partialwellen. Ist a die Reichweite der Kernkraft, dann müssen also bei der Summation in (28) bis (31) alle $l \leq ap/\hbar$ berücksichtigt werden, wenn man eine gute Näherung für den Streu- und den Absorptionsquerschnitt erhalten will. Da man aber die Konstanten δ_l und b_l einzeln berechnen muß, wird die Methode der Partialwellen nur angewandt, wenn das Streupotential eine kleine Reichweite hat und die Energie der einfallenden Teilchen klein ist. Dann genügt es schon, den oder die ersten Summanden in (29) oder (31) zu berücksichtigen, um ein brauchbares Ergebnis zu erhalten. Andererseits sollen möglichst viele der δ_l und b_l von Null verschieden sein, wenn man viele Daten haben will, um die genaue Form eines unbekannten Potentials zu finden. Das bedeutet, daß man Streuexperimente mit Teilchen mit einer großen kinetischen Energie, das heißt mit kleiner De Brogliewellenlänge durchführen muß, wenn man aus verschiedenen Ansätzen für ein Streupotential den besten herausfinden will. Die Streuquerschnitte für langsame Teilchen hängen kaum von der Form des Potentials ab.

Mit Hilfe von (28), (30) und (31) kann man leicht beweisen, daß

$$\sigma + \sigma_{ab} = \frac{4\pi}{k}\,\mathrm{Im}\,f_{(k,0)} \tag{32}$$

ist. Diese Beziehung ist unter dem Namen „Optisches Theorem" bekannt. Im $f_{(k,0)}$ bezeichnet den Imaginärteil von (28) für $\Theta = 0$. Andererseits gelten für eine komplexe Funktion $f_{(k)}$, die überall endlich ist und für $|k| \to \infty$ mindestens wie $|k|^{-2}$ konvergiert, solange der Imaginärteil von k positiv ist, die „Dispersionsbeziehungen"

$$\pi\,\mathrm{Re}\,f_{(k)} = P \int\limits_{-\infty}^{\infty} dk'\,\frac{\mathrm{Im}\,f_{(k')}}{k' - k}$$

und

$$\pi\,\mathrm{Im}\,f_{(k)} = -P \int\limits_{-\infty}^{\infty} dk'\,\frac{\mathrm{Re}\,f_{(k')}}{k' - k}. \tag{33}$$

P bezeichnet hier den Cauchyschen Hauptwert.

Die Dispersionsbeziehungen werden in der Streutheorie häufig verwendet. Wurden z. B. die totalen Streuquerschnitte als Funktionen der Einfallsenergie experimentell bestimmt, dann kann man mit Hilfe von (32) den Imaginärteil von $f_{(k,0)}$ angeben und daraus den Realteil von

$f_{(k,0)}$ berechnen, wenn die Konvergenzbedingungen erfüllt sind. Man erhält so rechnerisch den Wert des differentiellen Streuquerschnitts für Vorwärtsstreuung, der oft nur schlecht gemessen werden kann.

12.5 Neutron-Proton-Streuung

Wir verwenden die Methode der Partialwellen, um den Querschnitt für die Streuung von Neutronen an Protonen zu berechnen. Dazu gehen wir von denselben Ansätzen aus wie in Abschnitt 10.2. Für $l = 0$ erhalten wir dann mit

$$k = \sqrt{2\mu E_r}/\hbar \quad \text{und} \quad \varkappa = \sqrt{2\mu(V_d + E_r)}/\hbar \tag{34}$$

die Lösungen

$$R_{0a} = (M \sin kr + N \cos kr)/r = A \sin (kr + \delta)/r \tag{35}$$

und

$$R_{0b} = C \sin \varkappa r/r. \tag{36}$$

k und $\varkappa$ sind reell, da E_r positiv sein muß. Die Integrationskonstanten C, N, M bzw. C, A, δ sind aus den Zusatzbedingungen, daß R_0 normiert ist und daß R_0 und R_0' in $r = a$ stetig sind, zu berechnen. Schreibt man (35) in der Form

$$R_{0a} = A \left(e^{i(kr+2\delta)} - e^{-ikr} \right) e^{-i\delta}/2ir, \tag{37}$$

dann erkennt man, daß $2\delta = 2\delta_0$ die im vorigen Abschnitt eingeführte Phasenverschiebung zwischen der einlaufenden und der auslaufenden Teilwelle mit $l = 0$ ist. Wir können also σ_0 berechnen, wenn wir δ kennen. Aus den Kontinuitätsbedingungen

$$C \sin \varkappa a = A \sin (ka + \delta)$$

und

$$\varkappa C \cos \varkappa a = kA \cos (ka + \delta)$$

ergibt sich für δ die Gleichung

$$k \tan \varkappa a = \varkappa \tan (ka + \delta). \tag{38}$$

Im $\lim k \to 0$ folgt aus (38)

$$\delta \approx -56 \cdot 10^{-14} k$$

und

$$\sigma_0 = 4\pi \sin^2 \delta/k^2 \approx 4\pi\delta^2/k^2 \approx 4 \cdot 10^{-24} \text{ cm}^2, \tag{39}$$

wenn man für a und V_d dieselben Werte wie in Abschnitt 10.2 verwendet.

Die Formel (38) gilt auch, wenn V_d in (34) einen komplexen Wert hat. Allerdings ist δ dann nicht reell und muß in den Real- und den Imaginärteil zerlegt werden,

$$\delta = x + iy.$$

Setzt man diesen Ausdruck in (37) ein, dann ergibt sich durch Vergleich mit (27), daß

$$x = \delta_0 \quad \text{und} \quad \exp(-2y) = b_0$$

ist.

Für die Berechnung von $\delta_1, \delta_2, \ldots$ müssen wir die Funktionen R_{1a}, $R_{1b}, \ldots$ kennen. Um sie zu finden, gehen wir von (14) aus. Wird wieder das Potential (10.16) gewählt, dann braucht die Rechnung für die beiden Funktionen R_{la} und R_{lb} jeweils nur einmal durchgeführt zu werden. Aus (14) ergibt sich nämlich dieselbe Gleichung

$$\left(\frac{d^2}{dx^2} + \frac{2}{x} \frac{d}{dx} + 1 - \frac{l(l+1)}{x^2} \right) R_{l(x)} = 0, \tag{40}$$

wenn man entweder $V = 0$ setzt und die neue Variable $x = kr$ einführt, oder wenn man $V = -V_d$ einsetzt, dafür aber die Variable $x = \varkappa r$ verwendet. Für die Lösungen von (40) kann man den Ansatz

$$R_{l(x)} = F_{(1/x)} \sin x + G_{(1/x)} \cos x \tag{41}$$

machen, wobei F und G Polynome in $1/x$ sind. Setzt man (41) in (40) ein, so muß sowohl der Koeffizient von $\sin x$, als auch der von $\cos x$ gleich Null sein. Daraus ergeben sich die beiden Gleichungen

$$F'' + 2F'/x - l(l+1)F/x^2 - 2G' - 2G/x = 0$$

und

$$G'' + 2G'/x - l(l+1)G/x^2 + 2F' + 2F/x = 0.$$

Mit dem Ansatz

$$F = \sum c_n x^{-n}, \; G = \sum d_n x^{-n} \tag{42}$$

erhält man die Rekursionsformeln

$$c_{n+1} = -d_n\big(l(l+1) - n(n-1)\big)/2n$$

und

$$d_{n+1} = c_n\big(l(l+1) - n(n-1)\big)/2n. \tag{43}$$

Die Koeffizienten von F mit gradzahligem Index hängen also mit den Koeffizienten von G mit ungradzahligem Index zusammen und umgekehrt. Aus (43) folgt auch, daß $1 \leq n \leq l+1$ ist, so daß F und G aus je $l+1$ Gliedern bestehen. Zwei der Konstanten, z. B. c_{l+1} und d_{l+1}, müssen aus den Nebenbedingungen bestimmt werden.

Da $F \sin x$ und $G \cos x$ nicht zwei voneinander linear unabhängige Lösungen von (40) sind, wird $R_{l(x)}$ im allgemeinen nicht in der Form (41) angegeben. Man faßt vielmehr die Ausdrücke mit den voneinander abhängigen Koeffizienten c_{l+1}, c_{l-1}, … d_l, d_{l-2}, … zu einer Funktion

$$j_l = (c_{l+1}x^{-l-1} + c_{l-1}x^{-l+1} + \cdots)\sin x + (d_l x^{-l} + \cdots)\cos x$$

und die Summanden mit den anderen voneinander abhängigen Koeffizienten d_{l+1}, d_{l-1}, … c_l, c_{l-2}, … zu einer zweiten Funktion

$$n_l = -(d_{l+1}x^{-l-1} + d_{l-1}x^{-l+1} + \cdots)\cos x + (c_l x^{-l} + \cdots)\sin x$$

zusammen und setzt $c_{l+1} = d_{l+1} = 1 \cdot 3 \cdot 5 \ldots (2l-1)$. Dann ist $c_1 = \cos(l\pi/2) + \sin(l\pi/2)$ und $d_1 = \cos(l\pi/2) - \sin(l\pi/2)$. j_l und n_l werden als sphärische Bessel- bzw. Neumannfunktionen bezeichnet. Damit wird

$$R_{l(x)} = M_l j_{l(x)} - N_l n_{l(x)}. \tag{44}$$

M_l und N_l sind Konstanten. Für $l = 0$ und $l = 1$ erhält man

$$\begin{aligned}
j_0 &= \sin x/x, & j_1 &= \sin x/x^2 - \cos x/x,\\
n_0 &= -\cos x/x, & n_1 &= -\cos x/x^2 - \sin x/x.
\end{aligned} \tag{45}$$

Man kann zeigen, daß

$$\lim_{x\to 0} j_l = \frac{x^l}{1\cdot 3\cdot 5 \ldots (2l+1)} \quad \text{und} \quad \lim_{x\to 0} n_l = -x^{-l-1}\cdot 1\cdot 3\cdot 5 \ldots (2l-1) \tag{46}$$

ist. n_l ist also im Ursprung divergent. Im $\lim x \to \infty$ ist die höchste Potenz von x maßgebend. In j_l ist diese Potenz mit $\sin x$ multipliziert, wenn l eine gerade Zahl ist, mit $\cos x$ dagegen, wenn l ungradzahlig ist. Daraus ergibt sich

$$\lim_{x\to\infty} j_l = \sin(x - l\pi/2)/x. \tag{47a}$$

Analog gilt

$$\lim_{x\to\infty} n_l = -\cos(x - l\pi/2)/x. \tag{47b}$$

Führen wir nun wieder die Veränderliche r ein, dann erhalten wir die konvergenten Lösungen

$$R_{la} = M_l j_{l(kr)} - N_l n_{l(kr)} \quad \text{und} \quad R_{lb} = C_l j_{l(\varkappa r)}. \tag{48}$$

Für die Phasenverschiebung δ_l ergibt sich aus der asymptotischen Form

$$k \lim_{r\to\infty} r\, R_{la} = M_l \sin(kr - l\pi/2) + N_l \cos(kr - l\pi/2)$$

$$= A_l \sin(kr - l\pi/2 + \delta_l)$$

die Beziehung

$$\tan \delta_l = N_l/M_l .$$

Die Konstanten M_l und N_l sind aus den Kontinuitätsbedingungen für $r = a$ zu bestimmen. Mit

$$dj_{l(kr)}/dr = k\, dj_{l(kr)}/d(kr) = k j'_{l(kr)}$$

und der Abkürzung

$$\gamma_l = \varkappa j'_{l(\varkappa a)}/j_{l(\varkappa a)}$$

folgt

$$\frac{N_l}{M_l} = \tan \delta_l = \frac{k j'_{l(ka)} - \gamma_l j_{l(ka)}}{k n'_{l(ka)} - \gamma_l n_{l(ka)}} . \tag{49}$$

Wenn die Energie der einfallenden Teilchen sehr klein ist, also $k \to 0$ geht, wird

$$\tan \delta_l \approx \frac{(ka)^{2l+1}}{(1 \cdot 3 \cdot 5 \cdots (2l-1))^2 (2l+1)} \cdot \frac{l - \gamma_l a}{l+1+\gamma_l a} . \tag{50}$$

Für $l = 1$ ergibt sich $\sin \delta_1 \approx \tan \delta_1 \sim (ka)^3$, und $\sigma_1 \sim k^6/k^2$ geht gegen Null, wenn k gegen Null geht. Dies ist nicht überraschend, da sehr langsame Teilchen einen großen Stoßparameter haben müssen, wenn ihr Drehimpuls $q p = \sqrt{l(l+1)}\, \hbar = \sqrt{2}\, \hbar$ sein soll, und deshalb außerhalb der Reichweite der Kernkraft bleiben. Daher sollte für kleine Einfallsenergien der Streuquerschnitt $\sigma \approx \sigma_{0(0)} \approx 4 \cdot 10^{-24}\,\mathrm{cm^2}$ sein. Im Experiment wird aber ein mehr als zehnmal größerer Wert gemessen. Der Grund für diese Diskrepanz ist, daß wir die Spins der beiden Teilchen vernachlässigt haben. Tatsächlich hat sowohl das Proton als auch das Neutron einen Spin vom Betrag $\sqrt{3/4}\,\hbar$, der ein magnetisches Moment erzeugt. Die Wechselwirkung zwischen diesen magnetischen Momenten hat zur Folge, daß sich die Spins der beiden Teilchen nach den Regeln der Quantentheorie zueinander einstellen, wenn sich das Neutron in der Nähe des Protons befindet. Das Wechselwirkungspotential ist in den beiden Fällen nicht gleich: Im „Triplettzustand", das heißt wenn sich die Spins addieren, ist die in Abschnitt 10.2 getroffene Wahl $V_{dt} = V_d$ richtig. Im „Singulettzustand" dagegen ist die Wechselwirkung schwächer, und wir müssen für $|V_{ds}|$ einen kleineren Wert als $|V_d|$ annehmen. Der Wert von V_{ds} wird zur Berechnung des Zustandsvektors für das Deuteron nicht benötigt, da das Singulettpotential zu schwach ist, einen gebundenen Zustand zu erzeugen, so daß das Deuteron nur im Triplettzustand vorkommt.

Wenn sich die beiden Teilchen bei der Streuung im Triplettzustand befinden, kann sich der resultierende Gesamtspin so einstellen, daß seine Komponente in einer ausgezeichneten Richtung den Wert $\hbar$, 0 oder $-\hbar$

hat (daher der Name Triplettzustand). Im Singulettzustand dagegen ist der Gesamtspin Null, und die Spinkomponente in einer gegebenen Richtung kann nur Null sein. Bei der Streuung kommt der Triplettzustand daher dreimal so häufig vor wie der Singulettzustand, und der resultierende Streuquerschnitt σ_d muß nach der Formel

$$\sigma_d = (3\,\sigma_t + \sigma_s)/4 \tag{51}$$

aus den Streuquerschnitten σ_t für Triplett- und σ_s für Singulettstreuung gemittelt werden.

Für das Kastenpotential verläuft die Berechnung von σ_s und σ_t natürlich völlig analog. Deshalb gelten die Formeln dieses Abschnittes auch für die Streuung im Singulettzustand, wenn man V_d durch V_{ds} ersetzt. Der Wert von V_{ds} kann mit Hilfe von (39) aus dem Querschnitt $\sigma_{d(0)} \approx 2 \cdot 10^{-23}\,\mathrm{cm^2}$ berechnet werden, den das Experiment für die Streuung von langsamen Neutronen an Protonen liefert, da

$$\sigma_{d(0)} = (3\,\sigma_{0t(0)} + \sigma_{0s(0)})/4$$

ist. Wählt man a und V_d wie in Abschnitt 10.2, dann erhält man $\delta_{0s} = \pm 2{,}3 \cdot 10^{-12}\,k$. Damit ergeben sich für V_{ds} die Werte 16,4 MeV oder 19,4 MeV.

Aufgabe 12.7. Für die folgenden Rechnungen ist die Methode der Partialwellen zu verwenden:

a) Man berechne den differentiellen und den totalen Streuquerschnitt für die Streuung von Neutronen an Protonen im Triplettzustand in nullter und in erster Näherung, wenn die Einfallsenergie im Laborsystem $E = 20$ MeV ist.

b) Man berechne σ_0 und σ_{0ab} für das Potential

$$V = 0 \quad \text{für } r > a$$
$$V = -27{,}2(1 + i/10)\,\mathrm{MeV} \quad \text{für } r < a,$$

wenn die Einfallsenergie der Neutronen sehr klein ist. Welche Änderungen ergeben sich, wenn man das Vorzeichen des Imaginärteils des Potentials umkehrt? Wie ändert sich (49), wenn V_d in (34) komplex ist?

12.6 Die Bornsche Näherung

Um den Zustandsvektor für ein Streuproblem zu finden, kann man von der Wellengleichung in Relativkoordinaten

$$(\Delta + k^2)\,W_{(\mathbf{r})} = 2\mu\,V_{(\mathbf{r})}\,W_{(\mathbf{r})}/\hbar^2 \tag{52}$$

ausgehen. Geht man mit dem Ansatz

$$W_{(\mathbf{r})} = W_e + W_a = (2\mu/\hbar^2) \int d^3r'\, G_{(\mathbf{r}-\mathbf{r}')} V_{(\mathbf{r}')} W_{(\mathbf{r}')} \tag{53}$$

in (52) ein, so ergibt sich für G die Gleichung

$$(\Delta + k^2)\, G_{(\mathfrak{r})} = \delta_{(\mathfrak{r})}. \tag{54}$$

Ihre allgemeine Lösung setzt sich aus der homogenen und der partikulären Lösung zusammen,

$$G = G_h + G_p.$$

G_h wird durch (54) nicht eindeutig bestimmt; vielmehr ist jede Funktion der Form $\exp(i\mathfrak{u}\cdot\mathfrak{r})$ Lösung der homogenen Gleichung, wenn der Vektor $\mathfrak{u}$ den Betrag $u=k$ hat. Für die Nebenbedingung $W_e = \exp(ikz)$ setzen wir $G_h = C\exp(ikz)$. Dann ist

$$I_{h(\mathfrak{r})} = \frac{2\mu}{\hbar^2}\int d^3 r'\, G_{h\,(\mathfrak{r}-\mathfrak{r}')}\, V_{(\mathfrak{r}')}\, W_{(\mathfrak{r}')} = \frac{2\mu C e^{ikz}}{\hbar^2}\int d^3 r'\, e^{-ikz'}\, V_{(\mathfrak{r}')}\, W_{(\mathfrak{r}')}.$$

Das letzte Integral hängt nicht mehr von $\mathfrak{r}$ ab und muß deshalb eine Konstante ergeben. Wir können den Wert dieser Konstante zwar nicht bestimmen, da wir W nicht kennen; wir können aber

$$C = \hbar^2/2\mu \int d^3 r\, e^{-ikz}\, V_{(\mathfrak{r})}\, W_{(\mathfrak{r})}$$

wählen, so daß sich

$$I_{h(\mathfrak{r})} = W_{e(\mathfrak{r})}$$

ergibt.

W_a wird durch die partikulären Lösungen von (54)

$$G_p = -\exp(\pm ikr)/4\pi r \tag{55}$$

bestimmt. Um zu beweisen, daß G_p eine Lösung von (54) ist, verwendet man statt (55) besser die Form

$$G_p = -\lim_{\varepsilon\to 0}\exp(\pm ikr)/4\pi\sqrt{r^2+\varepsilon^2}.$$

Da W_a nur auslaufende Kugelwellen enthalten soll, muß man sich im Exponenten von (55) auf das positive Vorzeichen beschränken, wie sich später zeigen wird. Setzt man G_h und G_p in (53) ein, so erhält man für die gewählten Nebenbedingungen

$$W = W_e + \frac{2\mu}{\hbar^2}\int d^3 r'\, V_{(\mathfrak{r}')}\left(\frac{-e^{ik|\mathfrak{r}-\mathfrak{r}'|+ikz'}}{4\pi\,|\mathfrak{r}-\mathfrak{r}'|} + G_{p(\mathfrak{r}-\mathfrak{r}')}\, W_{a(\mathfrak{r}')}\right). \tag{56}$$

Die Bornsche Näherung besteht nun darin, daß der Beitrag von $W_{a(\mathfrak{r}')}$ zu dem Wert des Integrals in (56) vernachlässigt wird. Dann ergibt sich

$$W_a = -\frac{\mu}{2\pi\hbar^2}\int d^3 r'\, \frac{V_{(\mathfrak{r}')}}{|\mathfrak{r}-\mathfrak{r}'|}\, e^{ik|\mathfrak{r}-\mathfrak{r}'|+ikz'}. \tag{57}$$

Wir benötigen nur den asymptotischen Ausdruck $\lim\limits_{r\to\infty} W_a$. Bezeichnen wir den Winkel zwischen $\mathfrak{r}$ und $\mathfrak{r}'$ mit α, dann gilt

$$|\mathfrak{r} - \mathfrak{r}'| = (r^2 + r'^2 - 2rr' \cos \alpha)^{1/2} \approx r - r' \cos \alpha, \qquad (58)$$

wenn $r \gg r'$ ist, und

$$\lim_{r\to\infty} W_a = \varphi_a = - \frac{\mu}{2\pi\hbar^2} \int d^3r' \, \frac{V_{(\mathfrak{r}')}}{r} \, e^{ik(r - r' \cos \alpha + z')}. \qquad (59)$$

Die Ableitung von (59) aus (57) hat nicht den Charakter einer Näherung, sondern ist als streng richtig anzusehen, da ein Streupotential Null wird, wenn $r \to \infty$ geht. Große Werte von r' liefern also bei der Integration in (59) keinen Beitrag, weil $V_{(\mathfrak{r}')}$ Null ist; für kleine Werte von r' und $r \to \infty$ geht aber (58) in eine Gleichung über.

Wir führen nun die beiden Vektoren

$$\mathfrak{k} = (0,\, 0,\, k) \quad \text{und} \quad \mathfrak{k}' = k\mathfrak{r}/r \qquad (60)$$

ein. Es gilt also $|\mathfrak{k}| = |\mathfrak{k}'|$, und α ist der Winkel zwischen $\mathfrak{k}'$ und $\mathfrak{r}'$. Damit wird

$$\varphi_a = - \frac{\mu}{2\pi\hbar^2} \frac{e^{ikr}}{r} \int d^3r' \, V_{(\mathfrak{r}')} \, e^{i(\mathfrak{k} - \mathfrak{k}') \cdot \mathfrak{r}'} = \frac{e^{ikr}}{r} f \qquad (61)$$

und

$$f = - \frac{4\pi^2\mu}{\hbar^2} \int \frac{d^3r'}{(2\pi)^3} \, V_{(\mathfrak{r}')} \, e^{i(\mathfrak{k} - \mathfrak{k}') \cdot \mathfrak{r}'} = - \frac{4\pi^2\mu}{\hbar^2} \, V_{F(\mathfrak{k} - \mathfrak{k}')}, \qquad (62)$$

wobei $V_{F(\mathfrak{k})}$ die „Fouriertransformierte" von $V_{(\mathfrak{r})}$ ist.

Nach (60) liegt $\mathfrak{k}$ in der Richtung des einfallenden Strahls, $\mathfrak{k}'$ zeigt in die Richtung, für die die Streuung berechnet wird. Der Winkel zwischen $\mathfrak{k}$ und $\mathfrak{k}'$ ist also zugleich der Streuwinkel, den wir wieder mit Θ bezeichnen. Er ist durch

$$(\mathfrak{k} - \mathfrak{k}')^2 = 2k^2(1 - \cos \Theta) = 4k^2 \sin^2 (\Theta/2)$$

gegeben.

Um (57) zu erhalten, haben wir nur im Integranden von (56) W_a gegenüber W_e vernachlässigt. Man kann deshalb mit (62) einen guten Näherungswert für den Streuquerschnitt finden, wenn $|W_a| \ll |W_e|$ ist. Diese Bedingung ist erfüllt, wenn die Energie der einfallenden Teilchen groß ist, da dann nur relativ wenige Teilchen gestreut werden. Die Bornsche Näherung ist daher gerade dort anwendbar, wo die Methode der Partialwellen versagt, das heißt für hochenergetische Teilchen.

Aufgabe 12.8. Man berechne $f_{(\Theta)}$ für das abgeschirmte Coulombpotential (20) nach der Bornschen Näherung. Man bestimme $d\sigma/d\Omega$ für große und für kleine Streuwinkel.

13. Relativistische Wellengleichungen

13.1 Die Klein-Gordongleichung

Bisher hatten wir stets vorausgesetzt, daß die Geschwindigkeit der
zu beschreibenden Elementarteilchen viel kleiner als die Lichtgeschwindigkeit sei. Deshalb waren wir immer von der Hamiltonfunktion der
klassischen Mechanik ausgegangen. Berücksichtigt man relativistische
Effekte, dann muß man für die Energie eines freien Teilchens der Ruhmasse m_0 die Formel $E = mc^2$ verwenden, wobei $m = m_0/\sqrt{1 - v^2/c^2}$
ist. Definiert man den Impuls wieder durch $\mathfrak{p} = m\mathfrak{v}$, so ergibt sich für
die Hamiltonfunktion der Ausdruck

$$H = mc^2 = c\sqrt{p^2 + m_0^2 c^2} = c p_0. \tag{1}$$

Ist $p \ll m_0 c$, dann erhält man näherungsweise aus (1) den Hamiltonoperator

$$\mathbf{H} \approx m_0 c^2 (1 + \mathbf{p}^2/2 m_0^2 c^2) = m_0 c^2 + \mathbf{p}^2/2 m_0.$$

Seine Eigenfunktionen sind von der Form

$$\psi \sim e^{i(\mathfrak{p} \cdot \mathfrak{r} - (p^2/2m_0 + m_0 c^2)t)/\hbar}.$$

Verschiebt man den Nullpunkt der Energieskala, indem man die konstante Ruhenergie $m_0 c^2$ wegläßt, dann ergeben sich wieder die bekannten
Ausdrücke $\mathbf{H} = \mathbf{p}^2/2 m_0$ und $\psi \sim \exp\left(i(\mathfrak{p} \cdot \mathfrak{r} - p^2 t/2 m_0)/\hbar\right)$. Dabei
ändert sich nur die Phasengeschwindigkeit der De Brogliewelle.

In der relativistischen Formel (1) kommt p unter der Wurzel vor und
kann deshalb nicht ohne weiteres durch den Differentialoperator $-i\hbar V$
ersetzt werden. Um die von ihm eingeführte Darstellung (3.2) verwenden zu können, stellte SCHRÖDINGER 1926 für ein schnelles Teilchen
die Gleichung $\mathbf{H}^2 \psi = \mathbf{E}^2 \psi$ auf, die in der Form

$$(\mathbf{H}^2 - \mathbf{E}^2)\,\psi = (\hbar^2 \partial^2/\partial t^2 - \hbar^2 c^2 \Delta + m_0^2 c^4)\,\psi = 0 \tag{2}$$

als „Klein-Gordongleichung" bekannt ist. Sie hat Lösungen

$$\psi \sim e^{i(\mathfrak{p} \cdot \mathfrak{r} \mp p_0 ct)/\hbar}.$$

Der Ausdruck $p_0 ct$ kann mit negativem oder positivem Vorzeichen vorkommen, da (2) — im Gegensatz zur nichtrelativistischen Gleichung —
die zweite Ableitung nach der Zeit enthält. Im letzteren Falle ergeben
sich negative Eigenwerte für die Energie des Teilchens. Für den Impuls

$\mathfrak{p}$ können selbstverständlich alle reellen Werte gewählt werden. Deshalb kann man die Lösungen von (2) auch in der Form

$$\psi_{\mathfrak{p}\pm(\mathfrak{r},t)} = e^{\pm\, i(\mathfrak{p}\cdot\mathfrak{r}\, -\, p_0ct)/\hbar} \tag{3}$$

schreiben, die wir in Zukunft stets verwenden werden, da sie „invariant" ist, das heißt Raum- und Zeitkoordinaten symmetrisch enthält.

Verwendet man (2) anstelle von (2.16) als Wellengleichung, dann gilt (4.49) nicht mehr, und man muß Wahrscheinlichkeits- und Teilchenstromdichte durch

$$\varrho_{(\mathfrak{r})} = \frac{i\,\hbar}{2\,m_0c^2}\left(\psi^*\,\frac{\partial\psi}{\partial t} - \psi\,\frac{\partial\psi^*}{\partial t}\right) \tag{4a}$$

und

$$\mathfrak{i} = \frac{-i\,\hbar}{2\,m_0}\,(\psi^*\,\nabla\psi - \psi\,\nabla\psi^*) \tag{4b}$$

definieren. Für die Lösungen mit negativen Energieeigenwerten ist die Wahrscheinlichkeitsdichte ϱ aber negativ! Deshalb wurde ursprünglich angenommen, daß die Zustandsvektoren (3) keine Elementarteilchen beschreiben könnten. Dies gab den Anstoß zur Entdeckung der Diracgleichung. Auch sie hat Lösungen mit negativen Energieeigenwerten, die jedoch mit der entsprechenden Definition für ϱ positive Wahrscheinlichkeiten ergeben und von DIRAC als Zustandsvektoren für „Antiteilchen" gedeutet wurden. 1932 wurden dann tatsächlich die von DIRAC vorausgesagten Antiteilchen, die Positronen, entdeckt. Im Gegensatz zu (3) enthalten die Lösungen der Diracgleichung auch Angaben über den Spin der beschriebenen Teilchen.

Eine genauere Untersuchung zeigt, daß die Klein-Gordongleichung zusammen mit entsprechenden Nebenbedingungen oder Gleichungen, die Lösungen mit negativer Wahrscheinlichkeitsdichte ausschließen, als relativistische Wellengleichung für *alle* Arten von freien Teilchen von Bedeutung ist: Für spinlose Bosonen kann man die Klein-Gordongleichung mit der Nebenbedingung, daß nur Lösungen mit positiven Energieeigenwerten zulässig sind, verwenden. Zustandsvektoren für Photonen kann man als Vektoren $\hat{A}$ im Raumzeitkontinuum wählen, deren vier Komponenten Lösungen einer Klein-Gordongleichung für $m_0 = 0$ sind. Diese vier Klein-Gordongleichungen (14.99) zusammen mit der „Lorentzbedingung" (14.98) ersetzen die Maxwellschen Gleichungen und können aus diesen abgeleitet werden. Produkte aus einer Lösung der Klein-Gordongleichung und einem Spinor, der die Gleichung (30) erfüllt, sind Lösungen der Diracgleichung (11). Die Gesamtheit dieser Lösungen bildet einen vollständigen Satz von Zustandsvektoren für freie Fermionen. $\mathbf{T}\psi = \mathbf{E}\psi$ ist eine nichtrelativistische Näherung für (2).

Aufgabe 13.1. Man beweise, daß wegen (2) für die durch (4) definierten Größen der Erhaltungssatz (4.51) gilt und daß $\pm \psi^*\psi$ die nichtrelativistische Näherung von (4a) ist. Man gebe die Energieeigenwerte und die Wahrscheinlichkeitsdichte für die Funktionen (3) an.

13.2 Die Diracgleichung

DIRAC fand 1928 eine relativistische Wellengleichung für das Elektron, die auch für andere Teilchen mit Spin $\hbar/2$ verwendet werden kann. Um negative Wahrscheinlichkeiten zu vermeiden, sollte sie nicht die zweite, sondern nur die erste Ableitung nach der Zeit enthalten. Damit die Wellengleichung lorentzinvariant ist, darf sie dann auch nur erste Ableitungen nach den Raumkoordinaten enthalten. Er machte daher den Ansatz

$$\mathbf{H} = c(\alpha_x \mathbf{p}_x + \alpha_y \mathbf{p}_y + \alpha_z \mathbf{p}_z + m_0 c\beta) = c(\boldsymbol{\alpha} \cdot \mathbf{p} + m_0 c\beta) \tag{5}$$

für den relativistischen Hamiltonoperator eines Teilchens. Wegen (1) sind die „Koeffizienten" α_i und β so zu wählen, daß $\mathbf{H}^2 = c^2\mathbf{p}^2 + m_0^2 c^4$ ist. $\mathbf{p}$ wählen wir wie in (3.2).

Es ist tatsächlich möglich, α und β so zu bestimmen, daß

$$c^2(\boldsymbol{\alpha} \cdot \mathbf{p} + m_0 c\beta)^2 = c^2(\mathbf{p}^2 + m_0^2 c^2) \tag{6}$$

ist. Dann muß

$$\mathbf{p}^2 + m_0^2 c^2 = (\boldsymbol{\alpha} \cdot \mathbf{p})^2 + m_0^2 c^2 \beta^2 + m_0 c(\boldsymbol{\alpha} \cdot \mathbf{p}\beta + \beta\boldsymbol{\alpha} \cdot \mathbf{p}) \tag{7}$$

sein. Dies bedingt, daß

$$[\mathbf{p}_i, \alpha_j] = [\mathbf{p}_i, \beta] = 0 \tag{8a}$$

sowie

$$\beta^2 = 1, \quad [\alpha_i, \beta]_+ = 0 \quad \text{und} \quad [\alpha_i, \alpha_j]_+ = 2\delta_{ij} \tag{8b}$$

ist. Wegen (8b) kann es sich bei α_i und β nicht um gewöhnliche Zahlen, sondern nur um Operatoren handeln. Um $\mathbf{H}$ hermitisch zu machen, muß man noch verlangen, daß β und die Komponenten des Vektoroperators α hermitisch sind,

$$\beta^\dagger = \beta \quad \text{und} \quad \alpha_i^\dagger = \alpha_i. \tag{9}$$

Die Operatoren α_i und β können durch Matrizen dargestellt werden, deren Elemente in einem „Spinorraum" liegen. Damit α_i und β hermitisch sein können, müssen diese Matrizen quadratisch sein. Wegen (8a) sollen sie nur konstante Zahlen enthalten. Man kann auch zeigen, daß ihre Dimension ein Vielfaches von vier sein muß. Häufig wird die Darstellung

$$\alpha_x = \begin{pmatrix} 0 & 0 & 0 & 1 \\ 0 & 0 & 1 & 0 \\ 0 & 1 & 0 & 0 \\ 1 & 0 & 0 & 0 \end{pmatrix}, \qquad \alpha_y = \begin{pmatrix} 0 & 0 & 0 & -i \\ 0 & 0 & i & 0 \\ 0 & -i & 0 & 0 \\ i & 0 & 0 & 0 \end{pmatrix},$$

$$\alpha_z = \begin{pmatrix} 0 & 0 & 1 & 0 \\ 0 & 0 & 0 & -1 \\ 1 & 0 & 0 & 0 \\ 0 & -1 & 0 & 0 \end{pmatrix}, \qquad \beta = \begin{pmatrix} 1 & 0 & 0 & 0 \\ 0 & 1 & 0 & 0 \\ 0 & 0 & -1 & 0 \\ 0 & 0 & 0 & -1 \end{pmatrix} \tag{10}$$

gewählt. Selbstverständlich gibt es auch andere Möglichkeiten. Die Aussagen, die aus der Diracgleichung folgen, sind natürlich unabhängig von der expliziten Form der Operatoren und können auch direkt mit Hilfe der Gleichungen (8) und (9) gewonnen werden.

Aufgabe 13.2. Man prüfe, ob die Matrizen (10) die Gleichungen (8) und (9) erfüllen. Man beweise, daß (7) gilt, wenn α und β den Gleichungen (8) genügen.

Aus (5) ergibt sich mit $\mathbf{E} = i\hbar\, \partial/\partial t$ die Wellengleichung

$$(\mathbf{H} - \mathbf{E})\, \Psi = (c\boldsymbol{\alpha} \cdot \mathbf{p} + m_0 c^2 \beta - i\hbar\, \partial/\partial t)\, \Psi = 0 \tag{11}$$

für ein freies Fermion. Da $\mathbf{H}$ eine vierreihige Matrix ist, muß jeder skalare Operator wie z. B. $\mathbf{E}$ aus Dimensionsgründen mit der vierdimensionalen Einheitsmatrix $\mathbf{I}$ multipliziert gedacht werden. Wir werden diese Matrix zur Vereinfachung der Formeln jedoch stets weglassen. Jede Lösung Ψ der Diracgleichung muß ein vierkomponentiger „Spinor" sein, damit der Erwartungswert einer skalaren Größe wie z. B. E eine skalare Zahl ist.

Jeder Diracspinor Ψ hat vier Komponenten, die jedoch nicht wie die Komponenten von Vektoren wie $\mathfrak{r}$ im geometrischen Raum, sondern in demselben Spinorraum wie die Zeilen der Matrizen α_i und β liegen. Bei einer Koordinatentransformation ändern sich deshalb die Komponenten eines Spinors Ψ nicht in derselben Weise wie die Komponenten eines Vektors im Raumzeitkontinuum. Das Produkt $\Psi' = \alpha_i \Psi$ ist wieder ein Spinor mit den Komponenten $\psi'_\mu = \sum\limits_{\nu=1}^{4} (\alpha_i)_{\mu\nu} \psi_\nu$, $\alpha\Psi$ ist im geometrischen Raum ein Vektor, dessen Komponenten die Spinoren $\alpha_i \Psi$ sind. Im Raumzeitkontinuum sind alle Spinoren, ebenso wie die Matrizen α_i und β, skalar. Das Produkt $\Psi_1^\dagger \alpha_i \Psi_2$ ist auch im Spinorraum skalar.

Multipliziert man (11) von links mit $\mathbf{H} + \mathbf{E}$, so ergibt sich die Gleichung $(\mathbf{H}^2 - \mathbf{E}^2)\,\Psi = 0$, da $\mathbf{H}$ mit $\mathbf{E}$ vertauschbar ist. Der Operator $\mathbf{H}^2 - \mathbf{E}^2$ ist aber diagonal, das heißt er kann als das Produkt des skalaren Operators $\mathbf{D} = \hbar^2(\partial^2/\partial t^2 - c^2\Delta) + m_0^2 c^4$ mit der Einheitsmatrix $\mathbf{I}$ geschrieben werden. In der Gleichung $\mathbf{D}\,\mathbf{I}\,\Psi = \mathbf{D}\,\Psi = 0$ ist daher jede Komponente von Ψ mit $\mathbf{D}$ multipliziert. Ist Ψ eine Lösung der Diracgleichung (11), dann erfüllt also jede einzelne Komponente von Ψ und auch Ψ selbst die Klein-Gordongleichung. Eine Lösung der Klein-Gordongleichung kann dagegen nur eine einzige Komponente für den Zustandsvektor eines Fermions liefern und ist deshalb unzureichend für dessen Beschreibung.

Multipliziert man (11) von links mit β/c und verwendet man die Abkürzungen

$$-i\beta\alpha = (\gamma_1, \gamma_2, \gamma_3), \quad \beta = \gamma_4, \tag{12}$$

$$\mathfrak{r} = (r_1, r_2, r_3) \quad \text{und} \quad r_4 = ict,$$

dann kann man die Diracgleichung in der invarianten Form

$$\left(\hbar \sum_1^4 \gamma_\nu \frac{\partial}{\partial r_\nu} + m_0 c\right)\Psi = 0 \tag{13}$$

schreiben, in der die Symmetrie von Raum und Zeit besonders deutlich zum Ausdruck kommt. Da die γ_ν die Vertauschungsregeln

$$[\gamma_\nu, \gamma_\mu]_+ = 2\,\delta_{\nu\mu}$$

erfüllen, könnten sie z. B. durch die Matrizen (10) dargestellt werden.

13.3 Freie Fermionen

Ohne eine bestimmte Darstellung für die Operatoren in (5) zu wählen, finden wir allein auf Grund von (8a), daß

$$[\mathbf{p}_i, \mathbf{H}] = 0 \tag{14}$$

ist. Daraus folgt, daß auch in der relativistischen Quantenmechanik der Impuls eines freien Fermions eine Erhaltungsgröße und mit der Energie zugleich meßbar sein muß. Wegen

$$[\mathbf{L}_x, \mathbf{H}] = c[\mathbf{y}\mathbf{p}_z - \mathbf{z}\mathbf{p}_y, \alpha_y \mathbf{p}_y + \alpha_z \mathbf{p}_z] = i\hbar c(\alpha_y \mathbf{p}_z - \alpha_z \mathbf{p}_y) \neq 0 \text{ zyk} \tag{15}$$

und

$$[\mathbf{L}_x^2, \mathbf{H}] = \mathbf{L}_x(\mathbf{L}_x\mathbf{H} - \mathbf{H}\mathbf{L}_x) + (\mathbf{L}_x\mathbf{H} - \mathbf{H}\mathbf{L}_x)\mathbf{L}_x = \hbar^2 c(\mathbf{y}\alpha_z + \mathbf{z}\alpha_y) \neq 0 \text{ zyk} \tag{16}$$

bleibt dagegen weder eine Komponente noch das Quadrat des Bahndrehimpulses erhalten, wenn wir für diesen wieder den Operator $\mathfrak{L} = \mathfrak{r} \times \mathfrak{p}$ verwenden. Da auch in einer relativistischen Theorie für den Drehimpuls ein Erhaltungssatz gilt, kann $\mathfrak{L}$ auf keinen Fall der Operator für den Gesamtdrehimpuls eines freien Fermions sein. Tatsächlich hat jedes Fermion neben dem Bahndrehimpuls noch einen inneren Drehimpuls, den Spin $\mathfrak{S}$, dessen Operator $\mathfrak{S} = (S_x, S_y, S_z)$ zu $\mathfrak{L}$ addiert werden muß, um den Operator $\mathfrak{J}$ für den Gesamtdrehimpuls zu erhalten.

Der Spin muß unabhängig von Koordinate und Geschwindigkeit des Teilchenschwerpunkts sein, so daß

$$[\mathfrak{r}, S_i] = [\mathfrak{p}, S_i] = [\mathfrak{L}, S_i] = 0 \tag{17}$$

gelten muß. Weiterhin ergibt sich aus der Bedingung

$$[J_i, H] = 0 \tag{18}$$

wegen (15)

$$[S_x, H] = c([S_x, \alpha_x]\mathfrak{p}_x + [S_x, \alpha_y]\mathfrak{p}_y + [S_x, \alpha_z]\mathfrak{p}_z + [S_x, \beta]m_0 c)$$
$$= -i\hbar c(\alpha_y \mathfrak{p}_z - \alpha_z \mathfrak{p}_y),$$

woraus

$$[S_x, \alpha_x] = [S_x, \beta] = 0, \tag{19a}$$

$$[S_x, \alpha_y] = i\hbar \alpha_z \quad \text{und} \quad [S_x, \alpha_z] = -i\hbar \alpha_y \tag{19b}$$

folgt. (19b) kann nur gelten, wenn S_x die Operatoren α_z und α_y enthält. Andere Operatoren braucht S_x nicht zu enthalten. Wir setzen daher

$$S_x = -i\hbar \alpha_y \alpha_z/2 \text{ zyk}. \tag{20}$$

$\mathfrak{S}$ und $\mathfrak{J}$ erfüllen dann auch die Bedingungen (11.2) und sind daher tatsächlich Drehimpulsoperatoren.

Im Gegensatz zu L^2 ist

$$S^2 = 3\hbar^2/4 \tag{21}$$

konstant. Der Betrag des Spins bleibt also erhalten und kann auch jederzeit genau gemessen werden. Der skalare Operator

$$S_p = \mathfrak{p} \cdot \mathfrak{S}/|\mathfrak{p}| = |\mathfrak{S}| \cos \sphericalangle (\mathfrak{p}, \mathfrak{S}) \tag{22}$$

ist hermitisch und stellt die Komponente des Spins parallel zur Impulsrichtung dar. Aus

$$[\alpha_x \mathfrak{p}_x, \mathfrak{p} \cdot \mathfrak{S}] = i\hbar \mathfrak{p}_x(\mathfrak{p}_y \alpha_z - \mathfrak{p}_z \alpha_y) \text{ zyk}$$

folgt

$$[H, \mathfrak{p} \cdot \mathfrak{S}] = 0. \tag{23}$$

Weiterhin gilt

$$[\mathbf{J}_i, \mathfrak{p} \cdot \mathfrak{S}] = 0 \tag{24}$$

und

$$(\mathfrak{p} \cdot \mathfrak{S})^2 = \mathfrak{p}^2 \hbar^2/4. \tag{25}$$

Die Komponenten des Impulses eines freien Fermions, der Betrag seines Spins und die Spinkomponente parallel zur Bewegungsrichtung sind also Erhaltungsgrößen und können gleichzeitig, zusammen mit der Energie, genau gemessen werden. Die Komponenten des Gesamtdrehimpulses sind ebenfalls Erhaltungsgrößen, sie sind aber nicht gleichzeitig genau meßbar.

Wie in der nichtrelativistischen Quantenmechanik sind für die Komponenten des Impulses alle reellen Zahlen als Eigenwerte möglich. Aus (25) geht hervor, daß eine genaue Messung der Komponente des Spins parallel zur Impulsrichtung nur einen der beiden Werte

$$s_p = \pm \ \hbar/2 \tag{26}$$

ergeben kann. Der Spin eines Teilchens wird dabei entweder parallel oder antiparallel zur Bewegungsrichtung „polarisiert". Die Größe $2s_p/\hbar$ wird auch die *Helizität* des Fermions genannt.

Für die Energie eines freien Fermions ergeben sich aus der Gleichung $\mathbf{H}^2 \Psi = E^2 \Psi$ mit (6) die Eigenwerte

$$E_p = \pm \ c p_0 = \pm \ mc^2, \tag{27}$$

wenn Ψ eine Impulseigenfunktion ist. Für jeden Wert von $\mathfrak{p}$ gibt es daher vier linear unabhängige orthogonale Impulseigenfunktionen, die Eigenfunktionen von $\mathbf{H}$ und $\mathbf{S}_p$ zu den Eigenwerten $c p_0$ und $\pm \ \hbar/2$ bzw. $- c p_0$ und $\pm \ \hbar/2$ sind und die deshalb Elektronen bzw. Positronen mit positiver oder negativer Helizität beschreiben. Der vierkomponentige Spinorraum besteht demnach aus zwei Unterräumen mit der Dimension Zwei.

Aufgabe 13.3. Man beweise die obigen Vertauschungsrelationen, berechne $[\mathbf{J}_i, \mathfrak{p}]$ und $[\mathbf{J}^2, \mathfrak{p}]$ und zeige, daß mit der Definition (20) für den Spinoperator die Gleichungen (17), (18), (19), (21) und (25) gelten. Man prüfe, ob $\mathfrak{S}$ und $\mathfrak{J}$ die charakteristischen Eigenschaften eines Drehimpulsoperators haben.

Nachdem wir aus den allgemeinen Formeln viele Eigenschaften eines Fermions vorausgesagt haben, wollen wir explizite Ausdrücke für die Zustandsvektoren berechnen. Wir suchen Lösungen von (11), die Impuls- und Energieeigenfunktionen sind. Für einen bestimmten Wert $\mathfrak{p}$ des Impulses muß es vier linear unabhängige Spinoren $\Psi_{\mathfrak{p}\nu}$ mit $\nu = 1, 2, 3$ und 4 geben, die die Eigenwertgleichungen

$$\mathfrak{p}_i \Psi_{\mathfrak{p}\nu} = \varepsilon_\nu p_i \Psi_{\mathfrak{p}\nu} \tag{28a}$$

und

$$\mathbf{E}\,\Psi_{\mathbf{p}\nu} = i\,\hbar\,\partial\Psi_{\mathbf{p}\nu}/\partial t = \varepsilon_\nu\,c\,p_0\,\Psi_{\mathbf{p}\nu} \tag{28b}$$

erfüllen, wobei $\varepsilon_1 = \varepsilon_2 = -\varepsilon_3 = -\varepsilon_4 = 1$ ist. Das Minuszeichen für $\nu = 3$ und $\nu = 4$ in (28a) ist physikalisch ohne Bedeutung, da für jede Komponente von $\mathbf{p}$ alle positiven und alle negativen Zahlen zulässig sind; wir verwenden es nur, um im Exponenten von (29) für Raum- und Zeitkoordinaten das Vorzeichen so wie in (3) wählen zu können.

Da $\mathbf{E}$ und die $\mathbf{p}_i$ diagonale Operatoren sind, gelten die Gleichungen (28) nicht nur für die Spinoren $\Psi_{\mathbf{p}\nu}$ selbst, sondern auch für jede einzelne ihrer Komponenten. Deshalb gehen wir mit dem Ansatz

$$\Psi_{\mathbf{p}\nu} = \Psi_\nu e^{i\,\varepsilon_\nu(\mathbf{p}\cdot\mathbf{r} - cp_0 t)/\hbar} \tag{29}$$

in (11) ein. Mit (10) ergibt sich dann die Gleichung

$$(c\,\boldsymbol{\alpha}\cdot\mathbf{p} + \varepsilon_\nu m_0 c^2 \beta)\,\Psi_\nu$$

$$= c \begin{pmatrix} \varepsilon_\nu m_0 c & 0 & p_z & p_- \\ 0 & \varepsilon_\nu m_0 c & p_+ & -p_z \\ p_z & p_- & -\varepsilon_\nu m_0 c & 0 \\ p_+ & -p_z & 0 & -\varepsilon_\nu m_0 c \end{pmatrix} \begin{pmatrix} \psi_1 \\ \psi_2 \\ \psi_3 \\ \psi_4 \end{pmatrix} = c\,p_0 \begin{pmatrix} \psi_1 \\ \psi_2 \\ \psi_3 \\ \psi_4 \end{pmatrix} \tag{30}$$

für die Spinoren Ψ_ν, wenn man die Abkürzungen $p_\pm = p_x \pm i p_y$ verwendet. Setzt man z. B. $\nu = 1$, dann erhält man aus (30) zwei linear unabhängige skalare Gleichungen für die Bestimmung der Komponenten ψ_1 bis ψ_4. Man kann daher z. B. $\psi_1 = 1$, $\psi_2 = 0$ setzen und erhält dann $\psi_3 = c\,p_z/K$ und $\psi_4 = c\,p_+/K$, wenn $K = c\,p_0 + m_0 c^2$ ist. Für den zweiten Spinor setzen wir $\psi_1 = 0$, $\psi_2 = 1$. Für $\nu = 3$ und $\nu = 4$ geben wir $\psi_3 = 1$, $\psi_4 = 0$ und $\psi_3 = 0$, $\psi_4 = 1$ vor. Wir erhalten so die vier orthonormalen Einheitsvektoren im Spinorraum

$$\Psi_1 = N \begin{pmatrix} K \\ 0 \\ c\,p_z \\ c\,p_+ \end{pmatrix}, \qquad \Psi_2 = N \begin{pmatrix} 0 \\ K \\ c\,p_- \\ -c\,p_z \end{pmatrix},$$

$$\Psi_3 = N \begin{pmatrix} -c\,p_z \\ -c\,p_+ \\ K \\ 0 \end{pmatrix}, \qquad \Psi_4 = N \begin{pmatrix} -c\,p_- \\ c\,p_z \\ 0 \\ K \end{pmatrix}, \tag{31}$$

wobei $N^{-1} = c \sqrt{2p_0(p_0 + m_0 c)}$ ist. Häufig werden die Diracspinoren auch auf $\Psi_\nu^\dagger \Psi_\nu = p_0/m_0 c$ anstatt auf 1 normiert.

Die vollständigen Lösungen der Diracgleichung ergeben sich durch Multiplikation der Spinoren Ψ_ν mit dem Exponentialfaktor nach Formel (29). Sie haben die Eigenwerte $\varepsilon_\nu \mathfrak{p}$ für den Impuls und $\varepsilon_\nu c p_0$ für die Energie. Die allgemeinste Lösung Ψ der Diracgleichung erhält man wieder durch Superposition. Im Grenzfall $p \ll m_0 c$ kann man die ersten zwei Komponenten der Spinoren Ψ_1 und Ψ_2 und die letzten zwei Komponenten von Ψ_3 und Ψ_4 vernachlässigen, da sie klein sind. Ψ_1 und Ψ_2 bzw. Ψ_3 und Ψ_4 gehen dadurch in die nichtrelativistischen Spinvektoren (4.79) über.

Die Funktionen $\Psi_{\mathfrak{p}\nu}$ sind keine Eigenfunktionen des Operators $\mathbf{S}_p$. Diese ergeben sich durch passende Linearkombination, z. B.

$$\Psi \sim \begin{pmatrix} 1 + p_z/p \\ p_+/p \\ c(p_z + p)/K \\ c p_+/K \end{pmatrix} e^{i(\mathfrak{p} \cdot \mathfrak{r} - p_0 ct)/\hbar}. \tag{32}$$

Für Fermionen müssen Wahrscheinlichkeits- und Teilchenstromdichte durch

$$\varrho = \Psi^\dagger \Psi \quad \text{und} \quad \mathfrak{j} = c \Psi^\dagger \alpha \Psi \tag{33}$$

definiert werden.

Aufgabe 13.4. Man leite (30) aus (11) her und zeige, daß die Funktionen $\Psi_{\mathfrak{p}\nu}$ orthonormal und Lösungen von (11) sind. Man beweise, daß (32) eine Eigenfunktion der Operatoren $\mathbf{H}$, $\mathfrak{p}$ und $\mathbf{S}_p$ zu den Eigenwerten $c p_0$, $\mathfrak{p}$ und $\hbar/2$ ist. Mit Hilfe von Gleichung (11) und der dazu komplex konjugierten Gleichung zeige man, daß die Kontinuitätsgleichung für die durch (33) definierten Größen erfüllt ist.

13.4 Die Foldy-Wouthuysen-Transformation

Die bisher verwendete „Diracdarstellung" (5) für den Operator $\mathbf{H}$ hat verschiedene Schönheitsfehler:

1. Sie sagt aus: Wegen

$$\mathfrak{v} = -i[\mathfrak{r}, \mathbf{H}]/\hbar = c\alpha$$

ist $\mathbf{v}_x^2 = (c\alpha_x)^2 = c^2$ zyk. Die Unschärfe einer beliebigen Komponente der Geschwindigkeit ist also von derselben Größenordnung wie die Lichtgeschwindigkeit. Da $[\mathbf{v}_x, \mathbf{v}_y] = c^2[\alpha_x, \alpha_y] \neq 0$ ist, können zwei Komponenten der Geschwindigkeit nicht zugleich genau gemessen werden.

2. Die Operatoren $\mathfrak{L}$ und $\mathfrak{S}$ sind nicht mit $\mathbf{H}$ vertauschbar, und $\mathbf{H}$ ist nicht diagonal.

3. Da ein freies Teilchen nicht von Eigenzuständen mit positiver Energie in solche mit negativer Energie übergehen kann und umgekehrt, solange man Wechselwirkungen ausschließt, müssen die entsprechenden Zustandsvektoren voneinander unabhängig sein. Es muß deshalb eine Darstellung geben, in der diese Zustandsvektoren völlig entkoppelt sind, das heißt, in der z. B. die letzten zwei Komponenten von Zustandsvektoren mit positiver Energie Null sind, während für Zustandsvektoren zu negativen Energieeigenwerten nur die letzten zwei Komponenten von Null verschieden sind. Dies ist bei den Lösungen (31) der Spinorgleichung nicht der Fall.

Diese Tatsachen veranlaßten FOLDY und WOUTHUYSEN, (5) und (31) durch eine unitäre Transformation mit

$$\mathbf{U} = \frac{m_0 c^2 + c\mathbf{p}_0 + c\beta\alpha \cdot \mathbf{p}}{(2c\mathbf{p}_0(c\mathbf{p}_0 + m_0 c^2))^{1/2}} \tag{34}$$

in die Form

$$\mathbf{H}' = \mathbf{U}\mathbf{H}\mathbf{U}^\dagger = \beta c\mathbf{p}_0 \quad \text{und} \quad \Psi' = \mathbf{U}\Psi \tag{35}$$

mit

$$\mathbf{p}_0 = (\mathbf{p}^2 + m_0^2 c^2)^{1/2}$$

zu bringen. $\mathbf{H}'$ und die Eigenfunktionen $\Psi_{\mathbf{p}\pm}^{\pm}$ von $\mathbf{H}'$ und S'_{Fz} sind in dieser „Foldy-Wouthuysen-Darstellung" diagonal, wenn man die Definition (20) auch für den Spinoperator $\mathfrak{S}'_F$ verwendet. Dann ist nämlich

$$\Psi_{\mathbf{p}+}^{+} = \psi_{\mathbf{p}+}\begin{pmatrix} 1 \\ 0 \\ 0 \\ 0 \end{pmatrix}, \qquad \Psi_{\mathbf{p}+}^{-} = \psi_{\mathbf{p}+}\begin{pmatrix} 0 \\ 1 \\ 0 \\ 0 \end{pmatrix},$$

$$\Psi_{\mathbf{p}-}^{+} = \psi_{\mathbf{p}-}\begin{pmatrix} 0 \\ 0 \\ 1 \\ 0 \end{pmatrix}, \qquad \Psi_{\mathbf{p}-}^{-} = \psi_{\mathbf{p}-}\begin{pmatrix} 0 \\ 0 \\ 0 \\ 1 \end{pmatrix}. \tag{36}$$

Alle Eigenfunktionen von $\mathbf{H}'$ mit positiven bzw. negativen Eigenwerten ergeben sich durch Linearkombination

$$\Psi_{\mathbf{p}+} = a\,\Psi_{\mathbf{p}+}^{+} + b\,\Psi_{\mathbf{p}+}^{-}, \quad \text{bzw.} \quad \Psi_{\mathbf{p}-} = c\,\Psi_{\mathbf{p}-}^{+} + d\,\Psi_{\mathbf{p}-}^{-}. \tag{37}$$

Jede Lösung Ψ' der Wellengleichung $\mathbf{H}'\Psi' = E\Psi'$ kann mit Hilfe der Operatoren

$$\mathbf{M}_\pm = (\mathbf{I} \pm \beta)/2$$

in einen Anteil $\Psi'_+ = \mathbf{M}_+\Psi'$ mit positiver und einen Anteil $\Psi'_- = \mathbf{M}_-\Psi'$ mit negativer Energie zerlegt werden. $\mathbf{M}_+(\mathbf{M}_-)$ werden Projektionsoperatoren genannt, da sie die Projektion des Zustandsvektors Ψ' auf die ersten (letzten) zwei Achsen des vierdimensionalen Spinorraumes liefern, ähnlich wie sich z. B. durch Multiplikation eines Vektors $\mathfrak{u}$ im geometrischen Raum mit der dreidimensionalen Matrix $A_{ij} = \delta_{i3}\delta_{j3}$ die Projektion von $\mathfrak{u}$ auf die z-Achse ergibt.

$\mathfrak{S}'_F$ und $\mathfrak{L}'_F = \mathfrak{r} \times \mathfrak{p}$ sind mit $\mathbf{H}'$ vertauschbar, daher sind $\mathfrak{L}_F$ und $\mathfrak{S}_F$ unabhängig voneinander Erhaltungsgrößen und werden als der mittlere Bahndrehimpuls und Spin gedeutet. Weiter ist

$$\mathfrak{v}'_F = -\,i[\mathfrak{r}, \mathbf{H}']/\hbar = \mathfrak{p}\mathbf{H}'/\mathfrak{p}_0^2, \tag{38}$$

also

$$\mathfrak{v}'_F\,\Psi_{\mathfrak{p}\pm} = (\pm\mathfrak{p}/m)\,\Psi_{\mathfrak{p}\pm}, \tag{39}$$

so daß $\mathfrak{v}'_F$ als Operator der „mittleren Geschwindigkeit" bezeichnet wird. Durch Rücktransformation erhält man in der Diracdarstellung die entsprechenden Operatoren

$$\mathfrak{S}_F = \mathbf{U}^\dagger\mathfrak{S}'_F\mathbf{U} = \mathfrak{S} - \frac{i\beta c\alpha \times \mathfrak{p}}{c\mathfrak{p}_0} - \frac{2c^2\mathfrak{p} \times (\mathfrak{S} \times \mathfrak{p})/\hbar}{c\mathfrak{p}_0(c\mathfrak{p}_0 + m_0c^2)}, \tag{40}$$

$$\mathfrak{r}_F = \mathbf{U}^\dagger\mathfrak{r}\,\mathbf{U} = \mathfrak{r} + \frac{i\hbar\beta\alpha}{2\mathfrak{p}_0} + \frac{2\,|\mathfrak{p}|\,\mathfrak{S} \times \mathfrak{p} - i\hbar\beta\mathfrak{p}(\alpha \cdot \mathfrak{p})}{2c^2\,|\mathfrak{p}|\,\mathfrak{p}_0(\mathfrak{p}_0 + m_0c)}, \tag{41}$$

$$\mathfrak{p}_F = \mathfrak{p}, \qquad \mathfrak{L}_F = \mathfrak{r}_F \times \mathfrak{p} \quad \text{und} \quad \mathfrak{v}_F = \mathfrak{p}\mathbf{H}/\mathfrak{p}_0^2. \tag{42}$$

Die Vertauschungsregeln $[\mathbf{x}'_F, \mathbf{y}'_F] = [x, y] = 0$, $[\mathbf{x}'_F, \mathbf{p}_x] = i\hbar$, $[\mathfrak{L}'_F, \mathbf{H}'] = 0$ usw. gelten selbstverständlich auch zwischen den entsprechenden Operatoren $\mathbf{H}$ und $\mathfrak{r}_F, \mathfrak{L}_F, \mathfrak{S}_F$ usw. in der Diracdarstellung. Diese Operatoren stellen daher die „mittlere" Koordinate, den „mittleren" Bahndrehimpuls usw. des Fermions dar.

13.5 Die Wechselwirkung zwischen Spin und Bahndrehimpuls

Befindet sich ein Teilchen in einem Potentialfeld, dann ist die relativistische Formel für seine Energie $E = mc^2 + V_{(\mathfrak{r})}$. Für ein Elektron muß man dementsprechend an Stelle von (5) den Hamiltonoperator

$$\mathbf{H} = c\alpha \cdot \mathfrak{p} + m_0c^2\beta + V_{(\mathfrak{r})} \tag{43}$$

verwenden. Handelt es sich um ein Coulombfeld mit $V_{(\mathfrak{r})} = -\,Ze^2/r$, dann kann man in der Wellengleichung wieder die Variablen r, Θ und Φ trennen und nach längerer Rechnung die exakten Lösungen auf ähnliche Art wie in Kapitel 3 finden. Für das Wasserstoffatom erhält man dabei Energieeigenwerte, die mit den spektroskopisch gefundenen sehr gut übereinstimmen.

Wir beschränken uns darauf, die nichtrelativistische Näherung von (43) für ein beliebiges kugelsymmetrisches Potential zu finden. Dazu ist es vorteilhaft, von der vierkomponentigen auf eine zweikomponentige Schreibweise überzugehen: Man kann die Vertauschungsregeln (8) durch den Ansatz

$$\alpha_j = \begin{pmatrix} 0 & \sigma_j \\ \sigma_j & 0 \end{pmatrix} \quad \text{und} \quad \beta = \begin{pmatrix} \mathbf{I} & 0 \\ 0 & -\mathbf{I} \end{pmatrix} \tag{44}$$

erfüllen, wenn $\mathbf{0}$ und $\mathbf{I}$ die Matrizen

$$\mathbf{0} = \begin{pmatrix} 0 & 0 \\ 0 & 0 \end{pmatrix} \quad \text{und} \quad \mathbf{I} = \begin{pmatrix} 1 & 0 \\ 0 & 1 \end{pmatrix}$$

sind und wenn die zweidimensionalen quadratischen Matrizen σ_j den Gleichungen

$$\sigma_j^2 = \mathbf{I} \quad \text{und} \quad \sigma \times \sigma = 2i\sigma \quad \text{mit} \quad \sigma \equiv (\sigma_x, \sigma_y, \sigma_z) \tag{45}$$

genügen. Wählt man die Darstellung (10), dann ist z. B.

$$\sigma = \begin{pmatrix} (0, 0, 1) & (1, -i, 0) \\ (1, i, 0) & (0, 0, -1) \end{pmatrix} = 2\mathfrak{S}/\hbar. \tag{46}$$

Hier bezeichnet $\mathfrak{S}$ den durch (4.76) definierten zweidimensionalen Spinoperator. Setzt man schließlich für den Zustandsvektor des Elektrons

$$\Psi = \begin{pmatrix} \Psi_a \\ \Psi_b \end{pmatrix} \quad \text{mit} \quad \Psi_a = \begin{pmatrix} \psi_1 \\ \psi_2 \end{pmatrix} \quad \text{und} \quad \Psi_b = \begin{pmatrix} \psi_3 \\ \psi_4 \end{pmatrix}, \tag{47}$$

so ergeben sich aus der zeitunabhängigen Spinorgleichung

$$c\alpha \cdot \mathfrak{p}\, \Psi = (E - m_0 c^2 \beta - V_{(r)})\, \Psi \tag{48}$$

die beiden Beziehungen

$$c\sigma \cdot \mathfrak{p}\, \Psi_b = (E - m_0 c^2 - V)\, \Psi_a \tag{49}$$

und

$$c\sigma \cdot \mathfrak{p}\, \Psi_a = (E + m_0 c^2 + V)\, \Psi_b. \tag{50}$$

Für $T \ll E$ folgt aus $E \approx m_0 c^2 + T$, daß $|\Psi_b| \ll |\Psi_a|$ ist, so daß Ψ_b physikalisch uninteressant ist. Wir benötigen also nur die Gleichung für Ψ_a. Um sie zu finden, multiplizieren wir (50) von links mit $c\sigma \cdot \mathfrak{p}$. Dies liefert

$$c^2 (\sigma \cdot \mathfrak{p})^2 \Psi_a = \big((E + m_0 c^2 + V) c\sigma \cdot \mathfrak{p} + c\sigma \cdot (\mathfrak{p}\, V) \big)\, \Psi_b. \tag{51}$$

Daraus folgt mit (49), (50) und $(\sigma \cdot \mathfrak{p})^2 = \mathfrak{p}^2$

$$\left(c^2 \mathfrak{p}^2 - (E + m_0 c^2 + V)\,(E - m_0 c^2 - V)\right)\Psi_a = \frac{c^2 (\sigma \cdot \mathfrak{p}\,V)\sigma \cdot \mathfrak{p}\,\Psi_a}{E + m_0 c^2 + V}\,. \qquad (52)$$

Setzt man $E = E' + m_0 c^2$, so ist $E' \ll E$ und für die linke Seite von (52) ergibt sich die nichtrelativistische Näherung

$$2 m_0 c^2 (\mathfrak{p}^2/2 m_0 - E' + V)\,\Psi_a\,.$$

Weiter ist

$$\mathfrak{p}\,V_{(r)} = -\,i\hbar\,\frac{dV}{dr}\,\nabla r = -\,i\hbar\,\frac{dV}{dr}\,\frac{\mathfrak{r}}{r}$$

und

$$(\sigma \cdot \mathfrak{r})\,(\sigma \cdot \mathfrak{p}) = i\sigma \cdot \mathfrak{r} \times \mathfrak{p} + \mathfrak{r} \cdot \mathfrak{p}\,,$$

und man erhält schließlich mit $\mathfrak{r} \cdot \nabla = r\,\partial/\partial r$ die Gleichung

$$\left\{\frac{\mathfrak{p}^2}{2 m_0} + V + \frac{\hbar}{4 m_0^2 c^2 r}\,\frac{dV}{dr}\left(\sigma \cdot \mathfrak{L} - \hbar r\,\frac{\partial}{\partial r}\right) - E'\right\}\Psi_a = 0\,. \qquad (53)$$

E' ist die nichtrelativistische Gesamtenergie des Teilchens.

Der vorletzte Ausdruck in (53) interessiert uns nicht weiter, da er weder den Spin noch den Bahndrehimpuls des Teilchens enthält. Er bewirkt z. B. eine Verschiebung aller Energieniveaus E_n eines Wasserstoffatoms, nicht aber eine Aufspaltung derselben. Der dritte Summand dagegen, der proportional zu $\mathfrak{L} \cdot \sigma$ ist, ergibt sich aus der Wechselwirkung zwischen Spin und Bahndrehimpuls. Er führt zur Aufspaltung aller Energieniveaus eines Leuchtelektrons mit gleicher Haupt-, aber verschiedener Nebenquantenzahl durch das Coulombfeld des Atomkerns.

Nach (53) ist die Wechselwirkung zwischen Spin und Bahndrehimpuls auch vorhanden, wenn sich ein Fermion nicht in einem elektrischen, sondern z. B. in einem Gravitationsfeld bewegt, für das $\partial V/\partial r \neq 0$ ist. Andere als elektromagnetische Felder sind allerdings in der Regel sehr schwach, so daß $\partial V/\partial r$ sehr klein ist und sich das Teilchen fast geradlinig bewegt. In einem solchen Fall kann die Wechselwirkung zwischen Spin und Bahndrehimpuls fast immer vernachlässigt werden. Im Gegensatz zur nichtrelativistischen Quantentheorie ist die Wechselwirkung zwischen $\mathfrak{L}$ und $\mathfrak{S}$ in der Diracgleichung schon von vornherein enthalten.

13.6 Fermionen in magnetischen Feldern

Befindet sich ein Fermion in einem Magnetfeld, das nach (9.2) durch ein Vektorpotential $\mathfrak{A}$ gegeben ist, dann muß man in (5) den Operator $\mathfrak{p}$ durch $\mathfrak{P} = \mathfrak{p} - Q\mathfrak{A}/c$ ersetzen. Man erhält so den Hamiltonoperator

$$\mathbf{H} = c\alpha \cdot (\mathfrak{p} - Q\mathfrak{A}/c) + m_0 c^2 \beta\,. \qquad (54)$$

Selbstverständlich ist $\mathfrak{A}_{(\mathfrak{r},t)}$ mit α und β vertauschbar.

Nach (9.6) muß die nichtrelativistische Näherung von (54) den Operator $\mathbf{P}^2/2m_0$ enthalten. Daneben liefert sie noch einen Ausdruck, der proportional zu $\mathfrak{S} \cdot \mathfrak{H}$ ist und der der Wechselwirkung zwischen dem Magnetfeld und dem durch den Spin erzeugten magnetischen Moment entspricht. Um dies zu zeigen, zerlegen wir $\mathbf{H}$ in den Anteil $m_0 c^2$, der die Ruhenergie darstellt, und einen Anteil $\mathbf{H}_n$, der die nichtrelativistischen Glieder enthält, also

$$\mathbf{H} = c\alpha \cdot \mathfrak{P} + m_0 c^2 \beta = m_0 c^2 + \mathbf{H}_n. \tag{55}$$

Dividiert man (55) durch c und quadriert man beide Seiten, so ergibt sich mit (8) die Gleichung

$$(\alpha \cdot \mathfrak{P})^2 = 2m_0 \mathbf{H}_n + \mathbf{H}_n^2/c^2, \tag{56}$$

da $\beta\alpha \cdot \mathfrak{P} + \alpha \cdot \mathfrak{P}\beta = 0$ ist. In der nichtrelativistischen Näherung muß jeder Beitrag von $\mathbf{H}_n$ viel kleiner als $2m_0 c^2$ sein, so daß man das letzte Glied in (56) vernachlässigen kann. Weiter ist

$$(\alpha_x \mathbf{P}_x + \alpha_y \mathbf{P}_y + \alpha_z \mathbf{P}_z)^2 = \mathbf{P}^2 + \alpha_x \alpha_y \mathbf{P}_x \mathbf{P}_y + \alpha_y \alpha_x \mathbf{P}_y \mathbf{P}_x + \cdots$$
$$= \mathbf{P}^2 + \alpha_x \alpha_y [\mathbf{P}_x, \mathbf{P}_y] + \cdots.$$

Mit (9.17) und (20) ergibt sich schließlich

$$(\alpha \cdot \mathfrak{P})^2 = \mathbf{P}^2 - 2Q\mathfrak{S} \cdot \mathfrak{H}/c. \tag{57}$$

Für ein Elektron ist $Q - - e$, und man erhält

$$\mathbf{H}_n \approx \mathbf{P}^2/2m_0 + e\mathfrak{S} \cdot \mathfrak{H}/m_0 c. \tag{58}$$

Aus (54) folgt also ohne jede zusätzliche Annahme, daß mit dem Spin eines Elektrons in einem Magnetfeld $\mathfrak{H}$ eine Wechselwirkungsenergie verbunden ist, die proportional zu der Spinkomponente in Feldrichtung ist. Da diese Komponente jedoch nur die beiden Werte $\pm\hbar/2$ haben kann, muß dem Elektron ein magnetisches Moment vom Betrag

$$M_s = \sqrt{3/4}\, \hbar e/m_0 c \tag{59}$$

zugeschrieben werden.

Die Definitionen (33) ändern sich nicht, wenn ein Magnetfeld vorhanden ist, solange $\mathfrak{A}$ hermitisch ist. Auch die Beziehung $\mathfrak{v} = c\alpha$ bleibt gültig.

14. Quantenfeldtheorie

Bisher sind wir bei der Quantisierung eines Systems stets von den Ausdrücken ausgegangen, die in der Mechanik für Massenpunkte verwendet werden. In einigen Fällen haben wir auch die Einwirkung eines elektromagnetischen Feldes auf die Bahn eines Elementarteilchens berücksichtigt; die Rückwirkung eines Elementarteilchens auf das Feld haben wir aber nicht in unsere Theorie einbezogen. Wir haben auch die Methoden der Quantentheorie nicht auf die Beschreibung des Feldes selbst angewandt.

Wir nahmen an, daß die Quantentheorie die Grundlage für die Beschreibung *aller* physikalischen Erscheinungen bildet. Deshalb muß es möglich sein, auch das elektromagnetische Feld zu quantisieren, indem man den Feldstärken entsprechende Operatoren einführt und einen passenden Hamiltonoperator wählt. Dann kann man einen Zustandsvektor des Feldes angeben und für diesen mit Hilfe der Operatoren Erwartungswerte für die Feldstärken berechnen. Für diese Erwartungswerte müssen selbstverständlich die Maxwellschen Gleichungen erfüllt sein.

Die Methoden der Quantenfeldtheorie müßten folgerichtig auch auf das Gravitationsfeld angewendet werden. Darauf können wir jedoch nicht eingehen. Auch die Wahrscheinlichkeitsfunktion ϱ der Quantenmechanik ist eine kontinuierliche Funktion in Raum und Zeit und stellt ein „Feld" im Sinne der klassischen Physik dar, für dessen Amplitude die Wellengleichungen (2.16), (13.2) oder (13.11) gelten und das mit den Methoden der Quantenfeldtheorie behandelt werden kann.

Im allgemeinen besteht gute Übereinstimmung zwischen den mit Hilfe der Quantenfeldtheorie berechneten und den experimentell gemessenen Werten für Streuquerschnitte und Bindungsenergien. In einigen Fällen, in denen die Voraussagen der Quantenmechanik nicht ganz mit den Meßergebnissen übereinstimmen, ist es sogar gelungen, die Unterschiede mit Hilfe der Quantenfeldtheorie zu erklären. Für eine Theorie, mit der man auch die richtigen Werte für die Ruhmassen von Elementarteilchen berechnen könnte, sind aber erst einige Ansätze vorhanden. Auch Fragen erkenntnistheoretischer Art sind noch offen.

Wir werden in Abschnitt 14.2 ein Feld quantisieren, das durch die Klein-Gordongleichung beschrieben wird, und in den beiden letzten Abschnitten auch die Quantisierung des elektromagnetischen und des Fermionenfeldes durchführen. Dazu ist es notwendig, sich mit dem Formalismus der Teilchenzahldarstellung vertraut zu machen.

14.1 Die Teilchenzahldarstellung

In der Quantentheorie kann ein Mehrteilchensystem z. B. durch Angabe seiner Wellenfunktion in der Differentialdarstellung beschrieben werden. Kennt man andererseits einen vollständigen Satz von Eigenfunktionen für den Hamiltonoperator des Systems in einer beliebigen Darstellung, dann kann man dieses auch charakterisieren, indem man für jeden der Energieeigenzustände die Wahrscheinlichkeit angibt, mit der ein Teilchen in diesem Eigenzustand gefunden wird (siehe Abschnitt 4.6). Diese Wahrscheinlichkeiten werden auch *Besetzungszahlen* genannt, wenn sie ganzzahlig sind. Besteht ein System z. B. aus je einem Wasserstoffatom in den Zuständen mit den Quantenzahlen 1, 0, 0 und 2, 0, 0, dann ergäben sich für die Energieeigenzustände $\psi_{1,0,0}$ und $\psi_{2,0,0}$ die Besetzungszahlen Eins, $n_{1,0,0} = n_{2,0,0} = 1$, während die Besetzungszahlen für alle anderen ψ_{nlm} Null wären. Diese Art der Darstellung durch Angabe der Besetzungszahlen wird *Teilchenzahldarstellung* genannt. Die Zustandsvektoren enthalten außer den Besetzungszahlen keine weitere Information über das System.

Wir beschränken uns vorläufig auf Systeme, in denen alle vorhandenen Teilchen in demselben Zustand sind. Dabei könnte man z. B. an Photonen denken, die alle dieselbe Energie $E_p = h\nu$ haben und die sich alle im Vakuum parallel zur z-Achse bewegen. Teilchen mit anderem Impuls als $\mathfrak{p} = (0, 0, h\nu/c)$ sollen nicht vorkommen. Die verschiedenen Möglichkeiten für die Polarisation der Photonen lassen wir außer acht. Dann sind alle Teilchen gleichwertig, und der Zustand des Systems ist durch Angabe einer einzigen Besetzungszahl charakterisiert.

In der Teilchenzahldarstellung wird meist die folgende Notation benutzt: Statt des Zeichens ψ wird für den Zustandsvektor eines Systems von n gleichwertigen Teilchen das Symbol $[n\rangle$ verwendet. Sind also z. B. ein Photon, drei Photonen bzw. kein einziges Photon mit dem Impuls $\mathfrak{p}$ vorhanden, dann wird der Zustandsvektor in der Teilchenzahldarstellung durch die Symbole $[1\rangle$, $[3\rangle$ bzw. $[0\rangle$ bezeichnet. Die Zustandsvektoren $[n\rangle$ sind Eigenfunktionen des Teilchenzahloperators $\mathbf{N}$ zu verschiedenen Eigenwerten und müssen deshalb orthogonal sein. Sie können auch normiert werden. Für $([n\rangle)^\dagger$ wird das Zeichen $\langle n]$, für das Skalarprodukt von $[n\rangle$ und $[n'\rangle$ die Abkürzung $\langle n][n'\rangle$ verwendet. Die Bedingung für die Normierung und Orthogonalität der Zustandsvektoren lautet dann

$$\langle n][n'\rangle = \delta_{nn'}, \tag{1}$$

während sich für den Erwartungswert der Teilchenzahl der Ausdruck

$$\langle N\rangle = \langle n]\mathbf{N}[n\rangle = n \tag{2}$$

ergibt. Um die Erwartungswerte für Energie und Impuls des Systems zu berechnen, sind die Operatoren $\mathbf{H} = \mathbf{N}E_p$ und $\mathfrak{p} = \mathbf{N}\mathfrak{p}$ zu verwenden, wobei E_p und $\mathfrak{p}$ konstant und gleich Energie und Impuls eines Teilchens sind.

Die maßgebenden Funktionen sind also jetzt die Zustandsvektoren $[n\rangle$ und der Operator $\mathbf{N}$. Für eine explizite Darstellung der ersteren im Heisenbergbild können z. B. die Vektoren

$$[0\rangle = \begin{pmatrix} 1 \\ 0 \\ 0 \\ 0 \\ \cdot \\ \cdot \end{pmatrix}, \quad [1\rangle = \begin{pmatrix} 0 \\ 1 \\ 0 \\ 0 \\ \cdot \\ \cdot \end{pmatrix}, \quad [2\rangle = \begin{pmatrix} 0 \\ 0 \\ 1 \\ 0 \\ \cdot \end{pmatrix} \quad \text{usw.} \tag{3}$$

gewählt werden. Dann ist der Operator für die Teilchenzahl durch $\mathbf{N} = \mathbf{N}_a = \mathbf{a}^\dagger \mathbf{a}$ zu definieren, wenn $\mathbf{a}$ durch (5.54) gegeben wird. Die Zustandsvektoren im Schrödingerbild erhält man aus (3) durch Multiplikation mit dem Faktor $\exp\left(-\,in E_p t/\hbar\right)$.

Natürlich ist die physikalische Bedeutung von $[n\rangle$, $\mathbf{a}$ und $\mathbf{a}^\dagger$ hier nicht die gleiche wie in Abschnitt 5.5, obwohl es sich in beiden Fällen um dieselben mathematischen Ausdrücke handelt. In Abschnitt 5.5 stellt die Funktion $[n\rangle = (\mathbf{a}^\dagger)^n [0\rangle / \sqrt{n!}$ ein einzelnes Teilchen dar, das sich im n-ten angeregten Zustand befindet. Hier verwenden wir $[n\rangle$ als Zustandsvektor für ein System von n gleichwertigen Photonen. Wird eines dieser Photonen absorbiert, dann wird dieser Vorgang durch $\mathbf{a}[n\rangle$ dargestellt, so daß $\mathbf{a}$ bzw. $\mathbf{a}^\dagger$ ein *Vernichtungs-* bzw. *Erzeugungsoperator* für ein Photon mit dem Impuls $\mathfrak{p}$ ist, während dieselben Ausdrücke in Abschnitt 5.5 als „Anregungsoperatoren" anzusprechen sind.

Aufgabe 14.1. In der durch (3) definierten Darstellung berechne man für $[0\rangle$ und $[4\rangle$ explizit die Eigen- und Erwartungswerte für die Größen N_a, $\mathfrak{p}$ und H.

Die durch (3) gegebene Teilchenzahldarstellung kann für ein System gleichwertiger Teilchen auch verwendet werden, wenn es sich nicht um Photonen, sondern um andere Bosonen handelt. Natürlich sind die Ausdrücke für $\mathfrak{p}$, $\mathbf{H}$ usw. dann entsprechend zu modifizieren. Für Fermionen dagegen ist diese Darstellung nicht geeignet, da die Besetzungszahl für die Vektoren (3) beliebige ganzzahlige, positive reelle Werte annehmen kann. Nach dem Pauliprinzip, das durch alle Experimente bestätigt wird, kann aber die Anzahl der Elektronen, Protonen usw., die sich in ein und demselben Zustand befinden, nur Null oder Eins sein. Deshalb ist für Fermionen statt (3) die Darstellung

$$[0\rangle = \begin{pmatrix} 1 \\ 0 \end{pmatrix}, \quad [1\rangle = \begin{pmatrix} 0 \\ 1 \end{pmatrix}, \quad \mathbf{N}_b = \mathbf{b}^\dagger \mathbf{b} \quad \text{mit} \quad \mathbf{b} = \begin{pmatrix} 0 & 1 \\ 0 & 0 \end{pmatrix} \tag{4}$$

zu verwenden, die diese Bedingungen erfüllt. Da $N_b^2 = N_b$ ist, kann es nämlich zu N_b nur die Eigenwerte Null und Eins geben. Die Operatoren für Energie und Impuls haben dieselbe Form wie für ein System von Bosonen.

In der Quantenfeldtheorie ist es nicht üblich, in den Rechnungen eine explizite Darstellung für Zustandsvektoren und Operatoren zu verwenden. Statt dessen rechnet man stets mit Operatorgleichungen. Alle Eigenschaften eines Systems gleichwertiger Teilchen, die miteinander keine Wechselwirkungen haben, können nämlich bereits ganz allgemein durch die folgenden Definitionen festgelegt werden:

1. Für ein System von gleichwertigen Bosonen wird ein Operator **a** durch

$$[\mathbf{a}, \mathbf{a}^\dagger] = 1 \tag{5}$$

definiert, wobei $\mathbf{a}^\dagger$ der zu **a** hermitisch konjugierte Operator ist.

2. Es gibt eine Funktion $[0\rangle$, für die gilt:

$$\langle 0 | [0\rangle = 1 \quad \text{und} \quad \mathbf{a}[0\rangle = 0. \tag{6}$$

3. Der Operator

$$\mathbf{N}_a = \mathbf{a}^\dagger \mathbf{a} \tag{7}$$

entspricht der Teilchenzahl.

Aus (5) bis (7) folgt, daß der Operator N_a hermitisch ist und die orthonormalen Eigenfunktionen

$$[n\rangle = (\mathbf{a}^\dagger)^n [0\rangle / \sqrt{n!} \tag{8}$$

hat. Sie bilden ein vollständiges System und können im HB als Zustandsvektoren verwendet werden. Die entsprechenden Wellenfunktionen im SB wären $\exp(-inE_p t/\hbar)|n\rangle$, wenn E_p die Energie eines einzelnen Teilchens ist. Im Zustand $[0\rangle$ ist kein einziges Teilchen vorhanden, er wird deshalb auch *„Vakuum"* genannt. Sind $\mathfrak{p}$ der Impuls und Q die Ladung eines Teilchens, dann entsprechen die Operatoren $\mathfrak{p} = \mathbf{N}_a \mathfrak{p}$, $\mathbf{Q} = \mathbf{N}_a Q$ und $\mathbf{H} = \mathbf{N}_a E_p$ dem gesamten Impuls, der gesamten Ladung und der gesamten Energie.

Für Fermionen ist statt **a** ein Operator **b** durch

$$[\mathbf{b}, \mathbf{b}^\dagger]_+ = 1 \tag{9}$$

zu definieren und in den übrigen Ausdrücken **a** durch **b** zu ersetzen.

Aufgabe 14.2. Mit Hilfe der Definitionen 1 bis 3 beweise man die Richtigkeit der folgenden Behauptungen: $\mathbf{a}^\dagger$ ($\mathbf{b}^\dagger$) ist ein Erzeugungsoperator für ein Boson (Fermion); die maximale Anzahl der Teilchen ist ∞ (1); die Funktionen (8) sind orthonormal; ein durch $[n\rangle$ dargestelltes System enthält n Teilchen. Man prüfe, ob die durch (3) und (4) explizit gegebenen Zustandsvektoren und Operatoren die Definitionen 1 bis 3 erfüllen.

Für ein System, das verschiedenartige Bosonen enthält, die sich in verschiedenen Zuständen befinden und die keine Wechselwirkungen miteinander haben, sind die Definitionen 1 bis 3 zu verallgemeinern (wir verwenden die Indizes f und g, um verschiedenartige Bosonen bzw. verschiedene Zustände zu unterscheiden):

1a. Die Operatoren $\mathbf{a}_{fg}$ erfüllen die Vertauschungsrelationen

$$[\mathbf{a}_{fg}, \mathbf{a}_{f'g'}^{\dagger}] = \delta_{ff'}\delta_{gg'}, \qquad [\mathbf{a}_{fg}, \mathbf{a}_{f'g'}] = [\mathbf{a}_{fg}^{\dagger}, \mathbf{a}_{f'g'}^{\dagger}] = 0. \qquad (10\,\mathrm{a})$$

2a. Für die Funktion $[0\rangle$ gilt

$$\langle 0][0\rangle = 1 \quad \text{und} \quad \mathbf{a}_{fg}[0\rangle = 0 \quad \text{für alle } f \text{ und } g. \qquad (11)$$

3a. $$\mathbf{N}_{fg} = \mathbf{a}_{fg}^{\dagger}\mathbf{a}_{fg} \qquad (12)$$

ist der Operator für die Zahl der Bosonen vom Typ f im Zustand g.

Wir werden uns wieder mit Teilchen in einem Eigenzustand des Impulses befassen, wobei wir uns zur Veranschaulichung vorstellen können, daß für diesen nur diskrete Werte möglich sind, die wir durch den Index g unterscheiden. Der Übergang zum kontinuierlichen Spektrum der Impulswerte ergibt sich, wenn man die Anzahl der diskreten Werte gegen Unendlich und ihre Abstände gegen Null gehen läßt. Natürlich könnte sich g aber auch auf Eigenzustände des Drehimpulses usw. beziehen. In einem konkreten Fall können z. B. unpolarisierte Photonen durch $f = 1$ und Mesonen durch $f = 2$ unterschieden werden, während sich g auf die ∞^3 verschiedenen jeweils für den Impuls möglichen Werte bezieht.

Die orthonormalen Eigenfunktionen der Operatoren $\mathbf{N}_{fg}$ sind Zustandsvektoren im HB, die n_{11}, n_{12} usw. Teilchen vom Typ 1 im Zustand 1, 2 usw., n_{21}, n_{22} usw. Teilchen vom Typ 2 im Zustand 1, 2 usw. darstellen. Sie können in der Form

$$[j\rangle = [n_{11}, n_{12}, \ldots\rangle = \frac{(\mathbf{a}_{11}^{\dagger})^{n_{11}}(\mathbf{a}_{12}^{\dagger})^{n_{12}}\ldots}{\sqrt{n_{11}!\, n_{12}!\ldots}}\, [0\rangle \qquad (13)$$

geschrieben werden. Wegen (10a) und (11) gilt

$$\mathbf{a}_{fg}[n_{11}, \ldots, n_{fg}, \ldots\rangle = \sqrt{n_{fg}}\ [n_{11}, \ldots, n_{fg} - 1, \ldots\rangle \qquad (14)$$

und

$$\mathbf{a}_{fg}^{\dagger}[n_{11}, \ldots, n_{fg}, \ldots\rangle = \sqrt{n_{fg} + 1}\ [n_{11}, \ldots, n_{fg} + 1, \ldots\rangle. \qquad (15\,\mathrm{a})$$

Aus den Funktionen $[j\rangle$ können durch Überlagerung neue, normierte Zustandsvektoren

$$[\,\rangle = \sum_j c_j[j\rangle \quad \text{mit} \quad \sum_j |c_j|^2 = 1 \qquad (16)$$

gebildet werden. $|c_j|^2$ stellt dann die Wahrscheinlichkeit dar, daß sich das System im Zustand $[j\rangle$ befindet.

Der Operator $\mathbf{a}_{fg}^\dagger$ ist ein Erzeugungsoperator für ein Teilchen vom Typ f im Zustand g, da er $[n_{11}, \ldots, n_{fg}, \ldots\rangle$ in $[n_{11}, \ldots, n_{fg}+1, \ldots\rangle$ überführt. Die Vertauschbarkeit von $\mathbf{a}_{fg}^\dagger$ mit allen Operatoren außer $\mathbf{a}_{fg}$ hat zur Folge, daß sich die anderen Besetzungszahlen nicht ändern, wenn ein Teilchen vom Typ f im Zustand g erzeugt wird. Die Operatoren für den gesamten Impuls, die gesamte Energie usw. des Systems sind nun

$$\mathbf{p}_a = \sum_{f,g} \mathbf{N}_{fg}\mathfrak{p}_{fg}, \qquad \mathbf{H}_a = \sum_{f,g} \mathbf{N}_{fg} E_{fg} \quad \text{usw.} \tag{17}$$

Für verschiedenartige Fermionen in verschiedenen Zuständen sind statt (10a) die Definitionen

$$[\mathbf{b}_{jk}, \mathbf{b}_{j'k'}^\dagger]_+ = \delta_{jj'}\delta_{kk'} \quad \text{und} \quad [\mathbf{b}_{jk}, \mathbf{b}_{j'k'}]_+ = [\mathbf{b}_{jk}^\dagger, \mathbf{b}_{j'k'}^\dagger]_+ = 0 \tag{10b}$$

zu verwenden und in (11) bis (14) und (17) die $\mathbf{a}_{fg}$ durch die $\mathbf{b}_{jk}$ zu ersetzen. Statt (15a) gilt für Fermionen

$$\mathbf{b}_{jk}^\dagger [n_{11}, \ldots, n_{jk}, \ldots\rangle = \sqrt{1 - n_{jk}} [n_{11}, \ldots, n_{jk}+1, \ldots\rangle. \tag{15b}$$

Daraus oder aus $\mathbf{N}_{jk}^2 = \mathbf{N}_{jk}$ folgt, daß für die Besetzungszahlen n_{jk} nur die Werte Null und Eins möglich sind. Wegen (10b) ist

$$\mathbf{b}_{jk}^\dagger \mathbf{b}_{lm}^\dagger [0\rangle = -\mathbf{b}_{lm}^\dagger \mathbf{b}_{jk}^\dagger [0\rangle.$$

Das Antisymmetrieprinzip ist also erfüllt.

Enthält ein System sowohl Bosonen als auch Fermionen, dann kommen Operatoren vom Typ $\mathbf{a}_{fg}$ und $\mathbf{b}_{jk}$ zugleich vor, und die Beziehungen (10a) und (10b) sind noch durch

$$[\mathbf{a}_{fg}, \mathbf{b}_{jk}] = [\mathbf{a}_{fg}^\dagger, \mathbf{b}_{jk}] = [\mathbf{a}_{fg}, \mathbf{b}_{jk}^\dagger] = [\mathbf{a}_{fg}^\dagger, \mathbf{b}_{jk}^\dagger] = 0 \tag{10c}$$

zu ergänzen. Selbstverständlich gilt dann $\mathbf{p} = \mathbf{p}_a + \mathbf{p}_b$ usw.

Es ist nicht möglich, einfache explizite Ausdrücke für die durch (10) definierten Operatoren $\mathbf{a}_{fg}$ und $\mathbf{b}_{jk}$ anzugeben. Daraus ergibt sich kein Nachteil, da es ohnehin vorteilhafter ist, nur mit Operatorgleichungen zu rechnen. In (10a), (10b) und (10c) genügt es, jeweils die ersten beiden Vertauschungsregeln zu postulieren. Aus diesen ergeben sich die übrigen durch hermitische Konjugation.

14.2 Das skalare Bosonenfeld

Jetzt können wir darangehen, die Hamiltonfunktion eines Feldes aufzustellen und zu quantisieren. Wir nehmen an, ein Feld F sei nach der klassischen Physik in jedem Punkt $\mathfrak{r}$ durch Angabe einer reellen, skalaren Funktion $\Phi_{(\mathfrak{r},t)}$, der Feldamplitude, eindeutig gegeben, ähnlich wie etwa das Newtonsche Gravitationsfeld oder ein elektrostatisches Feld durch ein Potential $U_{(\mathfrak{r},t)}$ bestimmt sind. Dann können wir Φ als Variable verwenden, um das Feld zu beschreiben. Zur Vereinfachung rechnen wir von nun an immer in „natürlichen Einheiten", das heißt, wir setzen $\hbar = c = 1$. Ein Volumelement d^3r enthält eine gewisse kinetische Energie $dT = \vartheta_{(\mathfrak{r},t)} d^3r$ und potentielle Energie $dV = \chi_{(\mathfrak{r},t)} d^3r$, die dem Feld zugeschrieben werden müssen, da sie ohne dieses nicht vorhanden wären, so daß man eine „*Lagrangedichte*" $\Lambda = \vartheta - \chi$ für das Feld F definieren kann. Die Lagrangefunktion von F ist dann

$$L = \int d^3r\, \Lambda_{(\mathfrak{r},t)}. \tag{18}$$

Für unser Modellfeld machen wir den relativistisch invarianten Ansatz

$$\Lambda_{(\mathfrak{r},t)} = \Lambda_{(\Phi,\dot\Phi,\nabla\Phi)} = \frac{1}{2}\left(\dot\Phi^2 - (\nabla\Phi)^2 - m^2\Phi^2\right), \tag{19}$$

wobei m eine Konstante sein soll. Wir nehmen an, daß das Integral (18) konvergiert und daß das gesamte Feld in einem Volumen R enthalten ist, während außerhalb von R überall $\Lambda = 0$ sein soll. Diese Nebenbedingung bedeutet keine folgenschwere Einschränkung, da R ja sehr groß gewählt werden kann.

Um aus einer Lagrangefunktion die Bewegungsgleichungen zu erhalten, kann in der klassischen Mechanik das Prinzip von Hamilton verwendet werden. Dieses Prinzip muß auch für eine Lagrangefunktion der Form (18) gelten. Es lautet dann:

Der Wert des Integrals $\int_{t_1}^{t_2} L\, dt$ ist ein Extremum, wenn man in L diejenigen Funktionen $\Phi_{(\mathfrak{r},t)}$, $\nabla\Phi_{(\mathfrak{r},t)}$ und $\dot\Phi_{(\mathfrak{r},t)}$ einsetzt, die das physikalische Geschehen richtig beschreiben, wobei t_1 und t_2 beliebige, aber feste Werte haben können.

Daraus folgt, daß

$$\delta \int_{t_1}^{t_2} L\, dt = \int_{t_1}^{t_2} dt \int d^3r\, \delta\Lambda = 0 \tag{20}$$

sein muß. Das Zeichen δ wird hier verwendet um anzuzeigen, daß es sich um eine „virtuelle" oder mögliche, gedachte Änderung der funktionalen Beziehung zwischen Φ und $\mathfrak{r}$ und t in R bzw. im Intervall $t_1 < t < t_2$ handelt. Für δ gelten dieselben mathematischen Regeln wie für das Zeichen Δ, wenn dieses die Änderung einer Größe x um eine kleine Differenz Δx bezeichnet. Da die Grenzen der Integrationen in (20) fest sind, kann δ in das Integral hineingenommen werden. Mit den Definitionen

$$\hat{r} \equiv (r_1, r_2, r_3, r_4) = (x, y, z, it) \quad \text{und} \quad \Phi_{,\nu} \equiv \partial\Phi/\partial r_\nu, \quad \nu = 1, 2, 3, 4 \tag{21}$$

gilt

$$\delta\Lambda = \frac{\partial\Lambda}{\partial\Phi}\,\delta\Phi + \frac{\partial\Lambda}{\partial\dot\Phi}\,\delta\dot\Phi + \sum_{j=1}^{3}\frac{\partial\Lambda}{\partial\Phi_{,j}}\,\delta\Phi_{,j}. \tag{22}$$

Wegen

$$\delta\Phi_{,\nu} = \delta\,\frac{\partial\Phi}{\partial r_\nu} = \frac{\partial}{\partial r_\nu}\,\delta\Phi$$

können in (20) partielle Integrationen der Form

$$\int\limits_a^b dr_\nu\,\frac{\partial\Lambda}{\partial\Phi_{,\nu}}\,\delta\Phi_{,\nu} = \left\{\frac{\partial\Lambda}{\partial\Phi_{,\nu}}\,\delta\Phi\right\}\Bigg|\begin{array}{c}b\\a\end{array} - \int\limits_a^b dr_\nu\left(\frac{\partial}{\partial r_\nu}\,\frac{\partial\Lambda}{\partial\Phi_{,\nu}}\right)\delta\Phi \tag{23}$$

ausgeführt werden. An den Integrationsgrenzen wird Φ nicht variiert. Deshalb ist dort $\delta\Phi = 0$, der Ausdruck in geschwungenen Klammern in (23) verschwindet, und aus (20) ergibt sich schließlich

$$\int\limits_{t_1}^{t_2} dt \int d^3r\, G\,\delta\Phi = 0 \tag{24}$$

mit

$$G = \frac{\partial\Lambda}{\partial\Phi} - \frac{\partial}{\partial t}\,\frac{\partial\Lambda}{\partial\dot\Phi} - \sum_{j=1}^{3}\frac{\partial}{\partial r_j}\,\frac{\partial\Lambda}{\partial\Phi_{,j}}. \tag{25}$$

Da t_1, t_2 und $\delta\Phi$ beliebig sind, kann (24) nur erfüllt sein, wenn die „Eulersche Gleichung" $G \equiv 0$ erfüllt ist. Anderenfalls könnte man z. B. erreichen, daß sich für (24) ein positiver Wert ergibt, indem man Φ so variiert, daß $\delta\Phi$ überall dasselbe Vorzeichen hat wie G.

Für die Lagrangedichte (19) ergibt sich als Eulersche Gleichung die Feldgleichung

$$\ddot\Phi - \Delta\Phi + m^2\Phi = 0 \tag{26}$$

für Φ. Aus dieser Differentialgleichung mit den entsprechenden Zusatzbedingungen kann die Feldamplitude Φ berechnet werden. (26) ist zugleich eine relativistische Wellengleichung für spinlose Teilchen (Bosonen) mit der Ruhmasse m (siehe Abschnitt 13.1). Sie hat konvergente Lösungen von der Form $\exp(\pm\,i\mathfrak{k}\cdot\mathfrak{r} \mp i\omega t)$, wobei

$$\omega = \omega_{(\mathfrak{k})} = \sqrt{k^2 + m^2} \tag{27}$$

sein muß, während die Komponenten des Vektors $\mathfrak{k}$ beliebige reelle Werte haben können. Wir hätten die Lösungen von (26) auch in der Form $\exp(i\mathfrak{k}\cdot\mathfrak{r} \pm i\omega t)$ schreiben können. Wir bevorzugen aber wieder die invariante Schreibweise. Zur Vereinfachung führen wir noch den Vierervektor $\hat k = (k_1, k_2, k_3, i\omega)$ ein. Dann gilt $\mathfrak{k}\cdot\mathfrak{r} - \omega t = \hat k\hat r$.

Um komplexe oder imaginäre Werte für die Feldamplitude Φ auszuschließen, beschränken wir uns auf reelle Lösungen von (26). Die Funktionen

$$\Phi_{\mathfrak{k}(\mathfrak{r},t)} = c_{\mathfrak{k}} e^{i\hat{k}\hat{r}} + c_{\mathfrak{k}}^* e^{-i\hat{k}\hat{r}} \tag{28}$$

bilden einen vollständigen Satz von reellen konvergenten Lösungen, wenn man für die Komponenten von $\mathfrak{k}$ alle reellen Werte zuläßt. Die allgemeinste reelle konvergente Lösung von (26) ist natürlich

$$\Phi = \int d^3k\, \Phi_{\mathfrak{k}}. \tag{29}$$

Jetzt wäre noch die Gewichtsfunktion $c_{\mathfrak{k}}$ aus der Anfangsbedingung zu bestimmen. Damit wäre in der klassischen Physik die Berechnung der Feldamplitude abgeschlossen.

Aus (28) folgt, daß sich eine „Teilwelle" $\Phi_{\mathfrak{k}}$ mit der Phasengeschwindigkeit $v = \omega/k > 1 = c$ (in natürlichen Einheiten!) ausbreitet.

Um eine Hamiltonfunktion für F zu finden, müssen wir analog zu (2.14) die zu Φ kanonisch konjugierte Variable Π aus

$$\Pi = \partial \Lambda / \partial \dot{\Phi} \tag{30}$$

bestimmen. Für die Lagrangedichte (19) erhält man $\Pi = \dot{\Phi}$. Mit der Definition $\Gamma = \Pi \dot{\Phi} - \Lambda$ für die *Hamiltondichte* ergibt sich dann die Hamiltonfunktion

$$H = \int d^3r\, \frac{1}{2}\left(\Pi^2 + (\nabla\Phi)^2 + m^2\Phi^2\right). \tag{31}$$

Es ist möglich, (31) in die Form

$$H = \int d^3k\, \omega\, a_{\mathfrak{k}}^* a_{\mathfrak{k}} \tag{32}$$

zu bringen, wenn man in (28)

$$c_{\mathfrak{k}} = (16\pi^3\omega)^{-1/2} a_{\mathfrak{k}} \tag{33}$$

setzt. Die $a_{\mathfrak{k}}$ sind natürlich durch die $c_{\mathfrak{k}}$, das heißt durch die Anfangsbedingung bestimmt.

Um einen analytischen Ausdruck für den vom Feld F mitgeführten Impuls zu finden, gehen wir von der Gleichung

$$d\Gamma/dt = \Pi\dot{\Pi} + \nabla\Phi\, d(\nabla\Phi)/dt + m^2\Phi\dot{\Phi} \tag{34}$$

aus. Da die Operationen ∇ und d/dt vor einer physikalisch sinnvollen Funktion vertauschbar sind und Φ der Gleichung (26) genügen muß, kann (34) in die zu (4.51) analoge Form

$$d\Gamma/dt = \nabla \cdot (\Pi\nabla\Phi) \tag{35}$$

gebracht werden. Multipliziert man diese Gleichung mit $d^3r\,dt$, dann stellt sie den Erhaltungssatz der Energie für das infinitesimale Volumelement d^3r dar, da dann die linke Seite die Zunahme der Energie in d^3r und die rechte Seite den Überschuß der in das Volumelement einströmenden über die ausströmende Energie im Zeitraum dt angibt. Die mit -1 multiplizierte rechte Seite von (35) muß also die Divergenz der *Energiestromdichte* sein. In unserer relativistischen Theorie ist die Energiestromdichte $-\Pi\nabla\Phi$ aber gleich der *Impulsdichte*, da in natürlichen Einheiten $mc^2\mathfrak{v} = m\mathfrak{v}$ ist. Der gesamte, vom Feld F mitgeführte Impuls ist daher

$$\mathfrak{p} = -\int d^3r\,\Pi\nabla\Phi. \tag{36}$$

Wir führen nun die Quantisierung durch, indem wir die Meßgrößen Φ und Π durch hermitische Operatoren ersetzen. Wären für $\mathfrak{r}$ nur diskrete Werte $\mathfrak{r}, \mathfrak{r}', \ldots$ möglich, dann wären z. B. $\Phi_{(\mathfrak{r},t)}$ und $\Pi_{(\mathfrak{r}',t)}$ als unabhängige Variable anzusehen, und die entsprechenden Operatoren müßten kommutieren. Wir erhielten also im Schrödingerbild Vertauschungsregeln von der Form

$$[\Phi_{(\mathfrak{r})}, \Phi_{(\mathfrak{r}')}] = [\Pi_{(\mathfrak{r})}, \Pi_{(\mathfrak{r}')}] = 0 \tag{37}$$

und

$$[\Phi_{(\mathfrak{r})}, \Pi_{(\mathfrak{r}')}] = i\delta_{\mathfrak{r}\mathfrak{r}'}.$$

Da x, y und z jedoch kontinuierlich alle reellen Werte annehmen können, muß das δ-Symbol durch die Deltafunktion ersetzt werden, und die Feldoperatoren müssen daher im SB die Bedingungen (37) und

$$[\Phi_{(\mathfrak{r})}, \Pi_{(\mathfrak{r}')}] = i\delta_{(\mathfrak{r}-\mathfrak{r}')} \tag{38}$$

erfüllen.

Um den Hamiltonoperator

$$\mathbf{H} = \frac{1}{2}\int d^3r\left(\Pi^2 + (\nabla\Phi)^2 + m^2\Phi^2\right)$$

in eine zu (32) ähnliche Form zu bringen, machen wir analog zu (28), (29) und (33) die Ansätze

$$\Phi_{(\mathfrak{r})} = \int d^3k\,(16\pi^3\omega)^{-1/2}(\mathbf{a}_{\mathfrak{k}}e^{i\mathfrak{k}\cdot\mathfrak{r}} + \mathbf{a}_{\mathfrak{k}}^\dagger e^{-i\mathfrak{k}\cdot\mathfrak{r}}) \tag{39}$$

und

$$\Pi_{(\mathfrak{r})} = \dot{\Phi}_{H(\mathfrak{r},0)} = -i\int d^3k\,(\omega/16\pi^3)^{1/2}(\mathbf{a}_{\mathfrak{k}}e^{i\mathfrak{k}\cdot\mathfrak{r}} - \mathbf{a}_{\mathfrak{k}}^\dagger e^{-i\mathfrak{k}\cdot\mathfrak{r}}), \tag{40}$$

wobei die $\mathbf{a}_{\mathfrak{k}}$ passend gewählte Operatoren sind. Damit die Vertauschungsregeln (37) und (38) erfüllt sind, müssen sie den Bedingungen

$$[\mathbf{a}_{\mathfrak{k}}, \mathbf{a}_{\mathfrak{k}'}] = [\mathbf{a}_{\mathfrak{k}}^\dagger, \mathbf{a}_{\mathfrak{k}'}^\dagger] = 0 \tag{41}$$

und

$$[\mathbf{a}_{\mathfrak{k}}, \mathbf{a}_{\mathfrak{k}'}^\dagger] = \delta_{(\mathfrak{k}-\mathfrak{k}')} \tag{42}$$

genügen. Für den Hamiltonoperator erhält man damit

$$\mathbf{H} = \frac{1}{2} \int d^3k \, \omega \, (\mathbf{a}_{\mathfrak{k}}^{\dagger} \mathbf{a}_{\mathfrak{k}} + \mathbf{a}_{\mathfrak{k}} \mathbf{a}_{\mathfrak{k}}^{\dagger}) = \int d^3k \, \omega \, (\mathbf{a}_{\mathfrak{k}}^{\dagger} \mathbf{a}_{\mathfrak{k}} + \delta^3/2) \,. \tag{43}$$

Um einen Operator für den Impuls zu definieren, kann man von dem zu (36) analogen Ausdruck

$$\mathfrak{p} = - \int d^3r \, \Pi \, \nabla \Phi \tag{44}$$

ausgehen. Mit (39) und (40) ergibt sich

$$\mathfrak{p} = \int d^3k \, \mathfrak{k} \, \mathbf{a}_{\mathfrak{k}}^{\dagger} \mathbf{a}_{\mathfrak{k}} \,. \tag{45}$$

Damit die Operatorfunktionen (39) und (40) außerhalb des Bereiches R, in dem das Feld enthalten ist, verschwinden, sind sie wieder mit einem entsprechenden Konvergenzfaktor multipliziert zu denken. Statt dessen kann man auch Π und Φ außerhalb von R periodisch fortsetzen, wenn man dafür die Integrationen über d^3r in $\mathbf{H}$ und $\mathfrak{p}$ auf das Volumen R beschränkt. Dann ist (39) durch

$$\Phi_{(\mathbf{r})} = \sum_{\mathfrak{k}} (2R\omega)^{-1/2} (\mathbf{a}_{\mathfrak{k}} e^{i\mathfrak{k}\cdot\mathbf{r}} + \mathbf{a}_{\mathfrak{k}}^{\dagger} e^{-i\mathfrak{k}\cdot\mathbf{r}}) \ \text{ mit } \ \sum_{\mathfrak{k}} = \sum_{k_1} \sum_{k_2} \sum_{k_3} \tag{39a}$$

und (40) durch eine entsprechende Definition zu ersetzen. Im allgemeinen wird R als ein kubisches Volumen gewählt, dessen Kantenlänge wir mit K bezeichnen. Wegen der Periodizitätsbedingung sind dann für die Komponenten von $\mathfrak{k}$ nur die Werte

$$k_j = 2\pi j/K$$

zulässig, wobei j jede positive ganze Zahl sein kann, und statt (42) gilt

$$[\mathbf{a}_{\mathfrak{k}}, \mathbf{a}_{\mathfrak{k}'}^{\dagger}] = \delta_{\mathfrak{k}\mathfrak{k}'} \,. \tag{42a}$$

Damit wird

$$\mathbf{H} = \sum_{\mathfrak{k}} \omega \, (\mathbf{a}_{\mathfrak{k}}^{\dagger} \mathbf{a}_{\mathfrak{k}} + 1/2) \tag{43a}$$

und

$$\mathfrak{p} = \sum_{\mathfrak{k}} \mathfrak{k} \, \mathbf{a}_{\mathfrak{k}}^{\dagger} \mathbf{a}_{\mathfrak{k}} \,. \tag{45a}$$

Um (38), (43a) und (45a) mit Hilfe von (42a) abzuleiten, benötigt man die Beziehungen

$$\frac{1}{K} \sum_{k} e^{ikx} = \delta_{(x)} \quad \text{und} \quad \frac{1}{K} \int_{-K/2}^{K/2} dx \, e^{i(k'-k)x} = \delta_{kk'} \,,$$

die man für $q = 2\pi x/K$, $k = 2\pi m/K$ und $k' = 2\pi n/K$ aus (4.19) und (4.32) erhält. Da R und damit K sehr groß sein sollen, sind (39) und (39a) gleichwertig, und man kann jederzeit nach Belieben mit

$$R^{-1/2} \sum_{\mathfrak{k}} \leftrightarrow (2\pi)^{-3/2} \int d^3k \qquad (46)$$

von der diskreten zur kontinuierlichen Linearkombination übergehen und umgekehrt.

Für diskrete $\mathfrak{k}$ wird die physikalische Bedeutung der Operatoren $\mathbf{a}_{\mathfrak{k}}$ und damit der Grund, warum wir die Ansätze (39) und (40) machten, besonders deutlich: Da (41), (42a), (43a) und (45a) dieselbe Form wie (10a) und (17) haben, ergeben sich für das quantisierte „Feld" F ähnliche Eigenschaften wie für ein System von Bosonen, wenn wir analog zu (11) einen Vakuumzustand $[0\rangle$ definieren. Der Ausdruck

$$\mathbf{N}_{\mathfrak{k}} = \mathbf{a}_{\mathfrak{k}}^{\dagger} \mathbf{a}_{\mathfrak{k}}$$

kann als Operator für die Zahl der spinlosen „Feldquanten" gedeutet werden, die den Impuls $\mathfrak{k}$, die relativistische Energie $\omega = \sqrt{m^2 + k^2}$ und die Ruhmasse m haben, sich also mit der Geschwindigkeit $v = k/\omega < 1 = c$ bewegen. $\mathbf{N} = \int d^3k \mathbf{N}_{\mathfrak{k}}$ ist der Operator für die gesamte Teilchenzahl. Die Operatoren $\mathbf{a}_{\mathfrak{k}}^{\dagger}$ bzw. $\mathbf{a}_{\mathfrak{k}}$ müssen wir als Erzeugungs- bzw. Vernichtungsoperatoren im SB für ein Teilchen mit dem Impuls $\mathfrak{k}$ und der Energie ω ansehen. Die Eigenfunktionen von $\mathbf{N}_{\mathfrak{k}}$, $\mathbf{p}$ und $\mathbf{H}$ sind von der Form (13). Alle Zustandsvektoren im SB ergeben sich durch Superposition und Multiplikation mit dem Faktor $\exp{(-i\mathbf{H}t)}$ von links.

Statt nach den Impulseigenfunktionen könnte man die Feldoperatoren Φ und Π z. B. nach den Eigenfunktionen der Operatoren für Energie, Betrag und eine Komponente des Drehimpulses entwickeln. In diesem Fall wären die auftretenden „Koeffizienten" als Erzeugungs- und Vernichtungsoperatoren für Teilchen anzusehen, die eine bestimmte Energie haben und von deren Drehimpuls eine Komponente und der Betrag bekannt sind.

Der Ausdruck $\sum_{\mathfrak{k}} \omega/2$, der in (43a) vorkommt, hat in der klassischen Physik kein Gegenstück. Er wird als „Nullpunktsenergie" des Feldes gedeutet, ähnlich wie im Falle des harmonischen Oszillators. Allerdings hat das quantisierte Feld ∞^3 Freiheitsgrade, da ja für den Impuls eines Teilchens ∞^3 verschiedene Werte möglich sind. Deshalb hat die Nullpunktsenergie des Feldes den Wert Unendlich. Sie ist aber unabhängig von der Teilchenzahl und deshalb konstant. Dies gilt auch, wenn $\mathfrak{k}$ kontinuierlich ist. Da in Experimenten nur Energiedifferenzen beobachtet werden können, tritt die Nullpunktsenergie bei keiner Messung in Erscheinung, und wir werden sie von nun an in allen Formeln weglassen. Dies ist erlaubt, da der Nullpunkt der Energieskala beliebig gewählt werden kann.

Wird ein System durch den Zustandsvektor

$$[\mathfrak{k}\rangle = \mathbf{a}_{\mathfrak{k}}^{\dagger}\,[0\rangle$$

dargestellt, dann ist $W = \langle\mathfrak{k}][\mathfrak{k}\rangle$ die Wahrscheinlichkeit dafür, daß ein Boson mit dem Impuls $\mathfrak{k}$ irgendwo im Raum anzutreffen ist. Aus (42a) folgt $W = 1$. Gilt dagegen (42), dann ist $W = \delta_{(\mathfrak{k}-\mathfrak{k})} = \int d^3r/8\pi^3$. Dies würde bedeuten, daß sich im Mittel je ein Boson in jedem Volumelement von der Größe $8\pi^3$ befindet. Der Zustandsvektor $[\mathfrak{k}\rangle$ ist also so normiert wie die Zustandsvektoren $(2\pi\delta)^{-3/2}\exp(i\mathfrak{k}\cdot\mathfrak{r} - i\omega t)$ bzw. $(2\pi)^{-3/2}\exp(i\mathfrak{k}\cdot\mathfrak{r} - i\omega t)$, wenn man die $\mathbf{a}_{\mathfrak{k}}$ durch (42a) bzw. (42) definiert. Für die Berechnung von Erwartungswerten und Unschärfen wird deshalb die diskrete Darstellung oft vorgezogen, in der die Zustandsvektoren leicht auf Eins normiert werden können. Im allgemeinen ist aber für explizite Rechnungen die kontinuierliche Darstellung praktischer.

Aufgabe 14.3. Man beweise, daß die Operatoren $\boldsymbol{\Phi}$ und $\boldsymbol{\Pi}$ wegen (41) und (42) die Vertauschungsregeln (37) und (38) erfüllen, daß $\mathbf{a}_{\mathfrak{k}H} = \mathbf{a}_{\mathfrak{k}}\exp(-i\omega t)$ der Vernichtungsoperator für ein Teilchen mit dem Impuls $\mathfrak{k}$ im HB ist, daß sich im HB für die Feldoperatoren eine Gleichung von der Form (26) ergibt und daß man die Operatoren $\boldsymbol{\Phi}_H$ und $\boldsymbol{\Pi}_H = \dot{\boldsymbol{\Phi}}_H$ erhält, wenn man in (39) und (40) $\mathbf{a}_{\mathfrak{k}}$ und $\mathbf{a}_{\mathfrak{k}}^{\dagger}$ durch $\mathbf{a}_{\mathfrak{k}H}$ und $\mathbf{a}_{\mathfrak{k}H}^{\dagger}$ ersetzt. Man leite (32), (35), (43) und (45a) her, prüfe, ob $\boldsymbol{\Phi}$, $\boldsymbol{\Pi}$, $\mathbf{H}$ und $\mathfrak{p}$ hermitisch sind und untersuche, ob der Zustandsvektor $\mathbf{a}_{\mathfrak{k}}^{\dagger}\exp(-i\omega t)\,[0\rangle$ gleichwertig zu dem Zustandsvektor $(2\pi)^{-3/2}\exp(i\mathfrak{k}\cdot\mathfrak{r} - i\omega t)$ ist, wenn man jeden der beiden zusammen mit den entsprechenden Operatoren verwendet. Man beweise, daß alle Funktionen der Form (13) Eigenfunktionen der Operatoren $\mathbf{N}_{\mathfrak{k}}$, $\mathbf{N}$, $\mathbf{H}$ und $\mathfrak{p}$ sind.

Aus den bisher diskutierten Beziehungen kann man keine experimentell nachprüfbaren Voraussagen ableiten, da der Hamiltonoperator (31) nur der Energie der vorhandenen Teilchen entspricht und keinen Ausdruck enthält, der eine Wechselwirkung zwischen den Teilchen berücksichtigt. Er beschreibt ein System von skalaren (das heißt spinlosen) Quanten, wenn man den entsprechenden Wert für deren Ruhmasse m einsetzt.

Systeme ohne Wechselwirkungen bilden den Ausgangspunkt für das Studium von Systemen mit Wechselwirkungen und sind deshalb von theoretischem Interesse. Eine physikalisch bedeutungsvolle Theorie erhält man natürlich nur, wenn man auch Wechselwirkungen der Teilchen durch einen entsprechenden Operator $\mathbf{H}_1$ berücksichtigt, der zu (31) addiert wird. Bei den Ansätzen für $\mathbf{H}_1$ geht man möglichst von den Formeln der klassischen Physik aus und verlangt daneben Einfachheit und im allgemeinen auch relativistische Invarianz der Ausdrücke. Alle experimentell nachprüfbaren Voraussagen über das Verhalten von Elementarteilchen hängen selbstverständlich von der Wahl von $\mathbf{H}_1$ ab.

14.3 Bosonen mit Wechselwirkungen

Aus Experimenten ist bekannt, daß die π^0-Mesonen spinlose, elektrisch neutrale Elementarteilchen sind, die mit Nukleonen starke Wechselwirkungen haben. Wir wollen ein vereinfachtes Modell eines Systems, das aus solchen Mesonen und einem einzelnen Nukleon besteht, mit den Methoden der Quantenfeldtheorie beschreiben und gehen dazu von der Lagrangedichte

$$\Lambda_{(\mathfrak{r},\mathfrak{r}_N,t)} = \frac{1}{2}\left(\dot{\Phi}^2 - (\nabla\Phi)^2 - m^2\Phi^2 - 2g\Phi f_r\right) \tag{47}$$

mit

$$f_r = f_{(\mathfrak{r}-\mathfrak{r}_N)} = \exp\left(-a\,|\mathfrak{r}-\mathfrak{r}_N|\right)/|\mathfrak{r}-\mathfrak{r}_N| \tag{48}$$

für das Mesonenfeld aus. $\mathfrak{r}_N$ bezeichnet die Koordinate des Nukleons. Die ersten drei Glieder in Λ sind identisch mit der Lagrangedichte (19) für ein isoliertes Feld. Der letzte Ausdruck in (47) stellt die Wechselwirkung zwischen dem Nukleon und den Mesonen dar, deren Stärke vom Zahlenwert der „Kopplungskonstante" g und dem Parameter a abhängt. Aus (47) erhält man als Eulersche Gleichung anstelle von (26) die Feldgleichung

$$\ddot{\Phi} - \Delta\Phi + m^2\Phi + gf_r = 0. \tag{49}$$

Mit $\Pi = \partial\Lambda/\partial\dot{\Phi} = \dot{\Phi}$ ergibt sich für das Feld die Hamiltondichte

$$\Gamma = \frac{1}{2}\left(\Pi^2 + (\nabla\Phi)^2 + m^2\Phi^2 + 2g\Phi f_r\right). \tag{50}$$

Differenziert man (50) nach der Zeit, dann kann man auf dieselbe Weise wie im letzten Abschnitt einen Erhaltungssatz von der Form (35) gewinnen. Der Impuls des Feldes ist also wieder durch (36) und der entsprechende Operator durch (44) zu definieren.

Für die kinetische Energie des Nukleons verwenden wir den nichtrelativistischen Operator $\mathbf{T}_N = \mathbf{p}_N^2/2m_N$, während wir seine Ruhenergie durch einen Summanden m_N berücksichtigen. Damit ergibt sich für das gesamte System der Hamiltonoperator $\mathbf{H} = \mathbf{H}_0 + \mathbf{H}_1$ mit

$$\mathbf{H}_0 = \frac{1}{2}\int d^3r\left(\Pi^2 + (\nabla\Phi)^2 + m^2\Phi^2\right) + \mathbf{T}_N + m_N \tag{51}$$

und

$$\mathbf{H}_{1(\mathfrak{r}_N)} = g\int d^3r\,\Phi\,f_r. \tag{52}$$

Wir vernachlässigen also von vornherein alle Effekte, die sich durch den Spin und die Ladung des Nukleons ergeben könnten. Daneben setzen wir voraus, daß das Nukleon keine relativistischen Geschwindigkeiten erreicht.

Wir wählen für $\mathfrak{p}_N$ die Differentialdarstellung, für Φ und Π wieder die Ausdrücke (39) bis (42) und für das Vakuum des Mesonenfeldes die Definition (11). Dann wird

$$\mathfrak{p} = \int d^3k\, \mathfrak{k}\, \mathbf{a}_{\mathfrak{k}}^\dagger \mathbf{a}_{\mathfrak{k}} - i \nabla_N, \tag{53}$$

$$\mathbf{H}_0 = \int d^3k\, \omega\, \mathbf{a}_{\mathfrak{k}}^\dagger \mathbf{a}_{\mathfrak{k}} - \Delta_N/2m_N + m_N \tag{54}$$

und

$$\mathbf{H}_1 = g \int d^3k f\, (\mathbf{a}_{\mathfrak{k}} e^{i\mathfrak{k}\cdot\mathfrak{r}_N} + \mathbf{a}_{\mathfrak{k}}^\dagger e^{-i\mathfrak{k}\cdot\mathfrak{r}_N}) \tag{55}$$

mit

$$\omega = \sqrt{m^2 + k^2} \quad \text{und} \quad f = f_{(k)} = 1/\sqrt{\pi\omega}\,(a^2 + k^2).$$

Gegebenenfalls werden wir auch die Abkürzungen

$$\omega_j \equiv \omega_{(k_j)}, \quad f_j \equiv f_{(k_j)} \quad \text{und} \quad \mathbf{a}_j \equiv \mathbf{a}_{\mathfrak{k}_j}$$

verwenden.

Wir vernachlässigen vorläufig die Wechselwirkungen und setzen dazu $g = 0$. Dann ist $\mathbf{H} = \mathbf{H}_0$, und orthogonale Eigenfunktionen von Energie und Impuls sind

$$[\mathfrak{p}_N, \mathfrak{k}_1, \ldots \mathfrak{k}_n\rangle = \sqrt{1/8\pi^3\delta^3 n!}\, \exp\,(i\mathfrak{p}_N \cdot \mathfrak{r}_N)\, \mathbf{a}_1^\dagger \mathbf{a}_2^\dagger \ldots \mathbf{a}_n^\dagger\, [0\rangle. \tag{56}$$

Sie sind symmetrisch in den $\mathfrak{k}_j$, denn es gilt

$$[\mathfrak{p}_N, \mathfrak{k}_2, \mathfrak{k}_1, \ldots\rangle = [\mathfrak{p}_N, \mathfrak{k}_1, \mathfrak{k}_2, \ldots\rangle,$$

und stellen Zustände mit einem Nukleon mit dem Impuls $\mathfrak{p}_N$ und je einem Meson mit dem Impuls $\mathfrak{k}_1, \mathfrak{k}_2, \ldots$ dar. Selbstverständlich können auch einige oder alle der vorhandenen $\mathfrak{k}_j$ gleich sein. Die Funktionen (56) sind zugleich Zustandsvektoren im HB. Nach Multiplikation mit dem Faktor

$$e^{-i\left(\sum\limits_{j=1}^{n} \omega_j + p_N^2/2m_N + m_N\right) t} \tag{57}$$

können sie als Zustandsvektoren im SB verwendet werden.

Wenn wir nun die Wechselwirkungen zwischen dem Nukleon und den Mesonen berücksichtigen, dann bleibt der Impulsoperator unverändert, und der Operator $\mathbf{a}_{\mathfrak{k}}^\dagger$ kann wieder als Erzeugungsoperator für ein Meson mit dem Impuls $\mathfrak{k}$ und der Energie $\omega_{(k)}$ gedeutet werden. Die Funktionen (56) stellen noch Eigenzustände des Impulses, nicht aber der Energie dar, da sie nicht Eigenfunktionen von $\mathbf{H}_1$ und damit von $\mathbf{H}$ sind. Die Zustände (56) sind also nicht stationär. Die Teilchenzahl ist auch keine Erhaltungsgröße mehr. Ein System, das aus einem Nukleon und einer genau definierten Anzahl von Mesonen besteht, die alle bestimmte Impulse haben, ist daher nicht stabil, wenn man Wechselwirkungen berücksichtigt. Andererseits muß es für das System von Nukleon und Mesonen einen gemeinsamen Satz von Energie- und Impulseigenfunktionen geben, da auch in der Quantentheorie Impuls und Energie eines isolierten Mehrteilchensystems Erhaltungsgrößen sind. Diese Bedingung ist erfüllt, da $[\mathfrak{p}, \mathbf{H}] = 0$ ist. Die Energieeigenfunktionen, für die wir das Zeichen $[\mathfrak{p}_N, \mathfrak{k}_1, \ldots \mathfrak{k}_n)$ verwenden, müssen daher Überlagerungen von Impulseigenfunktionen sein und Gleichungen von der Form

$$(\mathbf{H} - E_n)\,[\mathfrak{p}_N, \mathfrak{k}_1, \ldots \mathfrak{k}_n) = 0 \tag{58}$$

erfüllen. Für den Fall, daß $n = 0$ ist, machen wir den Ansatz

$$[\mathfrak{p}_N) = \sum_{n=0}^{\infty} \int d^3k_1 \ldots \int d^3k_n\, c_{n(\mathfrak{k}_1,\ldots \mathfrak{k}_n)}\,[\mathfrak{p}_N - \mathfrak{K}_n, \mathfrak{k}_1, \ldots \mathfrak{k}_n\rangle, \tag{59}$$

wobei $\mathfrak{K}_n = \sum_{j=1}^{n} \mathfrak{k}_j$ ist. Die c_n müssen selbstverständlich in den $\mathfrak{k}_j$ symmetrisch sein, da sich (59) nicht ändern kann, wenn man die Integrationsvariablen vertauscht. Aus (58) ergibt sich mit $E' = E_0 - m_N$ die Gleichung

$$\sum_{n=0}^{\infty} \int d^3k_1 \ldots \int d^3k_n \left(\sum_{j=1}^{n} \omega_j + (\mathfrak{p}_N - \mathfrak{K}_n)^2/2\,m_N + \mathbf{H}_1 - E' \right) \times$$

$$\times\, c_{n(\mathfrak{k}_1,\ldots \mathfrak{k}_n)}\,[\mathfrak{p}_N - \mathfrak{K}_n, \mathfrak{k}_1, \ldots \mathfrak{k}_n\rangle = 0. \tag{60}$$

Zur Vereinfachung werden wir von nun an den Ausdruck $(\mathfrak{p}_N - \mathfrak{K}_n)^2/2\,m_N$, der von dem Operator $\mathbf{T}_N$ erzeugt wurde, vernachlässigen. Setzt man $\mathbf{H}_1 = \mathbf{H}_+ + \mathbf{H}_+^\dagger$ mit

$$\mathbf{H}_+ = g \int d^3k\, f\, \mathbf{a}_{\mathfrak{k}} \exp\,(i\mathfrak{k} \cdot \mathfrak{r}_N), \tag{61}$$

dann folgt aus (42), (54) und (55)

$$I = \int d^3k_1 \ldots \int d^3k_{n+1}\, c_{n+1(\mathfrak{k}_1,\ldots \mathfrak{k}_{n+1})}\, \mathbf{H}_+ [\mathfrak{p}, \mathfrak{k}_1, \ldots \mathfrak{k}_{n+1}\rangle = \frac{g}{\sqrt{n+1}} \times$$

$$\times \sum_{j=1}^{n+1} \int d^3k_1 \ldots \int d^3k_{n+1}\, f_j\, c_{n+1(\mathfrak{k}_1,\ldots \mathfrak{k}_{n+1})}\, e^{i\mathfrak{k}_j \cdot \mathfrak{r}_N}\,[\mathfrak{p}, \mathfrak{k}_1, \ldots \mathfrak{k}_{j-1}, \mathfrak{k}_{j+1}, \ldots \mathfrak{k}_{n+1}\rangle.$$

Durch entsprechende Umbenennungen der Integrationsvariablen kann dieser Ausdruck in die Form

$$I = g\,\sqrt{n+1} \int d^3k_1 \ldots \int d^3k_n \int d^3k\, f\, c_{n+1(\mathfrak{k}_1,\ldots \mathfrak{k}_n, \mathfrak{k})}\,[\mathfrak{p} + \mathfrak{k}, \mathfrak{k}_1, \ldots \mathfrak{k}_n\rangle \tag{62}$$

gebracht werden. Auf ähnliche Weise erhält man

$$\int d^3k_1 \ldots \int d^3k_{n-1}\, \mathbf{H}_+^\dagger\, c_{n-1(\mathfrak{k}_1,\ldots \mathfrak{k}_{n-1})}\,[\mathfrak{p}, \mathfrak{k}_1, \ldots \mathfrak{k}_{n-1}\rangle$$

$$= g\,\sqrt{n} \int d^3k_1 \ldots \int d^3k_n\, f_n\, c_{n-1(\mathfrak{k}_1,\ldots \mathfrak{k}_{n-1})}\,[\mathfrak{p} - \mathfrak{k}_n, \mathfrak{k}_1, \ldots \mathfrak{k}_n\rangle. \tag{63}$$

Durch Multiplikation mit $\mathbf{H}_1$ wird also ein Summand in (59), der n Mesonen enthält, in Funktionen für $n-1$ und für $n+1$ Mesonen übergeführt. Da die Funktionen (56) orthogonal sind, muß in (60) der Koeffizient für jede einzelne von ihnen Null sein, das heißt

$$(n\,\omega_n - E')\,c_{n(\mathfrak{k}_1,..\mathfrak{k}_n)} + g\,\sqrt{n+1} \int d^3k\,f\,c_{n+1(\mathfrak{k}_1,..\mathfrak{k}_n,\mathfrak{k})} +$$
$$+ g\,\sqrt{n}\,f_n\,c_{n-1(\mathfrak{k}_1,..\mathfrak{k}_{n-1})} = 0. \tag{64}$$

Mit dem Ansatz

$$c_{n(\mathfrak{k}_1,..\mathfrak{k}_n)} = \lambda_n\,G_{(\mathfrak{k}_1)} \ldots G_{(\mathfrak{k}_n)}$$

ergibt sich aus (64)

$$c_{n(\mathfrak{k}_1,..\mathfrak{k}_n)} = c_0\,(-g)^n\,(f_1/\omega_1)\,(f_2/\omega_2) \ldots (f_n/\omega_n)/\sqrt{n!}. \tag{65}$$

Um $[\mathfrak{p}_N)$ zu normieren, wählen wir

$$c_0^2 = \left(\sum_{n=0}^{\infty} (g^2 \int d^3k\,f^2/\omega^2)^n/n!\right)^{-1} = e^{-g^2 \int d^3k\,f^2/\omega^2}. \tag{66}$$

Dann ist

$$(\mathfrak{p}'_N]\,[\mathfrak{p}_N) = \int d^3r_N \langle 0|\,e^{i(\mathfrak{p}_N - \mathfrak{p}'_N)\cdot\mathfrak{r}_N}\,|0\rangle/(2\pi\delta)^3 = \delta_{(\mathfrak{p}_N - \mathfrak{p}'_N)}/\delta^3$$

und

$$c_{n(\mathfrak{k}'_1,..\mathfrak{k}'_n)} = \langle \mathfrak{p}_N - \mathfrak{K}'_n, \mathfrak{k}'_1, \ldots \mathfrak{k}'_n]\,[\mathfrak{p}_N). \tag{67}$$

Welche physikalische Bedeutung hat nun der Zustandsvektor $\exp(-iE_0t)\,[\mathfrak{p}_N)$? Wegen $(\mathfrak{p}_N]\,\mathfrak{p}[\mathfrak{p}_N) = \mathfrak{p}_N$, $\varDelta\mathfrak{p} = 0$ stellt er ein System dar, dessen Gesamtimpuls genau bekannt und gleich $\mathfrak{p}_N$ ist. Da aber auch $(\mathfrak{p}_N]\,\mathfrak{p}_N[\mathfrak{p}_N) = \mathfrak{p}_N$ ist, muß dieser Impuls dem Nukleon zugeschrieben werden. Außer dem Nukleon sind im Mittel $(\mathfrak{p}_N]\,\mathbf{N}[\mathfrak{p}_N) = g^2 \int d^3k\,f^2/\omega^2$ Mesonen vorhanden, die aber zum Gesamtimpuls des Systems nichts beitragen! Die Ruhenergie des Systems ist

$$E_0 = m_N + E' = m'_N = m_N - g^2 \int d^3k\,f^2/\omega. \tag{68}$$

$[\mathfrak{p}_N)$ ist eine Überlagerung von Impulseigenfunktionen, die ein Nukleon zusammen mit keinem, mit einem und mit mehreren Mesonen darstellen, und geht im $\lim g \to 0$ in $[\mathfrak{p}_N\rangle$ über. Aus all diesen Gründen muß man annehmen, daß $[\mathfrak{p}_N)$ ein „physikalisches Nukleon" mit dem Impuls $\mathfrak{p}_N$ darstellt. Dieses besteht aus einem „nackten Nukleon", das von einer „Wolke virtueller Mesonen" umgeben ist, die das Feld der Kernkräfte bilden. Die Dichte dieser Wolke ist ein Maß für die Stärke der Wechselwirkung zwischen dem Nukleon und den Mesonen, die sich auch in dem Zahlenwert von g ausdrückt. Die Mesonen haben keine unmittelbaren Wechselwirkungen miteinander, wohl aber bestehen solche auf Grund des Ansatzes (52) zwischen jedem Meson und dem Nukleon. Da diese

Wechselwirkung immer vorhanden ist, wird in jedem Experiment die Ruhmasse m_N' des physikalischen Nukleons und nicht diejenige des nackten Nukleons gemessen. m_N' ist zugleich die Ruhenergie des physikalischen Nukleons, da wir natürliche Einheiten verwendeten. Der Massendefekt E' ist negativ, so daß ein Nukleon ohne die Mesonenwolke unmöglich stabil sein und für längere Zeit bestehen kann. Der Zustandsvektor für ein nacktes Nukleon wäre $[\mathfrak{p}_N\rangle$.

Um ein anschauliches Modell des physikalischen Nukleons zu erhalten, kann man sich z. B. vorstellen, daß ein nacktes Nukleon ständig spontan Mesonen emittiert und auch wieder absorbiert. Die Anzahl der jeweils vorhandenen virtuellen Mesonen schwankt zwischen Null und anderen positiven ganzzahligen Werten. Der Impuls des Nukleons ist also nicht bestimmt, nur der mittlere Impuls ist bekannt. Sind mehrere Nukleonen nahe beisammen, dann wird hin und wieder ein virtuelles Meson, das von einem der Nukleonen emittiert wurde, von einem der anderen Nukleonen absorbiert. Auf diese Art werden die „Kernkräfte“, die zwischen den Nukleonen auftreten, durch das Mesonenfeld übertragen. Da wir in (51) nur für die Mesonen einen Feldoperator verwendet haben, können in unserer Theorie nur Mesonen als virtuelle Teilchen vorkommen. Nukleonen wirken als „Quellen“ der virtuellen Mesonen, ihre Anzahl (hier Eins) ist unveränderlich. Im $\lim \mathfrak{p}_N \to 0$ stellt deshalb (59) ein „ruhendes“ physikalisches Nukleon dar. Beschreibt man auch die Nukleonen als „Nukleonenfeld“, dann kann umgekehrt auch jedes Meson virtuelle Nukleonen erzeugen. Ein Nukleon emittiert auch geladene virtuelle Mesonen; dadurch wird z. B. das magnetische Moment des Neutrons erklärt. Die Realität dieser Vorstellungen ist selbstverständlich kaum experimentell beweisbar, sie liefern aber das beste Modell der Elementarteilchen, das wir derzeit haben.

Nach (4.55) und (4.56) ist $c_{n(\mathfrak{k}_1,..\mathfrak{k}_n)}^2$ die Wahrscheinlichkeit, daß zu einer beliebigen Zeit die Mesonenwolke gerade n Mesonen enthält, die die Impulse $\mathfrak{k}_1, .. \mathfrak{k}_n$ haben, und

$$\int d^3k_1 \cdots \int d^3k_n\, c_{n(\mathfrak{k}_1,..\mathfrak{k}_n)}^2 = c_0^2 \, (g^2 \int d^3k f^2/\omega^2)^n/n!$$

ist die Wahrscheinlichkeit für die Anwesenheit von n Mesonen mit beliebigen Impulsen.

Will man nur einen Ausdruck für den Massendefekt E' finden, ohne zugleich die Koeffizienten c_n zu berechnen, dann ist es vorteilhaft, Operatoren $\mathbf{d}_\mathfrak{k}$ und eine Energieeigenfunktion $[0)$ durch

$$\mathbf{d}_\mathfrak{k} = \mathbf{a}_\mathfrak{k} + gf \exp(-i\mathfrak{k} \cdot \mathfrak{r}_N)/\omega \quad \text{und} \quad \mathbf{d}_\mathfrak{k}[0) = 0 \tag{69}$$

einzuführen. Dann gilt $\mathbf{H} = \mathbf{H}' + m_N'$ mit $\mathbf{H}' = \int d^3k\, \omega\, \mathbf{d}_\mathfrak{k}^\dagger \mathbf{d}_\mathfrak{k}$. Da die Operatoren $\mathbf{d}_\mathfrak{k}$ und $\mathbf{d}_\mathfrak{k}^\dagger$ dieselben Vertauschungsregeln wie $\mathbf{a}_\mathfrak{k}$ und $\mathbf{a}_\mathfrak{k}^\dagger$

erfüllen, haben $\mathbf{d}_{\mathfrak{k}}^{\dagger}\mathbf{d}_{\mathfrak{k}}$ und $\mathbf{a}_{\mathfrak{k}}^{\dagger}\mathbf{a}_{\mathfrak{k}}$ dasselbe Spektrum der Eigenwerte, nämlich $n + 1/2$. Vernachlässigt man die Nullpunktsenergie des Feldes, dann ergibt sich also für den Zustand [0) und damit für die Ruhenergie des physikalischen Nukleons wieder der Energieeigenwert m_N'.

Nach demselben Verfahren kann man auch einen Näherungswert für die Wechselwirkungsenergie zweier Nukleonen berechnen. Um den Hamiltonoperator für zwei physikalische Nukleonen N und M zu erhalten, die sich in $\mathfrak{r}_N$ und $\mathfrak{r}_M$ befinden und die nur über das Mesonenfeld aufeinander einwirken, sind zu (43) die Ausdrücke $\mathbf{H}_{1(\mathfrak{r}_N)}$, $\mathbf{H}_{1(\mathfrak{r}_M)}$, m_N und m_M zu addieren. Mit der Substitution

$$\mathbf{d}_{\mathfrak{k}} = \mathbf{a}_{\mathfrak{k}} + gf\left(\exp\left(-i\mathfrak{k}\cdot\mathfrak{r}_N\right) + \exp\left(-i\mathfrak{k}\cdot\mathfrak{r}_M\right)\right)/\omega \tag{70}$$

kann jetzt $\mathbf{H}$ in die Form $\mathbf{H} = \mathbf{H}' + m_N' + m_M' + E''$ gebracht werden. m_N' und m_M' sind die Ruhmassen der beiden physikalischen Nukleonen, während der Ausdruck

$$E'' = -2g^2 \int d^3k\,(f^2/\omega)\,\cos\left(\mathfrak{k}\cdot(\mathfrak{r}_N - \mathfrak{r}_M)\right) \tag{71}$$

von der Wechselwirkung der beiden Nukleonen miteinander herrührt.

Sind in einem System physikalische Nukleonen und Mesonen mit den Impulsen $\mathfrak{p}_N$ und $\mathfrak{k}$ vorhanden, dann können wir es im HB durch den Zustandsvektor

$$[\mathfrak{p}_N, \mathfrak{k}) = \varphi_e + \varphi_a \sim (\mathbf{a}_{\mathfrak{k}}^{\dagger} + gfe^{i\mathfrak{k}\cdot\mathfrak{r}_N}/\omega)\,[\mathfrak{p}_N) \tag{72}$$

darstellen, wenn wir wieder die kinetische Energie der Nukleonen vernachlässigen, indem wir den Operator $\mathbf{T}_N$ in $\mathbf{H}$ weglassen. Der Zustandsvektor (72) ist eine Summe der beiden Funktionen $\varphi_e \sim \mathbf{a}_{\mathfrak{k}}^{\dagger}[\mathfrak{p}_N)$ und φ_a. φ_e beschreibt ein System, das aus physikalischen Nukleonen mit den Impulsen $\mathfrak{p}_N$ zusammen mit Mesonen mit den Impulsen $\mathfrak{k}$ besteht, während φ_a physikalische Nukleonen mit den Impulsen $\mathfrak{p}_N + \mathfrak{k}$ darstellt. Da keine Mesonen mit von $\mathfrak{k}$ verschiedenen Impulsen vorkommen, können in der verwendeten Näherung die Mesonen nicht gestreut, sondern nur von einem der Nukleonen absorbiert werden. Da wir $\mathbf{T}_N$ vernachlässigt haben, ändert sich bei einem solchen Vorgang die Energie des physikalischen Nukleons nicht und es geht einfach in ein physikalisches Nukleon mit anderem Impuls über.

Aufgabe 14.4. Man zeige, daß der Impulsoperator (53) mit $\mathbf{H}_0$ und $\mathbf{H}$ vertauschbar ist und daß die Funktionen (56) und (59) Impulseigenfunktionen sind. Man leite (55) aus (52) her. Für den durch (59) definierten Zustandsvektor berechne man die mittlere Anzahl der virtuellen Mesonen und die Gesamtwahrscheinlichkeit $W_{\mathfrak{k}}$, daß ein Meson mit dem Impuls $\mathfrak{k}$ vorhanden ist, wenn Anzahl und Impulse der übrigen virtuellen Mesonen beliebig sein können. Man berechne den Energieeigenwert für (72) sowie die Eigenwerte von $\mathfrak{p}$ für φ_e und φ_a.

Wir werden jetzt noch mit der Methode des S-Operators (siehe Abschnitt 7.3) Näherungen für die Wellenfunktion des physikalischen Nukleons berechnen. Für die Wechselwirkung verwenden wir den modifizierten Operator

$$\mathbf{H}_1' = \lim_{\varepsilon \to 0} \mathbf{H}_1 \exp\left(-\varepsilon\,|t|\right). \tag{73}$$

Durch diesen Kunstgriff erreicht man, daß für $t \to \pm\infty$ $\mathbf{H}_1' \to 0$ geht. Da andererseits ε eine unendlich kleine Zahl sein soll, wird die Wechselwirkung lange vor der Zeit $t = 0$ ganz allmählich eingeschaltet. Durch den „adiabatischen" Einschaltvorgang selbst werden keine beobachtbaren Veränderungen an dem System hervorgerufen, und zur Zeit $t = 0$ ergeben sich deshalb genau dieselben Verhältnisse, wie wenn die Wechselwirkung schon immer vorhanden gewesen wäre.

Wir rechnen im WB. Für $t = \pm\infty$ werden der Hamiltonoperator und dessen Eigenfunktionen durch (54) und (56) gegeben. Weiter ist $\mathbf{H}_{1W} = \mathbf{H}_\mathrm{I} = \mathbf{W}\mathbf{H}_1'\mathbf{W}^\dagger$ mit $\mathbf{W} = \exp\left(i\mathbf{H}_0 t\right)$. Bezeichnet man den Zustandsvektor eines physikalischen Nukleons im WB mit $\psi_{W(t)}$, dann gilt für $t = 0$

$$\psi_{W(0)} = \psi_H = C\,[\mathfrak{p}_N] = \mathbf{S}_{(-\infty,0)}\,\psi_{W(-\infty)} = \mathbf{S}_{(-\infty,0)}\,[\mathfrak{p}_N\rangle, \tag{74}$$

wobei C eine Normierungskonstante ist. Mit (7.20) und (67) ergeben sich für die Koeffizienten c_n die Näherungen

$$c_n^{(l)} = \sum_{j=0}^{l} C_n^{(j)}/C, \tag{75}$$

wobei

$$C_{n(\mathfrak{k}_1,\dots\mathfrak{k}_n)}^{(j)} = \langle\mathfrak{p}_N - \mathfrak{K}_n,\,\mathfrak{k}_1,\,\dots\,\mathfrak{k}_n]\,\mathbf{S}_{j(-\infty,0)}\,[\mathfrak{p}_N\rangle \tag{76}$$

ist. Nach (7.21) ist $\mathbf{S}_0 = 1$, so daß man für die nullte Näherung

$$C_n^{(0)} = \delta_{n0} \tag{77}$$

erhält. Für die erste Näherung gilt

$$C_1^{(1)} = -i\langle\mathfrak{p}_N - \mathfrak{k}_1,\,\mathfrak{k}_1] \int_{-\infty}^{0} dt\, e^{i\mathbf{H}_0 t}\,\mathbf{H}_{1(\mathfrak{r}_N,t)}'\, e^{-i\mathbf{H}_0 t}\,[\mathfrak{p}_N\rangle. \tag{78}$$

Da $\mathbf{H}_0[\mathfrak{p}_N\rangle = E[\mathfrak{p}_N\rangle$ mit $E = p_N^2/2m_N + m_N$ und $\langle\mathfrak{p}_N',\,\mathfrak{k}_1]\,\mathbf{H}_0 = (\mathbf{H}_0[\mathfrak{p}_N',\,\mathfrak{k}_1\rangle)^\dagger = \langle\mathfrak{p}_N',\,k_1]\,D$ mit $D = p_N'^2/2m_N + m_N + \omega_1$ ist, kann man $\mathbf{H}_0$ in (78) durch die Konstanten D und E ersetzen. Die Exponentialausdrücke in (78) sind dann mit $\mathbf{H}_1'$ vertauschbar, und die Integration über t kann ausgeführt werden. Weiter ist

$$\mathbf{H}_1[\mathfrak{p}_N\rangle = (2\pi\delta)^{-3/2}\,g \int d^3k\, f\mathfrak{a}_\mathfrak{k}^\dagger\, e^{i(\mathfrak{p}_N - \mathfrak{k})\cdot\mathfrak{r}_N}\,[0\rangle = g \int d^3k\, f[\mathfrak{p}_N - \mathfrak{k},\,\mathfrak{k}\rangle$$

und

$$\langle \mathfrak{p}, \mathfrak{k}_1] \, [\mathfrak{p}_N - \mathfrak{k}, \mathfrak{k} \rangle = \delta_{(\mathfrak{p}_N - \mathfrak{k} - \mathfrak{p})} \, \delta_{(\mathfrak{k} - \mathfrak{k}_1)}/\delta^3,$$

so daß man schließlich

$$C_1^{(1)} = -g f_1 / \Delta E_1 \tag{79}$$

mit

$$\Delta E_1 = (\mathfrak{p}_N - \mathfrak{k}_1)^2 / 2 m_N + \omega_1 - p_N^2 / 2 m_N \tag{80}$$

erhält. Alle anderen $C_n^{(1)}$ sind Null.

(80) darf nur verwendet werden, solange der mittlere Impuls $\mathfrak{p}_N$ und der Rückstoßimpuls $|\mathfrak{p}_N - \mathfrak{k}_1|$ des Nukleons wesentlich kleiner als m_N sind. Will man die relativistische Massenzunahme berücksichtigen, dann ist (80) durch den Ausdruck

$$\Delta E_1 = \sqrt{m_N^2 + (\mathfrak{p}_N - \mathfrak{k}_1)^2} + \omega_1 - \sqrt{m_N^2 + p_N^2}, \tag{81}$$

der stets positiv ist, zu ersetzen. Analog kann man auch in anderen Fällen verfahren.

Für die zweite Näherung erhält man die Beiträge

$$C_0^{(2)} = \lim_{\varepsilon \to 0} i g^2 \int d^3k \, f_{(k)}^2 / 2\varepsilon \, \Delta E_{(k)} \tag{82}$$

und

$$C_{2(\mathfrak{k}_1, \mathfrak{k}_2)}^{(2)} = A_{(\mathfrak{k}_1, \mathfrak{k}_2)} + A_{(\mathfrak{k}_2, \mathfrak{k}_1)} \tag{83}$$

mit

$$A_{(\mathfrak{k}_1, \mathfrak{k}_2)} = \frac{g^2 f_1 f_2 / \sqrt{2}\, \Delta E_1}{(\mathfrak{p}_N - \mathfrak{k}_1 - \mathfrak{k}_2)^2 / 2 m_N + \omega_1 + \omega_2 - p_N^2 / 2 m_N}. \tag{84}$$

Eine anschauliche Deutung der Koeffizienten $C_n^{(j)}$ ist mit Hilfe von „Feynmandiagrammen" möglich. Stellt man ein Nukleon durch einen Strich und ein Meson durch eine unterbrochene Linie dar, und legt man die Zeitachse in die y-Richtung, dann wird die Emission eines Mesons durch ein Nukleon zur Zeit t_1 durch Abb. 11b beschrieben. Die relative Wahrscheinlichkeit, daß dieser Vorgang im Zeitintervall $T \approx 1/\varepsilon \approx$ $\approx \int_{-\infty}^{0} dt$, also zwischen $t = -\infty$ und $t = 0$ genau einmal erfolgt, ist $|C_1^{(1)}|^2$. Der Abb. 11a entspricht der Koeffizient $C_0^{(0)}$. In Abb. 11c wird zur Zeit t_1 ein Meson mit dem Impuls $\mathfrak{k}_1$ und zur Zeit t_2 ein zweites Meson mit dem Impuls $\mathfrak{k}_2$ emittiert. Die relative Wahrscheinlichkeit, daß dieser Vorgang im Zeitintervall T einmal stattfindet, ist $|A_{(\mathfrak{k}_1, \mathfrak{k}_2)}|^2$. Werden die Mesonen in umgekehrter Reihenfolge emittiert, dann sind Abb. 11d und der Koeffizient $A_{(\mathfrak{k}_2, \mathfrak{k}_1)}$ zu verwenden. $|C_0^{(2)}|^2$ ist die relative Wahrscheinlichkeit dafür, daß im Zeitintervall T genau einmal ein Meson mit beliebigem Impuls emittiert und auch wieder reabsorbiert wird, Abb. 11e.

Dieser Übergang wird ein Selbstenergieprozeß genannt. Weitere Selbstenergieprozesse sind in Abb. 12 wiedergegeben. Abb. 13 stellt einen Teil der „Lebensgeschichte" eines physikalischen Nukleons dar.

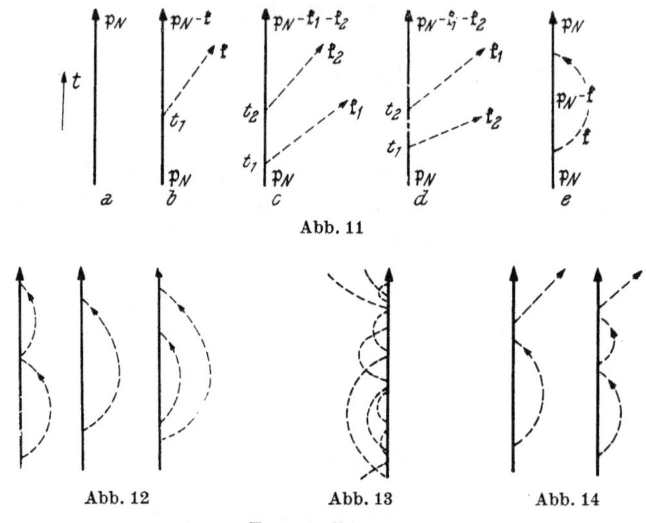

Abb. 11

Abb. 12   Abb. 13   Abb. 14

Feynmandiagramme

$C_2^{(2)}$ ist endlich, während $C_0^{(2)}$ divergiert. Der Grund hierfür ist, daß die Lebensdauer eines virtuellen Mesons nur kurz ist, nämlich umgekehrt proportional zu seiner Energie. Wenn zur Zeit $t = 0$ ein virtuelles Meson vorhanden sein soll, dann muß dieses kurz vor $t = 0$, also in einem endlichen Zeitintervall, emittiert worden sein. Dies wird durch den Phasenfaktor $\exp(i\,\varDelta E\,t)$ im Integranden von $C_2^{(2)}$ ausgedrückt, der bewirkt, daß sich Beiträge für $t \ll -1/\varDelta E$ herausmitteln. Die Emission *und* Reabsorption eines Mesons kann dagegen in einem kurzen Zeitintervall beliebig lange vor $t = 0$ erfolgt sein, der Phasenfaktor ist Null, bei der Integration über t addieren sich die Wahrscheinlichkeitsamplituden arithmetisch, und $C_0^{(2)}$ wird unendlich.

Diese Bemerkungen gelten sinngemäß auch für andere Übergänge, die als Bestandteile Selbstenergieprozesse enthalten. So sind z. B. auch die Koeffizienten für die Diagramme der Abb. 14 divergent. Der Zustandsvektor (74) ist also nicht normiert, und der Operator $\mathbf{S}_{(-\infty,0)}$ kann nicht unitär sein. Dies ist darauf zurückzuführen, daß wegen $[\mathbf{H}_0, \mathbf{H}_1] \neq 0$ die Operatoren $\mathbf{H}_{I(t)}$ und $\mathbf{H}_{I(t_1)}$ nicht vertauschbar sind, wenn $t \neq t_1$ ist.

Da alle $C_n^{(j)}$ gleich Null sind, wenn $j < n$ ist, ergeben sich in der niedrigsten Näherung für die Koeffizienten die Werte $c_n^{(n)} = C_n^{(n)}/C$. Die nächsthöhere Näherung liefert „Korrekturen" $C_n^{(n+2)} \approx G C_n^{(n)}$. Da der Faktor $G = C_0^{(2)}$ divergent ist, kann man die $C_n^{(n)}$ gegenüber den

$C_n^{(n+2)}$ vernachlässigen. Um $\psi_{W(0)}$ zu „normieren", muß man dann alle $C_n^{(n+2)}$ durch G dividieren und erhält deshalb für die Koeffizienten fast dieselben Werte wie in der niedrigsten Näherung. In höheren Näherungen ergeben sich ähnliche Verhältnisse, denn es gilt $C_n^{(n+2j+2)} \approx G C_n^{(n+2j)}/(j+1)$. Aus diesem Grund liefert eine „Näherungsrechnung" also brauchbare Ergebnisse, wie man auch erkennt, wenn man die $C_n^{(n)}$ mit den Koeffizienten (65) vergleicht.

Will man die Wahrscheinlichkeiten für die Streuung eines Mesons mit dem Impuls $\mathfrak{k}$ an einem Nukleon berechnen, dann muß man selbstverständlich für $t = -\infty$ den Zustandsvektor $[\mathfrak{p}_N, \mathfrak{k}\rangle$ verwenden. Um die Übergangswahrscheinlichkeiten zu finden, gehen wir aber nicht von der Funktion $\mathbf{S}_{(-\infty,0)} [\mathfrak{p}_N, \mathfrak{k}\rangle$ aus, da diese Anteile von gestreuten und von virtuellen Mesonen enthält. Statt dessen berechnen wir die Näherungswerte für die Übergangswahrscheinlichkeiten aus dem Ausdruck

$$U_{(\mathfrak{p},\mathfrak{k}_1)}^{(j)} = \delta^3 \langle \mathfrak{p}, \mathfrak{k}_1] \, \mathbf{S}_{j(-\infty,\infty)} [\mathfrak{p}_N, \mathfrak{k}\rangle. \tag{85}$$

Die nullte Näherung liefert nur den Koeffizienten $U^{(0)} = \delta_{(\mathfrak{p}_N - \mathfrak{p})} \, \delta_{(\mathfrak{k}_1 - \mathfrak{k})}$, der dem Übergang Abb. 15a entspricht. Die $U^{(1)}$ sind alle Null. Für die zweite Näherung ergeben sich die Beiträge

$$U_a^{(2)} = i g^2 \int d^3 k_2 f_2^2 \, \delta_{(\mathfrak{p}_N - \mathfrak{p})} \, \delta_{(\mathfrak{k}_1 - \mathfrak{k})} / \varepsilon\big((\mathfrak{p} - \mathfrak{k}_2)^2 / 2 m_N + \omega_2 - p^2 / 2 m_N\big) \tag{86}$$

und

$$U_b^{(2)} = i g^2 \, 2 \pi f f_1 \delta_{(\mathfrak{P})} \delta_{(Q)} \, (1/X + 1/Y) \tag{87}$$

mit

$$\mathfrak{P} = \mathfrak{p}_N + \mathfrak{k} - \mathfrak{p} - \mathfrak{k}_1, \quad Q = p_N^2 / 2 m_N + \omega - p^2 / 2 m_N - \omega_1,$$

$$X = \big((\mathfrak{p}_N + \mathfrak{k})^2 - p_N^2\big)/2 m_N - \omega \quad \text{und} \quad Y = \big((\mathfrak{p}_N - \mathfrak{k}_1)^2 - p_N^2\big)/2 m_N + \omega_1.$$

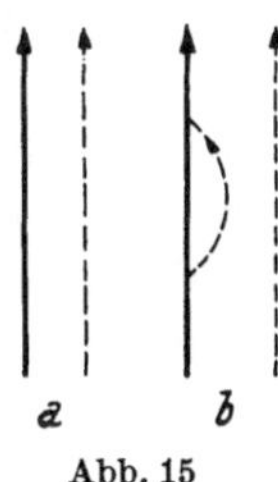

Abb. 15

Abb. 16

Abb. 17

Feynmandiagramme von Streuprozessen

Während $U_b^{(2)}$ von den echten Streuprozessen in Abb. 16 herrührt, entspricht $U_a^{(2)}$ der Modifikation Abb. 15b des Überganges in Abb. 15a durch einen Selbstenergieprozeß. Die Deltafunktionen in den $U^{(j)}$ bewirken, daß bei allen Übergängen Gesamtenergie und -impuls erhalten bleiben. Die Streuung wird bewirkt, indem das einfallende Meson von

dem Nukleon absorbiert und ein anderes Meson emittiert wird. In höherer
Näherung sind auch Übergänge möglich, bei denen das einfallende
Meson absorbiert wird und zwei oder mehr „gestreute" Mesonen emittiert
werden. $w = |U_b^{(2)}|^2\, d^3p\, d^3k_1$ ist ein Näherungswert für die Wahr-
scheinlichkeit, daß während der Zeit, in der die Wechselwirkung eingeschaltet ist, ein Streuprozeß stattfindet, nach welchem der Impuls des
Mesons einen Wert im Bereich d^3k_1 um $\mathfrak{k}_1$ und der Impuls des Nukleons
einen Wert im Bereich d^3p um $\mathfrak{p}$ hat. Aus den Übergangswahrscheinlichkeiten können die Streuquerschnitte berechnet werden.

Aufgabe 14.5. Man leite (83) her und vergleiche diesen Ausdruck mit (65) für
den Fall, daß $m_N \to \infty$ geht. Für den Übergang Abb. 17 (Streuung eines Nukleons
an einem Nukleon) berechne man die Übergangswahrscheinlichkeit.

14.4 Das Photonenfeld

Nach der klassischen Physik kann das elektromagnetische Feld im
Vakuum, das heißt wenn relative Permeabilität und Dielektrizitäts-
konstante gleich Eins sind, durch die Maxwellschen Gleichungen

$$\operatorname{rot}\mathfrak{E} = -\frac{\partial\mathfrak{H}}{\partial t} \quad (88\,\mathrm{a}) \qquad\qquad \operatorname{rot}\mathfrak{H} = \frac{\partial\mathfrak{E}}{\partial t} + 4\pi\mathfrak{z} \quad (88\,\mathrm{b})$$

$$\operatorname{div}\mathfrak{E} = 4\pi\varkappa \quad (89\,\mathrm{a}) \qquad\qquad \operatorname{div}\mathfrak{H} = 0 \quad (89\,\mathrm{b})$$

beschrieben werden. Für den Vektor der Stromdichte wurde dabei der
Buchstabe $\mathfrak{z}$, für die Ladungsdichte der Buchstabe $\varkappa$ verwendet. Wir
können von diesen vereinfachten Gleichungen ausgehen, wenn wir das
Feld quantisieren wollen, da es ja in atomaren Dimensionen keine Materie
gibt, die magnetisiert oder elektrisch polarisiert werden könnte.

Alle sechs Komponenten der Feldstärken $\mathfrak{E}$ und $\mathfrak{H}$ sind Meßgrößen.
Ein elektromagnetisches Feld läßt sich aber bereits durch *vier* skalare
Funktionen von $\mathfrak{r}$ und t beschrieben. Diese Tatsache wird oft benutzt,
um für die Rechnung „Potentiale" des Feldes einzuführen. Wird die
Lagrangefunktion aus diesen Potentialen aufgebaut, dann liefert sie mit
Hilfe der Eulerschen Gleichungen vier Feldgleichungen für die Poten-
tiale, die den Maxwellschen Gleichungen entsprechen.

Um die Beziehungen zwischen den Potentialen und den Feldstärken zu
finden, geht man davon aus, daß ein Vektor $\mathfrak{u}$ stets in die Summe eines
wirbelfreien und eines divergenzfreien Anteils zerlegt, also in der Form
$\mathfrak{u} = \operatorname{grad} v + \operatorname{rot}\mathfrak{w}$ geschrieben werden kann. Wegen (89 b) ist $\mathfrak{H}$
divergenzfrei und kann als Rotation eines anderen Vektors $\mathfrak{A}$, des
„magnetischen Vektorpotentials", ausgedrückt werden,

$$\mathfrak{H} = \operatorname{rot}\mathfrak{A}. \qquad\qquad (90\,\mathrm{a})$$

Setzt man diesen Ausdruck in (88a) ein, dann folgt daraus rot $(\mathfrak{E} + \dot{\mathfrak{A}}) = 0$, da die Operatoren V und $\partial/\partial t$ vertauschbar sind. Der Vektor $\mathfrak{E} + \dot{\mathfrak{A}}$ muß deshalb durch den Gradienten einer Funktion Φ, des „skalaren elektrischen Potentials", ausdrückbar sein, $\mathfrak{E} + \dot{\mathfrak{A}} = -\,V\Phi$. Dann ist

$$\mathfrak{E} = -\,V\Phi - \dot{\mathfrak{A}}. \tag{90b}$$

Man kann also ein elektromagnetisches Feld beschreiben, indem man die Komponenten eines Vierervektors

$$\hat{A} = (A_1, A_2, A_3, A_4) = (A_x, A_y, A_z, i\Phi)$$

als Funktionen von $\mathfrak{r}$ und t angibt, aus denen dann die Feldstärken nach (90) berechnet werden können. Die Variablen A_ν selbst sind keine Meßgrößen.

Wir wollen nun feststellen, welche Gleichungen die A_ν erfüllen müssen, damit $\mathfrak{E}$ und $\mathfrak{H}$ den Maxwellschen Gleichungen genügen. (88a) und (89b) sind durch die Ansätze (90) bereits erfüllt. Aus (89a) folgt mit (90b)

$$\Delta\Phi + V \cdot \dot{\mathfrak{A}} = -4\pi\varkappa, \tag{91a}$$

während sich aus (88b) wegen rot rot = grad div $-\ \Delta$ die Gleichung

$$(\Delta - \partial^2/\partial t^2)\,\mathfrak{A} - V(V \cdot \mathfrak{A} + \dot{\Phi}) = -4\pi\mathfrak{F} \tag{91b}$$

ergibt. Definiert man einen Vierervektor

$$\hat{s} = (s_x, s_y, s_z, i\varkappa), \tag{92}$$

dann können (91a) und (91b) zu der invarianten Gleichung

$$A_{\mu,\,\nu\nu} - A_{\nu,\,\nu\mu} = -4\pi s_\mu \tag{91c}$$

zusammengefaßt werden. In (91c) wurde eine Summationskonvention verwendet, deren wir uns von nun an stets bedienen wollen: Kommt in einem Produkt der Index μ oder ν, i oder j bzw. l zweimal vor, so ist über ihn zu summieren, und zwar von 1 bis 4, 3 bzw. 2. Kommen diese Indizes einmal vor wie etwa μ in (91c), dann können sie nacheinander die Werte 1 bis 4, 3 bzw. 2 annehmen.

Die Lagrangedichte muß eine Funktion der A_μ und der $A_{\mu,\nu}$ sein. Berücksichtigt man, daß die Komponenten von $\hat{A}$ unabhängige Veränderliche sind und deshalb unabhängig voneinander variiert werden können, dann folgt aus dem Prinzip von Hamilton (20), wenn man die Rechnung analog zu (22) bis (25) durchführt, daß nun für jede Komponente von $\hat{A}$ eine eigene Eulersche Gleichung

$$\frac{\partial}{\partial r_\nu}\frac{\partial \Lambda}{\partial A_{\mu,\nu}} - \frac{\partial \Lambda}{\partial A_\mu} = 0 \tag{93}$$

gilt. Da sich aus

$$\Lambda = \frac{1}{2}\left((\nabla\Phi + \dot{\mathfrak{A}})^2 - (\operatorname{rot}\mathfrak{A})^2\right) - 4\pi A_\nu s_\nu \tag{94}$$

mit (93) wieder die Gleichungen (91c) ergeben, kann (94) als Lagrangedichte für das elektromagnetische Feld verwendet werden. Definiert man die zu A_ν kanonisch konjugierte Variable Π_ν analog zu (30) durch $\Pi_\nu = \partial\Lambda/\partial\dot{A}_\nu$, dann ergibt sich

$$\Pi_j = \Phi_{,j} + \dot{A}_j = -E_j, \quad \Pi_4 = 0 \tag{95}$$

und man erhält die Hamiltondichte

$$\Gamma = \Pi_\nu\dot{A}_\nu - \Lambda = \frac{1}{2}\left(\Pi_j\Pi_j + (\operatorname{rot}\mathfrak{A})^2 - \Pi_j\Phi_{,j}\right) + 4\pi A_\nu s_\nu \tag{96}$$

und die Hamiltonfunktion $H = \int d^3r\,\Gamma$. Wir beschränken uns nun auf ein Feld ohne Wechselwirkungen und lassen daher den letzten Summanden in (96) weg. Außerdem nehmen wir an, daß sich das Feld nur über einen endlichen Raumbereich ausdehnt. Dann geht der vorletzte Summand in H durch partielle Integrationen in

$$\int d^3r\,\Phi\,\Pi_{j,j}/2$$

über. Dieser Ausdruck ist aber wegen (91a) gleich Null, und mit (90) ergibt sich schließlich

$$H = \frac{1}{2}\int d^3r\,(E_j E_j + H_j H_j). \tag{97}$$

Man könnte nun die Quantisierung durchführen, indem man statt der Variablen A_ν und Π_ν entsprechende Operatoren einführt. Dabei ist allerdings zu berücksichtigen, daß $\mathbf{A}_\nu$ und Π_ν durch die Vertauschungsregeln (102) definiert werden müssen. Π_4 kann deshalb *nicht* gleich Null sein und könnte z. B. in $\mathbf{H}$ vorkommen, obwohl Π_4 in H nicht aufscheint! Außerdem ergäben sich Schwierigkeiten, wenn man versucht, $\mathbf{H}$ auf eine zu (32) analoge Form zu bringen. Es ist daher günstiger, anders zu verfahren:

Wie man sofort erkennt, sind zwei Potentiale A'_ν und $A_\nu = A'_\nu + F_{,\nu}$ physikalisch vollkommen gleichwertig, wenn F eine beliebige differenzierbare Funktion ist, da $\hat{A}'$ und $\hat{A}$ nach (90) dieselben Ausdrücke für die Meßgrößen $\mathfrak{E}$ und $\mathfrak{H}$ liefern. Dies bedeutet, daß für ein gegebenes elektromagnetisches Feld $\hat{A}$ nicht eindeutig bestimmt ist. Wir werden von nun an für die Beschreibung eines Feldes ausschließlich diejenigen Vierervektoren $\hat{A}$ verwenden, die neben den Gleichungen (91 c) noch die „Lorentzbedingung"

$$A_{\nu,\nu} = 0 \tag{98}$$

erfüllen. Diese Vektoren erhält man aus $\hat{A}'$, wenn man F so wählt, daß $F_{,\nu\nu} = -A'_{\nu,\nu}$ ist. Man rechnet dann in der „Lorentzeichung". Mit der Lorentzbedingung werden die Gleichungen (91 c) entkoppelt und vereinfachen sich zu

$$A_{\mu,\nu\nu} = (\Delta - \partial^2/\partial t^2)\, A_\mu = 0, \tag{99}$$

und statt (97) kann man die Hamiltonfunktion

$$H = \frac{1}{2} \int d^3r \, (\Pi_i \Pi_i - \Pi_4 \Pi_4 + A_{i,j} A_{i,j} - A_{4,j} A_{4,j}) \tag{100}$$

verwenden. Auch der zweite und der vierte Summand in (100) sind positiv, da ja $A_4 = i\Phi$ und Φ reell ist. Die Potentiale werden auch durch die Lorentzbedingung noch nicht eindeutig bestimmt (man vergleiche (9.8) und (9.23)).

Im Sinne der klassischen Physik sind die Gleichungen (99) die Feldgleichungen für die Komponenten A_ν des Vektorpotentials in der Lorentzeichung. Ein Vergleich mit (31) zeigt, daß (100) dieselbe Form wie eine Hamiltonfunktion für vier voneinander unabhängige skalare Felder mit $m = 0$ hat. Wir werden diese Felder später quantisieren. Man kann die Gleichungen (99) aber auch als Wellengleichungen für quantenmechanische Wellenfunktionen A_μ für vier verschiedene Photonentypen auffassen!

Wir suchen nun die allgemeine Lösung von (98) und (99). (99) steht für vier voneinander unabhängige Differentialgleichungen, die für je eine Komponente von $\hat{A}$ gelten. Die Funktionen $\exp(i\hat{k}\hat{r})$ und $\exp(-i\hat{k}\hat{r})$ bilden einen vollständigen Satz von konvergenten Lösungen für jede dieser Gleichungen, wenn man für die Komponenten von $\mathfrak{k}$ alle reellen Zahlen zuläßt und $k_4 = k$ setzt. Wir definieren nun zu jedem Vektor $\mathfrak{k}$ vier orthonormale Vierervektoren durch

$$\hat{v}_{\mathfrak{k}}^{(j)} = \begin{pmatrix} \mathfrak{v}_{\mathfrak{k}}^{(j)} \\ 0 \end{pmatrix} \quad \text{und} \quad \hat{v}_{\mathfrak{k}}^{(4)} = \begin{pmatrix} 0 \\ 0 \\ 0 \\ i \end{pmatrix} \tag{101}$$

und wählen $\mathfrak{v}_{\mathfrak{k}}^{(3)}$ parallel und $\mathfrak{v}_{\mathfrak{k}}^{(1)}$ und $\mathfrak{v}_{\mathfrak{k}}^{(2)}$ senkrecht zu $\mathfrak{k}$ und zueinander, etwa

$$\mathfrak{v}_{\mathfrak{k}}^{(3)} = \mathfrak{k}/k, \quad \mathfrak{v}_{\mathfrak{k}}^{(1)} = \lim_{\varepsilon \to 0} \frac{1}{\sqrt{k_1^2 + k_2^2 + \varepsilon^2}} \begin{pmatrix} \varepsilon - k_2 \\ k_1 \\ 0 \end{pmatrix} \quad \text{und} \quad \mathfrak{v}_{\mathfrak{k}}^{(2)} = \mathfrak{v}_{\mathfrak{k}}^{(3)} \times \mathfrak{v}_{\mathfrak{k}}^{(1)} .$$

Selbstverständlich sind $\mathfrak{v}_{\mathfrak{k}}^{(j)}$ und $\mathfrak{v}_{\mathfrak{k}'}^{(j)}$ parallel, wenn $\mathfrak{k}$ parallel zu $\mathfrak{k}'$ ist. Nun bilden wir die Vierervektoren

$$\hat{B}_{\mathfrak{k}} = \sum_{\nu} \hat{v}_{\mathfrak{k}}^{(\nu)} a_{\nu\mathfrak{k}} e^{i\hat{k}\hat{r}} \quad \text{und} \quad \hat{B}'_{\mathfrak{k}} = \sum_{\nu} \hat{v}_{\mathfrak{k}}^{(\nu)} a_{\nu\mathfrak{k}}^* e^{-i\hat{k}\hat{r}}$$

und setzen

$$\hat{A} = \int d^3k \, (16\pi^3 k)^{-1/2} \, (\hat{B}_{\mathfrak{k}} + \hat{B}'_{\mathfrak{k}}) .$$

Durch diese Definition ist gewährleistet, daß A_1, A_2 und A_3 reell sind und $A_4 = i\Phi$ imaginär ist. Der Vierervektor $\hat{A}$ ist eine Lösung von (99). Er beschreibt ein gegebenes Feld, wenn die vier komplexen Funktionen $a_{\nu\mathfrak{k}}$ so gewählt werden, daß die Anfangsbedingung erfüllt ist. Dann genügt $\hat{A}$ auch der Gleichung (98) und besteht deshalb aus einer Überlagerung *transversaler* ebener Wellen. Wir beweisen dies für einen Anteil $\hat{B}_{\mathfrak{k}}$:

Der Vektor $\mathfrak{H}^+ = V \times \mathfrak{B}_{\mathfrak{k}} = i\mathfrak{k} \times \mathfrak{B}_{\mathfrak{k}}$ steht offensichtlich senkrecht auf $\mathfrak{k}$ und $\mathfrak{B}_{\mathfrak{k}}$. Weiter ist $\mathfrak{E}^+ = iVB_{\mathfrak{k}4} - \dot{\mathfrak{B}}_{\mathfrak{k}} = -\mathfrak{k}B_{\mathfrak{k}4} + ik\mathfrak{B}_{\mathfrak{k}}$. Wegen (98) ist aber $-B_{\mathfrak{k}4,4} = kB_{\mathfrak{k}4} = V \cdot \mathfrak{B}_{\mathfrak{k}} = i\mathfrak{k} \cdot \mathfrak{B}_{\mathfrak{k}}$. Damit wird $\mathfrak{E}^+ = -i\mathfrak{k} \cdot \mathfrak{B}_{\mathfrak{k}}\mathfrak{k}/k + ik\mathfrak{B}_{\mathfrak{k}}$, woraus $\mathfrak{E}^+ \cdot \mathfrak{k} = 0$ folgt. Unsere spezielle Wahl der $\mathfrak{v}_{\mathfrak{k}}^{(j)}$ bewirkt, daß z. B. $\hat{B}_{\mathfrak{k}}^{(1)} = \hat{v}_{\mathfrak{k}}^{(1)} a_{1\mathfrak{k}} e^{i\hat{k}\hat{r}}$ die Komponente von $\mathfrak{E}^+$ parallel zu $\mathfrak{v}_{\mathfrak{k}}^{(1)}$ und von $\mathfrak{H}^+$ parallel zu $\mathfrak{v}_{\mathfrak{k}}^{(2)}$ liefert, während $\hat{B}_{\mathfrak{k}}^{(3)}$ und $\hat{B}_{\mathfrak{k}}^{(4)}$ nichts zu den Feldstärken beitragen. Die $\hat{B}_{\mathfrak{k}}^{(j)}$ geben also drei Polarisationsrichtungen an, die miteinander Winkel von $90°$ einschließen.

Bei der Quantisierung des elektromagnetischen Feldes werden wir auch für A_4 einen *hermitischen* Operator einführen. Um zu erreichen, daß der Erwartungswert von $\Phi = -iA_4$ trotzdem reell wird, muß man dann allerdings einen kleinen Kunstgriff anwenden. Wir gehen also zur Quantentheorie über, indem wir die Operatoren $\mathbf{A}_\nu$ und $\mathit{\Pi}_\nu$ durch

$$\mathbf{A}_\nu = \mathbf{A}_\nu^\dagger, \quad \mathit{\Pi}_\nu = \mathit{\Pi}_\nu^\dagger, \quad [\mathbf{A}_{\mu(\mathfrak{r})}, \mathit{\Pi}_{\nu(\mathfrak{r}')}] = i\delta_{\mu\nu}\delta_{(\mathfrak{r}-\mathfrak{r}')} \tag{102a}$$

und

$$[\mathbf{A}_{\mu(\mathfrak{r})}, \mathbf{A}_{\nu(\mathfrak{r}')}] = [\mathit{\Pi}_{\mu(\mathfrak{r})}, \mathit{\Pi}_{\nu(\mathfrak{r}')}] = 0 \tag{102b}$$

definieren. Um (102) zu erfüllen, wählen wir die Darstellung

$$\mathbf{A}_\nu = \mathbf{B}_\nu + \mathbf{B}_\nu^\dagger, \quad \hat{\mathbf{B}} = \int d^3k \, (16\pi^3 k)^{-1/2} \, \hat{\mathbf{a}}_{\mathfrak{k}} e^{i\mathfrak{k}\cdot\mathfrak{r}} \tag{103}$$

und

$$\Pi_\nu = \mathbf{C}_\nu + \mathbf{C}_\nu^\dagger, \quad \hat{\mathbf{C}} = -i \int d^3k \, (k/16\pi^3)^{1/2} \, \hat{\mathbf{a}}_\mathfrak{k} \, e^{i\mathfrak{k}\cdot\mathfrak{r}} \tag{104}$$

mit

$$\hat{\mathbf{a}}_\mathfrak{k} = \sum_\nu \hat{v}_\mathfrak{k}^{(\nu)} \, \mathbf{a}_{\nu\mathfrak{k}}, \tag{105}$$

$$[\mathbf{a}_{\mu\mathfrak{k}}, \mathbf{a}_{\nu\mathfrak{k}'}] = [\mathbf{a}_{\mu\mathfrak{k}}^\dagger, \mathbf{a}_{\nu\mathfrak{k}'}^\dagger] = 0 \quad \text{und} \quad [\mathbf{a}_{\mu\mathfrak{k}}, \mathbf{a}_{\nu\mathfrak{k}'}^\dagger] = \delta_{\mu\nu} \, \delta_{(\mathfrak{k}-\mathfrak{k}')}. \tag{106}$$

Die entsprechenden Operatoren im HB erhält man wieder, wenn man die $\mathbf{a}_{\nu\mathfrak{k}}$ durch $\mathbf{a}_{\nu\mathfrak{k}} \exp(-ikt)$ ersetzt. Die Gleichung (99) wird auch von den Operatoren $\mathbf{A}_{H\nu}$ erfüllt und muß deshalb auch für die Erwartungswerte $\langle A_\nu \rangle$ gelten.

Mit (100) und (103) bis (106) ergibt sich

$$\mathbf{H}_E = \int d^3k \, k \, \mathbf{N}_\mathfrak{k} \quad \text{mit} \quad \mathbf{N}_\mathfrak{k} = \mathbf{N}_{1\mathfrak{k}} + \mathbf{N}_{2\mathfrak{k}} + \mathbf{N}_{3\mathfrak{k}} - \mathbf{N}_{4\mathfrak{k}},$$

$$\mathbf{N}_{f\mathfrak{k}} = (\mathbf{a}_{f\mathfrak{k}} \mathbf{a}_{f\mathfrak{k}}^\dagger + \mathbf{a}_{f\mathfrak{k}}^\dagger \mathbf{a}_{f\mathfrak{k}})/2, \tag{107}$$

bzw. nach Abzug der Nullpunktsenergie

$$\mathbf{N}_{f\mathfrak{k}} = \mathbf{a}_{f\mathfrak{k}}^\dagger \mathbf{a}_{f\mathfrak{k}}. \tag{107a}$$

Für den Impuls des elektromagnetischen Feldes erhält man analog zu (45) den Operator

$$\mathfrak{p}_E = \int d^3k \, \mathfrak{k} \mathbf{N}_\mathfrak{k}. \tag{108}$$

In (107) und (108) kommt der Quantencharakter des Feldes deutlich zum Ausdruck: Die $\mathbf{N}_{\nu\mathfrak{k}}$ sind Operatoren für die Anzahl der Feldquanten (Photonen), die den Impuls $\mathfrak{k}$ und die Energie k haben und in der durch $\hat{v}_\mathfrak{k}^{(\nu)}$ bestimmten Richtung polarisiert sind. Wegen (101) können also $\mathbf{a}_{1\mathfrak{k}}^\dagger$ und $\mathbf{a}_{2\mathfrak{k}}^\dagger$, $\mathbf{a}_{3\mathfrak{k}}^\dagger$ bzw. $\mathbf{a}_{4\mathfrak{k}}^\dagger$ als Erzeugungsoperatoren für transversal polarisierte, longitudinal polarisierte bzw. „zeitartige" Photonen mit dem Impuls $\mathfrak{k}$ gedeutet werden. Der Zustandsvektor des Vakuums $[0\rangle$ wird durch

$$\mathbf{a}_{\nu\mathfrak{k}} [0\rangle = 0 \quad \text{und} \quad \langle 0] [0\rangle = 1 \tag{109}$$

definiert.

Wir haben die Operatoren $\mathbf{A}_\nu$ und Π_ν so gewählt, daß sie hermitisch sind, und daß in allen verwendeten Formeln Raum- und Zeitkomponenten völlig symmetrisch vorkommen, um den Forderungen der speziellen Relativitätstheorie zu genügen. Damit der Erwartungswert der Meßgröße $\Phi = -iA_4$ reell wird, müssen wir von nun an für ein Skalarprodukt die Definition

$$\langle D \rangle = \langle] \eta \, \mathbf{D} [\rangle \tag{110}$$

verwenden, wobei der Operator η durch

$$[\eta, \mathbf{a}_{j\mathfrak{k}}] = [\eta, \mathbf{a}_{4\mathfrak{k}}]_+ = 0, \quad \eta\,[0\rangle = [0\rangle \quad \text{und} \quad \eta = \eta^\dagger \tag{111}$$

gegeben ist. Wegen $\eta = \eta^\dagger$ haben alle Vektoren $[\rangle$ eine reelle Norm $\langle]\,[\rangle$, diese kann aber negativ sein, wie z. B. für $[\rangle = \mathbf{a}_{4\mathfrak{k}}^\dagger[0\rangle$.

Die Beziehung (98) kann nicht für die Operatoren $\mathbf{A}_\nu$ übernommen werden. Sie muß aber für alle Erwartungswerte gelten:

$$\langle A_\nu\rangle_{,\nu} = 0. \tag{112}$$

Damit (112) erfüllt ist, verlangen wird, daß alle Zustandsvektoren $[M\rangle$, die ein elektromagnetisches Feld beschreiben, die Bedingung

$$\mathbf{B}_{H\nu,\nu}\,[M\rangle_H = 0 \quad \text{im HB} \tag{113}$$

erfüllen. (113) ist gleichbedeutend mit

$$(\mathbf{a}_{3\mathfrak{k}} - \mathbf{a}_{4\mathfrak{k}})\,[M\rangle_H = 0 \quad \text{für alle } \mathfrak{k}. \tag{114}$$

Die Zustandsvektoren

$$[M\rangle_H = f_{\left(\mathbf{a}_{1\mathfrak{k}}^\dagger,\, \mathbf{a}_{2\mathfrak{k}}^\dagger\right)}\,[0\rangle \quad \text{und} \quad \sum_n (\mathbf{a}_{3\mathfrak{k}}^\dagger + \mathbf{a}_{4\mathfrak{k}}^\dagger)^n\,[M\rangle_H = \sum_n [M, n\rangle$$

stellen dasselbe Feld dar, da $\langle M, n]\,\eta\,[M, n\rangle = \delta_{0n}$ ist. Longitudinale und zeitartige Photonen kommen also stets in solchen Kombinationen vor, daß sie bei Messungen nicht in Erscheinung treten, da sich ihre Beiträge zu Energie und Impuls aufheben; trotzdem spielen sie eine wichtige Rolle, da sie Wechselwirkungen zwischen dem elektromagnetischen Feld und geladenen Teilchen übertragen, wie wir im nächsten Abschnitt sehen werden. Jeder Zustandsvektor, der die Lorentzbedingung erfüllt, stellt also ein transversales Feld dar.

Aufgabe 14.6. Man zeige, daß A_ν und $A_\nu + F_{,\nu}$ dieselben Ausdrücke für $\mathfrak{E}$ und $\mathfrak{H}$ liefern. Man leite (107) und (114) her. Man zeige, daß wegen (113) bzw. (114) alle Zustandsvektoren mit negativer Norm ausgeschlossen werden, (112) erfüllt ist und die Erwartungswerte von $\mathfrak{p}_E$ und H_E nur von der Anzahl der transversal polarisierten Photonen abhängen. Man zeige, daß der Erwartungswert einer Meßgröße W reell (imaginär) ist, wenn $[\eta, \mathbf{W}] = 0$ $([\eta, \mathbf{W}]_+ = 0)$ ist, und daß $\langle\Phi\rangle$ reell ist.

14.5 Das Fermionenfeld

Bisher wurden nur Bosonen — nämlich Mesonen und Photonen — als Feldquanten beschrieben. Um das Fermionenfeld zu quantisieren, müssen wir die Diracgleichung für die Wahrscheinlichkeitsamplitude Ψ wie eine klassische Feldgleichung behandeln, die z. B. den Maxwellschen Gleichungen für das elektromagnetische Feld entspräche. Dieses Verfahren gestattet es, auch für Fermionen Erzeugungs- und Vernichtungsprozesse zu beschreiben.

Wir definieren das nichtquantisierte freie Fermionenfeld durch die Feldgleichung

$$\gamma_\nu \Psi_{,\nu} + m_0 \Psi = 0 \tag{115}$$

mit

$$\gamma_\nu^\dagger = \gamma_\nu \quad \text{und} \quad [\gamma_\mu, \gamma_\nu]_+ = 2\delta_{\mu\nu}. \tag{116}$$

Die Feldamplitude Ψ ist keine Meßgröße, ihre Komponenten ψ_ν sind im allgemeinen komplex und können in der Form $\psi_\nu = \psi_{\nu 1} + i\psi_{\nu 2}$ aus je zwei reellen Funktionen zusammengesetzt werden. Demgemäß besteht Ψ aus acht linear unabhängigen reellen Funktionen $\psi_{\nu 1}$ und $\psi_{\nu 2}$, für die je eine Eulersche Gleichung von der Form (93) gilt. Da in der Lagrangedichte auch die Ableitungen von $\psi_{\nu 1}$ und $\psi_{\nu 2}$ immer in denselben Kombinationen wie $\psi_{\nu 1}$ und $\psi_{\nu 2}$ selbst vorkommen müssen, gelten für die komplexen ψ_ν und ψ_ν^* je vier Eulersche Gleichungen, die ebenfalls die Form (93) haben. Die Gleichungen für die ψ_ν und die ψ_ν^* gehen selbstverständlich durch komplexe Konjugation ineinander über.

Wir verwenden für die Lagrangedichte den Ausdruck

$$\Lambda = -\Psi^\dagger \gamma_4 (\gamma_\nu \Psi_{,\nu} + m_0 \Psi). \tag{117}$$

Aus (117) ergeben sich als Eulersche Gleichungen für die komplexen ψ_ν die Differentialgleichungen (115). Die zu den ψ_ν kanonisch konjugierten Variablen sind

$$\Pi_\nu = i\psi_\nu^*. \tag{118}$$

Die ungewöhnliche Form von (118) ist die Folge davon, daß für Ψ eine Differentialgleichung erster Ordnung gilt, so daß die $\psi_{\nu,4}$ in Λ nur linear vorkommen. Die Hamiltondichte ist

$$\Gamma = \Psi^\dagger \gamma_4 (\gamma_j \Psi_{,j} + m_0 \Psi). \tag{119}$$

Die allgemeinste Lösung von (115) kann als Überlagerung von vier linear unabhängigen vierkomponentigen komplexen Spinorfunktionen $\Psi_{(\mathfrak{r},t)}^{(\nu)}$ angegeben werden. Es ist vorteilhaft, die $\Psi^{(\nu)}$ so zu wählen, daß sie die Wahrscheinlichkeitsamplituden für Elektronen bzw. Positronen mit positiver oder negativer Helizität darstellen. Dann gilt

$$\Psi = \sum_\nu \Psi^{(\nu)} \quad \text{mit} \quad \Psi^{(\nu)} = (2\pi)^{-3/2} \int d^3p \sqrt{m_0/p_0}\, b_{\nu\mathfrak{p}}\, \hat{u}_{\mathfrak{p}}^{(\nu)}\, e^{i\varepsilon_\nu \hat{\mathfrak{p}}\hat{\mathfrak{r}}}, \tag{120}$$

wobei $\varepsilon_1 = \varepsilon_2 = -\varepsilon_3 = -\varepsilon_4 = 1$ und $p_4 = ip_0 = i\sqrt{m_0^2 + \mathfrak{p}^2}$ ist. Die $\hat{u}_{\mathfrak{p}}^{(\nu)}$ sind vierkomponentige Spinoren, deren Komponenten zwar von den $\mathfrak{p}$, nicht aber von den r_ν abhängen. Sie unterscheiden sich in ihrer

Polarisationsrichtung im Unterraum der Energie bzw. Helizität um je 180° und können durch die Operatorgleichungen

$$(i\gamma_\mu p_\mu + m_0 \varepsilon_\nu)\,\hat{u}_{\mathfrak{p}}^{(\nu)} = 0, \tag{121}$$

$$(2\varepsilon_{2\nu}\mathfrak{S}\cdot\mathfrak{p} - \varepsilon_\nu p)\,\hat{u}_{\mathfrak{p}}^{(\nu)} = 0 \quad \text{mit} \quad \mathbf{S}_x = -i\gamma_y\gamma_z/2 \ \text{zyk} \tag{122}$$

und

$$(\hat{u}_{\mathfrak{p}}^{(\mu)}, \ \hat{u}_{\mathfrak{p}}^{(\nu)}) = \delta_{\mu\nu}p_0/m_0 \tag{123}$$

definiert werden. Die explizite Form der $\hat{u}_{\mathfrak{p}}^{(\nu)}$ hängt natürlich von der für die γ_ν gewählten Darstellung ab.

Jetzt quantisieren wir das Fermionenfeld, indem wir den nichthermitischen Operator

$$\Psi_H = \sum_\nu \Psi_H^{(\nu)} \quad \text{mit} \quad \Psi_H^{(\nu)} = (2\pi)^{-3/2} \int d^3p \, \sqrt{m_0/p_0}\, \mathbf{b}_{\nu\mathfrak{p}}\, \hat{u}_{\mathfrak{p}}^{(\nu)}\, e^{i\varepsilon_\nu \hat{\mathfrak{p}}\hat{r}} \tag{124}$$

einführen, der der komplexen Wahrscheinlichkeitsamplitude Ψ entspricht. Ψ_H ist eine Lösung von (115). Mit (119) bis (124) erhält man den Hamiltonoperator

$$\mathbf{H}_F = \int d^3p \, p_0 \sum_\nu \varepsilon_\nu \, \mathbf{b}_{\nu\mathfrak{p}}^\dagger \, \mathbf{b}_{\nu\mathfrak{p}}. \tag{125}$$

Da wir es jetzt mit Fermionen zu tun haben, müssen wir für die $\mathbf{b}_{\nu\mathfrak{p}}$ die Vertauschungsregeln

$$[\mathbf{b}_{\mu\mathfrak{p}}, \mathbf{b}_{\nu\mathfrak{p}'}]_+ = [\mathbf{b}_{\mu\mathfrak{p}}^\dagger, \mathbf{b}_{\nu\mathfrak{p}'}^\dagger]_+ = 0, \ [\mathbf{b}_{\mu\mathfrak{p}}, \mathbf{b}_{\nu\mathfrak{p}'}^\dagger]_+ = \delta_{\mu\nu}\,\delta_{(\mathfrak{p}-\mathfrak{p}')} \tag{126}$$

postulieren. Wir können aber nicht alle $\mathbf{b}_{\nu\mathfrak{p}}$ als Vernichtungsoperatoren interpretieren, indem wir $\mathbf{b}_{\nu\mathfrak{p}}[0\rangle = 0$ setzen, da sonst wegen $\varepsilon_3 = \varepsilon_4 = -1$ die durch $\mathbf{b}_{3\mathfrak{p}}^\dagger$ und $\mathbf{b}_{4\mathfrak{p}}^\dagger$ erzeugten Fermionen negative Energien haben würden. Diese Schwierigkeit wird beseitigt, wenn man

$$\mathbf{b}_{1\mathfrak{p}} \text{ und } \mathbf{b}_{2\mathfrak{p}} \quad \text{bzw.} \quad \mathbf{c}_{1\mathfrak{p}} = \mathbf{b}_{3\mathfrak{p}}^\dagger \quad \text{und} \quad \mathbf{c}_{2\mathfrak{p}} = \mathbf{b}_{4\mathfrak{p}}^\dagger \tag{127}$$

als Vernichtungsoperatoren für ein Elektron bzw. Positron mit dem Impuls $\mathfrak{p}$, der Energie p_0 und der Helizität $+1$ und -1 interpretiert und dementsprechend das Vakuum durch

$$\mathbf{b}_{l\mathfrak{p}}[0\rangle = \mathbf{c}_{l\mathfrak{p}}[0\rangle = 0 \quad \text{und} \quad \langle 0][0\rangle = 1 \tag{128}$$

definiert. Mit

$$\mathbf{N}_{\mathfrak{p}}^- = \mathbf{b}_{l\mathfrak{p}}^\dagger \mathbf{b}_{l\mathfrak{p}} \quad \text{und} \quad \mathbf{N}_{\mathfrak{p}}^+ = \mathbf{c}_{l\mathfrak{p}}^\dagger \mathbf{c}_{l\mathfrak{p}} \tag{129}$$

ergeben sich für Energie und Impuls die Operatoren

$$\mathbf{H}_F = \int d^3p \, p_0(\mathbf{N}_{\mathfrak{p}}^- + \mathbf{N}_{\mathfrak{p}}^+) \quad \text{und} \quad \mathfrak{p}_F = \int d^3p \, \mathfrak{p}(\mathbf{N}_{\mathfrak{p}}^- + \mathbf{N}_{\mathfrak{p}}^+). \tag{130}$$

Die Operatoren für die Ladungs(strom)dichte sind durch

$$\mathbf{s}_\nu = -\,i\,e\,\boldsymbol{\Psi}^\dagger\gamma_4\gamma_\nu\boldsymbol{\Psi} \tag{131}$$

zu definieren. Diese Ausdrücke sind analog zu (13.33), da wir $\mathbf{b}_{3\mathfrak{p}}$ und $\mathbf{b}_{4\mathfrak{p}}$ als *Erzeugungsoperatoren* für Positronen definiert haben. Für die gesamte Ladung ergibt sich aus (131) nach Abzug einer Konstante der Operator

$$\mathbf{Q} = -\,i\int d^3r\,\mathbf{s}_4 = e\int d^3p\,(\mathbf{N}_\mathfrak{p}^+ - \mathbf{N}_\mathfrak{p}^-). \tag{132}$$

Die Operatoren für die Gesamtzahl der Positronen und der Elektronen sind

$$\mathbf{N}^\pm = \int d^3p\,\mathbf{N}_\mathfrak{p}^\pm. \tag{133}$$

Durch ein freies Fermionenfeld kann das wirkliche Verhalten von Elektronen und Positronen nicht richtig beschrieben werden. Dies geht schon daraus hervor, daß de facto ein Elektronen-Positronenpaar spontan in zwei Photonen übergehen kann, während im Falle eines freien Fermionenfeldes $\mathbf{N}^+$ und $\mathbf{N}^-$ mit $\mathbf{H}_F$ vertauschbar sind und deshalb theoretisch Erhaltungsgrößen sein sollten. Dieser Widerspruch ergibt sich, da wir in (119) nicht berücksichtigt haben, daß in Wirklichkeit jedes Elektron oder Positron infolge seiner Ladung ein elektromagnetisches Feld erzeugt und dadurch in Wechselwirkung mit anderen Elementarteilchen tritt.

Um die Bewegung von Fermionen in einem bereits vorhandenen elektromagnetischen Feld näherungsweise zu beschreiben, könnte man ähnlich wie in Abschnitt (13.6) vorgehen und überall die Differentialoperatoren $-i\partial/\partial r_\nu$ durch die Ausdrücke $-i\partial/\partial r_\nu - Q\,\mathbf{A}_\nu$ ersetzen. Wir wollen aber auch das von den Teilchen selbst erzeugte Feld berücksichtigen und verwenden deshalb den Hamiltonoperator

$$\mathbf{H} = \mathbf{H}_F + \mathbf{H}_E + \mathbf{H}_1.$$

Aus (96) kann man schließen, daß

$$\mathbf{H}_1 = \int d^3r\,4\pi\,\mathbf{A}_{\nu(\mathfrak{k}\,\cdot\,\mathfrak{r})}\,\mathbf{s}_{\nu(\mathfrak{p}\,\cdot\,\mathfrak{r})} \tag{134}$$

sein muß. Die $\mathbf{a}_{\nu\mathfrak{k}}$ kommutieren selbstverständlich mit allen $\mathbf{b}_{\mu\mathfrak{p}}$. Der Operator $\mathbf{H}$ ist weder mit $\mathbf{N}^+$, noch mit $\mathbf{N}^-$ allein vertauschbar. Dagegen kommutiert $\mathbf{N}^- - \mathbf{N}^+$ mit $\mathbf{H}$, so daß $N^- - N^+$ eine Erhaltungsgröße ist.

In (134) kommen Produkte von der Form $(\mathbf{a}_{\mu\mathfrak{k}}^\dagger + \mathbf{a}_{\mu\mathfrak{k}})\,(\mathbf{b}_{l\mathfrak{p}} - \mathbf{c}_{l\mathfrak{p}}^\dagger) \times$ $\times\,(\mathbf{b}_{l'\mathfrak{p}'}^\dagger + \mathbf{c}_{l'\mathfrak{p}'})$ vor (die Exponentialfaktoren sind zur Vereinfachung weggelassen). Der Anteil $\mathbf{a}_{\mu\mathfrak{k}}^\dagger\mathbf{b}_{l\mathfrak{p}}\mathbf{b}_{l'\mathfrak{p}'}^\dagger$ bewirkt z. B., daß ein Elektron absorbiert und ein Photon und ein anderes Elektron erzeugt wird, während etwa $\mathbf{a}_{\mu\mathfrak{k}}\mathbf{c}^\dagger_{l\mathfrak{p}}\mathbf{b}^\dagger_{l'\mathfrak{p}'}$ ein Photon verschwinden sowie ein Elektron und ein Positron entstehen läßt. Ein Fermion kann also virtuelle Photonen emittieren, ein Photon in ein virtuelles Fermionenpaar übergehen. Die Kombination der verschiedenen möglichen Prozesse hat zur Folge, daß sich jedes Fermion und jedes Photon mit einer Wolke virtueller Photonen und Fermionen umgibt. Da (134) auch die Komponenten $\mathbf{A}_3$ und $\mathbf{A}_4$ enthält, kommen in virtuellen Zuständen auch longitudinale und zeitartige Photonen vor. Die zeitartigen Photonen übertragen alle elektrostatischen Wechselwirkungen, da $\boldsymbol{\Phi} = -i\mathbf{A}_4$ in (134) mit dem Operator $-i\mathbf{s}_4$, der der Ladungsdichte entspricht, multipliziert ist.

Zum Schluß wollen wir noch näherungsweise die Wahrscheinlichkeit berechnen, mit der ein Photon in ein Fermionenpaar übergeht. Wir rechnen im WB. Für den Übergang

$$[-\infty\rangle = \mathbf{a}^\dagger_{l\mathfrak{k}}\,[0\rangle \to [\infty\rangle = \mathbf{b}^\dagger_{f\mathfrak{p}}\,\mathbf{c}^\dagger_{g\mathfrak{p}'}\,[0\rangle$$

ergibt sich dann in erster Näherung die Amplitude

$$\overset{\dagger}{U}_{l,fg} = \langle\infty]\,\eta\,\mathbf{S}_{1(-\infty,\infty)}\,[-\infty\rangle$$

$$= -\,\langle 0]\,\mathbf{b}_{f\mathfrak{p}}\,\mathbf{c}_{g\mathfrak{p}'}\,\eta\,4\pi e\int dt\int d^3r\,e^{-\varepsilon|t|}\,\mathbf{A}_{\nu(\hat{k}\hat{r})}\,\boldsymbol{\Psi}^\dagger_{(\hat{p}\hat{r})}\,\gamma_4\,\gamma_\nu\,\boldsymbol{\Psi}_{(\hat{p}\hat{r})}\,\mathbf{a}^\dagger_{l\mathfrak{k}}\,[0\rangle. \qquad (135)$$

Wir legen die z-Achse parallel zur Bewegungsrichtung des einfallenden Photons, so daß $\mathfrak{k} = (0,0,k)$ ist. Ist das Photon in der x-Richtung polarisiert, dann ist $l = 1$. f und g geben die Helizität der im Endzustand vorhandenen Fermionen an und können die Werte 1 oder 2 annehmen. Mit den expliziten Ausdrücken für $\hat{\mathbf{A}}$ und $\boldsymbol{\Psi}$ ergibt sich aus (135)

$$\overset{\dagger}{U}_{1,fg} = -\,em_0\sqrt{4\pi/kp_0p_0'}\,\delta_{(\mathfrak{k}-\mathfrak{p}-\mathfrak{p}')}\,\delta_{(\lambda-p_0-p_0')}\,M_{1,fg} \qquad (136)$$

mit

$$M_{1,fg} = \hat{u}^{(f)\dagger}_{\mathfrak{p}}\,\gamma_4\gamma_1\,\hat{u}^{(g+2)}_{\mathfrak{p}'}.$$

Setzt man nun z. B. $f = g = 1$, dann erhält man die Übergangsamplitude für den Fall, daß das Photon in ein Elektron mit dem Impuls $\mathfrak{p}$ und ein Positron mit dem Impuls $\mathfrak{p}'$, die beide positive Helizität haben, zerfällt. Die entsprechende Übergangswahrscheinlichkeit pro Volums- und Zeiteinheit ist

$$w_{111} = |\overset{\dagger}{U}_{1,11}|^2/\int dt\int d^3r.$$

Die Gesamtwahrscheinlichkeit, daß das Photon in ein Fermionenpaar mit beliebiger Helizität übergeht, ist selbstverständlich die Summe $w_1 = w_{111} + w_{112} + w_{121} + w_{122}$. Die Gesamtwahrscheinlichkeit, daß ein Photon mit unbekannter Polarisation in ein Fermionenpaar zerfällt, ist der Mittelwert $w = (w_1 + w_2)/2$.

Die Berechnung von

$$X = \sum_{f=1}^{2} \sum_{g=1}^{2} |M_{1,fg}|^2 = \sum \sum \hat{u}_{\mathfrak{p}'}^{(g+2)\dagger} \gamma_1^\dagger \gamma_4^\dagger \hat{u}_{\mathfrak{p}}^{(f)} \hat{u}_{\mathfrak{p}}^{(f)\dagger} \gamma_4 \gamma_1 \hat{u}_{\mathfrak{p}'}^{(g+2)}$$

kann durchgeführt werden, indem man z. B. eine explizite Darstellung für die γ_ν wählt und dann die $\hat{u}_{\mathfrak{p}}^{(\nu)}$ aus (121) bis (123) bestimmt. Eleganter ist es aber, nur mit Operatorgleichungen wie

$$\hat{u}_{\mathfrak{p}}^{(\nu)\dagger} \, (\gamma_4 - \varepsilon_\nu) \, \hat{u}_{\mathfrak{p}}^{(\nu)} = 0, \qquad \sum_{\nu=1}^{4} \hat{u}_{\mathfrak{p}\mu}^{(\nu)} (\hat{u}_{\mathfrak{p}}^{(\nu)\dagger} \, \gamma_4)_\mu = 1,$$

$$2 \sum_{f=1}^{2} \hat{u}_{\mathfrak{p}}^{(f)} = \sum_{f=1}^{4} (1 - i\gamma_\nu p_\nu/m_0) \, \hat{u}_{\mathfrak{p}}^{(f)}$$

usw. zu arbeiten, die aus (115) und (121) bis (123) folgen. Weitere nützliche Beziehungen gewinnt man wie folgt:

Die Summe der Diagonalelemente einer Matrix $\mathbf{F}$ wird die Spur von $\mathbf{F}$ genannt und mit $\mathrm{Sp}\mathbf{F}$ bezeichnet. Für beliebige vierdimensionale Matrizen $\mathbf{F}$ und $\mathbf{G}$ gilt

$$\sum_{\nu=1}^{4} \hat{u}_{\mathfrak{p}}^{(\nu)\dagger} \, \gamma_4 \mathbf{F} \hat{u}_{\mathfrak{p}}^{(\nu)} \, \varepsilon_\nu = \mathrm{Sp}\mathbf{F}$$

und

$$\mathrm{Sp}(\mathbf{F}\mathbf{G}) = \mathrm{Sp}(\mathbf{G}\mathbf{F}). \tag{137}$$

Aus (137) folgt

$$\mathrm{Sp}(\gamma_\mu \gamma_\nu) = 4\delta_{\mu\nu}.$$

Die Spur eines Produkts, das aus einer ungeraden Anzahl von γ-Matrizen besteht, muß Null sein.

Wird die Rechnung explizit oder mit Operatorgleichungen durchgeführt, dann ergibt sich

$$X = (m_0^2 + p_0 p_0' - p_3 p_3')/m_0^2.$$

Ähnliche Summationen oder Mittelungen über die Polarisation und Helizität der Anfangs- und Endzustände ergeben sich auch, wenn man die Wahrscheinlichkeiten für andere Übergänge berechnet. Hier war es allerdings gar nicht notwendig, X zu bestimmen. Da

$$\delta_{(\mathfrak{k}-\mathfrak{p}-\mathfrak{p}')} = \delta_{(k-p_3-p_3')} \, \delta_{(p_2+p_2')} \, \delta_{(p_1+p_1')}$$

ist, sind die Übergangsamplituden (136) alle Null, denn k kann nicht gleichzeitig gleich $p_3 + p_3'$ und gleich $p_0 + p_0' > p_3 + p_3'$ sein. Da das Photon die Ruhmasse Null hat und sich mit Lichtgeschwindigkeit bewegt, ist sein Impuls auf jeden Fall größer als der Impuls eines Fermionenpaares mit derselben Energie. Ein Photon kann daher nur dann in ein reales Fermionenpaar übergehen, wenn es sich gerade in der Nähe eines anderen Elementarteilchens befindet, das den überschüssigen Impuls aufnimmt, und wenn $k \geq 2m_0$ ist. Virtuelle Prozesse dieser Art sind dagegen auch im materiefreien Raum und für $k < 2m_0$ möglich.

Aufgabe 14.7. Man leite (125) her. Man zeige, daß für die durch (131) definierten Operatoren im HB Erhaltungssätze von der Form $\mathbf{s}_{H\nu, \nu} = 0$ gelten. Man prüfe, ob Gesamtladung und Gesamtzahl der Teilchen in einem System von Fermionen erhalten bleiben. Man zeige, daß der Zustandsvektor $\mathbf{a}^\dagger_{\nu \mathfrak{k}} \mathbf{b}^\dagger_{l \mathfrak{p}} \mathbf{c}^\dagger_{l' \mathfrak{p}} [0]$ eine Eigenfunktion der Operatoren (107), (108), (129), (130) und $\mathfrak{S} \cdot \mathfrak{p}$ ist. Man zeichne das Feynmandiagramm für den Übergang (135).

15. Lösungen zu den Aufgaben

1.1. $\mu = h/\lambda c = 2{,}2 \cdot 10^{-26}\,\text{g} > m_0 = 9{,}1 \cdot 10^{-28}\,\text{g}$.

1.2. $\Delta p \geq \hbar/2\Delta x \approx 10^{-23}\,\text{ergsec/cm}$, $\Delta v = \Delta p/m \approx 10^{-11}\,\text{cm/sec}$.

2.1. Für ψ_0: $\mathbf{p}_x = -i\hbar\,\partial/\partial x$, $\langle p_x \rangle = 0$, da der Integrand des Zählers eine ungerade Funktion ist; $\langle p_y \rangle = \langle p_z \rangle = 0$; $\langle E \rangle = \hbar\omega/2$; $\langle p_x^2 \rangle = \hbar^2 \int dx\, e^{-x^2}(1 - x^2)/\sqrt{\pi} = \hbar^2/2$; $\Delta p_x = \hbar/\sqrt{2}$; $\Delta p_y = \Delta p_z = 0$; $\Delta E = 0$. Für ψ_p: $\langle \mathfrak{p} \rangle = (p, 0, 0)$; $\langle E \rangle = p^2/2m$.

2.3. $\mathbf{H} = \mathbf{H}_{0(\mathfrak{r})} + \mathbf{H}_{1(t)}$: $\quad \psi_{(\mathfrak{r},t)} = W_{(\mathfrak{r})}\tau_{(t)}$, $\quad \mathbf{H}_0\psi = \tau\mathbf{H}_0 W$ $= (\mathbf{E} - \mathbf{H}_1)\psi = W(\mathbf{E} - \mathbf{H}_1)\tau$, also $W^{-1}\mathbf{H}_0 W = \tau^{-1}(\mathbf{E} - \mathbf{H}_1)\tau$ $=$ konstant.

3.2. $G_{2,0(\Theta)} = d^2(1 - \cos^2\Theta)^2/(d\cos\Theta)^2$. Mit $\cos\Theta = x$: $d^2(1 - x^2)^2/dx^2 = 12x^2 - 4$ usw. Es gibt unendlich viele G_{lm}.

3.3. Wir führen kartesische Koordinaten ein, so daß $z = 0$, $x = a\cos\alpha$, $y = a\sin\alpha$ ist. Die Lagrangefunktion ist $L = T = m(\dot{x}^2 + \dot{y}^2)/2$ $= ma^2\dot{\alpha}^2/2$, die zu α kanonisch konjugierte Veränderliche ist $L_\alpha = \partial L/\partial\dot{\alpha} = ma^2\dot{\alpha}$, $\quad H = L_\alpha^2/2ma^2$. Quantisierung: $\quad a = \alpha$, $\mathbf{L}_\alpha = -i\hbar\,\partial/\partial\alpha$. Die Wellengleichung ist $(-\hbar^2/2ma^2)\,\partial^2\psi/\partial\alpha^2 = i\hbar\dot{\psi}$, ihre Lösung erfolgt ähnlich wie in 2.3: Ansatz $\psi = W_{(\alpha)}\tau_{(t)}$. Die Zustandsvektoren sind $\psi = \exp(iK\alpha - i\hbar K^2 t/2ma^2)$, K darf wegen der Periodizitätsbedingung $\psi_{(\alpha)} = \psi_{(\alpha+2\pi)}$ nur die Werte $K = 0, \pm 1, \pm 2, \ldots$ annehmen. $\langle L_\alpha \rangle = \hbar K$; $\Delta L_\alpha = 0$; $\langle E \rangle = \hbar^2 K^2/2ma^2$; $\langle \mathfrak{p} \rangle = 0$; $\langle \mathfrak{r} \rangle = 0$.

3.5. Da a_0 und $k + l + 1$ reell und positiv sind, muß K negativ und reell sein.

3.6. Die Ausdrücke (25) ergeben sich aus (12), (15), (19), (20) usw. Für $\psi_{2,0,0}$ gilt z. B.: $\langle E \rangle = E_1/4$; $\langle L^2 \rangle = 0$; $\langle L_x \rangle = \langle L_y \rangle = \langle L_z \rangle = 0$; alle Unschärfen sind Null. Für $\psi_{2,1,1}$: $\langle E \rangle = E_1/4$; $\langle L^2 \rangle = 2\hbar^2$; $\langle L_z \rangle = \hbar$: $\langle L_x \rangle \sim \int_0^\pi d\Theta \sin\Theta \cos\Theta = 0$; $\langle L_y \rangle = 0$; $\Delta L_x = \Delta L_y = \hbar/\sqrt{2}$.

4.1. Die Produkte $G_{lm}F_m$ erfüllen die Gleichung (3.29) und sind deshalb Eigenfunktionen von $\mathbf{L}^2$ zu den Eigenwerten $l(l+1)\,\hbar^2$, die Entartung ist $2l+1$-fach. Die ψ_{nlm} sind Eigenfunktionen von $\mathbf{L}_z$, $\mathbf{L}^2$, $\mathbf{H}$ zu den Eigenwerten $m\hbar$, $l(l+1)\,\hbar^2$, E_1/n^2, die Entartung ist ∞, ∞, n^2-fach. Eine Funktion $\mathbf{p}_x\psi_{nlm}$ ist nicht proportional zu ψ_{nlm}. Die Eigenwertgleichung $-i\hbar x\,\partial f/\partial x = Kf$ hat die Lösungen $f \sim x^{iK/\hbar}$, die deshalb Eigenfunktionen des Operators $\mathbf{x p}_x$ zu den Eigenwerten K sind.

4.2. Für $x - x_0 = \sqrt{2b} \neq 0$: $X \sim \lim\limits_{a\to\infty} \sqrt{a}\, e^{-a^2 b} = 0$; für $x = x_0$:

$$X \sim \lim\limits_{a\to\infty} \sqrt{a} = \infty; \qquad \text{Normierung:} \qquad \lim\limits_{a\to\infty} \left(a/\sqrt{\pi}\right) \int\limits_{-\infty}^{\infty} dx\, e^{-a^2(x-x_0)^2}$$

$$= \sqrt{1/\pi} \int du\, e^{-u^2} = 1.$$

4.3. $\displaystyle\int\limits_{-\infty}^{\infty} dx\, \delta_{(x-x_0)} = \int\limits_{-\infty}^{x_0-\varepsilon} + \int\limits_{x_0-\varepsilon}^{x_0+\varepsilon} + \int\limits_{x_0+\varepsilon}^{\infty} = 0 + \int\limits_{x_0-\varepsilon}^{x_0+\varepsilon} dx\, \delta_{(x-x_0)} + 0;$

$$\int\limits_{-\infty}^{\infty} dx\, g_{(x)}\delta_{(x-x_0)} = \int\limits_{x_0-\varepsilon}^{x_0+\varepsilon} dx\, g_{(x)}\delta_{(x-x_0)} = g_{(x_0)} \int\limits_{x_0-\varepsilon}^{x_0+\varepsilon} dx\, \delta_{(x-x_0)} = g_{(x_0)};$$

$$\int d^3r\, \delta_{(\mathbf{r})} = \int dx\, \delta_{(x)} \int dy\, \delta_{(y)} \int dz\, \delta_{(z)} = 1;$$

$$\delta_{(Kx)} = \lim\limits_{a\to\infty} \frac{a}{\sqrt{\pi}} e^{-(aKx)^2} = \begin{array}{l} 0 \text{ für } x \neq 0 \\ \infty \text{ für } x = 0 \end{array}; \qquad x\delta_{(x)} \sim \lim\limits_{a\to\infty} axe^{-a^2x^2} = 0;$$

$$\int dx\, \delta_{(Kx)} = \int du\, e^{-K^2u^2}/\sqrt{\pi} = 1/|K|;$$

$$\eta_{(x)} = \lim\limits_{a\to\infty} \int\limits_{-\infty}^{x} dq\, \frac{a}{\sqrt{\pi}}\, e^{-a^2q^2} = \frac{1}{\sqrt{\pi}} \lim\limits_{a\to\infty} \int\limits_{-\infty}^{ax} du\, e^{-u^2} = \begin{array}{l} \int\limits_{-\infty}^{\infty} \text{ wenn } x > 0 \\[2mm] \int\limits_{-\infty}^{-\infty} \text{ wenn } x < 0 \end{array} \quad \text{ist.}$$

$$\delta_{(x_0-x)} = \delta_{(x-x_0)}; \quad \delta_{(x-x_0)} = \frac{d\eta_{(x-x_0)}}{dx};$$

$$\eta_{(x-x_0)} = \int\limits_{-\infty}^{x-x_0} dq\, \delta_{(q)} = \int\limits_{-\infty}^{x} du\, \delta_{(u-x_0)}; \quad \eta_{(x-x_0)} = \begin{array}{l} 0 \\ 1 \end{array} \text{für} \begin{array}{l} x < x_0 \\ x > x_0 \end{array} \quad \text{usw.}$$

4.4. $\langle A \rangle = \langle \psi,\, \mathbf{A}\psi \rangle$; $\int dQ(\mathbf{A}f_j)^\dagger \mathbf{B}f_k$. $\langle \psi_1, \psi_2 \rangle \sim \int\limits_{-\infty}^{\infty} d^3r\,(1 - r/2a) \times$

$\times\, e^{-3r/2a} = 4\pi \int\limits_{0}^{\infty} dr\, r^2(1 - r/2a)\, e^{-3r/2a} = 0$, da nach einer partiellen Integration des zweiten Summanden der Integrand Null wird;

$$\int d^3r\, |\psi_1|^2 = (4/a^3) \int\limits_{0}^{\infty} dr\, r^2 e^{-2r/a} = \frac{1}{2} \int\limits_{0}^{\infty} dx\, x^2 e^{-x} = e^{-x}\,\Big|_{0}^{\infty} = 1; \quad \text{usw.}$$

$(19)\colon\ \langle\varphi_m,\varphi_m\rangle = \int\limits_{\alpha}^{\alpha+2\pi} dq/2\pi = 1.\ \ \text{Ist}\ \ n - m = k \neq 0,\ \ \text{dann wird}$

$\langle\varphi_m,\varphi_n\rangle = \exp\,(i\,k\,q)/2\,\pi\,i\,k\,\Big|_{\alpha}^{\alpha+2\pi} = 0.$

$(20)\colon\ \langle\varphi_m,\varphi_n\rangle = \lim\limits_{\varepsilon\to 0}\int\limits_{-\infty}^{\infty} dq\, e^{i(n-m)q-\varepsilon|q|}/2\pi = \delta_{(n-m)},\ \ \text{siehe (11)}.$

Die Funktionen (3.25) werden durch Multiplikation mit den Faktoren
$1/\sqrt{\pi a_0^3}$, $1/\sqrt{8\pi a_0^3}$, $1/8\,\sqrt{\pi a_0^5}$, $-1/4\,\sqrt{2\pi a_0^5}$, $1/8\,\sqrt{\pi a_0^5}$ normiert.

4.5. $\langle f,\,(\mathbf{A}+\mathbf{B})\,g\rangle = \int dQ\, f^\dagger(\mathbf{A}+\mathbf{B})\,g = \int dQ\, f^\dagger(\mathbf{A}g + \mathbf{B}g) =$
$\int dQ f^\dagger\mathbf{A}g + \int dQ\, f^\dagger\mathbf{B}g = \langle f,\mathbf{A}g\rangle + \langle f,\mathbf{B}g\rangle\ \ \text{usw.;}$
$\int d^3r\, e^{-i\mathfrak{k}'\cdot\mathfrak{r}}\,\nabla\, e^{i\mathfrak{k}\cdot\mathfrak{r}} = i\mathfrak{k}\int d^3r\, e^{-i\mathfrak{k}'\cdot\mathfrak{r}+i\mathfrak{k}\cdot\mathfrak{r}} = \int d^3r\,(-\nabla e^{-i\mathfrak{k}'\cdot\mathfrak{r}})\,e^{i\mathfrak{k}\cdot\mathfrak{r}}\ \ \text{usw.}$

4.6. $A_j^*\int dQ\, f_j^\dagger f_k = \int dQ\, A_j^* f_j^\dagger f_k = \int dQ\,(\mathbf{A}f_j)^\dagger f_k = J_2,\ A_k\int dQ f_j^\dagger f_k$
$= \int dQ\, f_j^\dagger \mathbf{A}f_k = J_1,\, J_1 - J_2 = (A_k - A_j^*)\int dQ\, f_j^\dagger f_k = 0.\ Y_{0,0} = 1/\sqrt{4\pi};$
$Y_{1,1} = -\sqrt{3/8\pi}\,\sin\Theta\,\exp\,(i\Phi);\ \langle Y_{0,0},Y_{1,1}\rangle \sim \int\limits_0^\pi d\Theta\,\sin^2\Theta\int\limits_0^{2\pi} d\Phi\, e^{i\Phi} = 0$

$\text{usw.;}\ \ \ \text{wegen}\ \ \int d^3r f^\dagger\,\frac{\partial^2 f}{\partial x^2} = \int dy\int dz\left(f^\dagger\,\frac{\partial f}{\partial x}\Big|_{-\infty}^{\infty} - \int dx\,\frac{\partial f^\dagger}{\partial x}\,\frac{\partial f}{\partial x}\right) =$

$0 + \int d^3r\,\frac{\partial^2 f^\dagger}{\partial x^2}\,f\ \ \text{zyk ist}\ \langle f,\mathbf{H}f\rangle = -\int d^3r f^\dagger(\hbar^2\Delta/2m_0 + e^2/r)f =$

$-\int d^3r\,\big((\hbar^2\Delta/2m_0 + e^2/r)\,f^\dagger\big)f = \langle\mathbf{H}f,f\rangle.$

4.7. $\sum\limits_k c_k f_{k(q)} = \int dp\sum\limits_k f_{k(q)} f_{k(p)}^\dagger \psi_{(p)} = \int dp\,\delta_{(q-p)}\psi_{(p)} = \psi_{(q)}.\ \text{Hat}\ q$

ein diskretes und k ein kontinuierliches Spektrum, dann gilt $c_k = \sum\limits_q f_{kq}^\dagger\,\psi_q$
und $\int dk\, f_{kq} f_{kp}^\dagger = \delta_{qp}$; sind beide Spektren kontinuierlich, dann gilt (30)
und $\int dk\, f_{k(q)} f_{k(p)}^\dagger = \delta_{(q-p)}$. Zerlegung: $f_0 = 1/\sqrt{2\pi}$, $c_0 = \int\limits_0^{2\pi} dq\, f_0^\dagger\psi$

$= \int\limits_0^{2\pi} dq\,\cos^2 q/\sqrt{2\pi} = \sqrt{\pi/2}$, analog $f_1 = \exp\,(iq)/\sqrt{2\pi}$ usw., $c_1 = c_{-1} = 0$,

$c_2 = c_{-2} = \sqrt{\pi/8}$, $\psi = 1/2 + \exp\,(2iq)/4 + \exp\,(-2iq)/4$.

4.8. $\langle\psi,\mathbf{A}\varphi\rangle = \int dq\sum\limits_{j,k} c_j^* c_k f_{j(q)}^\dagger \mathbf{A}f_{k(q)} = \sum\limits_{j,k} c_j^* c_k A_k\int dq\, f_{j(q)}^\dagger f_{k(q)}\cdots;$

um (32) zu beweisen, setzen wir $\sum\limits_{m=-\infty}^{\infty}\varphi_{m(q)}\varphi_{m(p)}^* = X$. Mit der Formel

für die Summe einer geometrischen Reihe ergibt sich $\lim\limits_{\varepsilon\to 0}\sum\limits_{m=1}^{\infty} e^{ima-2\varepsilon m}$

$$= \lim_{\varepsilon \to 0} \sum_{m=1}^{\infty} (e^{ia-2\varepsilon})^m = e^{ia}/(1 - e^{ia}). \quad \text{Für} \quad q - p = a \neq 0 \text{ ist also } 2\pi X$$

$$= 1 + e^{ia}/(1 - e^{ia}) + e^{-ia}/(1 - e^{-ia}) = 0, \qquad \text{für} \quad q = p \quad \text{ist} \quad X =$$

$$\sum_{m=-\infty}^{\infty} 1/2\pi = \infty . \int_\alpha dq\, X = \frac{1}{2\pi} \sum \int_\alpha dq\, e^{im(q-p)} = \sum_{m \neq 0} \frac{1}{2\pi im}\, e^{ima} \Big|_\alpha^{\alpha + 2\pi} + 1$$

$= 1$; die Richtigkeit von (33) zeigt man durch Vergleich mit (11).

4.9. Um den Beweis durchzuführen, kann man entweder die expliziten Ausdrücke (3.3), (3.27) usw. oder die Vertauschungsregeln (3.1) zusammen mit den allgemeinen Ausdrücken $\mathbf{H} = \mathbf{p}^2/2m_0 - e^2/r$, $\mathfrak{L} = \mathbf{r} \times \mathbf{p}$ usw. verwenden.

4.11. $d\langle A\rangle/dt = \int dQ(\dot{\psi}^\dagger\, \mathbf{A}\,\psi + \psi^\dagger\, \mathbf{A}\,\dot{\psi}) = -i \int dQ((-i\dot{\psi})^\dagger\, \mathbf{A}\,\psi + {}$
$+ \psi^\dagger\, \mathbf{A}\, i\dot{\psi}) = -i \int dQ((-\mathbf{E}\psi)^\dagger\, \mathbf{A}\,\psi + \psi^\dagger\, \mathbf{A}\,\mathbf{E}\psi)/\hbar$ usw.

4.12. $\Delta x = a_0$, $\Delta p_x = \hbar/\sqrt{3}\,a_0$, $\Delta x\, \Delta p_x = \hbar/\sqrt{3} > \hbar/2$. $\Delta p \geq \hbar/2\Delta x \approx$
$\approx 5 \cdot 10^{-19}$ g cm/sec, $\Delta T \approx 14 \cdot 10^{-11}$ erg $> -E_1 \approx 2 \cdot 10^{-11}$ erg. $[\mathbf{H}, \mathbf{T}]$
$= [-e^2/r, \mathbf{p}^2/2m_0] = -\hbar^2 e^2[\Delta, 1/r]/2m_0 \sim (2/r^3)\, \mathbf{r} \cdot \nabla \neq 0$. Wegen
$[\mathbf{H}, \mathbf{T} + \mathbf{V}] = 0$ ist $[\mathbf{H}, \mathbf{V}] = -[\mathbf{H}, \mathbf{T}]$. Daraus folgt, daß weder die kinetische, noch die potentielle Energie Erhaltungsgrößen sind und daß sie auch nicht mit der Gesamtenergie zugleich genau gemessen werden können.

4.13. $\varrho_{(r)} = e^{-r/a_0}(r - r^2/2a_0)^2/2a_0^3$, also $d\varrho/dr \sim (r - r^2/2a_0)(2 - {}$
$- 3r/a_0 + r^2/2a_0^2)$. Die Gleichung $d\varrho/dr = 0$ hat vier Lösungen $r_1 = 0$,
$r_2 = 2a_0$, $r_3 = \big(3 - \sqrt{5}\big)\,a_0$ und $r_4 = \big(3 + \sqrt{5}\big)\,a_0$. Für $a = r_4$ hat $\varrho_{(r)}$ den größten Wert. Die Gesamtwahrscheinlichkeit für $a \leq r \leq \infty$ ist 24%. Für (2.25) ist $\mathfrak{j} = (p_0/m_0, 0, 0)$; für $\psi_{2,1,1}$ ergibt sich $\mathfrak{j} = \hbar e^{-r/a_0} \times$
$\times (-y, x, 0)/64\pi m_0 a_0^5$.

4.14. Da die ψ_{nlm} orthonormal sind, ist z. B. $\langle \varphi_{2,1,0}, \varphi_{2,1,0}\rangle = \langle \psi_{2,1,1} +{}$
$\psi_{2,1,-1}, \psi_{2,1,1} + \psi_{2,1,-1}\rangle/2 = \langle \psi_{2,1,1}, \psi_{2,1,1}\rangle/2 + \langle \psi_{2,1,-1}, \psi_{2,1,-1}\rangle/2 = 1$ usw.
$\mathbf{L}_x \varphi_{2,1,\pm 1} = i\hbar \left(\sin\Phi\, \frac{\partial}{\partial\Theta} + \cot\Theta\, \cos\Phi\, \frac{\partial}{\partial\Phi}\right) r e^{-r/2a_0 - iE_1 t/4\hbar}\, (i\sin\Theta\,\sin\Phi\, \mp$
$\mp \cos\Theta)/8\sqrt{\pi a_0^5} = \pm\, \hbar r e^{-r/2a_0 - iE_1 t/4\hbar}\, (i\sin\Theta\,\sin\Phi\, \mp\, \cos\Theta)/8\sqrt{\pi a_0^5}$
$= \pm\hbar\varphi_{2,1,\pm 1}$. Analog erhält man $\mathbf{L}_x \varphi_{2,1,0} = 0$. Für $\varphi_{2,1,\pm 1}$ gilt $\langle L_z\rangle$
$= 0$, $\langle L_z^2\rangle = \hbar^2/2$, $\Delta L_z = \hbar/\sqrt{2}$; für $\varphi_{2,1,0}$ ergibt sich $\langle L_z\rangle = 0$, $\langle L_z^2\rangle = \hbar^2$,
$\Delta L_z = \hbar$. Die Wahrscheinlichkeit, bei einer Messung von L_z die Werte
0, $\hbar$, $-\hbar$ zu erhalten, ist nach (55) und (56) gleich 0, 1/2, 1/2 für $\varphi_{2,1,0}$
und 1/2, 1/4, 1/4 für $\varphi_{2,1,\pm 1}$. Da $\psi_{1,0,0} = \varphi_{1,0,0}$; $\psi_{2,1,0} = (\varphi_{2,1,1} -{}$
$- \varphi_{2,1,-1})/\sqrt{2}$ und $\psi_{2,1,\pm 1} = \varphi_{2,1,0}/\sqrt{2} \pm (\varphi_{2,1,1} + \varphi_{2,1,-1})/2$ ist, sind die
Wahrscheinlichkeiten, in diesen Zuständen bei einer Messung von L_x
die Werte 0, $\hbar$, $-\hbar$ zu erhalten, gleich 1, 0, 0; 0, 1/2, 1/2 und 1/2, 1/4,
1/4.

4.15. $\psi = \sqrt{0,6}\,\psi_{1,0,0} + \sqrt{0,2}\,\psi_{2,0,0} + \sqrt{0,1}\,\psi_{2,1,0} + \sqrt{0,05}\,(\psi_{2,1,1} + \psi_{2,1,-1})$.

4.16. $\mathbf{F} - \mathbf{G} = \begin{pmatrix} 1-3i & -2i \\ 4 & 2 \end{pmatrix};\ \mathbf{FI} = \begin{pmatrix} 1 & -2i \\ 4 & 0 \end{pmatrix}\begin{pmatrix} 1 & 0 \\ 0 & 1 \end{pmatrix} = \begin{pmatrix} 1 & -2i \\ 4 & 0 \end{pmatrix} = \mathbf{F};$

$\mathbf{F}^2 = \begin{pmatrix} 1-8i & -2i \\ 4 & -8i \end{pmatrix};\ \mathbf{GF} - \mathbf{FG} = \begin{pmatrix} 0 & 6-4i \\ -8-12i & 0 \end{pmatrix};\ X_{jk} = 3i\,A_{jk};$

$C_{jl} = \sum_k B_{jk} A_{kl};\ Y_{00} = 1,\ Y_{01} = 4,\ Y_{10} = -2i,\ Y_{11} = 0;\ Z_{00} = 1,$
$Z_{01} = 2i,\ Z_{10} = 4,\ Z_{11} = 0;$ setzt man $\mathbf{W} = \begin{pmatrix} a & b \\ c & d \end{pmatrix}$, dann folgt aus
$\mathbf{GW} = \begin{pmatrix} 3ia & 3ib \\ -2c & -2d \end{pmatrix} = \begin{pmatrix} 1 & 0 \\ 0 & 1 \end{pmatrix}$ durch Vergleich der Matrixelemente, daß
$b = c = 0$ und $a = 1/3i,\ d = -1/2$ sein muß. $(\mathbf{A} + \mathbf{B})_{jk} = A_{jk} + B_{jk}$
$= (\mathbf{B} + \mathbf{A})_{jk};$ analog $A_{jk} + (B_{jk} + C_{jk}) = (A_{jk} + B_{jk}) + C_{jk};$ aus A_{jk}
$= \delta_{jk},\ B_{kl} = \delta_{kl}$ folgt $(\mathbf{AB})_{jl} = \sum_k \delta_{jk}\delta_{kl} = \delta_{jl};$ multipliziert man die
Gleichung $(\mathbf{ABC}\dots\mathbf{M})^{-1} = \mathbf{M}^{-1}\dots\mathbf{C}^{-1}\mathbf{B}^{-1}\mathbf{A}^{-1}$ mit $\mathbf{ABC}\dots\mathbf{M}$, dann
ergibt sich $\mathbf{I} = \mathbf{I}$ q.e.d. $\big((\mathbf{A}^T)^*\big)_{jk} = (\mathbf{A}^T)^*_{jk} = A^*_{kj} = (\mathbf{A}^*)_{kj} = \big((\mathbf{A}^*)^T\big)_{jk}$
q.e.d. Multipliziert man (71) mit $\mathbf{A}^{-1}$ von links, so ergibt sich $\mathbf{A}^{-1}\mathbf{A}\mathbf{A}^{-1}$
$= \mathbf{A}^{-1}\mathbf{I} = \mathbf{I}\mathbf{A}^{-1}$, also $(\mathbf{A}^{-1}\mathbf{A} - \mathbf{I})\,\mathbf{A}^{-1} = 0$, das heißt $\mathbf{A}^{-1}\mathbf{A} = \mathbf{I}$, wenn
$\mathbf{A}^{-1} \neq 0$ ist. $\mathbf{A}^n\mathbf{A} - \mathbf{A}\mathbf{A}^n = \mathbf{A}^{n+1} - \mathbf{A}^{n+1} = 0$.

4.17. $\langle \mathfrak{u}, \mathfrak{v} \rangle = \int dQ \sum_k u^*_{k(Q)} v_{k(Q)} = \int dQ \sum_k v_k u^*_k = \Big(\int dQ \sum_k v^*_k u_k \Big)^*$
$= \langle \mathfrak{v}, \mathfrak{u} \rangle^*$ usw.

4.18. Aus $\Psi = \sum c_j \mathfrak{f}_j$ folgt $\langle \mathfrak{f}_k, \Psi \rangle = \sum c_j \langle \mathfrak{f}_k, \mathfrak{f}_j \rangle = \sum c_j \delta_{kj} = c_k;$
aus $\mathbf{A}\mathfrak{f}_k = A\mathfrak{f}_k$ folgt $\mathbf{A}\Psi = \sum c_k \mathbf{A}\mathfrak{f}_k = A \sum c_k \mathfrak{f}_k = A\Psi$. Soll $\langle \mathfrak{u}, \mathbf{A}\mathfrak{v} \rangle$
$= \sum u^*_j A_{jk} v_k$ gleich $\langle \mathbf{A}^\dagger \mathfrak{u}, \mathfrak{v} \rangle = \sum \big((\mathbf{A}^\dagger)_{kj} u_j\big)^* v_k = \sum u^*_j (\mathbf{A}^\dagger)^*_{kj} v_k$ sein,
dann muß $(\mathbf{A}^\dagger)^*_{kj} = A_{jk}$, also $(\mathbf{A}^\dagger)_{kj} = A^*_{jk}$ sein; $(\mathbf{A}\Psi)^\dagger_j = \sum A^*_{jk}\psi^*_k$
$- \dots = (\Psi^\dagger \mathbf{A}^\dagger)_j;$ ist $\mathbf{A}$ hermitisch, dann muß $(\mathbf{A}^\dagger)_{jk} = A_{jk}$ sein, also
$\mathbf{A}^\dagger = \mathbf{A}$ usw.

4.19. Aus $N^2 \langle \mathfrak{w}_0, \mathfrak{w}_0 \rangle = (9 + 4)\,N^2 = 1$ folgt $N = 1/\sqrt{13};\ \mathfrak{w}^\dagger_0 \mathbf{F}$
$= (8 - 3i,\ -6);$ ist $\mathfrak{a}$ ein Eigenvektor von $\mathbf{S}_y$, dann muß
$\mathbf{S}_y \mathfrak{a} = \dfrac{\hbar}{2}\begin{pmatrix} 0 & -i \\ i & 0 \end{pmatrix}\begin{pmatrix} a_1 \\ a_2 \end{pmatrix} = \dfrac{\hbar}{2}\begin{pmatrix} -ia_2 \\ ia_1 \end{pmatrix} = S_y \begin{pmatrix} a_1 \\ a_2 \end{pmatrix}$ sein, d. h. $-i\hbar a_2/2 = S_y a_1$
und $i\hbar a_1/2 = S_y a_2$, die beiden Eigenwerte sind also $\hbar/2$ und $-\hbar/2$, die
normierten Eigenvektoren, z. B. $a_1 = 1,\ a_2 = i$ und $a_1 = 1,\ a_2 = -i$,
sind nur bis auf einen Phasenfaktor bestimmt. $\langle \Psi_1, \Psi_2 \rangle = 0,\ \Psi_+$
$= (\Psi_1 + \Psi_2)/\sqrt{2},\ \Psi_1 = (\Psi_+ + \Psi_-)/\sqrt{2}$ usw.

5.1. Wegen $(\mathbf{AB})^\dagger = \mathbf{B}^\dagger \mathbf{A}^\dagger$ wäre für (2) $\mathbf{H} \neq \mathbf{H}^\dagger$, da $\big(\mathbf{p}^2_x(l^2 - \mathbf{x}^2)\big)^\dagger$
$= (l^2 - \mathbf{x}^2)\,\mathbf{p}^2_x \neq \mathbf{p}^2_x(l^2 - \mathbf{x}^2)$ ist. $x,\ p_x$ und L_z sind keine Erhaltungs-
größen, da $\mathbf{x},\ \mathbf{p}_x$ und $\mathbf{L}_z$ nicht mit $\mathbf{H}$ kommutieren.

5.2. Da $\mathbf{x}$ und $\mathbf{p}_x$ hermitisch sind, gilt für eine beliebige Funktion ψ:
$\langle x^2 \rangle = \langle \psi, \mathbf{x}^2\psi \rangle = \langle \mathbf{x}\psi, \mathbf{x}\psi \rangle \geq 0$ und $\langle p^2_x \rangle \geq 0$, also $\langle H \rangle \geq 0$ und insbe-

sondere auch $E_n = \langle \varphi_n, \mathbf{H} \varphi_n \rangle \geq 0$. Für große x geht $\hbar^2 d^2 \exp(-\alpha x^2)/dx^2$ gegen $m^2 \omega^2 x^2 \exp(-\alpha x^2)$. Für ψ_n gilt allgemein $\langle E \rangle = E_n = (n + 1/2) \times \omega \hbar$, $\langle E^2 \rangle = E_n^2$, $\Delta E = 0$, $\langle x \rangle = \langle p_x \rangle = 0$, da der Integrand ungerade ist. Für ψ_0: $\langle x^2 \rangle = \sqrt{2\alpha/\pi} \int\limits_{-\infty}^{\infty} dx\, x^2 \exp(-2\alpha x^2) = 1/4\alpha$, $\Delta x = 1/2\sqrt{\alpha}$, $\Delta p_x = \hbar \sqrt{\alpha}$, $\Delta x\, \Delta p_x = \hbar/2$. Für ψ_1: $\Delta x = \sqrt{3/4\alpha}$, $\Delta p_x = \hbar \sqrt{3\alpha}$. $\psi_2 = (8\pi\alpha)^{-1/4}(4\alpha x^2 - 1)\exp(-\alpha x^2)$. Da $[\mathbf{x}, \mathbf{H}] = i\hbar \mathbf{p}_x/m \neq 0$ und $[\mathbf{p}_x, \mathbf{H}] = i\hbar m\omega^2 \mathbf{x} \neq 0$ ist, kann weder $\mathbf{x}$ noch $\mathbf{p}_x$ denselben Satz von Eigenfunktionen wie $\mathbf{H}$ haben. Mit (4.38): $d\langle x \rangle/dt = \langle p_x \rangle/m$ und $d\langle p_x \rangle/dt = -m\omega^2 \langle x \rangle$.

5.3. Da alle X_n reell sind, ist die Wahrscheinlichkeitsstromdichte für alle ψ_n Null; für $(\psi_0 + \psi_1)/\sqrt{2}$ ist $j_x = -\omega \exp(-2\alpha x^2)\sin(\omega t)/\sqrt{2\pi}$, $j_y = j_z = 0$. Für ψ_0 ist $\varrho = \sqrt{2\alpha/\pi} \exp(-2\alpha x^2)$; ein klassisches Teilchen mit der Energie $E = \omega\hbar/2 = m(v^2 + \omega^2 x^2)/2$ hält sich bei jedem Durchgang während einer Zeitspanne $dt = dx/v_{(x)}$ mit $v_{(x)} = (2E/m - \omega^2 x^2)^{1/2}$ in einem Bereich zwischen x und $x + dx$ auf. Da $P = 2\pi/\omega$ die Schwingungsdauer ist, stellt $2dt/P = \omega dx/\pi v$ die Wahrscheinlichkeit dar, daß sich das Teilchen im Bereich dx befindet, und $\varrho' = \omega/\pi v = 1/\pi(\hbar/m\omega - x^2)^{1/2}$ ist die Aufenthaltswahrscheinlichkeit. ϱ hat also gerade dort ein Maximum, wo ϱ' ein Minimum ist. Nach der klassischen Mechanik ist die Amplitude $x_0 = \sqrt{\hbar/m\omega}$, in der Quantentheorie gibt es keine „Amplitude".

5.4. Die Eigenwertgleichung ist jetzt $(p^2/m - m\hbar^2\omega^2 d^2/dp^2)\,\psi'/2 = E'\psi'$. Ihre Lösungen kann man wie in Abschnitt 5.2 berechnen. Man kann die Differentialgleichung aber auch in die Form $((-\hbar^2/2m') \times d^2/dp^2 + m'\omega^2 p^2/2)\,\psi' = E'\psi'$ mit $m' = 1/m\omega^2$ bringen, die analog zu (8) ist, und kann dann die Lösungen sofort aus den ψ_n gewinnen, indem man überall x durch p, m durch m' und α durch $\alpha' = m'\omega/2\hbar$ ersetzt, z. B. $\psi_0' = (2\alpha'/\pi)^{1/4}\exp(-\alpha' p^2 - i\omega t/2)$. Für E_n', $\langle E \rangle$, $\langle p_x \rangle = \int dp\, p\psi_n'^\dagger \psi_n'$ usw. ergeben sich die gleichen Werte wie früher.

5.5. In der Darstellung (3.2) geht die Gleichung $\mathbf{H}_2 \varphi_{nl} = E_{nl}\varphi_{nl}$ mit $E_{nl} = E_n + E_l$ in zwei gewöhnliche Differentialgleichungen über, die analog zu (8) sind und deshalb die Lösungen $X_{n(x)}$ und $Y_{l(y)} = Y_{l(y,\alpha')}$ mit $\alpha' = m\Omega/2\hbar$ zu den Eigenwerten $E_{nl} = (n + 1/2)\omega\hbar + (l + 1/2)\Omega\hbar$ haben. Zum Beispiel ist $\psi_{01} = (64\alpha\alpha'^3/\pi^2)^{1/4}\, y \exp\big(-\alpha x^2 - \alpha' y^2 - i(\omega + 3\Omega)\,t/2\big)$ und liefert $\Delta x = 1/2\sqrt{\alpha}$, $\Delta y = \sqrt{3/4\alpha'}$ usw. Allgemein gilt für die ψ_{nl}: $\langle E \rangle = E_{nl}$, $\Delta E = 0$, $\langle x \rangle = \langle y \rangle = \langle p_x \rangle = \langle p_y \rangle = 0$ usw.

5.6. Die Antwort ist in allen Fällen bejahend.

5.7. Zum Beispiel ist $x_{01} = \sqrt{\hbar/2m\omega}\,(0 + \sqrt{1}\,\delta_{00}) = \sqrt{\hbar/2m\omega}$ usw. $\langle x \rangle = \sum\limits_{j,k} \psi_{nj}^* x_{jk} \psi_{nk} = 0$; aus $[\mathbf{x}, \mathbf{H}]_{jl} = \sum (x_{jk} H_{kl} - H_{jk} x_{kl}) = \cdots = i\hbar p_{jl}/m$

folgt $d\langle x\rangle/dt = \langle p_x\rangle/m$; wegen $(\mathbf{x}^2)_{jl} = \big(\sqrt{j(j-1)}\,\delta_{j,l+2} + (2j+1)\,\delta_{jl} + \sqrt{(j+1)(j+2)}\,\delta_{j,l-2}\big)\,\hbar/2m\omega$ ist $\Delta x = \sqrt{(2n+1)\,\hbar/2m\omega}$, $\Delta p_x = \sqrt{(2n+1)\,\hbar m\omega/2}$, also $\Delta x\,\Delta p_x = (n+1/2)\,\hbar$; $\langle E\rangle = (n+1/2)\,\omega\hbar$.

5.8. Zum Beispiel ist $\mathbf{H}\Psi_1 = \hbar\omega \begin{pmatrix} 2 & 1 & \cdot & \cdot \\ 1 & 2 & \cdot & \cdot \\ \cdot & \cdot & \cdot & \cdot \end{pmatrix} \begin{pmatrix} 1 \\ 1 \\ 0 \\ \cdot \end{pmatrix} e^{-i\omega t/2}/\sqrt{8}$

$= 3\hbar\omega\Psi_1/2$ usw.

5.9. $\mathbf{U}^{-1}\psi' = \mathbf{U}^\dagger\mathbf{U}\psi = \psi$, $\qquad \mathbf{U}^{-1}\mathbf{A}'\mathbf{U} = \mathbf{U}^\dagger\mathbf{U}\mathbf{A}\mathbf{U}^\dagger\mathbf{U} = \mathbf{A}$. Ist $\mathbf{B} = \mathbf{U}_1\mathbf{U}_2\cdots\mathbf{U}_N$, dann ist $\mathbf{B}^\dagger\mathbf{B} = \mathbf{U}_N^\dagger\cdots\mathbf{U}_2^\dagger\mathbf{U}_1^\dagger\mathbf{U}_1\mathbf{U}_2\cdots\mathbf{U}_N = 1$. Angenommen, eine Operatorgleichung kann in der Form $\mathbf{A} \equiv \mathbf{W}+\mathbf{X}+\mathbf{Y}\cdots = 0$ geschrieben werden, wobei $\mathbf{W} = \mathbf{W}_1\mathbf{W}_2\ldots$, $\mathbf{X}$ usw. Produkte von Operatoren sind. Aus $\mathbf{A} = 0$ folgt aber $\mathbf{A}' = \mathbf{U}\mathbf{A}\mathbf{U}^\dagger \equiv \mathbf{U}\mathbf{W}_1\mathbf{U}^\dagger\mathbf{U}\mathbf{W}_2\cdots + \cdots = \mathbf{W}_1'\mathbf{W}_2'\cdots + \cdots = \mathbf{W}' + \mathbf{X}' + \cdots = 0$. Aus $\mathbf{A}\mathbf{B} - \mathbf{B}\mathbf{A} = \mathbf{C}$ folgt $\mathbf{U}\mathbf{A}\mathbf{U}^\dagger\mathbf{U}\mathbf{B}\mathbf{U}^\dagger - \mathbf{U}\mathbf{B}\mathbf{U}^\dagger\mathbf{U}\mathbf{A}\mathbf{U}^\dagger = \mathbf{A}'\mathbf{B}' - \mathbf{B}'\mathbf{A}' = \mathbf{U}\mathbf{C}\mathbf{U}^\dagger = \mathbf{C}'$.

5.10. Ansatz: $\mathbf{U} = \begin{pmatrix} a & b \\ c & d \end{pmatrix}$. Aus $\mathbf{U}\Psi_1 = \dfrac{1}{\sqrt{2}}\begin{pmatrix} a+b \\ c+d \end{pmatrix} = \Psi_+ = \begin{pmatrix} 1 \\ 0 \end{pmatrix}$ folgt dann $a+b = \sqrt{2}$, $c+d = 0$. Aus $\mathbf{U}\Psi_2 = \Psi_-$ erhält man zwei weitere Gleichungen und findet $a = b = c = -d = 1/\sqrt{2}$.

5.11. $\mathbf{a}\mathbf{a}^\dagger - \mathbf{a}^\dagger\mathbf{a} = (\mathbf{q}+i\mathbf{p})(\mathbf{q}-i\mathbf{p})/2 - (\mathbf{q}-i\mathbf{p})(\mathbf{q}+i\mathbf{p})/2 = i[\mathbf{p},\mathbf{q}] = 1$; $\mathbf{a}\mathbf{H} - \mathbf{H}\mathbf{a} = \mathbf{a}\mathbf{a}^\dagger\mathbf{a} - \mathbf{a}^\dagger\mathbf{a}\mathbf{a} = [\mathbf{a},\mathbf{a}^\dagger]\mathbf{a} = \mathbf{a}$ usw.; aus (47) folgt $\mathbf{H}\varphi_0 = \dfrac{1}{2}\varphi_0$ und aus $\mathbf{H}\varphi_n = (n+1/2)\varphi_n$ folgt $\mathbf{H}\varphi_{n+1} = \mathbf{H}\mathbf{a}^\dagger\varphi_n/\sqrt{n+1} = \mathbf{a}^\dagger(\mathbf{H}+1)\varphi_n/\sqrt{n+1} = (n+1+1/2)\mathbf{a}^\dagger\varphi_n/\sqrt{n+1} = (n+1+1/2)\times \varphi_{n+1}$ q. e. d.; $\langle\varphi_{n+1},\varphi_{n+1}\rangle = \langle\mathbf{a}^\dagger\varphi_n,\mathbf{a}^\dagger\varphi_n\rangle/(n+1) = \langle\varphi_n,\mathbf{a}\mathbf{a}^\dagger\varphi_n\rangle/(n+1) = \langle\varphi_n,(\mathbf{H}+1/2)\varphi_n\rangle/(n+1) = \langle\varphi_n,\varphi_n\rangle = \cdots = \langle\varphi_0,\varphi_0\rangle = 1$ q. e. d.; $\varphi_{n+1} = \big(\mathbf{a}^\dagger/\sqrt{n+1}\big)\varphi_n$; Ansatz: $\varphi_0 = K\mathbf{a}^n\varphi_n$. Daraus folgt $\varphi_0 = K\mathbf{a}^{n-1}\times\mathbf{a}\mathbf{a}^\dagger\varphi_{n-1}/\sqrt{n} = K\sqrt{n}\,\mathbf{a}^{n-1}\varphi_{n-1} = \cdots = K\sqrt{n!}\,\varphi_0$, also $K = 1/\sqrt{n!}$. Wegen $\mathbf{q}\varphi_n = (\mathbf{a}+\mathbf{a}^\dagger)\varphi_n/\sqrt{2} = \sqrt{n/2}\,\varphi_{n-1} + \sqrt{(n+1)/2}\,\varphi_{n+1}$ ist $\langle\varphi_n,\mathbf{q}\varphi_n\rangle = 0$; analog erhält man $\langle p\rangle = 0$, $\langle H\rangle = E_n$, $\langle q^2\rangle = \langle p^2\rangle = n+1/2$, $\Delta q = \Delta p = \sqrt{n+1/2}$, $\Delta E = 0$; $[\mathbf{q},\mathbf{H}] = [\mathbf{a}+\mathbf{a}^\dagger,\mathbf{H}]/\sqrt{2} = (\mathbf{a}-\mathbf{a}^\dagger)/\sqrt{2} = i\mathbf{p} \neq 0$ usw., q, p und T sind keine Erhaltungsgrößen und können nicht mit der Gesamtenergie zugleich genau gemessen werden.

5.12. $a_{jk} = \sqrt{k}\,\delta_{j,k-1}$ oder $\mathbf{a} = (q+d/dq)/\sqrt{2}$ usw.

5.13. $\psi = \big(\sqrt{0{,}2}\,\psi_0 + \sqrt{0{,}7}\,\psi_1 + \sqrt{0{,}1}\,\psi_2\big) = \big(\sqrt{0{,}2} + \sqrt{0{,}7}\,\mathbf{a}^\dagger e^{-i\omega t} + \sqrt{0{,}05}\,\mathbf{a}^\dagger\mathbf{a}^\dagger e^{-2i\omega t}\big)\varphi_0 e^{-i\omega t/2}$; $\mathbf{q}\varphi_n = (n+\mathbf{a}^\dagger\mathbf{a}^\dagger)(\mathbf{a}^\dagger)^{n-1}\varphi_0/\sqrt{2n!}$.

6.1. $\mathbf{A}\exp(\mathbf{B}) = \sum \mathbf{A}\mathbf{B}^n/n! = \sum \mathbf{B}^n\mathbf{A}/n! = \exp(\mathbf{B})\mathbf{A}$; $\quad (\mathbf{A}^n)^\dagger = \mathbf{A}^\dagger\mathbf{A}^\dagger\ldots\mathbf{A}^\dagger = \mathbf{A}\mathbf{A}\ldots\mathbf{A} = \mathbf{A}^n$; $\big(\sum \mathbf{A}^n/n!\big)^\dagger = \sum \mathbf{A}^n/n!$; $\big(\sum (i\mathbf{A})^n/n!\big)^\dagger$

$= \sum (-i\mathbf{A})^n/n! = \exp(-i\mathbf{A})$. Wegen $d\psi_H/dt = 0$ gilt $d\langle A_H\rangle/dt$ $= \langle\psi_H, (\partial\mathbf{A}_H/\partial t)\psi_H\rangle = -i\langle\psi_H, [\mathbf{A}_H, \mathbf{H}]\psi_H\rangle/\hbar = -i\langle\psi, \mathbf{U}^\dagger\mathbf{U}[\mathbf{A}, \mathbf{H}]\mathbf{U}^\dagger\mathbf{U}\psi\rangle/\hbar$ $= d\langle A\rangle/dt$. $\langle x_H\rangle = 0$.

6.2. Aus $\mathbf{A}\psi = A\psi$ folgt z. B. $\mathbf{U}\mathbf{A}\mathbf{U}^\dagger\mathbf{U}\psi = \mathbf{A}'\psi' = A\mathbf{U}\psi = A\psi'$ usw.; $d\langle A_W\rangle/dt = \langle\psi_W, \dot{\mathbf{A}}_W\psi_W\rangle + \langle\dot\psi_W, \mathbf{A}_W\psi_W\rangle + \langle\psi_W, \mathbf{A}_W\dot\psi_W\rangle = (-i/\hbar)(\langle\psi_W, [\mathbf{A}_W, \mathbf{H}_0]\psi_W\rangle - \langle\mathbf{H}_{1W}\psi_W, \mathbf{A}_W\psi_W\rangle + \langle\psi_W, \mathbf{A}_W\mathbf{H}_{1W}\psi_W\rangle) = (-i/\hbar)\langle\psi, \mathbf{W}^\dagger[\mathbf{A}_W, \mathbf{H}_W]\mathbf{W}\psi\rangle = (-i/\hbar)\langle\psi, [\mathbf{A}, \mathbf{H}]\psi\rangle$ usw.

6.3. Aus (21) folgt $\ddot{\mathbf{q}}_W = -b^2\mathbf{q}_W$, also $\mathbf{q}_W = \alpha\cos bt + \beta\sin bt$ usw.; Ansatz: $\psi_W = \sum g_{n(t)}\varphi_n$, mit (11): $\sum g_n(1-b)(n+1/2)\varphi_n = i\sum\dot g_n\varphi_n$, also $\dot g_n = -i(1-b)(n+1/2)g_n$ und $g_{n(0)} = c_n$ usw. oder durch die unitäre Transformation $\psi_W = \mathbf{W}\mathbf{U}^\dagger\psi_H = \mathbf{W}\mathbf{U}^\dagger\varphi$ erhält man (25). Mit (1) und (28) folgt $\langle q_H\rangle = \sum_n \sqrt{2n}(\mathrm{Re}\,C\cos t - i\,\mathrm{Im}\,C\sin t)$, $\langle p_H\rangle = \sum_n \sqrt{2n}(i\,\mathrm{Im}\,C\cos t - \mathrm{Re}\,C\sin t)$ mit $C = c_n c^*_{n-1}$; $\langle q_H\rangle = 0{,}14\cos t$; $\langle q_H^2\rangle = (c_0^2 + 3c_1^2)/2 = 0{,}51$.

6.4. Wählt man z. B. $\mathbf{q} = x$, $\mathbf{p} = -i\partial/\partial x$, dann ist $\mathbf{H}'' = (x^2 - \partial^2/\partial x^2 - \varepsilon^2)/2$, $\varphi_0 = e^{-x^2/2}$ usw.; im cgs-System: $\mathbf{H} \to \omega\hbar\mathbf{H}$, $t \to \omega t$, $E \to \omega\hbar E$, $\mathbf{q} \to \mathbf{x}\sqrt{m\omega/\hbar}$ und $\mathbf{p} \to \mathbf{p}_x/\sqrt{m\omega\hbar}$.

6.5. $\mathbf{q}_W = \mathbf{q}\cos t + \mathbf{p}\sin t$, $\mathbf{p}_W = \mathbf{p}\cos t - \mathbf{q}\sin t$, $\mathbf{H}_{1W} = \mathbf{q}_W\cos\Omega t$.

6.6. Für $\mathbf{L}^2 = \mathbf{L}_x^2 + (\mathbf{y}^2 + \mathbf{z}^2)\mathbf{p}_x^2 - i\hbar(\mathbf{p}_y\mathbf{y} + \mathbf{p}_z\mathbf{z}) - (\mathbf{p}_z\mathbf{z} + \mathbf{z}\mathbf{p}_z + \mathbf{p}_y\mathbf{y} + \mathbf{y}\mathbf{p}_y)\mathbf{p}_x\mathbf{x} + (\mathbf{p}_y^2 + \mathbf{p}_z^2)\mathbf{x}^2$ ist Gleichung (39a) erfüllt.

7.1. $E_{n1} = \langle\varphi_n, \varepsilon(\mathbf{a} + \mathbf{a}^\dagger)\varphi_n\rangle/\sqrt{2} = 0$; $a_{nm} = \varepsilon(\sqrt{n}\delta_{m,n-1} + \sqrt{m}\delta_{m,n+1})/\sqrt{2}(n-m)$; $E_{n2} = -\varepsilon^2/2$; $b_{nm} = \varepsilon^2(\sqrt{n(n-1)}\delta_{m,n-2} - \sqrt{m(m-1)}\delta_{m,n+2})/2(n-m)$; $a_{01} = -\varepsilon/\sqrt{2}$; $b_{02} = \varepsilon^2/\sqrt{8}$; alle anderen a_{0m} und b_{0m} sind Null; $\varphi_0^{(1)} = \varphi_0 - \varepsilon\varphi_1/\sqrt{2}$. $E_{n1} = 3n^2/2 + 3n/2 + 3/4$. $\varphi_1 = \exp(i\alpha)/\sqrt{2\pi}$, $\varphi_2 = \exp(-i\alpha)/\sqrt{2\pi}$, $E_{11} = -E_{21} = \varepsilon$.

7.2. $c_{n(t)}^{(1)} = \delta_{n0} - \varepsilon\exp(it/\hbar)\delta_{n1}/\sqrt{2}$; $c_{n(t)}^{(2)} = (1 - \varepsilon^2 t/2i\hbar)\delta_{n0} - \varepsilon\exp(it/\hbar)\delta_{n1}/\sqrt{2} + \varepsilon^2\exp(2it/\hbar)\delta_{n2}/\sqrt{8}$; $W = \varepsilon^4/8$.

7.3. $i\hbar\,d\psi_W/dt = \dfrac{d}{dt}\displaystyle\int_{t_0}^{t} dt_1\mathbf{H}_{I(t_1)}\psi_{W(t_1)} = \mathbf{H}_{I(t)}\psi_{W(t)}$; (23) folgt für $\mathbf{H}_I = \cos t$ aus (21).

8.1. Wir machen die Ansätze $\varphi = \varphi_1 = A\exp(ipx) + B\exp(-ipx)$ für $x < 0$, $\varphi = \varphi_2 = C\exp(ip'x) + D\exp(-ip'x)$ für $0 \le x \le a$, $\varphi = \varphi_3 = F\exp(ipx)$ für $x > a$ und $\psi = \varphi\exp(-iEt/\hbar)$ mit $p = \sqrt{2mE}$ und $p' = p\sqrt{1 - V_0/E}$. Die Bedingungen für die Stetigkeit von ψ und $d\psi/dx$ in $x = 0$ und $x = a$ liefern vier Gleichungen, aus denen sich die Durchlaßwahrscheinlichkeit $|F/A|^2 = 1/\mathrm{Cos}^2\,pa$ ergibt.

8.2. $W_{x_0} = d^3 r\, N/8\pi^3$ bzw. $W_{x_0} = d^3 r\, \dfrac{a}{|\alpha|^2\, \hbar\, \sqrt{2\pi}}\; e^{-\left(\frac{x_0 - p_0 t/m}{\sqrt{2}\,|\alpha|^2 \hbar/a}\right)^2}$.

$W_p = \delta_{pp_0}$ bzw. $W_p = dp\, \sqrt{2/\pi}\, a\, e^{-2a^2(p-p_0)^2}$. $\langle \mathfrak{p}\rangle = (p_0,\, 0,\, 0)$; $\Delta\mathfrak{p} = (1/2a, 0, 0)$. (23) ist mit dem Normierungsfaktor $N = \left(a/\sqrt{2\pi}\,\pi\hbar\right)^{3/2}$ zu multiplizieren.

8.3. Aus $[\mathbf{x},\, \mathbf{H}] = [\mathbf{x},\, \mathbf{p}_x^2]/2m = i\hbar\,\mathbf{p}_x/m$ zyk folgt $[\mathbf{r},\, \mathbf{H}] = i\hbar\,\mathbf{p}/m$, nach (6.5) ist $\dot{\mathbf{r}}_H = \mathbf{p}/m$, also $\mathbf{r}_H = \mathbf{r} + \mathbf{p}t/m$; $\mathbf{p}_H = \mathbf{p}$.

9.1. $\mathfrak{E} = \Phi V - V\Phi = (-V\Phi)$; $(\mathfrak{H})_x = (\partial/\partial y)\,\mathbf{A}_z - (\partial/\partial z)\,\mathbf{A}_y + \mathbf{A}_y\,\partial/\partial_z - \mathbf{A}_z\,\partial/\partial y = (\partial\mathbf{A}_z/\partial y) - (\partial\mathbf{A}_y/\partial z)$ usw. $\mathfrak{F} = (v_y,\, -v_x,\, 0)QH_0/c = m(\dot{v}_x,\, \dot{v}_y,\, \dot{v}_z)$; $\mathbf{y}_H = (\cos\omega t + 1)\mathbf{y}/2 + (\cos\omega t - 1)\mathbf{p}_x/m\omega + \sin\omega t\,(\mathbf{p}_y/m\omega - \mathbf{x}/2)$; $\mathbf{z}_H = \mathbf{p}_z t/m + \mathbf{z}$; mit $[\mathbf{x},\, \mathbf{H}] = i\hbar\,\mathbf{P}_x$ zyk usw. ergibt sich z. B. $-i[\mathbf{y}_H,\, \mathbf{H}]/\hbar = (\mathbf{P}_y\cos\omega t - \mathbf{P}_x\sin\omega t)/m = \dot{\mathbf{y}}_H$.

10.1. $\langle E_r\rangle = \langle p^2/2\mu + V\rangle = E_1/n^2$; $\Delta E_r = 0$; $\langle E\rangle = p_0^2/2M + E_r$; $\Delta E = 0$; $\langle \mathfrak{p}\rangle = \langle \mathfrak{p}_0\rangle = \mathfrak{p}_0$; $\Delta\mathfrak{p} = \hbar(1,1,1)/\sqrt{3}\,a_0$; $\Delta\mathfrak{p}_0 = 0$. $\Delta E = E_1' - E_1 = 0{,}0074$ eV. $E_1'' = -54$ eV; $E_2'' = -13{,}5$ eV. $\langle r\rangle = 3a_0/4$.

10.2. Der wahrscheinlichste Abstand ist $r_m = \pi/2\varkappa = 2\cdot 10^{-13}$ cm;

$$\langle \mathfrak{p}\rangle = \langle \mathfrak{r}\rangle = 0; \quad \langle T\rangle = \langle E_r - V_{(r)}\rangle = E_r + \int_0^a dr\, V_d C^2 \sin^2\varkappa r = 10{,}3\ \text{MeV}.$$

11.1. (25) folgt aus (13), (14) und $\langle \mathbf{J}_\pm\,\varphi_{jm},\ \mathbf{J}_\pm\,\varphi_{jm}\rangle = \langle \varphi_{jm},\ \mathbf{J}_\mp\mathbf{J}_\pm\,\varphi_{jm}\rangle = (j^2 + j - m^2 \mp m)\hbar^2$; (26) ergibt sich aus Tabelle 1; mit (10), (22), (25) und $\mathbf{J}_x = (\mathbf{J}_+ + \mathbf{J}_-)/2$, $\mathbf{J}_y = (\mathbf{J}_+ - \mathbf{J}_-)/2i$ kann man Tabelle 1 berechnen; φ muß die Form $\varphi = a\varphi_{1,1} + b\varphi_{1,0} + c\varphi_{1,-1}$ haben, um eine Eigenfunktion von $\mathbf{J}^2$ zum Eigenwert $2\hbar^2$ zu sein, aus $\mathbf{J}_x\varphi = \hbar\varphi$ und $\langle\varphi, \varphi\rangle = 1$ folgt $a = c = 1/2$, $b = 1/\sqrt{2}$. Für ψ ergibt sich $\langle J_x\rangle = \langle J_y\rangle = \langle J_z\rangle = 0$, $\langle J^2\rangle = 2\hbar^2/3$, $\langle J_x^2 + J_y^2\rangle = \hbar^2/3$, $\Delta J_x = \Delta J_y = \hbar/\sqrt{6}$, $\Delta J_z = \hbar/\sqrt{3}$, $\Delta(J_x^2 + J_y^2) = \sqrt{2}\,\hbar^2/3$, $\Delta J^2 = \sqrt{8}\,\hbar^2/3$.

11.2. $[\mathbf{S}_x, \mathbf{S}_y] = \dfrac{\hbar^2}{2}\begin{pmatrix} i & 0 \\ 0 & -i \end{pmatrix} = i\hbar\mathbf{S}_z$ usw., $\mathbf{S}_i^\dagger = \mathbf{S}_i$; $\mathbf{S}_\pm = \dfrac{\hbar}{2}\begin{pmatrix} 0 & 1\pm 1 \\ 1\mp 1 & 0 \end{pmatrix}$; $\mathbf{S}^2 = \dfrac{3}{4}\hbar^2\begin{pmatrix} 1 & 0 \\ 0 & 1 \end{pmatrix}$. Die Komponenten von $\mathfrak{J}$ erfüllen die Gleichungen (2); $\varphi_{1,1}^\dagger = (1, 0, 0)$, $\varphi_{1,0}^\dagger = (0, 1, 0)$, $\varphi_{1,-1}^\dagger = (0, 0, 1)$; $\hbar, 0, -\hbar$.

11.3. $\mathbf{J}_x^\dagger = (\mathbf{L}_x + \mathbf{S}_x)^\dagger = \mathbf{L}_x + \mathbf{S}_x$; $[\mathbf{J}_x, \mathbf{J}_y] = [\mathbf{L}_x + \mathbf{S}_x, \mathbf{L}_y + \mathbf{S}_y] = [\mathbf{L}_x, \mathbf{L}_y] + [\mathbf{S}_x, \mathbf{S}_y] = i\hbar(\mathbf{L}_z + \mathbf{S}_z)$.

11.4. $j = 1/2$, $m = \pm 1/2$; $j = 3/2$, $m = \pm 1/2$, $\pm 3/2$; $j = 5/2$, $m = \pm 1/2$, $\pm 3/2$, $\pm 5/2$.

11.5. $\mathbf{L}^2\varphi = l(l+1)\hbar^2\varphi$, $\mathbf{S}^2\varphi = s(s+1)\hbar^2\varphi$, $\mathbf{L}_z\varphi = m\hbar\varphi$, $\mathbf{S}_z\varphi = m_s\hbar\varphi$; $\mathbf{L}^2\psi = l(l+1)\hbar^2\psi$, $\mathbf{S}^2\psi = s(s+1)\hbar^2\psi$, $\mathbf{J}^2\psi = j(j+1)\hbar^2\psi$, $\mathbf{J}_z\psi = m_j\hbar\psi$; $\mathbf{L}_\pm\,\varphi_{lmsm_s} = (l^2 + l - m^2 \mp m)^{1/2}\hbar\,\varphi_{l,m\pm 1,s,m_s}$,

$$\mathbf{S}_{\pm}\,\varphi_{lms m_s} = (s^2 + s - m_s^2 \mp m_s)^{1/2}\,\hbar\,\varphi_{l,m,s,m_s\pm 1}\cdot\quad \psi_{2,\frac{1}{2},\frac{3}{2},\frac{3}{2}} = \frac{2}{\sqrt{5}}\,\varphi_{2,2,\frac{1}{2},-\frac{1}{2}} -$$

$$-\frac{1}{\sqrt{5}}\,\varphi_{2,1.\frac{1}{2},\frac{1}{2}};\quad \psi_{2,\frac{1}{2},\frac{3}{2},-\frac{3}{2}} = \frac{1}{\sqrt{5}}\,\varphi_{2,-1,\frac{1}{2},-\frac{1}{2}} - \frac{2}{\sqrt{5}}\,\varphi_{2,-2,\frac{1}{2},\frac{1}{2}}.$$

11.6. $\quad \psi_{2,\frac{1}{2},\frac{3}{2}.\pm\frac{1}{2}}, \quad \psi_{2,\frac{1}{2},\frac{3}{2},\pm\frac{3}{2}}, \quad \psi_{2,\frac{1}{2},\frac{5}{2},\pm\frac{1}{2}}, \quad \psi_{2,\frac{1}{2},\frac{5}{2},\pm\frac{3}{2}}, \quad \psi_{2,\frac{1}{2},\frac{5}{2},\pm\frac{5}{2}}.$
$j = 1, 2, 3$.

11.7. In der klassischen Physik erzeugt ein Kreisstrom I, der eine Fläche F umfließt, ein magnetisches Moment $M = FI/c$. Ein homogener Kreisring mit der Masse m, der Ladung Q und dem Radius a, der mit der Winkelgeschwindigkeit ω rotiert, hat einen Drehimpuls $S = ma^2\omega$ und erzeugt ein magnetisches Moment $M = a^2\pi Q\omega a/2\pi ac = SQ/2mc$. Da diese Formel für alle rotationssymmetrischen Körper gelten muß, sollte das magnetische Moment eines Elektrons $\mathfrak{M} = -\mathfrak{S}e/2m_0 c$ sein. $\langle S_z\rangle = -\hbar/2$, $\langle S_x\rangle = 0$, $\langle \mathfrak{p}\rangle = \mathfrak{p}$, $E = p^2/2m_0$. $\hbar/2$ oder $-\hbar/2$ mit je 50% Wahrscheinlichkeit. $\Psi = \dfrac{1}{\sqrt{2}}\begin{pmatrix}1\\1\end{pmatrix}\psi_{\mathfrak{p}}$.

11.8. $\mathfrak{J} = \begin{pmatrix} (\mathbf{L}_x, \mathbf{L}_y, \mathbf{L}_z + \hbar/2) & (1, -i, 0)\,\hbar/2 \\ (1, i, 0)\,\hbar/2 & (\mathbf{L}_x, \mathbf{L}_y, \mathbf{L}_z - \hbar/2) \end{pmatrix};$

$\mathfrak{M} = -e\mathfrak{L}/2m_0 c;\quad \mathfrak{M}_j = -e(\mathfrak{L} + 2\mathfrak{S})/2m_0 c;$

mit $\mathbf{L}_x = (\mathbf{L}_+ + \mathbf{L}_-)/2$ usw. folgt $\langle L_x\rangle = \langle L_y\rangle = \langle S_x\rangle = \langle S_y\rangle = 0$, $\langle L_z\rangle = \hbar/3$, $\langle S_z\rangle = \hbar/6$, $\langle \mathfrak{M}_j\rangle = (0, 0, -e\hbar/3m_0 c)$. In einem starken Magnetfeld ergeben sich die Energiewerte $E_1 \pm \alpha$; $E_i \pm \alpha$; $E_2 \pm G + \alpha \pm \alpha$; $E_2 \pm \alpha$ und $E_2 \mp G - \alpha \pm \alpha$ mit den Funktionen (43a), in einem schwachen Magnetfeld erhält man die Energiewerte $E_1 \pm \alpha$; $E_2 \pm \alpha$; $E_2 \pm 2\alpha + G$; $E_2 \pm 2\alpha/3 + G$ und $E_2 \pm \alpha/3 - 2G$ mit den Funktionen (43b), wobei $\alpha = e\hbar H_0/2m_0 c$ und $G = e^2\hbar^2/96m_0^2 c^2 a_0^3$ ist.

$\langle \psi_{2,1,\frac{3}{2},\frac{3}{2}},\ \mathfrak{r}\ \psi_{1,0,\frac{1}{2},\frac{1}{2}}\rangle = \langle \varphi_{2,1,1,\frac{1}{2}},\ \mathfrak{r}\ \varphi_{1,0,0,\frac{1}{2}}\rangle \neq 0$, der Übergang ist möglich, der andere Übergang ist nicht möglich.

12.1. $n = FvN = 5\cdot 10^4 F$ Teilchen/Sekunde; $dn' = na^2 2\pi\sin\Theta\,d\Theta/4F = 1940$ Teilchen pro Sekunde. $\Delta n' = dn'\,3600/360 = 19400$ Teilchen/Stunde. $W = dn'/360n = 54\cdot 10^{-7}$.

12.2. $d\sigma = (a + a')^2\,d\Omega/4$; $\sigma = (a + a')^2\pi$. $d\sigma = a^4 b^2\,d\Omega/4 \times$
$\times \left(a^2\cos^2\dfrac{\Theta}{2} + b^2\sin^2\dfrac{\Theta}{2}\right)^2$; $\mathfrak{v} = v\left(\sqrt{2}\,ab,\ \sqrt{2}\,ab,\ b^2 - a^2\right)/(b^2 + a^2)$.

12.3. a) $d\sigma'/d\Omega' = a^2/4$; b) $m_1/m_2 = 1$, $\tan\Theta' = \tan\dfrac{\Theta}{2}$, also $\Theta = 2\Theta'$, $d\sigma'/d\Omega' = a^2\cos\Theta'$.

12.4. Da Aluminium das Atomgewicht 27 hat, ist die Zahl der Streuer $N = 6\cdot 10^{23} F\cdot 0{,}02/27$. Das Zählerfenster deckt einen Raumwinkelbereich $d\Omega' = \pi/100^2$ ster. $d\sigma'/d\Omega' = dn'F/nN\,d\Omega' = 9\cdot 10^{-25}$ $(1 + \cos\Theta')$ cm^2/ster.

12.5. $n = -i\hbar F(\varphi_e^* \nabla \varphi_e - \varphi_e \nabla \varphi_e^*)/2\mu = pF/\mu = vF$; analog ergibt sich aus $\mathfrak{j}_a = p\,|f|^2\mathfrak{r}/\mu r^3 - (i\hbar/2\mu r^2)(f^*\,\partial f/\partial\Theta - f\,\partial f^*/\partial\Theta)\nabla\Theta$ wegen $\mathfrak{r}\cdot\nabla\Theta = 0$, daß $n' = v|f|^2\,d\Omega$ ist.

12.7. a) $E_r = 10$ MeV, nullte Näherung: $\delta_0 = -99°$, $d\sigma/d\Omega = 4\cdot10^{-26}$ cm^2/ster; $\sigma = 5\cdot10^{-25}$ cm^2; erste Näherung: $\delta_1 = 12{,}5°$, $d\sigma/d\Omega = (4 + 2\cos\Theta + 1{,}75\cos^2\Theta)\cdot10^{-26}$ cm^2/ster; $\sigma = 58\cdot10^{-26}$ cm^2.
b) $\varkappa = \sqrt{2\mu V_d(1 + i/10)}/\hbar = 810\cdot10^{10}(1 + i/20)$ cm^{-1} $= u + iv$,
$\tan\varkappa a/\varkappa = (\tan u + i\,\mathrm{Tan}\,v)/(1 - i\tan u\,\mathrm{Tan}\,v)\varkappa = (i - 2{,}9)\cdot10^{-13}$ cm
$= \tan(ka + \delta)/k \approx a + \delta/k$, $\delta = \delta_0 + iy = k(i - 5{,}3)\cdot10^{-13}$ cm,
$\sigma_0 \approx 4\pi|\delta|^2/k^2 \approx 4{,}3\cdot10^{-24}$ cm^2; $b_0 = \exp(-2y) \approx 1 - 2y$,
$\sigma_{0ab} = \pi(1 - b_0^2)/k^2 \approx 4\pi y/k^2 \approx 13\cdot10^{-13}$ cm/k. Das Potential $V' = V^*$ beschreibt Erzeugungsprozesse: $\delta' = \delta^*$, $\sigma'_{0ab} = -\sigma_{0ab}$, der Querschnitt für elastische Streuung bleibt aber ungeändert.

$$\tan\delta_l \to \tan\left(\delta_l - \frac{i}{2}\ln b_l\right).$$

12.8. Setzt man $\mathfrak{f} - \mathfrak{f}' = \mathfrak{u}$, dann ist $-V_{F(\mathfrak{u})} = Ze^2\int dr\, re^{-r/a}$ $\int d\Theta\,\sin\Theta\,e^{iur\cos\Theta}/4\pi^2 = Ze^2\int dr\,e^{-r/a}(e^{iur} - e^{-iur})/4iu\pi^2 = Ze^2/2\pi^2 \times$ $\times\,(1/a^2 + u^2)$, und $d\sigma/d\Omega = 4Z^2e^4\mu^2/\hbar^4\big(1/a^2 + 4k^2\sin^2(\Theta/2)\big)^2$. Für kleine Winkel gilt näherungsweise $d\sigma/d\Omega = 4Z^2e^4\mu^2a^4/\hbar^4$; für große Winkel: $d\sigma/d\Omega = Z^2e^4/16E^2\sin^4(\Theta/2)$.

13.1. $2m_0c^2\dot{\varrho}/i\hbar = (\dot{\psi}^*\psi + \psi^*\ddot{\psi} - \ddot{\psi}^*\psi - \dot{\psi}^*\psi) =$ $\psi^*(c^2\Delta - m_0^2c^4/\hbar^2)\psi - \big(c^2(\Delta\psi^*) - m_0^2c^4\psi^*/\hbar^2\big)\psi = -2m_0c^2\nabla\cdot\mathfrak{j}/i\hbar$; $\psi \approx f_{(\mathfrak{r})}\exp(\mp im_0c^2t/\hbar)$, $\dot{\psi} \approx \mp im_0c^2\psi/\hbar$, $\varrho \approx \pm(\psi^*\psi + \psi^*\psi)/2 = \pm\psi^*\psi$. $E_{p\pm} = \pm p_0c$; $\varrho_\pm = \pm p_0/m_0c$.

13.3. $[\mathbf{J}_x, \mathfrak{p}] = [\mathbf{L}_x, \mathfrak{p}] = i\hbar(0, \mathbf{p}_z, -\mathbf{p}_y)$ zyk; aus $[\mathbf{J}_x^2, \mathfrak{p}] = i\hbar(0, [\mathbf{J}_x, \mathbf{p}_z]_+, -[\mathbf{J}_r, \mathbf{p}_y]_+)$ usw. folgt $[\mathbf{J}^2, \mathfrak{p}] + 0$.

13.4. Mit (11) und $\mathbf{p} = -i\hbar\nabla$ ergibt sich $\dot{\Psi} = m_0c^2\beta\Psi/i\hbar - c\alpha\cdot\nabla\Psi$, $\dot{\Psi}^\dagger = -\Psi^\dagger m_0c^2\beta/i\hbar - c\nabla\Psi^\dagger\cdot\alpha$ und $\dot{\varrho} = \dot{\Psi}^\dagger\Psi + \Psi^\dagger\dot{\Psi} = -\nabla\cdot c(\Psi^\dagger\alpha\Psi) = -\nabla\cdot\mathfrak{j}$.

14.1. Für [4] ergibt sich $\langle N_a\rangle = 4$; $\langle\mathfrak{p}\rangle = 4\mathfrak{p}$; $\langle H\rangle = 4E_0$.

14.2. Aus (5) folgt $[\mathbf{a}, (\mathbf{a}^\dagger)^n] = n(\mathbf{a}^\dagger)^{n-1}$. Der Beweis ist durch Induktion möglich: 1. $[\mathbf{a}, (\mathbf{a}^\dagger)^0] = 0$; 2. $[\mathbf{a}, (\mathbf{a}^\dagger)^{n+1}] = (1 + \mathbf{a}^\dagger\mathbf{a})(\mathbf{a}^\dagger)^n - (\mathbf{a}^\dagger)^{n+1}\mathbf{a} = (\mathbf{a}^\dagger)^n + \mathbf{a}^\dagger[\mathbf{a}, (\mathbf{a}^\dagger)^n] = (n + 1)(\mathbf{a}^\dagger)^n$ q. e. d. Damit wird $N_a(\mathbf{a}^\dagger)^n[0] = \mathbf{a}^\dagger[\mathbf{a}, (\mathbf{a}^\dagger)^n][0] = n(\mathbf{a}^\dagger)^n[0]$; $\langle n\rangle[n] = \langle0|\mathbf{a}^n(\mathbf{a}^\dagger)^n[0]/n!$ $= \langle0|\mathbf{a}^{n-1}n(\mathbf{a}^\dagger)^{n-1}[0]/n! = \cdots = \langle0|[0] = 1$; $\langle n\rangle[m] = \langle0|\mathbf{a}^n(\mathbf{a}^\dagger)^m[0]/$ $\sqrt{n!\,m!} = \langle0|(\mathbf{a}^\dagger)^{m-n}[0] = \delta_{mn}$. $\langle n|N_a[n] = n$; $\langle n|N_a^2[n] = n^2$; $\Delta N_a = 0$. Für Fermionen gilt $N_b[0] = 0$, $N_b\mathbf{b}^\dagger[0] = \mathbf{b}^\dagger[\mathbf{b}, \mathbf{b}^\dagger]_+[0] = \mathbf{b}^\dagger[0]$, $N_b\mathbf{b}^\dagger\mathbf{b}^\dagger[0] = \mathbf{b}^\dagger(1 - \mathbf{b}^\dagger\mathbf{b})\mathbf{b}^\dagger[0] = \cdots = 0$.

14.3. Mit den Abkürzungen $\mathbf{a}_\mathfrak{f}\exp(i\mathfrak{f}\cdot\mathfrak{r}) = \alpha$, $\mathbf{a}_{\mathfrak{f}'}\exp(i\mathfrak{f}'\cdot\mathfrak{r}') = \alpha'$ und $\omega' = \omega_{(k')}$ ist $[\boldsymbol{\Phi}_{(\mathfrak{r})}, \boldsymbol{\Pi}_{(\mathfrak{r}')}]$

$$= \int d^3k \, d^3k' \left(- (\alpha + \alpha^\dagger)(\alpha' - \alpha'^\dagger) + (\alpha' - \alpha'^\dagger)(\alpha + \alpha^\dagger)\right) i \sqrt{\omega'/\omega}/16\pi^3$$
$$= C \int d^3k \, d^3k' \left([\mathbf{a}_{\mathfrak{k}'}, \mathbf{a}_{\mathfrak{k}}^\dagger] \exp(i\mathfrak{k}' \cdot \mathfrak{r}' - i\mathfrak{k} \cdot \mathfrak{r}) + [\mathbf{a}_{\mathfrak{k}}, \mathbf{a}_{\mathfrak{k}'}^\dagger] \exp(i\mathfrak{k} \cdot \mathfrak{r} - i\mathfrak{k}' \cdot \mathfrak{r}')\right)$$
$$= i\delta_{(\mathfrak{r}-\mathfrak{r}')} \text{ usw.}; \quad \mathbf{a}_{\mathfrak{k}H} = \mathbf{a}_{\mathfrak{k}} \exp(-i\omega t), \quad \text{da} \quad \mathbf{a}_{\mathfrak{k}H(0)} = \mathbf{a}_{\mathfrak{k}} \quad \text{und} \quad \dot{\mathbf{a}}_{\mathfrak{k}H} =$$
$$- i[\mathbf{a}_{\mathfrak{k}H}, \mathbf{H}] = -i e^{-i\omega t} \int d^3k' \, \omega' (\mathbf{a}_{\mathfrak{k}} \mathbf{a}_{\mathfrak{k}'}^\dagger \mathbf{a}_{\mathfrak{k}'} - \mathbf{a}_{\mathfrak{k}'}^\dagger \mathbf{a}_{\mathfrak{k}'} \mathbf{a}_{\mathfrak{k}}) = \cdots = -i\omega \, \mathbf{a}_{\mathfrak{k}H} \text{ ist.}$$

Wegen $[\boldsymbol{\Phi}, \mathbf{H}] = \int d^3k \, d^3k' \cdots = \int d^3k (\mathbf{a}_{\mathfrak{k}} e^{i\mathfrak{k} \cdot \mathfrak{r}} - \mathbf{a}_{\mathfrak{k}}^\dagger e^{-i\mathfrak{k} \cdot \mathfrak{r}})(\omega/16\pi^3)^{1/2}$
$= i\boldsymbol{\Pi}$ ist $\dot{\boldsymbol{\Phi}}_H = -i \exp(i\mathbf{H}t) [\boldsymbol{\Phi}, \mathbf{H}] \exp(-i\mathbf{H}t) = \boldsymbol{\Pi}_H$; $\ddot{\boldsymbol{\Phi}}_H = \dot{\boldsymbol{\Pi}}_H$
$= -i[\boldsymbol{\Pi}_H, \mathbf{H}] = (\Delta - m^2) \boldsymbol{\Phi}_H$; es gilt also $(\partial^2/\partial t^2 - \Delta + m^2) \boldsymbol{\Phi}_H = 0$.
Mit $\boldsymbol{\Phi}_H = \int d^3k (16\pi^3 \omega)^{-1/2} (\mathbf{a}_{\mathfrak{k}} \exp(i\hat{\hat{k}}\hat{r}) + \mathbf{a}_{\mathfrak{k}}^\dagger \exp(-i\hat{\hat{k}}\hat{r}))$ erhält man
$\int d^3k (\partial^2/\partial t^2 - \Delta + m^2)(\mathbf{a}_{\mathfrak{k}} \exp(i\hat{\hat{k}}\hat{r}) + \mathbf{a}_{\mathfrak{k}}^\dagger \exp(-i\hat{\hat{k}}\hat{r})) = 0$.

Für $[\mathfrak{k}\rangle = \mathbf{a}_{\mathfrak{k}}^\dagger \exp(-i\omega t) [0\rangle$ gilt $\mathbf{p}[\mathfrak{k}\rangle = \mathfrak{k}[\mathfrak{k}\rangle$; $\langle \mathfrak{k}'] [\mathfrak{k}\rangle = \delta_{(\mathfrak{k}-\mathfrak{k}')}$;
$id[\mathfrak{k}\rangle/dt = \omega[\mathfrak{k}\rangle$; für den Zustandsvektor $(2\pi)^{-3/2} \exp(i\hat{\hat{k}}\hat{r})$ erhält man
dieselben Werte, wenn man für den Impuls den Operator $-i\nabla$ ver-
wendet. Mit (42a) gilt für die Funktionen (13): $\mathbf{N}_{\mathfrak{k}}[\rangle = \mathbf{a}_{\mathfrak{k}}^\dagger \mathbf{a}_{\mathfrak{k}}[\rangle$
$= (n_1 \delta_{\mathfrak{k}_1 \mathfrak{k}} + n_2 \delta_{\mathfrak{k}_2 \mathfrak{k}} \ldots) [\rangle$, $\mathbf{N}[\rangle = (n_1 + n_2 \ldots)[\rangle$ usw.

14.4. Um (55) zu erhalten, führt man in (52) Polarkoordinaten ein.
Die Integration erfolgt dann ähnlich wie in Aufgabe 12.8. Die mittlere
Anzahl der virtuellen Mesonen ist $g^2 \int d^3k f^2/\omega^2$. $W_{\mathfrak{k}} = \sum_n n! \int d^3k_1 \ldots d^3k_{n-1} c_n^2$
$= f^2/\omega^2 \int d^3k' f'^2/\omega'^2$. $E' + m_N + \omega$; $\mathfrak{p}_N + \mathfrak{k}$.

14.5. Die Übergangswahrscheinlichkeit ist (für $m_N = 1$)
$$w = 2\pi i g^2 f_{(\mathfrak{p}_2 - \mathfrak{p}_2')}^2 \, \delta_{(\mathfrak{p}_1 + \mathfrak{p}_2 - \mathfrak{p}_1' - \mathfrak{p}_2')} \, \delta_{(p_1'^2 - p_1^2 + p_2'^2 - p_2^2)} / \left(p_2'^2 - p_2^2 + \sqrt{m^2 + (\mathfrak{p}_2 - \mathfrak{p}_2')^2}\right),$$
wenn $\mathfrak{p}_1$ und $\mathfrak{p}_2$ bzw. $\mathfrak{p}_1'$ und $\mathfrak{p}_2'$ die Impulse der beiden Nukleonen vor,
bzw. nach der Streuung sind.

14.6. $\mathfrak{H} = \mathrm{rot}\, \mathfrak{A} = \mathrm{rot}\, (\mathfrak{A} + \nabla F)$ usw. Aus $\int d^3r \, \Pi_i \Pi_i/2 =$
$- \int d^3r \, d^3k \, d^3k' (\mathbf{a}_{\mathfrak{k}} e^{i\mathfrak{k} \cdot \mathfrak{r}} - \mathbf{a}_{\mathfrak{k}}^\dagger e^{-i\mathfrak{k} \cdot \mathfrak{r}})(\mathbf{a}_{\mathfrak{k}'} e^{i\mathfrak{k}' \cdot \mathfrak{r}} - \mathbf{a}_{\mathfrak{k}'}^\dagger e^{-i\mathfrak{k}' \cdot \mathfrak{r}}) \sqrt{k}\,\overline{k}/32\pi^3$
$= \int d^3k \, k (\mathbf{a}_{\mathfrak{k}}^\dagger \mathbf{a}_{\mathfrak{k}} + \mathbf{a}_{\mathfrak{k}} \mathbf{a}_{\mathfrak{k}}^\dagger - \mathbf{a}_{\mathfrak{k}} \mathbf{a}_{-\mathfrak{k}} - \mathbf{a}_{\mathfrak{k}}^\dagger \mathbf{a}_{-\mathfrak{k}}^\dagger)/4$ usw. folgt (107). Aus
$\mathbf{B}_{H\nu, \nu}[M\rangle_H \sim \int d^3k \sqrt{1/k} (\mathfrak{k} \cdot \mathbf{a}_{\mathfrak{k}} - k\mathbf{a}_{4\mathfrak{k}}) e^{i\hat{\hat{k}}\hat{r}} [M\rangle_H = \int d^3k \sqrt{k} (\mathbf{a}_{3\mathfrak{k}} - \mathbf{a}_{4\mathfrak{k}}) \times$
$\times e^{i\hat{\hat{k}}\hat{r}} [M\rangle_H = 0$ folgt (114). $\langle][\rangle = \langle 0](\mathbf{a}_{3\mathfrak{k}} + \mathbf{a}_{4\mathfrak{k}})^n \eta (\mathbf{a}_{3\mathfrak{k}}^\dagger + \mathbf{a}_{4\mathfrak{k}}^\dagger)^n [0\rangle$
$= \langle 0](\mathbf{a}_{3\mathfrak{k}} + \mathbf{a}_{4\mathfrak{k}})^{n-1} \eta (\mathbf{a}_{3\mathfrak{k}}^\dagger + \mathbf{a}_{4\mathfrak{k}}^\dagger)^n (\mathbf{a}_{3\mathfrak{k}} - \mathbf{a}_{4\mathfrak{k}})[\rangle = 0$, wenn (114) für $[\rangle$
erfüllt ist. $\mathbf{N} = \int d^3k \mathbf{N}_{\mathfrak{k}}$. $(\langle]\eta \mathbf{W}[\rangle)^* = \langle]\mathbf{W}\eta[\rangle = \pm \langle]\eta \mathbf{W}[\rangle$.

14.7. Wegen (115) ist $\Lambda = 0$, also $\mathbf{H} = \int d^3r \, \boldsymbol{\Psi}^\dagger \boldsymbol{\Psi}$, woraus mit
(123) usw. (125) folgt.

Literaturhinweise

DICKE, R. H., and J. P. WITTKE: An Introduction to Quantum Mechanics. Reading, Mass.: Addison-Wesley Publishing Company, Inc. 1961.

DIRAC, P. A. M.: The Principles of Quantum Mechanics. Oxford: Clarendon Press. 1958.

GOL'DMAN, I. I., and V. D. KRIVCHENKOV: Problems in Quantum Mechanics. Translated from the Russian. London: Pergamon Press Ltd. 1961.

IKENBERRY, E.: Quantum Mechanics for Mathematicians and Physicists. London: Oxford University Press. 1962.

JAUCH, J. M., and F. ROHRLICH: The Theory of Photons and Electrons. Reading, Mass.: Addison-Wesley Publishing Company, Inc. 1955.

MANDL, F.: Introduction to Quantum Field Theory. New York: Interscience Publishers Inc. 1961.

ROSE, M. E.: Relativistic Electron Theory. New York: John Wiley & Sons, Inc. 1961.

SCHWEBER, S. S.: An Introduction to Relativistic Quantum Field Theory. Evanston, Ill.: Row Petersen & Co. 1961.

Namen- und Sachverzeichnis